建筑设计规则及原理

韩宗良　主编

图书在版编目（CIP）数据

建筑设计规则及原理 / 韩宗良主编. -- 天津 : 天津大学出版社, 2025. 6. -- ISBN 978-7-5618-8037-1

Ⅰ. TU2

中国国家版本馆CIP数据核字第202533V2A1号

出版发行　天津大学出版社
地　　址　天津市卫津路92号天津大学内（邮编：300072）
电　　话　发行部：022-27403647
网　　址　www.tjupress.com.cn
印　　刷　北京虎彩文化传播有限公司
经　　销　全国各地新华书店
开　　本　880mm×1230mm　1/16
印　　张　19.25
字　　数　619千
版　　次　2025年6月第1版
印　　次　2025年6月第1次
定　　价　78.00元

专家推荐

这部书是对浩如烟海的建筑设计知识的凝练和萃取，也荟集了作者多年在建筑设计理论与实践上深厚的积累与热忱。如果能早点在建筑学专业学习与工作中有这部书的陪伴，我个人建筑职业上的进步一定会更快些。

赵洪文

重庆鼎石建筑规划设计有限公司总建筑师

韩老师的这部著作涵盖了初学者在建筑设计中所需关注的非常重要的且最基本的设计内容和规则，它能帮助同学们以最小的代价获得关于建筑设计的系统知识，对提升同学们基于规则的设计能力具有极大帮助。这本书还将有效减轻任课老师在阐释设计规则方面的教学负担，使他们能腾出时间和精力投入到更具挑战性的教学内容之中。韩老师的努力无论对于建筑教学还是建筑事业都具有非常重要的价值。

刘瑞杰

石家庄铁道大学建筑学院院长

前言

这是一部专为建筑学专业的在校同学编写的书，旨在纠正他们在设计中不知规则和漠视规则之通病，扎实他们的设计基础，其中涵盖了支持建筑设计的那些最基本、最常用、最关键的专业知识和设计规则，是集知识、规则、原理于一体的建筑设计手边书。

本书并非简单的规范条文汇编，而是作者基于长期的教学、设计、审图经验，经过反复思考所建构的一个由分项专题为纲领的知识体系，它把规范条文按照利于学习、理解、应用的方式与逻辑组织起来。在这个体系里，纷繁复杂的建筑知识和设计规则更容易理解和记忆，更加条理清晰。书中内容不但全面、准确、可靠、精炼，而且注释严谨，方便查询和溯源，因而既能满足入门需求，也可供长期查阅、研究之用。即便如此，仍有必要申明的是，建筑实践不断深化，标准、规范不断更新，各个地方也基于国家规范、标准不断做出新的细化规定，因此，虽然作者对所著内容秉持审慎负责之态度，仍然难以完全避免与最新规范、标准、规定有不一致之处，遇此情况，当以国家和地方新发行的规范、标准、文件为依据。本书以规范条文为支撑，更以寻因明理为旨要，希望即便规范标准已更新，此书仍能保持其参考价值。

期待本书能帮助建筑学专业的同学实现快速、可靠的知识积累，有效提升他们基于专业知识和必要规则的设计能力。也希望年轻的建筑学专业教师、新入行的建筑师、对建筑设计感兴趣的读者等，都能通过本书获得有益的知识和启示，更希望此书能对祖国的建筑教育和建设事业作出贡献。由于作者能力所限，书中难免有疏漏错讹之处，如有发现，还望读者批评指正。

本书得以付梓，要感谢责任编辑刘浩先生一直以来的帮助，感谢出版社领导的大力支持，感谢殷更聚先生、陈旭燕先生等提供的宝贵资料，还要特别感谢赵洪文、刘瑞杰等同学、校友和领导的支持与鼓励。

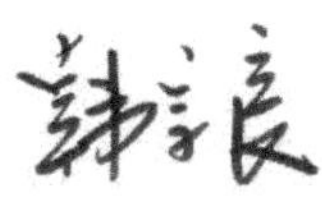

2025.03.18

体例说明

恰当的体例本质上是由著作的内容和目标决定的，反过来，体例也决定着内容的呈现秩序、逻辑、面貌和表情。因此，在开篇之前，笔者先对体例方面的想法、做法予以简要说明，以利读者的阅读和理解。

（1）为了把笔者陈述与规范条文清晰区分，会在条文内容前列出其所出自的规范、标准名称，用规范、标准所附条文说明做注解的会在其前面标注“条文说明：”。如果笔者陈述与引用内容易生混淆，会在前面加“注意：”等提示语，不易混淆的则不予特别提示。

（2）各章节开始时会做必要的术语解释，一般只列出其中最为基础和关键者，能自明和与方案设计关系不大的术语则不予赘述。当关涉术语较多时，会在术语名称前加“◣”予以强调，术语少于三个时则不予标示。

（3）便于追溯是本书的一个关键考虑，有利于查证和彰显权威。因此，书中引用的条文均标注规范、标准名称及条文编号。规范、标准全国统一，与刊载媒介、具体编者、出版机构无关，详细标注的要义在于正名，在于展示条文背后的国家权力和信用，因为离开国家权力和信用做背书的主张难以令人信服并遵从。标注示例“■《办公建筑设计标准》JGJ/T 67—2019〖4.1.11〗”中，“■”为提示符号；“《办公建筑设计标准》”为规范、标准名称；“JGJ/T 67—2019”为规范、标准编号；“4.1.11”为条文编号；“〖 〗”为一般条文标识，若用“【 】”表示则为强制性条文标识。当条文中既有一般性内容又有强制性内容时，条文仍以“〖 〗”标示，但会在强制性内容的编号前后各加半个强制条文提示符，如“【2】”，未予提示的条文为一般条文。

（4）段落内引述的规范、标准及条文，一般均做简化处理，如：“《城市道路交叉口规划规范》GB 50647—2011 第 4.1.1.1 条”，简写为“《城市道路交叉口规划规范 4.1.1.1》”，规范、标准的编号和版本与参考文献中的注释一致。

（5）由于发行时间不同，专业角度不同，以及规范、标准的属性差异，不同的现行规范、标准对同一问题或参数的规定可能有所不同。合理的处置原则是：在对比相关规范、标准的不同主张后，按严格的执行，按最新版本执行，按通用规范执行。通用规范最具强制力，但有时其要求不一定最高，当其他现行规范、标准比通用规范要求更高时，应依高要求执行。对于此类问题，本书会把各种规范、标准的相关条文一一列出，供读者全面了解情况，并依上述原则作出恰当的判断或选择。

（6）本书是供在校学生入门设计使用，在不影响正确认识和理解相关内容的前提下，会对部分无关方案设计环节的条文内容和技术细节进行裁剪，以减小篇幅，突出重点。那些对施工图设计很关键，但在方案阶段却可忽略的内容，留待同学工作时再做详细研读，以完善相关知识，满足工作需要。

目　录

第 1 篇

建筑设计要尊重规则

建筑设计是复杂的系统工程，要做好设计，不但要有知识、有常识，还要合常理、守规则。“工，巧饰也，象人有规矩也。”搞工程、做设计要守法度，自古如此。无知无畏、傻干蛮干无法成为合格的建筑师；不是建立在知识、常识、常理和规则基础上的想象是无法实现的。

一、常识常理的规则属性

知识是人们在改造世界的实践中所获得的认识和经验的总和。根据这个定义，人们在建筑设计与营造的实践中所获得的认识和经验的总和便构成建筑学领域的专业知识，建筑师必须认真学习和掌握这些专业知识。不仅如此，建筑师还应是一个懂生活、有常识的人。所谓常识，就是最普通的知识，普通到人们都不屑于写入课本的那些生活、生存知识，它们是一个生活在社会中的心智健全的成年人所应该具备的基本知识，是在一个社会环境中人与人之间普遍存在的日常共识。常识对于建筑设计的基础性价值并不输于专业知识，很多专业知识实际上就是被纳入专业范畴的常识。没有常识是学生在初学设计时最容易表现出的问题，老师往往要耗费大量时间精力纠正学生各种缺乏常识的做法。常理则指通常的道理或情理，它源于人们的实践经验，体现为人们在行为做派上的普遍一致性。常识侧重知，常理侧重行，常识、常理支撑着公序良俗，与法律准则有内在的相通性和一致性，代表着现代法治最基本的价值基础和社会伦理基础，是推动社会有序运转的底层逻辑和潜在规则。可见，常识、常理本身就具有规则属性。例如，床的形状尺寸是常识，卧室设计必须围绕床的形状大小和适宜的活动空间展开，不能违背床的形状尺寸的约束，如果对这个常识没概念，对活动空间的尺度需求一无所知，就会出现放不下床或无法正常使用卧室的笑话。这样的笑话对初学者来说司空见惯。规则无处不在，建筑师不可能毫无约束地做设计，因此对于各种无法回避的设计规则更不能抱持鸵鸟心态。常识、常理便是建筑设计的底层逻辑和潜在规则。

二、设计规则的作用和影响

根据《大辞海》的解释，规则是制定出来供大家遵守的制度或章程，但实际上不止人类社会有规则，大自然本身也有各种繁密的运行规则。因此，更为概括地说，规则是事物运作所依从的规定，它决定着事物存在的秩序和面貌。自然法则决定着万事万物自在表现的宇宙秩序，如果用另外一套规则来主导，则世界的面貌将会截然不同，哪怕某个自然参数的量值稍作改变，世界都可能因此而面目全非。建筑设计要遵守的规则和标准，也从根本上决定着建筑与城市所呈现出的面貌和秩序。

各种建筑设计规则不是由少数几个专家凭空捏造出来的，不是无缘无故的限制和刁难，也不是从来不变的教条。它们体现了建筑设计中的禁忌、限度、标准和分寸，源于数不胜数的成功经验和血泪教训。建筑设计的每一细分领域都有相应的规范、标准予以约束。没有规则、规则制定得不合理、不遵守规则，都会造成人民生命财产的重大损失，会直接导致荒唐、混乱、危险、丑陋的建筑和城市。各种规则对建筑设计影响巨大，但人们对其重视程度不够的情况依然非常普遍，这会对设计训练的有效性产生负面影响。

在实际工作中，设计规则并不作用于建筑功能，其是保障功能恰当实现的合理约束。合规的情况是判断功能合理与否的基本依据和参照尺度。违反常识、不合规范的设计会给人一种怪异感，我们通常称之为缺乏建筑感。所谓建筑感指合规建筑给人的直观印象，缺乏建筑感指不合规建筑呈现的样子，一般用于评价设计方案而不是现实中的建筑。缺乏建筑感的设计通常很少蕴含有益的创新成分，仅是对生活常识和建筑规则高度无知的表现。

理解了规则的重要性后还需明白，依规而行并不是什么高标准的设计要求，相反，这只是很基本的要求，甚至可以认为是低层次的要求。问题的关键在于，无知于规则，局限于低层次的设计问题，高层次和高水平的设计便无从谈起。设计合于规则，不应当受到关注和赞赏，就像建筑的基础，单纯的基础牢固并不值得炫耀，但倘若基础不牢或没有基础，则高楼大厦不是无法建成便是十分危险。我们应当从建筑基础的价值意象中认识设计合规的意义，不要拔高，也不能轻视。从某种角度来说，对于设计规则，我们重视它、掌握它，反而是为了放下它、“忘了”它。将正确的、合理的、必须的要求形成习惯，才能放下它们、“忘了”它们，才能全心全力地追求更高层次的设计而无后顾之忧！相反，越是无视它，它反而越容易成为令人烦心的"绊脚石"，躲也躲不开，绕也绕不过，斗也斗不赢。对设计规则的掌握程度，不一定能代表一位建筑师的设计水平和艺术造诣，但能基本体现他的经历、经验的丰富性和成熟度。

在学校的设计训练中，是否遵守设计规则还与设计难度有关。一栋需要设置封闭楼梯间的公共建筑，如果遵从封闭楼梯间的设计规则，设计难度一下子就上来了。如果按开敞楼梯间的要求做设计，设计难度就会显著降低。如果连防火疏散要求和楼梯设计的一般规则都不遵守，设计难度几乎没有。而这样的方案既不可能实现，也没有任何价值，学生更不能从这样的设计训练中获得任何有益的锻炼。不被允许的做法充斥于设计方案中且很多人对此习以为常，不但效果会大打折扣，还会导致同学们养成和获得不切实际的思维习惯和设计经验。

遵守设计规则是重要和严肃的，因此不能把规范条文简单看作给设计找麻烦的条条框框，更不能将它们看作桎梏想象力的负面力量。规则的目标并不指向美好的建筑形式，但经验告诉我们，合理、合规的设计与美好的建筑形式之间高度正相关。我们遵守设计规则，不是出于畏惧，而是出于对人们安全、美好生活所负责的职业态度。我们应当在遵守设计规则的基础上追求创新，只有如此才能锻炼出真正有效的设计能力和创新能力。

三、规范是设计规则的载体

为了设计方案能顺利实施，为了保证建筑的实用、安全和效率，国家逐渐形成了一套完整的行业规则体系，以便对建筑师的设计行为进行必要约束或限制。这些行业规则是明文规定的、必须遵守的国家法律，由国家、地方、行业制定的各类规范、规程、标准构成，是建筑设计规则的载体。

理论上说，规范侧重要求和限制，标准规定程度和分寸，规程介绍规则和程序。不过，就以往的规范、标准、规程而言，其内容属性的差异并不特别清晰。它们的条文在强制力方面也有差异，有的必须严格执行，属强制性条文；有的则只是推荐或建议。根据住房城乡建设部标准定额司《关于统一变更工程建设标准特征名的通知》（建标标函[2017]140 号）的要求，我国工程建设标准、规范将逐步实现可直接在名称上区分"强制""推荐"属性的目标，即全文强制性的为规范，其他均为标准，并用全文强制性工程建设规范取代现行标准中分散的强制性条文。同时，原来的《办公建筑设计规范》废止，新修订的《办公建筑设计标准》开始实施。不过，我们通常也笼统地称标准、规程为规范，因为它们的共同作用就是规范。因此，本书有时也依习惯把所有规范、标准、规程简称为规范。

强制性工程建设规范又可分为工程项目类规范（简称"项目规范"）和通用技术类规范（简称"通用规范"）两种类型。项目规范以工程建设项目整体为对象，以项目的规模、布局、功能、性能和关键技术措施五大要素为主要内容。通用规范则以实现工程建设项目功能性能要求的各专业通用技术为对象，以勘察、设计、施工、维修、养护等通用技术要求为主要内容。在全文强制性工程建设规范体系中，项目规范为主干，通用规范是对各类项目共性的、通用的专业性关键技术措施的规定。

在制定部门、覆盖范围、适用领域、强制力等方面，我国的规范、标准还分为国家标准、行业标准、地方标准和企业标准等几大类，每类又细分为强制性标准和推荐性标准。推荐性标准只起推荐、建议以供选择的作用。标准编号通常由标准类型简称的汉语拼音大写首字母组成，因此从标准编号就能获取标准类型方面的信息。比如"GB"就是由"国标"的汉语拼音大写首字母组成，代表国家标准。推荐性标准常用"/T"做后缀，"T"就是"推荐"的意思。同理，"CJ"代表"城镇建设"，"JG"代表"建筑工业"，"JC"代表"建材"，单独的"J"排在编号后面，代表"建设标准"，"QB"代表"企业标准"。常见的标准编号如下所示。

GB——国家标准

GB/T——推荐性国家标准

JGJ——建筑工业行业建设标准

JGJ/T——建筑工业行业推荐性建设标准

CJJ——城镇建设行业建设标准

CJJ/T——城镇建设行业推荐性建设标准

DB——地方标准

QB——企业标准

四、学习规范的方法和策略

不同规范条文对于建筑方案设计的相关程度和重要程度是有差别的，不加选择、不分轻重缓急地泛泛学习，不但费时费力，也不一定必要和有益，因此需要讲究方法和策略。

1. 规范地位有差异

建筑规范种类繁多，但地位不同。有些是最基本的规范，比如《民用建筑设计统一标准》《房屋建筑制图统一标准》；有些是最上位的规范，如《建筑设计防火规范》，其他规范对于防火疏散的要求都需遵循其规定和原则，不能违背，只能更严格而不能随意放松。上位规范必然也是最基本的规范，它们都是我们最应熟悉的规范。

2. 条文分量有轻重

规范条文的分量和强制力是有差异的。有的比较重要和关键，绝对不能违背；有的则要求不那么苛刻，存在一定程度的调节余地。所以，各个规范的尾页都会有一个如下的规范用词大体说明，以便建筑师在执行规范条文时能作出正确判断。

“1” 表示很严格，非这样做不可。正面词采用“必须”，反面词采用“严禁”。

“2” 表示严格，在正常情况下均应这样做。正面词采用“应”，反面词采用“不应”或“不得”。

“3” 表示允许稍有选择，在条件许可时首先应这样做。正面词采用“宜”，反面词采用“不宜”。

“4” 表示有选择，在一定条件下可以这样做，采用“可”。

我们在学习规范时要注意区分用词的语气和条文的严格程度，以便恰当地执行规范要求。强制性条文简称“强条”，是一些最具刚性的设计规则，是坚决不能违背的。需要说明的是，建筑设计的目标绝不仅仅是为了不违法，而是为了塑造美好的建筑和环境。因此在设计中，那些规范中的“宜”字条文并非无关紧要，它们实际上代表了某种高水准、高要求、高性能，是我们在设计中应当努力实现和满足的条文。

3. 非用不学为原则

对于规范及条文的学习要分轻重缓急，学与不学，关注与否，要看能不能用得到和用到的概率。虽说任何一本规范及其条文都不是凑数的，都必有其用，但对于在校学习阶段和工作中特定阶段学习到的和可能接触到的建筑类型而言，有许多规范、规范的章节、章节的条文确实是很少会遇到的，即便对于《建筑设计防火规范》这样的基本规范和上位规范来说也是如此。所以，学习规范要以需要为导向，用什么学什么，长期不用的，学了也会很快忘掉。比如强制性条文固然重要，但在学生的设计中可能很少会碰到有些强制性条文所关照的情况，学生在学习时也应减少对它们的关注程度。常用的、基本的、关键的、影响大的条文才是应当关注的重点。从方案设计需要的角度看，需要关注的规范和规范条文其实并不多，应熟悉和掌握这些规范及其条文。

尽管如此，学生在学习时通览一遍重要和基本的设计规范还是有必要的，这能使他们建立起对规范内容的整体认知，了解规范内容的潜在逻辑，对正确理解具体条文也有帮助，也有利于学生快速查找所需内容。另外，只有通读一遍规范，才能鉴别、筛选出那些需要关注的重点条文，通过标记还可以避免再度通览的重复劳作。

4. 方案之需为紧要

在实际工作中，建筑设计大体分为方案设计和施工图设计两个设计环节，这两个环节的工作都很重要，但所需知识和所面对的问题却有很大差异。学校教育基本以培养和训练学生的方案设计能力为主要教学目标，因而其关注的是方案阶段能用到的知识和设计规则。施工图阶段才需深究并来得及完善、补救的规范内容，纵然重要也可暂时放松不顾。如防护栏杆的许多细节要求就属强制性条文，生命攸关，但由于施工图阶段才用得到并来得及修改补救，在方案设计阶段就不必考虑太多，做方案时纠结于不必要的细节并非有益。

另外，规范要在应用中学习，类似于在战争中学习打仗，这样才能印象深刻，才能形成设计习惯，进而积累各种有益的设计经验，有效提升真正的设计能力。

5. 融会贯通才自由

每本规范都是一个完整的体系，只有了解了这个体系的全部内容和内在逻辑，才能正确理解和定位每个具体条文的含义和影响。如果只从字面上解读条文，孤立地看待特定条文，就容易产生误解和曲解。另外，规范既有限制规定，也有在特定前提条件下的灵活余地，这两个方面的内容都要留意，否则就容易只看到限制性，看不到灵活性和自由性。融会贯通，才能随心所欲不逾矩。学而不透实有害，一知半解最误人。但做到融会贯通并不容易，也非一日之功，这就需要向有经验的老师或建筑师虚心求教。有时候，翻遍书、跑断腿仍百思不得其解时，或许别人一句就能拨开迷雾。

五、规范的基本程度分类

根据学生在校期间设计方案的需要，现将可能用到的规范、标准按重要性和基本程度进行分类，仅供参考，见表 1-1。从一类到四类，重要性和基本程度依次降低。

表 1-1　学生学习阶段各类规范的重要性和基本程度分类

规范类别	规范名称
一类规范 （基础、上位规范）	《民用建筑设计统一标准》及其图示　《建筑设计防火规范》及其图示 《民用建筑通用规范》　《建筑防火通用规范》 《房屋建筑制图统一标准》　《总图制图标准》 《建筑制图标准》　《建筑工程建筑面积计算规范》
二类规范 （使用频率高的规范）	《住宅设计规范》　《住宅建筑规范》 《办公建筑设计标准》　《城市居住区规划设计标准》 《无障碍设计规范》　《建筑与市政工程无障碍通用规范》 《人民防空地下室设计规范》　《人民防空工程设计防火规范》 《汽车库、修车库、停车场设计防火规范》
三类规范 （用到概率高的规范）	《托儿所、幼儿园建筑设计规范》　《中小学校设计规范》 《宿舍建筑设计规范》　《商店建筑设计规范》 《图书馆建筑设计规范》　《展览建筑设计规范》 《博物馆建筑设计规范》　《旅馆建筑设计规范》 《电影院建筑设计规范》　《剧场建筑设计规范》 《交通客运站建筑设计规范》　《体育建筑设计规范》
四类规范 （低相关的规范）	《生活垃圾转运站技术规范》　《玻璃幕墙工程技术规范》 《建筑内部装修设计防火规范》　《建筑地面设计规范》 《屋面工程技术规范》　《建筑玻璃应用技术规程》 《生物质成型燃料锅炉房设计规范》 各种地方标准及国家和地方的节能设计标准、绿色建筑设计标准

第 2 篇

基础知识篇

建筑设计知识纷繁复杂，本篇只择其基础和紧要的部分予以阐释，这些知识一方面能增加读者对建筑的了解，另一方面也能为其后续阅读扫清知识上的障碍。本篇内容包括建筑分类知识、技术指标知识、建筑模数知识三个方面。其中，有些知识内容也属于设计规则的范畴，《建筑模数协调标准》对于建筑模数的规定实际上就是建筑尺寸的取值规则。

一、民用建筑分类

建筑工程分为民用建筑工程和工业建筑工程两个大类，其中民用建筑是供人们居住和进行各种公共活动的建筑的总称，是建筑师的主要工作对象，因此本节主要论述民用建筑的分类知识。

1. 按功能属性分类

民用建筑按功能属性不同分为居住建筑和公共建筑两类，分别用以满足人们的居住生活需求和公共生活需求，而居住建筑又可细分为住宅类居住建筑和非住宅类居住建筑。住宅类居住建筑简称住宅建筑，指供家庭居住使用的建筑，如普通住宅、住宅式公寓、别墅等；非住宅类居住建筑指学生宿舍、集体公寓、酒店式公寓、养老院等。不同类型的民用建筑对某些设计的要求是不同的，比如住宅建筑要遵守《建筑设计防火规范》对住宅建筑的相关规定，而非住宅类居住建筑则要遵守《建筑设计防火规范》对公共建筑的相关规定。《民用建筑通用规范》按功能属性不同对民用建筑进行了分类，如表 2-1 所示。

表 2-1　民用建筑分类

<table>
<tr><th colspan="3">类别</th><th colspan="2">类别定义</th><th>子类</th><th>子类释义</th><th>示例</th></tr>
<tr><td rowspan="3">居住建筑</td><td>J1</td><td>住宅类</td><td>供居住使用的住宅类场所</td><td>住宅建筑</td><td>J1-1</td><td>以家庭为单元的居住场所</td><td>住宅、公寓、别墅等</td></tr>
<tr><td rowspan="2">J2</td><td rowspan="2">非住宅类</td><td rowspan="2">供居住使用的非住宅类场所</td><td>宿舍类建筑</td><td>J2-1</td><td>有集中管理、提供居住条件的居住场所</td><td>学生宿舍、职工宿舍、专家公寓、长租公寓等</td></tr>
<tr><td>民政建筑</td><td>J2-2</td><td>老年人全日照料场所</td><td>老年养护院、养老院、敬老院、护养院、老人院、医养建筑、老年公寓等</td></tr>
<tr><td rowspan="11">公共建筑</td><td rowspan="5">A</td><td rowspan="5">教育类</td><td rowspan="5">为基础、技能及素质教育提供的教学用场所</td><td rowspan="5">教育建筑</td><td>A-1</td><td>学龄前儿童教育场所</td><td>托儿所、幼儿园等</td></tr>
<tr><td>A-2</td><td>中小学教育场所</td><td>中学、小学等</td></tr>
<tr><td>A-3</td><td>中等专业教育场所</td><td>中等专业学校、技工学校、职业学校等</td></tr>
<tr><td>A-4</td><td>高等院校教育场所</td><td>大学、学院、专科学校、研究生院、电视大学、党校、干部学校、军事院校等</td></tr>
<tr><td>A-5</td><td>特殊人员教育场所</td><td>聋、哑、盲人学校、工读学校等</td></tr>
<tr><td rowspan="6">B</td><td rowspan="6">办公科研类</td><td rowspan="6">供机关、团体和企事业单位办理行政事务和从事商谈、接洽、处理、服务性交易等业务活动的场所</td><td rowspan="5">办公、业务建筑</td><td>B-1</td><td>政务办公场所</td><td>党政机关、社会团体、事业单位等的办公机构</td></tr>
<tr><td>B-2</td><td>一般办公场所</td><td>普通办公楼、商务办公楼、总部办公楼等</td></tr>
<tr><td>B-3</td><td>金融办公、业务场所</td><td>银行、金融、证券办公、银行营业厅、储蓄所、证券交易中心等</td></tr>
<tr><td>B-4</td><td>司法办公、业务场所</td><td>公安局、派出所、法院、检察院等</td></tr>
<tr><td>B-5</td><td>外事办公、业务场所</td><td>驻外外交机构、大使馆、领事馆、国际机构、海关等</td></tr>
<tr><td>科学实验建筑</td><td>B-6</td><td>科研实验场所</td><td>实验楼、科研楼等</td></tr>
</table>

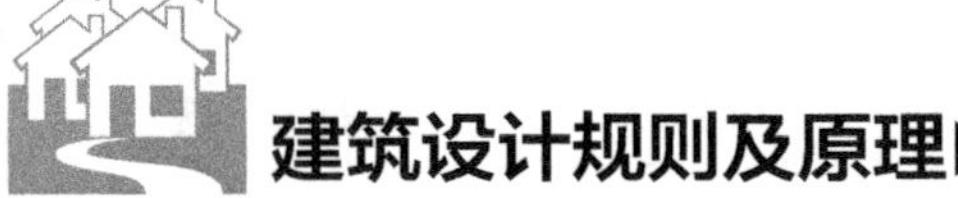

续表

类别			类别定义		子类	子类释义	示例
	C	商业服务类	供人们进行商业活动、娱乐、休憩、餐饮、消费、日常服务的场所	商业建筑	C-1	售卖场所	购物中心、百货公司、有顶商业街、菜市场、超级市场、家居建材、汽车销售、商业零售、店铺等
					C-2	休闲场所	室内儿童乐园、夜总会、美容、美发、养生、洗浴、卡拉OK厅、按摩中心、健身房、溜冰场等
					C-3	维修服务场所	干洗店、洗车站房、修理店(修车、电器等)等
					C-4	邮政、快递、电信场所	邮政、快递营业场所、电信局等
					C-5	培训场所	各类培训机构(幼儿、学生、老年)
					C-6	保健场所	体检中心、牙科诊所
				饮食建筑	C-7	餐饮场所	餐馆、饮食店、食堂、酒吧、茶馆等
				旅馆建筑	C-8	临时住宿休憩场所	酒店、宾馆、招待所、度假村、民宿(少于15间或套)等
	D	公众活动类	供休闲、运动、参观、观演、集会、社交、宗教信徒聚会的场所	文化建筑	D-1	文化活动场所	公共图书馆、博物馆、档案馆、科技馆、纪念馆、美术馆、综合文化活动中心、文化馆、青少年宫、儿童活动中心、老年活动中心等
					D-2	会议展览场所	礼堂、会堂、会议中心、展览馆等
					D-3	观演场所	剧院、电视剧场、电影院、音乐厅、戏院、演艺场馆等
					D-4	文保场所	文物建筑、历史建筑、传统风貌建筑、名人故居等
				文旅建筑	D-5	游乐场所	主题公园、游乐场、水族馆、冰雪建筑、游客服务中心等
				园林建筑	D-6	游憩场所	亭、台、楼、榭、动物园、植物园建筑等
				广电制播建筑	D-7	广电场所	演播厅，摄影、录音、录像棚等
				体育建筑	D-8	竞技体育场所	各类体育场馆、游泳场馆、各类球场、训练馆等
					D-9	大众健身场所	健身房、风雨操场、各类体育设施等
				宗教建筑	D-10	宗教场所	佛教寺院、道观、清真寺、教堂等
	E	交通类	供旅客等候和运输、交通工具停放、交通管理的场所	交通建筑	E-1	交通场站	铁路客货运站、公路长途客运站、港口客运码头、交通枢纽、地铁(轻轨)站、航站楼等
					E-2	交通场库	停车库(场)、公共汽(电)车首末站、保养场、出租汽车场站等
					E-3	交通管理	交通指挥中心、交通监控中心、航管楼、交通应急救援、交通调度站等
	F	医疗类	对疾病进行诊断、治疗与护理，承担公共卫生的预防与保健，从事医学教学与科学研究的场所	医疗建筑	F-1	医疗场所	综合医院、专科医院、社区卫生服务中心等
					F-2	康养场所	疗养院、康复中心等
					F-3	卫生防疫场所	卫生防疫站、专科防治所、检验中心、动物检疫站等
					F-4	特殊医疗场所	传染病医院、精神病医院等
					F-5	其他医疗卫生场所	急救中心、血库等
	G	社会民生服务类	社会民生服务场所	服务建筑	G-1	城市服务场所	城市政务中心、城市游客中心、城市市民中心、社区服务站、街道办事处、房管所、村委会等
					G-2	救援场所	消防站、应急中心、城市避难所等
				民政建筑	G-3	殡葬场所	殡仪馆、火葬场、骨灰存放处、公墓、烈士陵园建筑等
					G-4	救助场所	儿童福利院、孤儿院、残疾人福利院、残疾人福利中心、救助站、戒毒所等
					G-5	老年人活动场所	老年日间照料中心、托老所、日托站、老年服务中心、社区养老驿站(中心)、老年人活动设施等
				监管建筑	G-6	监管场所	监狱、看守所和安全保卫设施等
	H	综合类	不同业态共处一个场所				2种及以上功能的场所、类别综合体

注：表中的示例为目前市场已出现的建筑业态场所类型，可能随着新的建筑业态出现随时增减。

2. 按防火属性分类

《建筑设计防火规范》按建筑高度、功能、火灾危险性和扑救难易程度等对民用建筑进行了分类，并以该分类为基础，分别在耐火等级、防火间距、防火分区、安全疏散、灭火设施等方面对民用建筑的防火设计提出了要求，以实现保障建筑消防安全、保证工程建设和提高投资效益的统一。

民用建筑按其建筑高度和层数分为单、多层民用建筑和高层民用建筑两类。单、多层民用建筑包括高度不大于 27 m 的住宅建筑（包括设置商业服务网点的住宅建筑），建筑高度大于 24 m 的单层公共建筑以及建筑高度不大于 24 m 的其他公共建筑。高层民用建筑包括建筑高度大于 27 m 的住宅建筑和建筑高度大于 24 m 的非单层公共建筑。高层民用建筑又按建筑高度和重要性分为一类高层建筑和二类高层建筑，具体分类方式见表 2-2。

表 2-2　高层民用建筑分类

名称	高层民用建筑	
	一类	二类
住宅建筑	建筑高度大于 54 m 的住宅建筑（包括设置商业服务网点的住宅建筑）	建筑高度大于 27 m，但不大于 54 m 的住宅建筑（包括设置商业服务网点的住宅建筑）
公共建筑	1. 建筑高度大于 50 m 的公共建筑； 2. 建筑高度 24 m 以上部分任一楼层建筑面积大于 1 000 m² 的商店、展览、电信、邮政、财贸金融建筑和其他多种功能组合的建筑； 3. 医疗建筑、重要公共建筑、独立建造的老年人照料设施； 4. 省级及以上的广播电视和防灾指挥调度建筑、网局级和省级电力调度建筑； 5. 藏书超过 100 万册的图书馆、书库	除一类高层公共建筑外的其他高层公共建筑

注：1. 表中未列入的建筑，其类别应根据本表类比确定。
2. 除《建筑设计防火规范》另有规定外，宿舍、公寓等非住宅类居住建筑的防火要求，应符合《建筑设计防火规范》有关公共建筑的规定。
3. 除《建筑设计防火规范》另有规定外，裙房的防火要求应符合本规范有关高层民用建筑的规定。

二、技术指标

建筑的技术指标很多，用来描述建筑的规模、形式、性能等内容，如建筑高度、建筑层数、层高/室内净高、建筑面积等，它们的参数直接决定着建筑的类别和所适用的设计规则。建筑师必须清楚地了解基础技术指标的定义和取值规则。有些技术指标在取值时会遇到非常复杂的情况，会存在同一技术指标在不同情况下取值规则不同的情况，对这样的指标仅做泛泛的了解是不够的。本节只介绍部分基础指标和它们的取值规则，其他技术指标在后续相关章节中再做介绍。

1. 建筑高度

建筑高度指标的确定比较复杂，在测算建筑高度的时候，视具体情况而定，不同情况下的取值规则是不同的。

1）《建筑设计防火规范》的规定

在讨论建筑防火疏散问题时，要遵从防火规范主张的建筑高度计算规则，要符合《建筑设计防火规范》的相关规定。

■《建筑设计防火规范》GB 50016—2014（2018 版）〖A.0.1〗

（1）建筑屋面为坡屋面时，建筑高度应为建筑室外设计地面至其檐口与屋脊的平均高度。

注意：檐口高度为坡顶结构面层与外墙外皮延长线交点处的建筑高度；如果坡屋顶内有夹层，应计算到最高夹层的楼面。

（2）建筑屋面为平屋面（包括有女儿墙的平屋面）时，建筑高度应为建筑室外设计地面至其屋面面层的高度。

注意：屋面面层不是指结构面层，而是指建筑完成后的屋面面层。

（3）同一座建筑有多种形式的屋面时，建筑高度应按上述方法分别计算后，取其中最大值。

（4）对于台阶式地坪，当位于不同高程地坪上的同一建筑之间有防火墙分隔，各自有符合规范规定的安全出口，且可沿建筑的两个长边设置贯通式或尽头式消防车道时，可分别计算各自的建筑高度。否则，应按其中建筑高度最大者确定该建筑的建筑高度。

（5）局部突出屋顶的瞭望塔、冷却塔、水箱间、微波天线间或设施、电梯机房、排风和排烟机房以及楼梯出口小间等辅助用房占屋面面积不大于 1/4 者，可不计入建筑高度。

注意：这些都是设备用房和功能设施，如果有供人居住、工作的房间，不论人数多少，均应计入建筑层数和高度。

（6）对于住宅建筑，设置在底部且室内高度不大于 2.2 m 的自行车库、储藏室、敞开空间，室内外高差或建筑的地下或半地下室的顶板面高出室外设计地面的高度不大于 1.5 m 的部分，可不计入建筑高度。

注意：对住宅建筑，不计入层数的部分也不计入高度。

除台阶式地坪外，普通场地中的建筑在计算高度时，作为计算起点的室外设计地面应选择在满足消防扑救操作要求的建筑首层主出入口处的室外场地。

2）《民用建筑设计统一标准》的规定

当一般性地谈论建筑高度的时候，应按《民用建筑设计统一标准》的规则要求确定建筑高度，对于没有特殊控制要求的一般建筑的计算应符合下列规定。

■《民用建筑设计统一标准》GB 50352—2019〖4.5.2〗

平屋顶建筑高度应按建筑物主入口处室外设计地面至建筑女儿墙顶点的高度计算，无女儿墙的建筑物应计算至其屋面檐口；坡屋顶建筑高度应按建筑物室外地面至屋檐和屋脊的平均高度计算；当同一座建筑物有多种屋面形式时，建筑高度应按上述方法分别计算后取其中最大值；下列突出物不计入建筑高度内：

（1）局部突出屋面的楼梯间、电梯机房、水箱间等辅助用房占屋顶平面面积不超过 1/4 者；

（2）突出屋面的通风道、烟囱、装饰构件、花架、通信设施等；

（3）空调冷却塔等设备。

3）用于日照间距计算的建筑高度

用于日照间距计算的建筑高度应服从《民用建筑设计统一标准》的规定，即建筑高度要计算到女儿墙顶，对特殊形式的屋顶或突出部件还要考虑它们对日照的真实影响，不能以防火建筑高度作为日照间距的计算依据。

4）特殊管控区域内的建筑高度

当建筑位于机场、电台、电信、微波通信、气象台、卫星地面站、军事要塞工程等设施的技术作业控制区内及机场航线控制范围内时，应按净空要求控制建筑高度及施工设备高度。建筑处在历史文化名城名镇名村、历史文化街区、文物保护单位、历史建筑和风景名胜区、自然保护区的各项建设，应按规划控制建筑高度。这两类控制区内建筑，建筑高度应以绝对海拔高度控制建筑物室外地面至建筑物和构筑物最高点的高度。第一种情况还规定按净空要求控制高度，即需把局部突出建筑部件和相关设施的实际总高度都包括在内。

5）具体情况下的建筑高度

建筑设计中有许多与建筑高度密切相关的设计内容和要求，应根据具体情况确定建筑高度。比如人民防空地下室室外出口的出地面段要求布置在地面建筑的倒塌范围以外，这个倒塌范围就是按建筑高度测算的，这时的建筑高度指室外地平面至地面建筑檐口或女儿墙顶部的高度。这时，根据建筑倒塌影响人防出口的机制，建筑高度应当从室外地面算至女儿墙顶，其他情况也应如此分析确定建筑高度取值位置，见图 2-1。

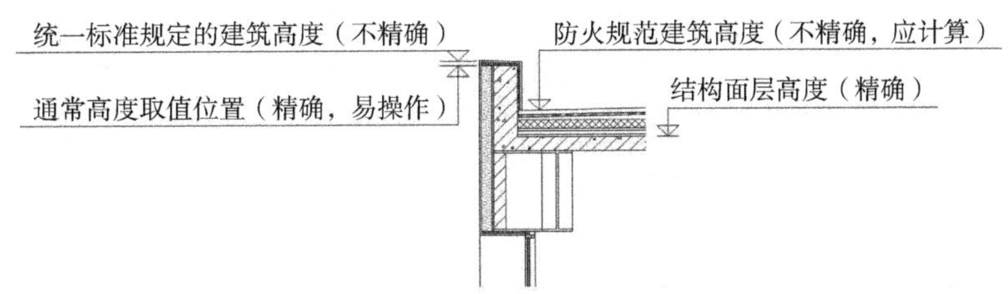

图 2-1　建筑高度取值位置示意图

2. 建筑层数

建筑层数的确定方法应符合以下规范的相关规定。

■《建筑设计防火规范》GB 50016—2014(2018 版)〖A.0.2〗

建筑层数应按建筑的自然层数计算，下列空间可不计入建筑层数：

(1)室内顶板面高出室外设计地面的高度不大于 1.5 m 的地下或半地下室；

(2)设置在建筑底部且室内高度不大于 2.2 m 的自行车库、储藏室、敞开空间；

(3)建筑屋顶上突出的局部设备用房、出屋面的楼梯间等。

注意：指称楼层数量一般用阿拉伯数字表示，如“楼高 30 层”；指称具体楼层一般用汉语数字表示，如“第一层”。

3. 层高和室内净高

层高，指建筑物各层之间以楼、地面面层(完成面)计算的垂直距离，屋顶层由该层楼面面层(完成面)至平屋面的结构面层或至坡顶的结构面层与外墙外皮延长线的交点计算的垂直距离。室内净高，指从楼、地面面层(完成面)至吊顶或楼盖、屋盖底面之间的有效使用空间的垂直距离。建筑用房的室内净高应符合以下规范的相关规定。

■《民用建筑设计统一标准》GB 50352—2019

〖6.3.2〗室内净高应按楼地面完成面至吊顶、楼板或梁底面之间的垂直距离计算；当楼盖、屋盖的下悬构件或管道底面影响有效使用空间时，应按楼地面完成面至下悬构件下缘或管道底面之间的垂直距离计算。

〖6.3.3〗建筑用房的室内净高应符合国家现行相关建筑设计标准的规定。地下室、局部夹层、走道等有人员正常活动的最低处净高不应小于 2.0 m。

■《办公建筑设计标准》JGJ/T 67—2019〖4.1.11〗

办公建筑的净高应符合下列规定：

(1)有集中空调设施并有吊顶的单间式和单元式办公室净高不应低于 2.50 m；

(2)无集中空调设施的单间式和单元式办公室净高不应低于 2.70 m；

(3)有集中空调设施并有吊顶的开放式和半开放式办公室净高不应低于 2.70 m；

(4)无集中空调设施的开放式和半开放式办公室净高不应低于 2.90 m；

(5)走道净高不应低于 2.20 m，储藏间净高不宜低于 2.00 m。

建筑的层高和室内净高要根据人体尺度、功能需要、设备高度、观瞻效果等多方面的要求综合权衡确定，设计时还应以类型相同、规模相近的建成项目做参考。需要注意的是，规范规定的最小净高不是最佳净高，除非迫不得已，否则不能以最小净高作为设计标准。建筑中的附属空间或次要空间虽然也有自身的层高、净高诉求，但其层高一般随主体功能的需要而定，高度大于合理需求时可通过吊顶进行调节。根据所需的室内净高，以及结构占用高度和吊顶及吊顶内的各类管线的占用高度，就可以推算出所需的楼层高度。各类功能空间的净高要求见表 2-3。

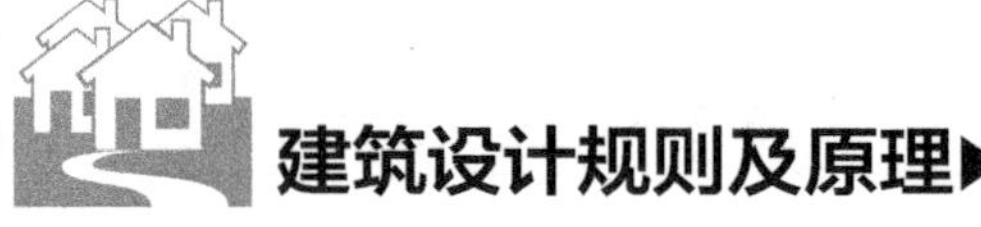

表 2-3　各类功能室间的室内净高

序号	建筑类别	房间部位	室内净高不应低于(m) 无空调	室内净高不应低于(m) 有空调	备注
1	托儿所和幼儿园	活动室、寝室、乳儿室	2.8	2.6	局部不应低于 2.2 m
		音体活动室	3.6	3.1	
2	中小学校	普通教室、史地、美术、音乐教室	小学 3.0 初中 3.05 高中 3.1	—	各种体育场地净高的最低允许值：田径 9 m；篮球 7 m；体操 6 m；排球 7 m；羽毛球 9 m；乒乓球 4 m
		科学教室、实验室、计算机教室、劳动教室、技术教室、合班教室	3.1	—	
		舞蹈兼形体教室	4.5		
		阶梯教室	最后一排(地面最高处)距天棚或上方突出物最小距离为 2.2 m	—	
		风雨操场	取决于运动内容	—	
3	办公	办公室：一类办公建筑	2.8	2.7	—
		办公室：二类办公建筑	2.7	2.6	
		办公室：三类办公建筑	2.6	2.5	
		走道	2.2	—	
4	旅馆	客房	2.6	2.4	—
		客房(利用坡屋顶内空间)	2.4	—	至少有 8 m² 满足要求
		卫生间、客房内过道、走廊	2.1		—
5	博物馆	陈列室	3.5		—
		藏品库房	2.4		
6	展览馆	展厅(展览面积)：甲等≥ 1 万 m²	12.0	—	—
		展厅(展览面积)：乙等 0.5 万~1 万 m²	8.0		
		展厅(展览面积)：丙等<0.5 万 m²	6.0		
7	档案馆	档案库	2.6	—	—
8	图书馆	阅览室	2.6	2.5	局部不应低于 2.3 m
		书库、阅览室藏书区	2.4	—	
		积层书架的书库	4.7		
9	体育建筑	综合馆比赛场地	15	—	专用场馆室内净高不得小于该专项对场地净高的要求；括号内数据为国际比赛要求
		练习房	10		
		网球馆	12		
		篮球	7		
		排球	7(12.5)		
		羽毛球室	9(12)		
		乒乓球室	4		
		运动员用房	2.7		
		供篮、排球运动员使用的走道	2.4		
10	娱乐、健身场所	歌舞厅等大型厅室	3.6	3.2	—
		歌厅、棋牌、电子游戏、网吧等小型厅室	2.8	2.5	
		健身等小型厅室	2.9	2.6	

续表

序号	建筑类别	房间部位			室内净高不应低于(m)		备注
					无空调	有空调	
11	饮食建筑	小餐厅			2.6	2.4	—
		大餐厅			3.0	2.8	
		厨房			3.0	—	
12	商店	设有货架的库房			2.1	—	—
		设有夹层的库房			4.6		
		无固定堆放形式的库房			3.0		
		营业厅	最大进深与净高比	单面开窗 2:1	3.2	—	自然通风
				前面敞开 2.5:1	3.2		
				前后开窗 4:1	—	3.5	
				5:1		3.5	机械排风和自然通风结合
				不限		3.0	系统通风、空调(小型厅或局部空间≥ 2.4 m)
13	汽车客运站	候车厅			3.6	3.3	
14	医院	诊查室			2.6	2.4	—
		病房			2.8	2.6	
		医技科室			2.8	2.6	
15	银行	营业厅			3.6	—	—
		金库			3.0		
16	住宅	起居室(厅)、卧室			2.4	—	局部净高不低于 2.1 m,其面积不应大于室内使用面积的 1/3
		利用坡屋顶内空间做起居室(厅)、卧室时			1/2 使用面积净高≥ 2.1		—
		厨房、卫生间			2.2		局部排水横管下表面不应低于 1.9 m
17	宿舍	居室	单层床		2.6	—	根据实际经验建议当采用高架床时,层高宜用 3.5 m
			双层床或高架床		3.4		
		辅助用房			2.5		
18	小型汽车库	车库			2.2	—	—
		坡道垂直高度			2.3		
19	自行车库	自行车库			2.0	—	—
20	人防工程	人员掩蔽所(专业队装备掩蔽部和人防汽车库除外)			2.4	—	局部不应低于 2.0 m
21	其他	地下室、储藏室、局部夹层、走道等有人员正常活动的房间			2.0	—	局部最低处

注:备注中局部最低处为有梁或管线时的取值。

4. 体形系数

体形系数,指建筑物与室外空气直接接触的外表面积与其所包围的体积的比值,外表面积不包括地面和不供暖楼梯间内墙的面积。体形系数是重要的建筑节能指标,一般说,建筑形体规整、紧凑,体形系数就小;凹凸较多、形体零散、层数较低,体形系数就大。体型系数越大,节能效果越差。

5. 窗墙比

窗墙比简单说就是窗户面积和外墙墙面面积之比。窗墙比有两种算法：一种是单一立面窗墙比，指建筑某一个立面的窗户洞口面积与该立面的总面积之比；另一种是特定房间窗墙比，指窗户洞口面积与房间立面单元面积（即建筑层高与开间定位线围成的面积）之比。

虽然这两种窗墙比在计算方法上有区别，但所表达的意义是一致的，即窗墙比越大，散热越快，节能效果越差，因为窗户的保温性能通常要比墙体部分差。采用哪种计算方法取决于规范对于节能目标的调控方式。公共建筑采用的是单一立面窗墙比，这种做法倾向于以控制建筑整体能耗为目标，不关注具体房间的开窗情况，这种做法比较适合公共建筑的节能要求和特点；住宅建筑采用的是特定房间窗墙比，由于住宅建筑的房间标准化程度高，以这种方式控制能耗相对简便易行。

6. 建筑面积

1）关键术语

◣建筑面积：建筑物（包括墙体）所形成的楼地面面积。

◣架空层：仅有结构支撑而无外围护结构的开敞空间层。

◣门廊：指建筑物入口前有顶棚的半围合空间。

2）计算规则

建筑面积计算应遵照《建筑工程建筑面积计算规范》的相关规定执行，《民用建筑通用规范》中关于建筑面积计算的内容具有总结、补充、强调的作用。以下是规范中关于建筑面积计算的代表性规定，细节要求可查看规范原文。

■《建筑工程建筑面积计算规范》GB/T 50353—2013

〖3.0.1〗建筑物的建筑面积应按自然层外墙结构外围水平面积之和计算。结构层高在 2.20 m 及以上的，应计算全面积；结构层高在 2.20 m 以下的，应计算 1/2 面积。

〖3.0.3〗形成建筑空间的坡屋顶，结构净高在 2.10 m 及以上的部位应计算全面积；结构净高在 1.20 m 及以上至 2.10 m 以下的部位应计算 1/2 面积；结构净高在 1.20 m 以下的部位不应计算建筑面积。

〖3.0.7〗建筑物架空层及坡地建筑物吊脚架空层，应按其顶板水平投影计算建筑面积。结构层高在 2.20 m 及以上的，应计算全面积；结构层高在 2.20 m 以下的，应计算 1/2 面积。

〖3.0.8〗建筑物的门厅、大厅应按一层计算建筑面积，门厅、大厅内设置的走廊应按走廊结构底板水平投影面积计算建筑面积。结构层高在 2.20 m 及以上的，应计算全面积；结构层高在 2.20 m 以下的，应计算 1/2 面积。

〖3.0.9〗建筑物间的架空走廊，有顶盖和围护结构的，应按其围护结构外围水平面积计算全面积；无围护结构、有围护设施的，应按其结构底板水平投影面积计算 1/2 面积。

〖3.0.13〗窗台与室内楼地面高差在 0.45 m 以下且结构净高在 2.10 m 及以上的凸（飘）窗，应按其围护结构外围水平面积计算 1/2 面积。

〖3.0.14〗有围护设施的室外走廊（挑廊），应按其结构底板水平投影面积计算 1/2 面积；有围护设施（或柱）的檐廊，应按其围护设施（或柱）外围水平面积计算 1/2 面积。

〖3.0.16〗门廊应按其顶板水平投影面积的 1/2 计算建筑面积；有柱雨篷应按其结构板水平投影面积的 1/2 计算建筑面积；无柱雨篷的结构外边线至外墙结构外边线的宽度在 2.10 m 及以上的，应按雨篷结构板的水平投影面积的 1/2 计算建筑面积。

〖3.0.19〗建筑物的室内楼梯、电梯井、提物井、管道井、通风排气竖井、烟道，应并入建筑物的自然层计算建筑面积。有顶盖的采光井应按一层计算面积，结构净高在 2.10 m 及以上的，应计算全面积；结构净高在 2.10 m 以下的，应计算 1/2 面积。

〖3.0.20〗室外楼梯应并入所依附建筑物自然层，并应按其水平投影面积的 1/2 计算建筑面积。

〖3.0.21〗在主体结构内的阳台,应按其结构外围水平面积计算全面积;在主体结构外的阳台,应按其结构底板水平投影面积计算 1/2 面积。

〖3.0.22〗有顶盖无围护结构的车棚、货棚、站台、加油站、收费站等,应按其顶盖水平投影面积的 1/2 计算建筑面积。

〖3.0.23〗以幕墙作为围护结构的建筑物,应按幕墙外边线计算建筑面积。

〖3.0.24〗建筑物的外墙外保温层,应按其保温材料的水平截面积计算,并计入自然层建筑面积。

〖3.0.27〗下列项目不应计算建筑面积:

(1)与建筑物内不相连通的建筑部件;

(2)骑楼、过街楼底层的开放公共空间和建筑物通道;

(3)舞台及后台悬挂幕布和布景的天桥、挑台等;

(4)露台、露天游泳池、花架、屋顶的水箱及装饰性结构构件;

(5)建筑物内的操作平台、上料平台、安装箱和罐体的平台;

(6)勒脚、附墙柱、垛、台阶、墙面抹灰、装饰面、镶贴块料面层、装饰性幕墙,主体结构外的空调室外机搁板(箱)、构件、配件,挑出宽度在 2. 10 m 以下的无柱雨篷和顶盖高度达到或超过两个楼层的无柱雨篷;

(7)窗台与室内地面高差在 0.45 m 以下且结构净高在 2.10 m 以下的凸(飘)窗,窗台与室内地面高差在 0.45 m 及以上的凸(飘)窗;

(8)室外爬梯、室外专用消防钢楼梯;

(9)无围护结构的观光电梯;

(10)建筑物以外的地下人防通道,独立的烟囱、烟道、地沟、油(水)罐、气柜、水塔、贮油(水)池、贮仓、栈桥等构筑物。

■《民用建筑通用规范》GB 55031—2022

【3.1.2】总建筑面积应按地上和地下建筑面积之和计算,地上和地下建筑面积应分别计算。

【3.1.4】永久性结构的建筑空间,有永久性顶盖、结构层高或斜面结构板顶高在 2.20 m 及以上的,应按下列规定计算建筑面积:

(1)有围护结构、封闭围合的建筑空间,应按其外围护结构外表面所围空间的水平投影面积计算;

(2)无围护结构、以柱围合,或部分围护结构与柱共同围合,不封闭的建筑空间,应按其柱或外围护结构外表面所围空间的水平投影面积计算;

(3)无围护结构、单排柱或独立柱、不封闭的建筑空间,应按其顶盖水平投影面积的 1/2 计算;

(4)无围护结构、有围护设施、无柱、附属在建筑外围护结构、不封闭的建筑空间,应按其围护设施外表面所围空间水平投影面积的 1/2 计算。

【3.1.5】阳台建筑面积应按围护设施外表面所围空间水平投影面积的 1/2 计算;当阳台封闭时,应按其外围护结构外表面所围空间的水平投影面积计算。

【3.1.7】功能空间使用面积应按功能空间墙体内表面所围合空间的水平投影面积计算。

【3.1.8】功能单元使用面积应按功能单元内各功能空间使用面积之和计算。

注:建筑面积计算图示见附录图页 1(P213)。

三、建筑模数

1. 相关术语

◣模数:选定的尺寸单位,作为尺度协调中的增值单位。

◣基本模数:模数协调中的基本尺寸单位,用 M 表示。

◣扩大模数:基本模数的整数倍数。

◣分模数：基本模数的分数值，一般为整数分数。
◣定位线：用来确定建筑部件的安装位置及其标志尺寸的线。
◣定位轴线：定位线的一种，常用于受力部件如结构柱、墙（基础）的定位。

2. 模数的意义

为了提高建设效率，推进设计标准化和建造工业化，须在不影响功能需求和选择自由的前提下，尽量压缩建筑空间和建筑构配件尺寸的可变范围，减少可选择的尺寸规格。这就意味着设计中的可选择尺寸数列不是连续平滑的，而是断续的和呈梯级分布的，两个相邻尺寸间会有个差值，这个差值通常是固定的，是尺寸协调中的增值单位，也就是我们所说的模数。空间大小和建筑构配件尺寸均须以模数为梯度进行变化，模数是相邻可选尺寸间的规定间隔，是由国家统一规定的。国家对于模数的统一规定实际上就是建筑尺寸取值的规则，应遵守《建筑模数协调标准》和《民用建筑设计统一标准》的相关规定。

模数是在不同层次上统一建筑及其构配件尺度的标准尺寸单位，是建筑设计、制造、施工、安装等活动中进行尺度协调的基础。模数协调能减少部件种类，优化部件尺寸，保证构配件安装吻合，提高构配件通用性，减少或避免现场切割的工作量以及由此带来的物料浪费。

3. 模数的规定

《建筑模数协调标准》规定：1 M=100 mm。建筑空间和部件尺寸均应以基本模数为根据扩展。基本模数的整数倍为扩大模数，基本模数的分数值为分模数，扩大模数和分模数被称为导出模数。扩大模数的基数应为 2 M、3 M、6 M、9 M、12 M……；分模数的基数应为 M/10、M/5、M/2，即分模数只有三个：10 mm、20 mm、50 mm。模数取值与建筑空间或部件的尺度范围有关，尺度越大，模数取值也越大，反之则越小。

建筑的楼层和竖向部件尺寸一般以 1 M 为模数，房间的开间进深多以 3 M 为模数，大型厂房的跨度常以 60 M 为模数。M/10 一般是建筑设计中用到的最小分模数，这意味着建筑标注尺寸一般精确到 10 mm 即可，除了小部件的大样图，标注尺寸一般不会精确到“mm”。M/2 是较为常用的分模数，墙、柱、梁截面一般以 50 mm 为模数。传统黏土砖墙的砌筑尺寸一般以 6M/10 为基本模数，这与砖的标准尺寸 60 mm × 120 mm × 240 mm 有关。现在模数的发展趋势是简化、整合，强调基本模数，淡化 3 M 概念。以下为规范中对模数的规定。

■《民用建筑设计统一标准》GB 50352—2019〖3.5.2〗

建筑平面的柱网、开间、进深、层高、门窗洞口等主要定位线尺寸，应为基本模数的倍数，并应符合下列规定：

（1）平面的开间进深、柱网或跨度、门窗洞口宽度等主要定位尺寸，宜采用水平扩大模数数列 2*n*M、3*n*M（*n* 为自然数）；

（2）层高和门窗洞口高度等主要标注尺寸，宜采用竖向扩大模数数列 *n*M（*n* 为自然数）。

4. 建筑部件的定位

建筑模数与部件的定位是密切相关的，因为定位方式决定着尺寸测量的起止位置和数值大小，也决定着建筑部件的设计、制作、安装等环节能否协调一致。建筑部件的定位既可采用中心线定位法，也可采用界面定位法，或者两种定位法混合使用。中心线定位法指基准面（线）设于部件上（多为部件的物理中心线）；界面定位法指基准面（线）设于部件边界。建筑的定位轴线与部件的物理中线不重合的定位做法也是很常见的，370 墙就是以轴线内 120 mm、轴线外 250 mm 的方式定位的。当 370 墙为剪力墙时，通常采用中心线定位法。框架结构内柱的定位线通常与柱子的对称轴重合，外围柱轴线偏心定位的情况则非常多见。楼板及屋面板的定位一般均采用界面定位法。

第 3 篇

建筑部件篇

组成建筑的部件非常多,功能各异,本篇着重介绍在建筑设计中具有关键影响的功能部件,涉及术语定义和设计规则等内容。这些知识对于建筑师来说相当基本和重要,必须掌握并熟练应用。

一、台阶和人行坡道

台阶:联系室内外地坪或楼层不同标高而设置的阶梯形踏步。

坡道:联系室内外地坪或楼层不同标高而设置的斜坡。

以解决高差问题为目的的阶梯一般称为台阶;以联系楼层为目的的阶梯一般称为楼梯;坡道则是解决高差和楼层联系问题的另外一种手段。台阶、楼梯有相同的阶梯形式,因而有相似的设计要求;台阶、坡道有相近的功能和应用场景,因此也有一些相通的设计要求。

相对于台阶,坡道的优势是坡面平滑、平缓,既能走人,也能行车。人行坡道除了走人,也可以推行轮椅、自行车等小型非机动交通工具;车行坡道则指专门用于通行各类车辆的坡道。根据通行车辆的体量和动力差异,车行坡道又分为非机动车坡道和机动车坡道。本节主要讲台阶和人行坡道的设计要求,车行坡道的相关内容详见本书第 5 篇。

一两步台阶经常被忽视,容易踩空,非常危险。寒冷和严寒地区下雪或结冰时容易打滑,因而室外台阶和坡道的防滑应当引起重视,不应铺贴有光滑面层的石材或面砖。室外坡道为了防滑,经常把面层做成礓䃰的形式,即把坡道做成斜面带有若干锯齿槽状的防滑坡道。

坡道设置必须区分一般要求和无障碍要求,无障碍坡道比普通人行坡道的安全性要求更高,坡度更缓。无障碍坡道的设计要求,详见本书第 5 篇的“建筑无障碍设计”一节。由于坡道占用面积大,同样的爬高,行程也更长,因而现在一般不用坡道作为解决跨层交通的手段,而是代之以电梯、扶梯等设施,偶有在层间用坡道连接的情况,必有超出交通需要之外的考虑,如路径观览、空间效果等。

台阶和人行坡道的设计应符合以下规范的相关规定。

■《民用建筑通用规范》GB 55031—2022

【5.2.1】当台阶、人行坡道总高度达到或超过 0.70 m 时,应在临空面采取防护措施。

【5.2.2】建筑物主入口的室外台阶踏步宽度不应小于 0.30 m,高度不应大于 0.15 m。

【5.2.3】台阶踏步数不应少于 2 级,当踏步数不足 2 级时,应按人行坡道设置。

【5.2.4】台阶、人行坡道的铺装面层应采取防滑措施。

■《建筑防火通用规范》GB 55037—2022【7.1.4.4】

净宽度大于 4.0 m 的疏散楼梯、室内疏散台阶或坡道,应设置扶手栏杆将其分隔为宽度均不大于 2.0 m 的区段。

■《民用建筑设计统一标准》GB 50352—2019〖6.7.2〗

(1)室内坡道坡度不宜大于 1∶8,室外坡道坡度不宜大于 1∶10。

(2)当室内坡道水平投影长度超过 15.0 m 时,宜设休息平台,平台宽度应根据使用功能或设备尺寸所需缓冲空间而定。

■《中小学校设计规范》GB 50099—2011〖8.6.2〗

中小学校的建筑物内,当走道有高差变化应设置台阶时,台阶处应有天然采光或照明,踏步级数不得少于 3 级,并不得采用扇形踏步。当高差不足 3 级踏步时,应设置坡道。坡道的坡度不应大于 1∶8,不宜大于 1∶12。

■《托儿所、幼儿园建筑设计规范》JGJ 39—2016(2019 年版)〖4.1.13〗

幼儿经常通行和安全疏散的走道不应设有台阶,当有高差时,应设置防滑坡道,其坡度不应大于 1∶12。疏散走道的墙面距地面 2 m 以下不应设有壁柱、管道、消火栓箱、灭火器、广告牌等突出物。

二、门

门是我们熟悉的建筑部件，建筑和空间的进出莫不与门有关。门的种类非常多，不同类型的门有不同的形式和作用。门既涉及人体尺度问题，也事关防火疏散安全，设计时应遵守相关的设计规则。常见门窗形式与表达见图 3-1。

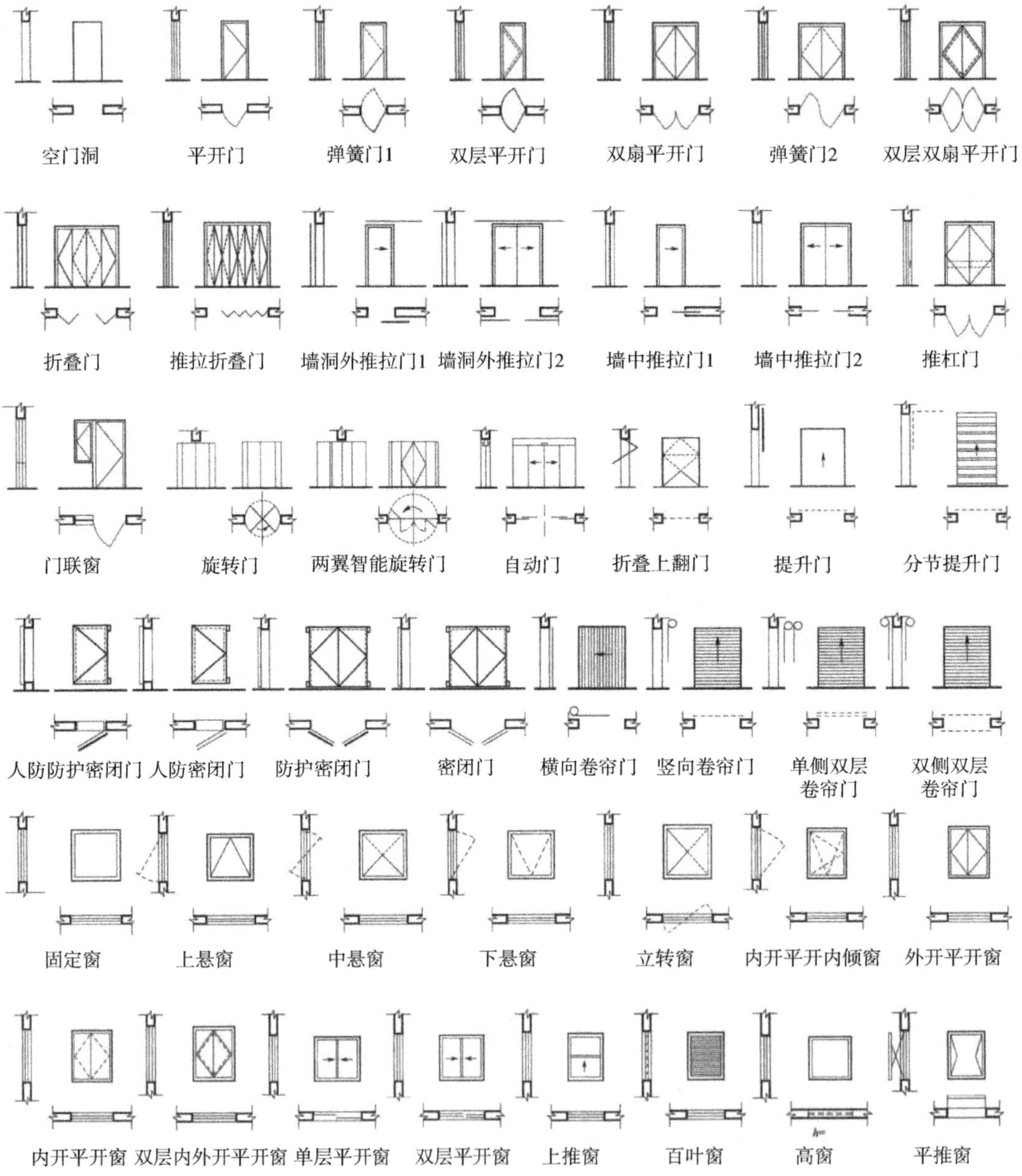

图 3-1 常见门窗形式与表达

（注：平面图中，上为内、下为外；立面图中，开启线实线为外开，虚线为内开，开启线交角的一侧为安装合页一侧，在窗立面大样图中要绘出开启线和开启方向箭头，在施工图的立面图中可根据需要选择绘或不绘，在方案设计立面图中一般不绘制开启线和开启方向箭头；剖面图中，左为外、右为内；门窗立面形式应按实际情况绘制；附加纱扇在门窗的平、立、剖面图中均不表示，一般以文字说明；门的名称代号用 M 表示，窗的名称代号用 C 表示；门洞的 h 表示门洞高度，高窗的 h 表示高窗底距本层地面的高度。）

1. 门的类型

门按材料分，有木门、金属门、玻璃门等；按功能分，有防火门、防盗门、隔音门等；按开启方式分，有平开门、推拉门、卷帘门等。在设计中要根据功能用途恰当选择门的形式。在门的各种特征中，开启方式产生的影响最大，下面着重介绍一下按开启方式进行分类的几种不同类型的门和与之相关的设计规则。

1 ）平开门

平开门，指转动轴位于门侧边，门扇向门框平面外旋转开启的门。平开门利于人员疏散，用途最为广泛。平开门又分为单扇平开门和双扇平开门，双扇平开门还可分为等宽双扇平开门和不等宽双扇平开门，不等宽双扇平开门在特定情况下能有效减小门扇开启时对疏散的不利影响。常见平开门形式与表达见图 3-2。

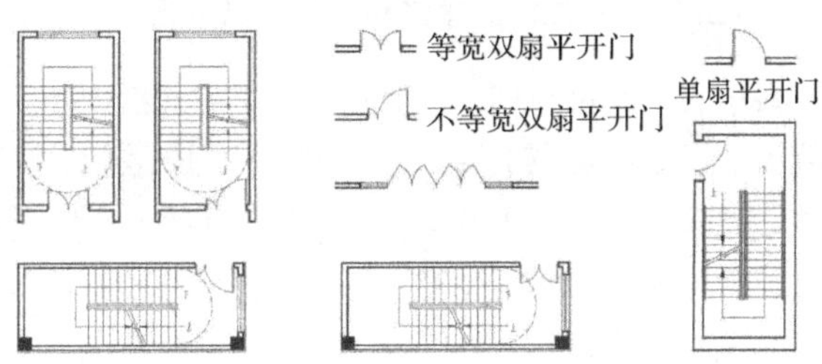

图 3-2　常见平开门形式与表达

2 ）弹簧门

弹簧门，设置弹簧合页（ 铰链 ）或地弹簧，能旋转开启并自动关闭的平开门，一般为两向开启的双面弹簧门。弹簧门是平开门的一种，可用作疏散门，常设置于建筑的出入口处或其他双向人员往来比较频繁的地方。由于弹簧门有回弹力，为了便于两侧人员在开门时相互此识别，避免碰撞或被弹回的门扇碰伤，一般设置为双向透明的玻璃门。即便如此，弹簧门也不应设置在少年儿童活动和使用的场所。建筑入口处设置的弹簧门见图 3-3。以下是各类规范对弹簧门设置的相关规定。

■《民用建筑通用规范》GB 55031—2022【 6.5.3 】

非透明双向弹簧门应在可视高度部位安装透明玻璃。

■《中小学校设计规范》GB 50099—2011〖 8.1.8 〗

教学用房疏散通道上的门不得使用弹簧门、旋转门、推拉门、大玻璃门等不利于疏散通畅、安全的门。

■《托儿所、幼儿园建筑设计规范》JGJ 39—2016（ 2019 年版 ）〖 4.1.8 〗

幼儿出入的门不应设置旋转门、弹簧门、推拉门，不宜设金属门。

3 ）转门

转门，单扇或多扇沿竖轴逆时针转动的门。转门通常用于一些规格较高的厅堂中供人员日常进出。转门有利于保持室内的清洁和温湿条件，但疏散效率低，容易卡住，不能用作疏散门，不能用于中小学校、托儿所、幼儿园。建筑出入口设转门时，必须同时配套设置能够满足规范要求并向疏散方向开启的平开门。转门的应用见图 3-4。

图 3-3　建筑入口处设置的弹簧门　　　　图 3-4　转门的应用

4 ）推拉门

推拉门，门扇在平行门框的平面内可沿水平方向移动启闭的门。推拉门分为单扇推拉门和双扇推拉门；存在设于墙侧和设于门洞口内两种情况。单扇推拉门只能设于墙侧，双扇推拉门既可设于墙侧，也可设于门洞口内。设于门洞口内的双扇推拉门，其有效通行宽度不足洞口宽的一半，这就要求门洞宽度不能小于

1.2 m。设于墙侧的推拉门，容门一侧要有足够的容门空间和墙宽，否则推拉门就无法充分开启。推拉门的做法和开启情况示意见图 3-5。

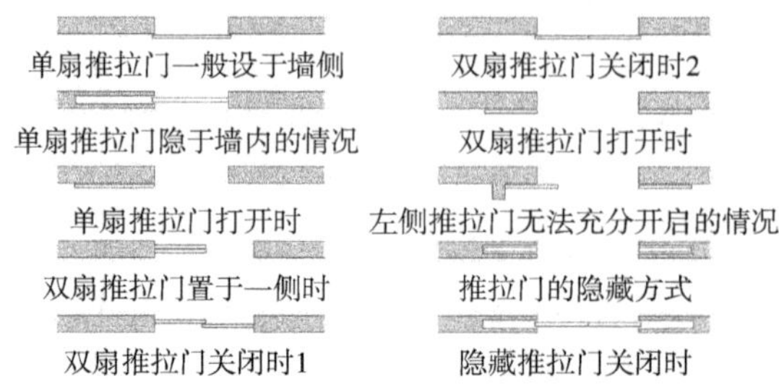

图 3-5　推拉门的做法和开启情况示意图

推拉门启闭时对周围空间影响小，住宅的厨房、卫生间、储藏室、储衣间、壁柜、阳台等部位均可设置推拉门。由于推拉门受到正面挤压后难以开启，和转门一样，不能用作疏散门，不能用于中小学校、托儿所、幼儿园。除了手动开启的推拉门，公共建筑的出入口处也经常设置电动推拉门，电动推拉门要配套设置能满足疏散要求的平开门，这时要留设推拉门扇能充分开启的宽度和空间。少数建筑有将推拉门置于墙内或通过装修进行隐藏的做法，这样可使空间干净简洁，但由于隐藏推拉门不便清洁和维护，设计中不宜轻易选用。隐式推拉门局部放大见图 3-6，推拉门明装居多，建筑出入口推拉门设置做法与要求见图 3-7。

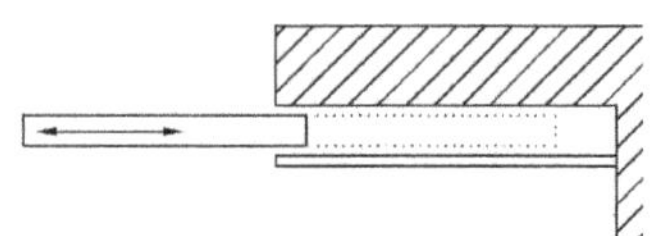

图 3-6　隐式推拉门局部放大

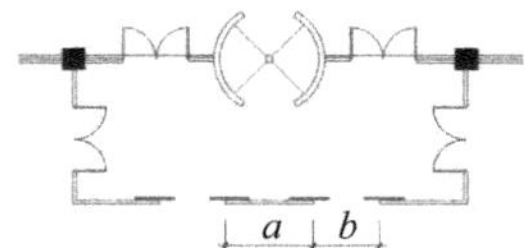

图 3-7　入口门的组合做法示例

（注：$a>b$）

a 为固定门扇宽，b 为门洞口宽

5）卷帘门

卷帘门，也称“卷门”，指用页片、栅条、网格组成的，可向左右、上下卷动开启的门。卷帘门以上下卷动者居多，还有手动、电动之分。卷帘门有不同的种类、功能和用途，但不论哪种卷帘门，均不能用作疏散门。为了避免卷帘门频繁起落，又能方便少量人员日常进出，有在卷帘门上设帘中门的做法，但帘中门在人群紧急疏散情况下无法保证安全、快速疏散，也不允许用作疏散门。卷帘门安装做法见图 3-8。

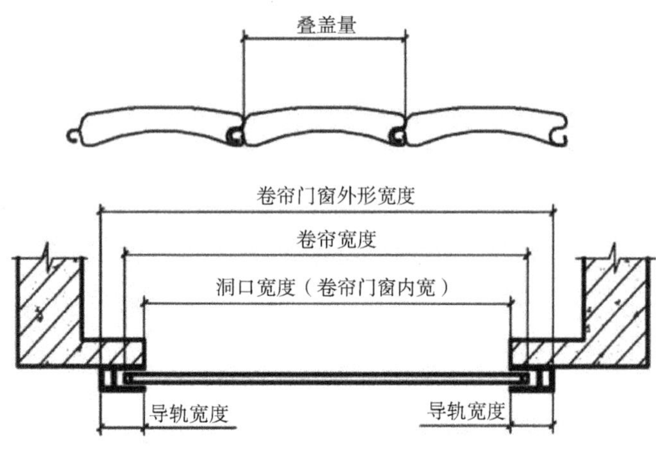

（a）卷帘门窗安装洞口参数示意图

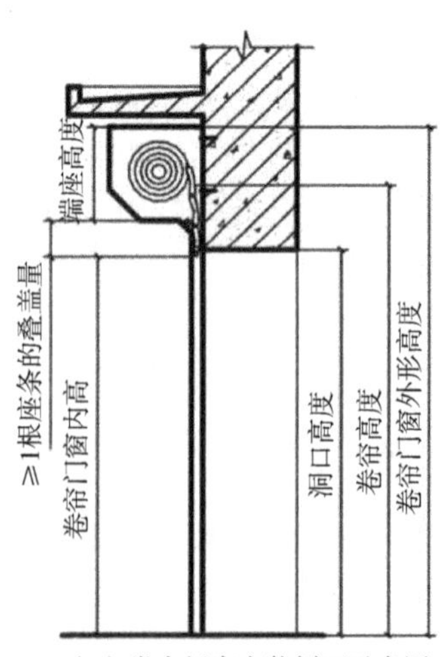

（b）卷帘门窗安装剖面示意图

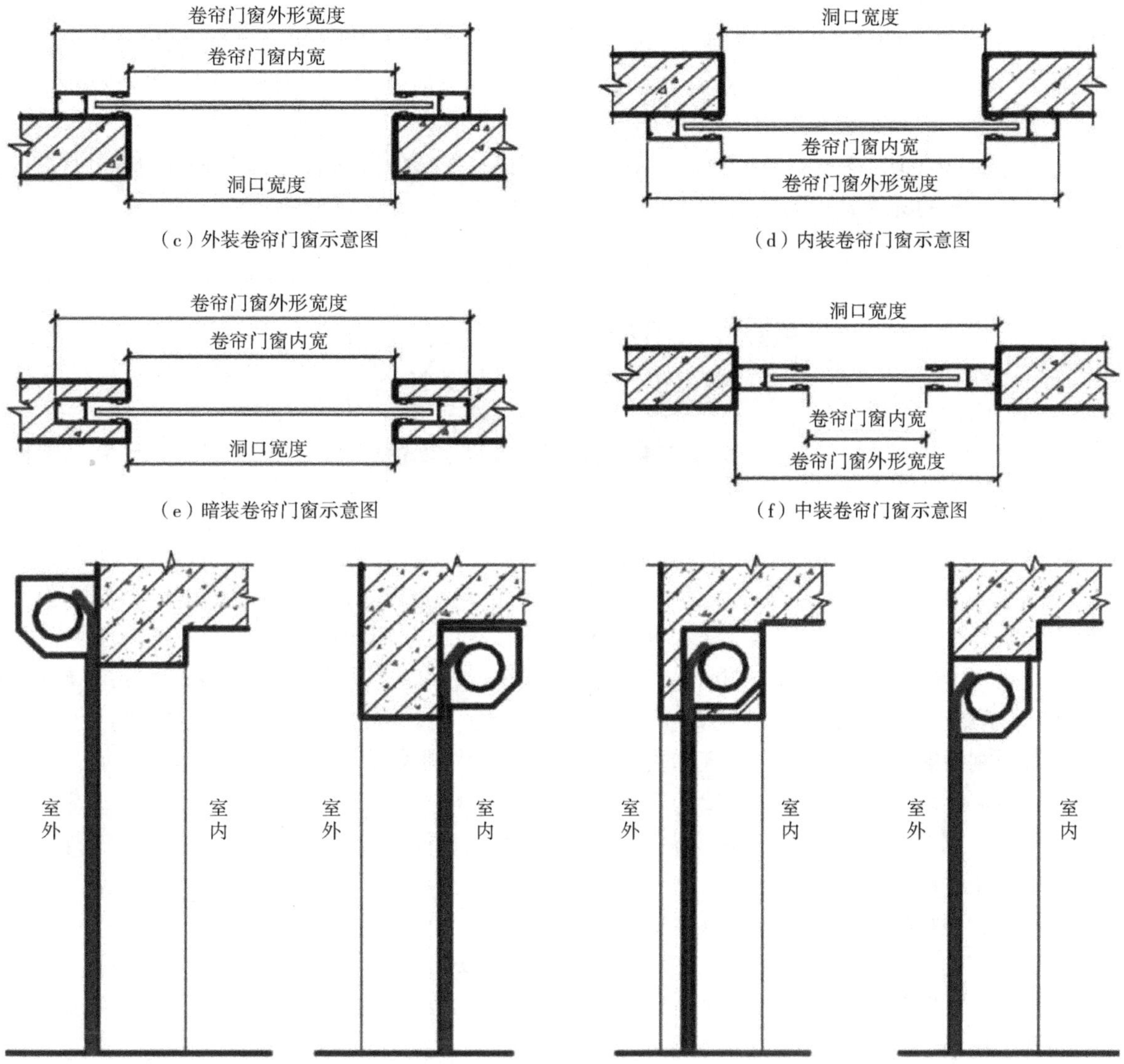

（c）外装卷帘门窗示意图

（d）内装卷帘门窗示意图

（e）暗装卷帘门窗示意图

（f）中装卷帘门窗示意图

（g）在外墙面安装（外装）示意图

（h）在室内安装（内装）示意图

（i）在室内安装（暗装）示意图

（j）在门洞内安装（中装）示意图

图 3-8　卷帘门安装做法

6)折叠门

折叠门,用合页(铰链)连接的多个门扇折叠开启的门。折叠门适合做灵活隔断,一般不用于私密性要求高的房间门,也不允许用作疏散门。折叠门示意图见图 3-9。

图 3-9　折叠门示意图

2. 门宽

门宽是建筑设计中非常重要的技术指标,它决定着门的疏散能力。

1)标注宽度与疏散净宽的区别

通常说的门宽指门或洞口的标注宽度,它是门或门洞的结构体边界间的宽度,这个宽度减去门框宽、门扇厚、安装间隙、抹灰厚度等所剩余的可通行宽度才是门或洞口的疏散净宽,简称净宽。门的疏散能力只与净宽有关，所以最新发布的规范通常对门的净宽进行规定，这样比较严谨。不同类型的门，门框宽、门扇厚、安装间隙等所占总宽是不同的，可笼统地按 100 mm 估算，这样在确定疏散净宽时，要用标注宽度减去 100 mm。门洞如果采用一般抹灰，可用标注宽度减去 50 mm 简单估算，特殊装修时要具体分析确定。建筑图中的门宽之所以标注洞口两侧结构体边界间的尺寸，是为了和结构及其他专业在标注方式和标注尺寸方面保持一致。另外，装饰面层厚度一般不精确，门框宽、门扇厚、安装间隙等尺寸因门而异，因此很难标注门的净宽尺寸。门和门洞的标注宽度与疏散净宽的关系见图 3-10。

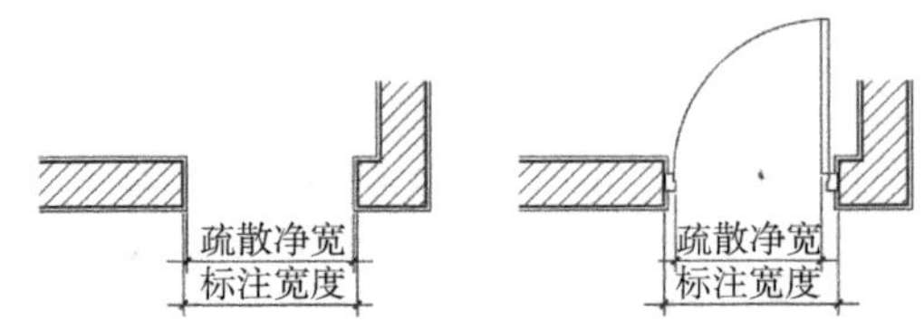

图 3-10　门洞和门的标注宽度与疏散净宽

2）门宽的确定

单扇门的门宽一般在 0.6~1 m 之间。0.6 m 宽的门通常仅用作管道井的检修门，用于人员正常进出的房间门的宽度要不小于 0.7 m。宽度在 1 m 及以内的门通常为单扇门，在 1.2~1.8 m 之间的为双扇门，1.1 m 宽的门较少采用。由于门扇越宽自重越大，容易变形，影响开启，所以双扇门的宽度一般不超过 1.8 m，如果需要更大的疏散宽度，通常会通过增加门的数量来实现。双扇门的几种常见宽度为 1.2 m、1.5 m、1.8 m。防火规范中，要求疏散净宽不小于 1.1 m，对应的是不小于 1.2 m 宽的门；1.4 m 疏散净宽要求对应的是 1.5 m 宽的门；1.8 m 宽的门则刚好能满足三股人流的疏散宽度要求。以下为相关规范对门宽的规定。

■《建筑防火通用规范》GB 55037—2022【7.1.4】

疏散出口门的净宽度不应小于 0.80 m；首层疏散外门的净宽度不应小于 1.10 m；住宅建筑中直通室外地面的住宅户门的净宽度不应小于 0.80 m。

■《建筑设计防火规范》GB 50016—2014（2018 版）

【5.5.18】公共建筑内疏散门和安全出口的净宽度不应小于 0.90 m。

【5.5.30】住宅建筑的户门和安全出口的净宽度不应小于 0.90 m，疏散走道、疏散楼梯和首层疏散外门的净宽度不应小于 1.10 m。

■《办公建筑设计标准》JGJ/T 67—2019〖4.1.7〗

办公用房的门洞口宽度不应小于 1.00 m。

■《住宅设计规范》GB 50096—2011〖5.8.7〗

住宅各部位门洞的最小尺寸应符合表 3-1 的规定。

表 3-1　住宅各部位门洞的最小尺寸

类别	洞口宽度（m）	洞口高度（m）
共用外门	1.20	2.00
户（套）门	1.00	2.00
起居室（厅）门	0.90	2.00
卧室门	0.90	2.00
厨房门	0.80	2.00
卫生间门	0.70	2.00
阳台门（单扇）	0.70	2.00

注：1. 表中门洞口高度不包括门上亮子高度，宽度以平开门为准。
2. 洞口两侧地面有高低差时，以高地面为起算高度。

《办公建筑设计标准》和《建筑设计防火规范》对门宽要求的表述方式和参数虽然不同，但其本质却是一致的。在以上几种规范、标准中，通用规范的强制力最高，但要求并不是最高的，根据本书“体例说明”所阐释的原则，公共建筑内疏散门和安全出口的净宽度不应小于 0.90 m，标注宽度不应小于 1.00 m。

3. 门高

与门宽一样，门高也存在标注尺寸与净高尺寸有差异的问题。大体上可以认为：门的净高=门的标注高度-0.1 m。相关规范对门高的规定如下。

■《建筑防火通用规范》GB 55037—2022【7.1.5】

疏散通道、疏散走道、疏散出口的净高度均不应小于 2.1 m。

■《办公建筑设计标准》JGJ/T 67—2019〖4.1.7〗

办公用房的门洞口高度不应小于 2.1 m。

《建筑防火通用规范》全文均为强制性条款，对门高的要求也最高，应遵照此规范执行。疏散门的标注高度不应小于 2.2 m，住宅的户门和共用外门属于疏散门，也应满足此要求。门高有最小约束，却没有上限约束，随着一些轻质高强度合金材料的使用，门扇可以做得很高。有的门还会做亮子以满足通风、采光的需要。

4. 门垛宽度

设门垛没有强制要求，但应尽量设置，这样在装修时便于包贴门套，且在形式上也比较美观。砖墙的门垛一般设置为 120 mm、240 mm 宽，要符合砖的模数；加气混凝土砌块墙以 50 mm 为模数，常见垛宽为 100 mm、150 mm、200 mm。若在门后摆设家具，门垛宽度应满足放置家具的需要。一般不会无缘无故地增加门垛宽度，以免浪费使用空间。

5. 设置要求

相关规范对门的设置要求如下。

■《民用建筑设计统一标准》GB 50352—2019〖6.11.9〗

门的设置应符合下列规定：

（1）门应开启方便、坚固耐用；

（2）手动开启的大门扇应有制动装置，推拉门应有防脱轨的措施；

（3）双面弹簧门应在可视高度部分装透明安全玻璃；

（4）推拉门、旋转门、电动门、卷帘门、吊门、折叠门不应作为疏散门；

（5）开向疏散走道及楼梯间的门扇开足后，不应影响走道及楼梯平台的疏散宽度；

（6）全玻璃门应选用安全玻璃或采取防护措施，并应设防撞提示标志；

（7）门的开启不应跨越变形缝；

（8）当设有门斗时，门扇同时开启时两道门的间距不应小于 0.8 m；当有无障碍要求时，应符合现行国家标准《无障碍设计规范》的规定。

三、窗

1. 窗的类型

窗的类型非常多，按材质分，有木窗、钢窗、铝合金窗、塑钢窗等；按开启方式分，有固定窗、平开窗、推拉窗、上悬窗、中悬窗、下悬窗等；按所处位置分，有外窗、内窗、天窗、屋顶窗等；按构造层数分，有单层窗、双层窗、多层窗等；还有各种组合开启方式的窗，不胜枚举。内平开式建筑外窗密闭性好，保温性好，擦玻璃安全、方便，易于维护，目前应用比较普遍。推拉窗密闭性不好，不利于节能，一些地区不允许将其用作建筑外窗。

上悬窗一般用于幕墙开窗。常用窗户形式及表达见图 3-1。

2. 设置要求

相关规范对窗的设置要求如下。

■《民用建筑设计统一标准》GB 50352—2019〖6.11.6〗

窗的设置应符合下列规定：

（1）窗扇的开启形式应方便使用、安全和易于维修、清洗；

（2）公共走道的窗扇开启时不得影响人员通行，其底面距走道地面高度不应低于 2.0 m；

（3）公共建筑临空外窗的窗台距楼地面净高不得低于 0.8 m，否则应设置防护设施，防护设施的高度由地面起算不应低于 0.8 m；

（4）居住建筑临空外窗的窗台距楼地面净高不得低于 0.9 m，否则应设置防护设施，防护设施的高度由地面起算不应低于 0.9 m；

（5）当防火墙上必须开设窗洞口时，应按现行国家标准《建筑设计防火规范》GB 50016 执行。

3. 窗户分格

窗户分格既是功能问题，也是美学问题。低窗台窗户、落地窗、玻璃幕墙的开启必须考虑开启方便和人员安全，要避免儿童攀爬跌落。窗的分格大小和构成风格要与建筑立面相协调，分格太小会显得琐碎，太大会让人感觉不亲切且会大幅增加造价。

4. 几种特殊类型的窗

1）凸窗

凸窗，也称飘窗，指凸出建筑外墙面的窗户。

以下是规范对飘窗设置的相关规定。

■《民用建筑设计统一标准》GB 50352—2019〖6.11.7〗

当凸窗窗台高度低于或等于 0.45 m 时，其防护高度从窗台面起算不应低于 0.90 m；当凸窗窗台高度高于 0.45 m 时，其防护高度从窗台面起算不应低于 0.60 m。

条文说明如下。如凸窗采取防护措施是为防止在玻璃被冲击后导致人员高空坠落，防护措施可以采用设置防护栏杆或采用带水平窗框加夹层玻璃的做法。夹层玻璃的选用应符合现行行业标准《建筑玻璃应用技术规程》的规定。

■《住宅设计规范》GB 50096—2011〖5.8.2〗

当设置凸窗时应符合下列规定：

（1）窗台高度低于或等于 0.45 m 时，防护高度从窗台面起算不应低于 0.90 m；

（2）可开启窗扇窗洞口底距窗台面的净高低于 0.90 m 时，窗洞口处应有防护措施，其防护高度从窗台面起算不应低于 0.90 m；

（3）严寒和寒冷地区不宜设置凸窗。

2）天窗

天窗，平行于屋面的可采光或通风的窗，其安装位置比一般窗和斜屋顶窗高，人不能直接触及和操纵窗，不需要从室内清洁窗的外表面。天窗示意图见图 3-11。

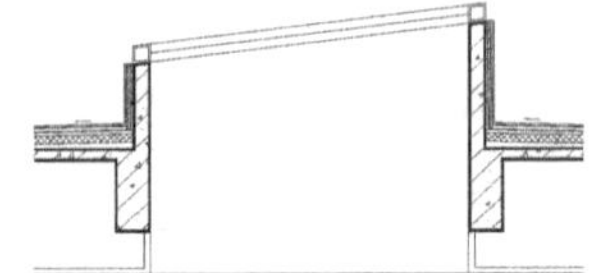

图 3-11　天窗示意图

天窗的常见表现形式如下。

◣平天窗：水平屋面上的天窗。

◣斜天窗：斜屋面上的天窗。

◣垂直天窗：也叫塔式天窗，安装在平屋顶的表面之上或坡屋顶的屋脊之上，周边装有侧向玻璃的天窗。

◣固定天窗：不能开启的天窗。

◣百叶天窗：装设百叶片的天窗。

以下是规范对天窗设置的相关规定。

■《民用建筑通用规范》GB 55031—2022【6.5.7】

天窗的设置应符合下列规定：

（1）采光天窗应采用防破碎坠落的透光材料，当采用玻璃时，应使用夹层玻璃或夹层中空玻璃；

（2）天窗应设置冷凝水导泄装置，采取防冷凝水产生的措施，多雪地区应考虑积雪对天窗的影响；

（3）天窗的连接应牢固、安全，开启扇启闭应方便可靠。

设置天窗能给室内带来阳光和活力，也会增加能耗并提高造价，所以要谨慎。因为设计不合理导致的黑房间问题，不能随随便便用设置天窗的方式解决。为了避免透风或漏雨，天窗要有完善的构造，要有良好的密闭性和挡雨功能。

3）屋顶窗

屋顶窗，安装在屋顶倾斜部位的窗，人可以直接触及和操纵窗，并可以从室内清洁窗的外表面。屋顶窗的常见表现形式有：斜屋顶窗，安装在斜屋顶上，平行于屋面；垂直屋顶窗，也叫老虎窗，安装在斜屋顶上，窗正立面为垂直方向或与屋面垂直且可开启。

四、玻璃

玻璃是一种建筑材料，但在纯玻璃门窗和玻璃幕墙中，玻璃又具有构件属性。玻璃种类繁多，除了普通透明玻璃，还有一些具有特殊性能和用途的玻璃。无论哪种玻璃，在使用时都要有足够的强度，而强度与厚度有关，玻璃面积越大，厚度也越大，同时也意味着更重、更贵。这就需要在确定玻璃分格大小的时候，兼顾功能需要、形式美观、经济造价等因素，要认真权衡、恰当取舍。

1. 玻璃类型及术语阐释

◣镀膜玻璃：表面镀有金属或者金属氧化物薄膜的玻璃。

◣热反射玻璃：既具有较高的热反射能力，又保持良好可见光透过率的平板玻璃。

◣低辐射玻璃：一种对波长范围 4.5~25 μm 的远红外线有较高反射比的平板玻璃，简称 Low-E 玻璃。Low-E 玻璃实际上是一种对红外线有较高反射比的镀膜玻璃，有良好的透光和隔热性能。

◣钢化玻璃：通过热处理工艺，具有良好机械性能，且破碎后的碎片达到安全要求的玻璃。

◣夹层玻璃：两层或多层玻璃用一层或多层塑料作为中间层胶合而成的玻璃制品。夹层玻璃一般用聚乙烯醇缩丁醛中间膜（简称 PVB 膜）粘贴。PVB 膜按应用领域分为汽车级、建筑级；按厚度分为 0.38 mm、0.76 mm、1.14 mm、1.52 mm 四种规格。

◣防火玻璃：在火灾条件下，能在一定时间内满足耐火完整性要求的玻璃。

◣有框玻璃：被具有足够刚度的支承部件连续包住所有边的玻璃。

◣安全玻璃：符合现行国家标准规定的钢化玻璃和夹层玻璃以及由它们构成的复合产品。钢化玻璃破碎时整块玻璃会全部破碎成钝角小颗粒。夹层玻璃在碎裂的情况下，碎片将牢固地黏附在透明的 PVB 胶片上而不飞溅或落下，如果冲击力不是特别强，碎片整体还会短时间留在框架内不外落。钢化玻璃、夹层玻璃和它们的复合产品一般不会给人体带来伤害。

2. 玻璃厚度要求

玻璃是典型的脆性材料，作用在玻璃上的外力超过允许限度其就会破碎，这些外力包括风力、地震力、人体冲击力或飞来物体的撞击力等。人体对玻璃的挤压、碰撞等冲击是造成玻璃破碎的最常见原因，也是考虑玻璃厚度和强度要求时的主要评估因素，风压、地震等方面的抗力要求则需要另加考虑或计算。在建筑立面设计中，除了要考虑门窗分格的构成关系和视觉效果，还要考虑门窗玻璃的大小、厚度以及与之相关的经济问题。门、窗玻璃的许用标准是一致的,最大许用面积应符合表 3-2 的规定。

表 3-2　各类玻璃最大许用面积

玻璃种类	公称厚度(mm)	最大许用面积(m^2)
钢化玻璃 (安全玻璃)	4	2.0
	5	2.0
	6	3.0
	8	4.0
	10	5.0
	12	6.0
夹层玻璃 (安全玻璃)	6.38　6.76　7.52	3.0
	8.38　8.76　9.52	5.0
	10.38　10.76　11.52	7.0
	12.38　12.76　13.52	8.0
有框平板玻璃 超白浮法玻璃 真空玻璃	3	0.1
	4	0.3
	5	0.5
	6	0.9
	8	1.8
	10	2.7
	12	4.5

五、阳台和平台

阳台,附设于建筑物外墙,设有栏杆或栏板,是可供人活动的室外空间。

平台,高出室外地面,供人们进行室外活动的平整场地,一般设有固定栏杆。

阳台出挑宽度在 1.3 m 以内时,一般通过挑板来实现;出挑宽度在 1.5 m 及以上时,就需通过挑梁来实现,出挑宽度越大,挑梁越高。

露台是平台的一种,也称凉台,专指建筑物上供休憩、观景的露天平台。建筑南侧露台日照充沛,可种植花草果蔬,是非常优质的生活空间。由于日照计算是按建筑北侧屋顶轮廓的高度计算的,设置北露台能减小日照间距,因而设北露台的情况反而比较多见。北方地区的北露台由于阴冷且缺乏日照,利用率不高,常被住户封闭起来。

六、栏杆和栏板

栏杆,也称护栏,是布置于楼梯段、平台、阳台及室内外临空边缘,用于保障人身安全或分隔空间的防护分隔构件。实体的栏杆一般被称为栏板。以下是规范对栏杆(栏板)设置的相关规定。

■《民用建筑通用规范》GB 55031—2022

【6.6.1】阳台、外廊、室内回廊、中庭、内天井、上人屋面及楼梯等处的临空部位应设置防护栏杆(栏板),并应符合下列规定:

(1)栏杆(栏板)应以坚固、耐久的材料制作,应安装牢固,并应能承受相应的水平荷载;

(2)栏杆(栏板)垂直高度不应小于 1.10 m,栏杆(栏板)高度应按所在楼地面或屋面至扶手顶面的垂直高度计算，如底面有宽度大于或等于 0.22 m，且高度不大于 0.45 m 的可踏部位，应按可踏部位顶面至扶手顶面的垂直高度计算。

条文说明如下。通用规范将防护栏杆（栏板）最小安全高度统一为 1.10 m。楼梯梯段栏杆（栏板）按其危险性可分为临空栏杆（栏板）和非临空栏杆（栏板）；临空栏杆（栏板）是指中庭、上下楼层开口部位等处的开敞楼梯的梯段栏杆（栏板），室外楼梯临空侧的栏杆（栏板）及室内楼梯水平休息平台临空侧栏杆（栏板）。

【6.6.2】楼梯、阳台、平台、走道和中庭等临空部位的玻璃栏板应采用夹层玻璃。

【6.6.3】少年儿童专用活动场所的栏杆应采取防止攀滑措施，当采用垂直杆件做栏杆时，其杆件净间距不应大于 0.11 m。

【6.6.4】公共场所的临空且下部有人员活动部位的栏杆（栏板），在地面以上 0.10 m 高度范围内不应留空。

■《民用建筑设计统一标准》GB 50352—2019

〖6.7.3〗上人屋面和交通、商业、旅馆、医院、学校等建筑临开敞中庭的栏杆高度不应小于 1.2 m。

〖6.7.4〗住宅、托儿所、幼儿园、中小学及其他少年儿童专用活动场所的栏杆必须采取防止攀爬的构造。当采用垂直杆件做栏杆时，其杆件净间距不应大于 0.11 m。

防护栏杆是涉及生命安全的重要建筑部件，但就方案设计而言，却无需过多关注细节问题，因为在施工图阶段还有落实、修改、完善的机会，倒是栏杆形式需要认真选择或设计，应采用与整体风格相协调的、新颖的栏杆形式。但无论是选择还是设计，栏杆形式和尺度均应符合现行规范的相关规定。

七、女儿墙

女儿墙，建筑外墙高出屋面的部分。《释名》云："城上垣谓之睥睨，言于孔中睥睨非常也；亦曰陴，言陴助城之高也；亦曰女墙，言其卑小，比之于城，若女子之于丈夫也。"女儿墙有安全防护和组织排水的功能，也有美学功能，女儿墙过高或过低都会影响建筑物的视觉效果。对于上人屋面来说，女儿墙还起栏板的作用，自然也应满足栏杆（栏板）的相关设计要求。以下是规范对女儿墙设置的相关规定。

■《非结构构件抗震设计规范》JGJ 339—2015〖4.4.2〗

女儿墙的布置和构造应符合下列规定：

（1）不应采用无锚固的砖砌镂空女儿墙；

（2）非出入口无锚固砌体女儿墙的最大高度，6~8 度（地震烈度分区）时不宜超过 0.5 m，超过 0.5 m 时、人流出入口、通道处或 9 度时，出屋面砌体女儿墙应设置构造柱与主体结构锚固，构造柱间距宜取 2.0~2.5 m；

（3）砌体女儿墙内不宜埋设灯杆、旗杆、大型广告牌等构件；

（4）因屋面板插入墙内而削弱女儿墙根部时应加强女儿墙与主体结构的连接；

（5）砌体女儿墙顶部应采用现浇的通长钢筋混凝土压顶；

（6）女儿墙在变形缝处应留有足够的宽度，缝两侧的女儿墙自由端应予以加强；

（7）高层建筑的女儿墙不得采用砌体女儿墙。

0.5 m 是无锚固砌体女儿墙的最大高度，也是多层建筑砌体女儿墙经常选用的一个设计高度。但 0.5 m 高的女儿墙既不美观也非必须，一般只适用于低层次要建筑，多数建筑都要根据立面需要确定合理的女儿墙高度。随着高效能屋面保温材料的使用，屋面保温层变薄，从组织排水功能的需要来说，女儿墙高 0.4 m，女儿墙顶高出屋面 200~250 mm 就够了；但从立面效果看，女儿墙略高于标准层窗台会显得比较美观，即女儿墙高度在 0.9~1.2 m 之间为宜。加气混凝土砌块女儿墙厚度宜为 200 mm，砖砌女儿墙厚度宜为 240 mm。上人平台或屋面露台要满足净高 1.2 m 的防护要求，要考虑屋面构造厚度和排水坡度的影响，使最不利位置的防护净高不小于 1.2 m，所需女儿墙高度要根据屋面做法计算确定，一般女儿墙高 1.5 m 比较保险。

八、散水

散水，为避免建筑外墙根部积水，沿建筑外墙周边的地面做的一定宽度向外找坡的保护面层。散水有防雨水冲刷、渗入的作用。做法见图 3-12、3-13。以下是规范对散水的规定。

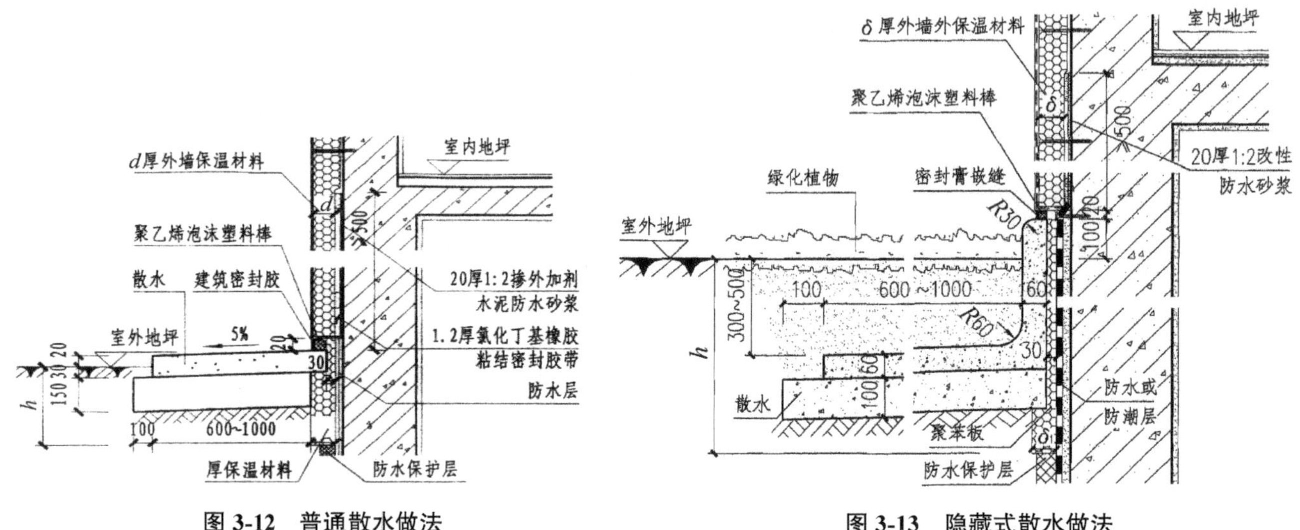

图 3-12　普通散水做法　　图 3-13　隐藏式散水做法

■《建筑地面设计规范》GB 50037—2013〖6.0.20〗

建筑物四周应设置散水、排水明沟或散水带明沟。散水设置应符合下列要求。

（1）散水的宽度，宜为 600~1 000 mm；当采用无组织排水时，散水的宽度可按檐口线放出 200~300 mm。

（2）散水的坡度宜为 3%~5%，当散水采用混凝土时，宜按 20~30 m 的间距设置伸缩缝，散水与外墙交接处宜设缝，缝宽为 20~30 mm，缝内应填柔性密封材料。

（3）当散水不外露须采用隐式散水时，散水上面覆土厚度不应大于 300 mm，且应对墙身下部做防水处理，其高度不宜小于覆土层以上 300 mm，并应防止草根对墙体造成伤害。

（4）湿陷性黄土地区散水应采用现浇混凝土，并应设置厚 150 mm 的 3∶7 灰土或 300 mm 厚的夯实素土垫层；垫层的外缘应超出散水和建筑外墙基底外缘 500 mm。散水坡度不应小于 5%，宜每隔 6~10 m 设置伸缩缝。散水与外墙交接处应设缝，其缝宽和散水的伸缩缝缝宽均宜为 20 mm，缝内应填柔性密封材料。沿散水外缘不宜设置雨水明沟。

九、踢脚

踢脚，设于室内墙面或柱身根部具有一定高度的特殊保护面层。踢脚能保护墙面，便于卫生清洁，也有较好的美学效果。踢脚高在 60~200 mm 之间，以 100 mm、120 mm 高居多。

十、GRC 构件

GRC 构件，指以玻璃纤维增强水泥制成的建筑构件。玻璃纤维增强水泥，以耐碱玻璃纤维为主要增强材料、水泥为主要胶凝材料、砂子等为集料，并辅以外加剂等组分制成的纤维增强水泥基材料，简称 GRC。GRC 构件可用作建筑的外墙板，也可以用作建筑装饰，还可用作通风排烟管道等，用途非常广泛。在使用 GRC 构件时，要注意风格和谐，比例恰当，不能随意混搭。另外，要选用质量好的 GRC 产品，且应构造坚固，努力使 GRC 构件与建筑具有相同的使用年限。

第 4 篇

防火疏散篇

消防指火灾预防和灭火救援，防火与疏散是建筑消防的核心内容，但其既有联系又有区别。防火主要解决火灾防护、扑救、隔离问题；疏散主要解决人员安全、快速逃生问题。人员疏散要面对的除了火灾，还包括其他突发灾害。由于火灾相对于地震、台风、战争等自然和人为灾害发生的概率要高，因而火灾发生时的人员疏散问题就成为被关注的重点。防火问题和火灾发生时的疏散问题密切相关，没有防火措施的保障，疏散安全很难真正实现。防火、疏散问题事关人民的生命财产安全，必须严肃对待，规范对于防火、疏散的各种规定因而也成为主导建筑设计的重要规则。建筑师必须了解这些规则，按规范要求做设计，为人民的生命财产负责。

Ⅰ. 建筑防火

一、建筑防火的目标和要求

1. 防火目标

规范对防火目标的规定如下。

■《建筑防火通用规范》GB 55037—2022【2.1.2】

建筑防火应达到下列目标要求：

（1）保障人身和财产安全及人身健康；

（2）保障重要使用功能，保障生产、经营或重要设施运行的连续性；

（3）保护公共利益；

（4）保护环境、节约资源。

2. 防火要求

规范对防火要求的规定如下。

■《建筑防火通用规范》GB 55037—2022【2.1.3】

建筑防火应符合下列功能要求：

（1）建筑的承重结构应保证其在受到火或高温作用后，在设计耐火时间内仍能正常发挥承载功能；

（2）建筑应设置满足在建筑发生火灾时人员安全疏散或避难需要的设施；

（3）建筑内部和外部的防火分隔应能在设定时间内阻止火灾蔓延至相邻建筑或建筑内的其他防火分隔区域；

（4）建筑的总平面布局及与相邻建筑的间距应满足消防救援的要求。

单纯的建筑防火主要体现为四个方面：防火、耐火、阻火、灭火。防火就是采取预防措施，防火于未燃；耐火就是提高建筑的耐火能力，减小火灾损失，为消防扑救和人员疏散争取时间，耐火也是防火的基础措施；阻火就是将火情控制在尽可能小的范围内，避免火情蔓延，降低扑救难度，阻火的关键是分区隔离；灭火就是在火灾发生后，能保障消防人员和车辆能快速到达火灾现场并展开消防扑救，灭火的关键是可及，即消防人员和车辆能顺利到达、停靠、展开、进入、扑救。建筑防火设计就需要围绕上述四个方面采取措施。

二、建筑防火的相关概念

1. 防火墙

防火墙，指防止火灾蔓延至相邻建筑或相邻水平防火分区且耐火极限不低于 3.00 h 的不燃性实体墙。防火墙不是特殊材料做成的墙，只要能满足耐火极限要求，钢筋混凝土墙、砖墙、加气混凝土砌块墙等均可做防火墙，防火墙的设置应符合规范要求。

2. 防火隔墙

防火隔墙，建筑内防止火灾蔓延至相邻区域且耐火极限不低于规定要求的不燃性墙体。防火隔墙的耐火极限一般不低于 2.00 h。

3. 防火门

防火门按耐火性能分为以下三类。其分类及代号见表 4-1。

（1）隔热防火门（A 类），在规定时间内，能同时满足耐火完整性和耐火隔热性要求的防火门。

（2）部分隔热防火门（B 类），在规定时间不小于 0.50 h 内，满足耐火完整性和耐火隔热性要求，在规定时间大于 0.50 h 后，能满足耐火完整性要求的防火门。

（3）非隔热防火门（C 类），在规定时间内，能满足耐火完整性要求的防火门。

表 4-1　防火门的耐火性能分类

<table>
<tr><th>名称</th><th colspan="2">耐火性能</th><th>代号</th></tr>
<tr><td rowspan="5">隔热防火门
（A类）</td><td colspan="2">耐火隔热性 ≥0.50 h
耐火完整性 ≥0.50 h</td><td>A0.50（丙级）</td></tr>
<tr><td colspan="2">耐火隔热性 ≥1.00 h
耐火完整性 ≥1.00 h</td><td>A1.00（乙级）</td></tr>
<tr><td colspan="2">耐火隔热性 ≥1.50 h
耐火完整性 ≥1.50 h</td><td>A1.50（甲级）</td></tr>
<tr><td colspan="2">耐火隔热性 ≥2.00 h
耐火完整性 ≥2.00 h</td><td>A2.00</td></tr>
<tr><td colspan="2">耐火隔热性 ≥3.00 h
耐火完整性 ≥3.00 h</td><td>A3.00</td></tr>
<tr><td rowspan="4">部分隔热防火门
（B类）</td><td rowspan="4">耐火隔热性 ≥0.50 h</td><td>耐火完整性 ≥1.00 h</td><td>B1.00</td></tr>
<tr><td>耐火完整性 ≥1.50 h</td><td>B1.50</td></tr>
<tr><td>耐火完整性 ≥2.00 h</td><td>B2.00</td></tr>
<tr><td>耐火完整性 ≥3.00 h</td><td>B3.00</td></tr>
<tr><td rowspan="4">非隔热防火门
（C类）</td><td colspan="2">耐火完整性 ≥1.00 h</td><td>C1.00</td></tr>
<tr><td colspan="2">耐火完整性 ≥1.50 h</td><td>C1.50</td></tr>
<tr><td colspan="2">耐火完整性 ≥2.00 h</td><td>C2.00</td></tr>
<tr><td colspan="2">耐火完整性 ≥3.00 h</td><td>C3.00</td></tr>
</table>

4. 防火窗

防火窗按耐火性能分为以下两类。其分类与耐火等级代号见表 4-2。

（1）隔热防火窗（A 类），在规定时间内，能同时满足耐火隔热性和耐火完整性要求的防火窗。

（2）非隔热防火窗（C 类），在规定时间内，能满足耐火完整性要求的防火窗。

表 4-2　防火窗的耐火性能分类与耐火等级代号

耐火性能分类	耐火等级代号	耐火性能
隔热防火窗（A 类）	A0.50（丙级）	耐火隔热性 ≥0.50 h，且耐火完整性 ≥0.50 h
	A1.00（乙级）	耐火隔热性 ≥1.00 h，且耐火完整性 ≥1.00 h
	A1.50（甲级）	耐火隔热性 ≥1.50 h，且耐火完整性 ≥1.50 h
	A2.00	耐火隔热性 ≥2.00 h，且耐火完整性 ≥2.00 h
	A3.00	耐火隔热性 ≥3.00 h，且耐火完整性 ≥3.00 h
非隔热防火窗（C 类）	C0.50	耐火完整性 ≥0.50 h
	C1.00	耐火完整性 ≥1.00 h
	C1.50	耐火完整性 ≥1.50 h
	C2.00	耐火完整性 ≥2.00 h
	C3.00	耐火完整性 ≥3.00 h

5. 防火卷帘

防火卷帘，由帘板（帘面）、导轨、座板、门楣、箱体等配以卷门机和控制箱所组成的能符合耐火完整性要求的卷帘，有各种材质、功能和耐火极限。防火卷帘不分甲、乙、丙级，直接用耐火极限来标志其防火性能。

特级防火卷帘，指用钢质材料或无机纤维材料做帘面，用钢质材料做导轨、座板、夹板、门楣、箱体等，并配以卷门机和控制箱所组成的能符合耐火完整性、隔热性和防烟性能要求的卷帘。特级防火卷帘是防火卷帘的一种类型，而不是一种等级，其耐火极限要求不小于 3.00 h，能起到和防火墙一样的防火分隔作用，因而特级防火卷帘是一种能够和防火墙搭配使用的高性能防火卷帘。

6. 裙房

裙房，是一种在高层建筑主体投影范围外，与建筑主体相连且建筑高度不大于 24 m 的附属建筑。裙房的特点是其结构与高层建筑主体直接相连，作为高层建筑主体的附属建筑而与其构成同一座建筑。

不能离开高层建筑主体谈裙房；建筑主体投影部分与裙房部分的功能一样，但不能按裙房看待；主体投影外高于 24 m 的部分不能看作是裙房，应按高层建筑主体对待；与主体设缝贴邻的部分，应按不同建筑对待，要遵照不同建筑防火间距的要求采取防火分隔措施。裙房的设计应符合以下规范的相关规定。

■《建筑设计防火规范》GB 50016—2014（2018 版）【5.3.1】

裙房与高层建筑主体之间设置防火墙时，裙房的防火分区可按单、多层建筑的要求确定。

条文说明如下。当裙房与高层建筑主体之间设置了防火墙，且相互间的疏散和灭火设施设置均相对独立时，裙房与高层建筑主体之间的火灾相互影响能受到较好的控制，故裙房的防火分区可以按照建筑高度不大于 24 m 的建筑的要求确定；如果裙房与高层建筑主体间未采取上述措施，裙房的防火分区要按照高层建筑主体的要求确定。

注意：裙房与高层主体间的防火墙可开设甲级防火门窗，允许局部采用防火玻璃墙，但不允许采用防火卷帘等分隔措施。

■《建筑设计防火规范》GB 50016—2014（2018 版）【5.5.12】

当裙房与高层建筑主体之间设置防火墙时，裙房的疏散楼梯可按防火规范有关单、多层建筑的要求确定。

三、火灾预防

火灾预防是建筑消防的第一步，就是通过严密的预防措施，消除火灾发生和形成的条件，避免发生火灾的可能。采用不燃和耐火的建筑材料是火灾预防最为重要的内容，这就需要了解建筑材料的燃烧性能、建筑构件的耐火极限、建筑整体的耐火等级等方面的知识，它们也是制定建筑标准、采取相关措施的依据。

1. 建筑材料的燃烧性能

燃烧性能，指在规定条件下，材料或物质的对火反应特性和耐火性能。我国将建筑材料的燃烧性能分为四个等级：A 级为不燃材料；B_1 级为难燃材料；B_2 级为可燃材料；B_3 级为易燃材料。建筑材料要优先采用不燃材料，有条件地选用难燃和可燃材料，不能使用易燃材料，建筑构配件的燃烧性能等级应严格遵守防火规范的相关规定。

2. 建筑构件的耐火极限

耐火极限，指在标准耐火试验条件下，建筑构件、配件或结构从受到火的作用时起，至失去承载能力、完整性或隔热性时止所用的时间，用小时表示。

常见结构部件耐火极限的参考值见表 4-3。

表 4-3　常见结构部件耐火极限的参考值

材料及厚度（mm）	耐火极限（h）	材料及厚度（mm）	耐火极限（h）
120 承重砖墙	2.50	240 承重砖墙	5.50
120 非承重砖墙	3.00	240 非承重砖墙	8.00
100 加气混凝土砌块承重墙	2.00	100 加气混凝土砌块非承重墙	6.00
直径 300 钢筋混凝土圆柱	3.00	直径 450 钢筋混凝土圆柱	4.00
无保护层钢柱、梁、屋架	0.25	型钢钢柱厚涂 50 厚防火涂料	3.00
非预应力钢筋混凝土简支梁	1.75	80 厚钢筋混凝土楼板	1.50

由表中的数据可以看出，裸露的钢构件耐火性能很差，遇火容易丧失承载能力，需要采取涂抹防火涂料或用耐火材料包覆等措施才能达到规范规定的耐火极限要求。

3. 建筑整体的耐火等级

耐火等级，是根据建筑中墙、柱、梁、楼板、吊顶等各类构件不同的耐火极限，对建筑物整体耐火性能进行的等级划分。耐火等级是建筑整体耐火能力的评价指标，它是根据墙、柱、梁、板、楼梯等建筑主要结构构件的燃烧性能和耐火极限等因素综合评定的。民用建筑的耐火等级分为一、二、三、四级，一级为最高等级。耐火等级为一级的建筑，主要结构部件要全部采用不燃材料；二级建筑主要结构部件也要全部采用不燃材料，吊顶允许采用难燃材料；三、四级建筑允许采用难燃和可燃材料的部件逐渐增多。多数常见的民用建筑均为一、二级耐火等级，学生在学习规范时可暂时忽略三、四级民用建筑的相关要求。建筑的耐火等级要根据建筑高度、使用功能、重要性和火灾扑救难度等因素综合确定，地下、半地下建筑（室）和一类高层建筑的耐火等级不低于一级。

4. 火灾的预防措施

预防火灾要通过选用耐火建筑材料、采取防火分隔措施、设置火灾报警和自动灭火系统、配备灭火器具、禁止储存易燃易爆物品、远离易燃易爆场所等，杜绝火灾发生、蔓延的可能。其中，提高建筑的耐火性能，既是预防和应对火灾的保守措施和基础手段，也可有效减轻火灾发生后的灾害程度，减少火灾造成的损失。火灾的预防措施体现在规范对于水平防火、垂直防火的每一项具体规定中，体现在防火间距的各种限制中，也体现在建筑总平面道路、场地的各种设计要求中。

四、水平方向的防火分隔

水平方向的防火分隔指同一楼层内的房间或区域间的防火分隔。一旦火灾发生，防止火势蔓延和火灾侵袭的主要措施就是分隔，即利用防火墙、防火隔墙、防火门窗、防火卷帘等分隔设施划分防火区域，努力将火情限制在一定范围内将其扑灭，其次将火情限制在楼层之内，再次则是不要引燃相邻建筑。

1. 房间和功能区域的防火分隔

在建筑设计中，多数房间并不需要着意考虑防火分隔问题，需要采取防火分隔措施的通常是一些重要房间、需要受到特殊保护的房间或功能区域、火灾危险性大的房间或功能区域等，以防火情逸出或被火情侵入造成重大损失。相关规范要求如下。

■《建筑设计防火规范》GB 50016—2014（2018 版）

〖1.0.4〗同一建筑内设置多种使用功能场所时，不同使用功能场所之间应进行防火分隔，该建筑及其各功能场所的防火设计应根据本规范的相关规定确定。

条文说明如下。当在同一建筑物内设置两种或两种以上使用功能的场所时，如住宅与商店的上下组合建造，幼儿园、托儿所与办公建筑或电影院合建、剧场与商业设施合建等，不同使用功能区域或场所之间需要进行防火分隔，以保证火灾不会相互蔓延，相关防火分隔要求要符合国家有关标准的规定。

〖5.5.32〗建筑高度大于 54 m 的住宅建筑，每户应有一间房间符合下列规定：

（1）应靠外墙设置，并应设置可开启外窗；

（2）内、外墙体的耐火极限不应低于 1.00 h，该房间的门宜采用乙级防火门，外窗的耐火完整性不宜低于 1.00 h。

【6.2.2】医疗建筑内的手术室或手术部、产房、重症监护室、贵重精密医疗装备用房、储藏间、实验室、胶片室等，附设在建筑内的托儿所、幼儿园的儿童用房和儿童游乐厅等儿童活动场所、老年人照料设施，应采用耐火极限不低于 2.00 h 的防火隔墙和 1.00 h 的楼板与其他场所或部位分隔，墙上必须设置的门、窗应采用乙级防火门、窗。

〖6.2.3〗民用建筑内的附属库房，剧场后台的辅助用房应采用耐火极限不低于 2.00 h 的防火隔墙与其他部位分隔，墙上的门、窗应采用乙级防火门、窗，确有困难时，可采用防火卷帘，但应符合规范对于防火卷帘设置要求的相关规定。

【6.2.7】附设在建筑内的消防控制室、灭火设备室、消防水泵房和通风空气调节机房、变配电室等，应采用耐火极限不低于 2.00 h 的防火隔墙和 1.50 h 的楼板与其他部位分隔。设置在丁、戊类厂房内的通风机房，应采用耐火极限不低于 1.00 h 的防火隔墙和 0.50 h 的楼板与其他部位分隔。通风、空气调节机房和变配电室开向建筑内的门应采用甲级防火门，消防控制室和其他设备房开向建筑内的门应采用乙级防火门。

■《建筑防火通用规范》GB 55037—2022【4.1.3】

下列场所应采用防火门、防火窗、耐火极限不低于 2.00 h 的防火隔墙和耐火极限不低于 1.00 h 的楼板与其他区域分隔：

（1）住宅建筑中的汽车库和锅炉房；

（2）除居住建筑中的套内自用厨房外的其他建筑内的厨房；

（3）医疗建筑中的手术室或手术部、产房、重症监护室、贵重精密医疗装备用房、储藏间、实验室、胶片室等；

（4）建筑中的儿童活动场所、老年人照料设施；

（5）除消防水泵房、消防控制室外（有单独规定）的其他消防设备或器材用房。

2. 防火分区

防火分区，指在建筑内部采用防火墙、楼板及其他防火分隔设施分隔出的，能在一定时间内防止火灾向同一建筑的其余部分蔓延的局部空间。防火分区是一些比房间和小规模功能区域更大的防火分隔单元，过大的功能区域也会划分为规模相对较小的多个防火分区。防火分区一般有三种划分方式：一是按功能一致性划分；二是按面积规模的限制标准划分；三是按楼层等建筑的自然边界划分。大规模建筑每层会分为多个防火分区，中小规模的建筑通常一层为一个防火分区，楼层间有垂直联通孔洞的单一防火分区也可能会包含多个楼层，当整栋建筑的面积规模不超一个防火分区时，就不需要考虑防火分区问题。以下是各类规范对防火分区设置的相关规定。

■《建筑设计防火规范》GB 50016—2014（2018 版）【5.3.1】

除规范另有规定外，不同耐火等级建筑的允许建筑高度或层数、防火分区最大允许建筑面积应符合表 4-4 的规定。

表 4-4　不同耐火等级建筑的允许建筑高度或层数、防火分区最大允许建筑面积

名称	耐火等级	允许建筑高度或层数	防火分区最大允许建筑面积（m^2）	备注
高层民用建筑	一、二级	按《建筑设计防火规范》第 5.1.1 条确定	1 500	对于体育馆、剧场的观众厅，防火分区的最大允许建筑面积可适当增加
单、多层民用建筑	一、二级	按《建筑设计防火规范》第 5.1.1 条确定	2 500	对于体育馆、剧场的观众厅，防火分区的最大允许建筑面积可适当增加
	三级	5 层	1 200	—
	四级	2 层	600	
地下或半地下建筑（室）	一级	—	500	设备用房的防火分区最大允许建筑面积不应大于 1 000 m^2

注：1. 表中规定的防火分区最大允许建筑面积，当建筑内设置自动灭火系统时，可按本表的规定增加 1.0 倍；局部设置时，防火分区的增加面积可按该局部面积的 1.0 倍计算。
2. 裙房与高层建筑主体之间设置防火墙时，裙房的防火分区可按单、多层建筑的要求确定。
3.《建筑设计防火规范》第 5.1.1 条即民用建筑防火分类方面的规定。

■《建筑防火通用规范》GB 55037—2022

【4.1.2】工业与民用建筑、地铁车站、平时使用的人民防空工程应综合其高度（埋深）、使用功能和火灾危险性等因素，根据有利于消防救援、控制火灾及降低火灾危害的原则划分防火分区。防火分区的划分应符合下列规定：

（1）建筑内横向应采用防火墙等划分防火分区，且防火分隔应保证火灾不会蔓延至相邻防火分区；

（2）建筑内竖向按自然楼层划分防火分区时，除允许设置敞开楼梯间的建筑外，其他建筑防火分区的建筑面积应按上、下楼层中在火灾发生时未封闭的开口所连通区域的建筑面积之和计算；

（3）高层建筑主体与裙房之间未采用防火墙和甲级防火门分隔时，裙房的防火分区应按高层建筑主体的相应要求划分；

（4）除建筑内游泳池、消防水池等的水面、冰面或雪面面积，射击场的靶道面积，污水沉降池面积，开敞式的外走廊或阳台面积等可不计入防火分区的建筑面积外，其他建筑面积均应计入所在防火分区的建筑面积。

【4.3.16】有特殊要求的建筑、木结构建筑和附建于民用建筑中的汽车库，即使设置自动灭火系统，防火分区建筑面积也不允许增加。

3. 超出防火分区规模的区域防火分隔

当建筑规模很大时，有时会在建筑内划分出一些超出防火分区规模的更大的防火分隔区域，比如《建筑设计防火规范 5.3.5》规定：总建筑面积大于 20 000 m^2 的地下或半地下商店，应采用无门、窗、洞口的防火墙、耐火极限不低于 2.00 h 的楼板分隔出多个建筑面积不大于 20 000 m^2 的区域；相邻区域确需局部连通时，应采用下沉式广场等室外开敞空间、防火隔间、避难走道、防烟楼梯间等方式进行连通。此类区域的防火分隔措施比一般的防火分区更为严格。

4. 水平防火分隔措施

1)防火墙

防火墙是最重要的水平防火分隔措施，其设置应满足以下规范的相关规定。

■《建筑设计防火规范》GB 50016—2014(2018 版)

【 6.1.1 】防火墙应直接设置在建筑的基础或框架、梁等承重结构上，框架、梁等承重结构的耐火极限不应低于防火墙的耐火极限。防火墙应从楼地面基层隔断至梁、楼板或屋面板的底面基层。当高层厂房(仓库)屋顶承重结构和屋面板的耐火极限低于 1.00 h，其他建筑屋顶承重结构和屋面板的耐火极限低于 0.50 h 时，防火墙应高出屋面 0.50 m 以上。

条文说明如下。实际上防火墙从建筑基础部分就应与建筑物完全断开，独立建造，但目前在各类建筑物中设置的防火墙，大部分是建造在建筑框架上或与建筑框架相连接；要保证防火墙在火灾时真正发挥作用，就应保证防火墙的结构安全且从上至下均应处在同一轴线位置，相应框架的耐火极限要与防火墙的耐火极限相适应。

〖 6.1.3 〗建筑外墙为不燃性墙体时，紧靠防火墙两侧的门、窗、洞口之间最近边缘的水平距离不应小于 2.00 m；采取设置乙级防火窗等防止火灾水平蔓延的措施时，该距离不限。

〖 6.1.4 〗建筑内的防火墙不宜设置在转角处，确需设置时，内转角两侧墙上的门、窗、洞口之间最近边缘的水平距离不应小于 4.00 m；采取设置乙级防火窗等防止火灾水平蔓延的措施时，该距离不限。

【 6.1.5 】防火墙上不应开设门、窗、洞口，确需开设时，应设置不可开启或火灾发生时能自动关闭的甲级防火门、窗。可燃气体和甲、乙、丙类液体的管道严禁穿过防火墙。防火墙内不应设置排气道。

【 6.1.7 】防火墙的构造应能在防火墙任意一侧的屋架、梁、楼板等受到火灾的影响而被破坏时，不会导致防火墙倒塌。

2)防火隔墙

防火隔墙是仅次于防火墙的水平防火分隔措施，其设置应符合以下相关规范的规定。

■《建筑设计防火规范》GB 50016—2014(2018 版)

【 6.2.4 】建筑内的防火隔墙应从楼地面基层隔断至梁、楼板或屋面板的底面基层。住宅分户墙和单元之间的墙应隔断至梁、楼板或屋面板的底面基层，屋面板的耐火极限不应低于 0.50 h。

防火隔墙不一定非要砌筑在梁或基础上，从楼板砌筑至顶板即可，因此分隔比较自由。防火隔墙一般用于分隔房间或小的功能区域，能够给人员密集、设施重要、财产宝贵的房间或区域提供一定的保护，也可有效阻止火情从危险性高的区域向其他区域蔓延。

3)防火门窗

a. 防火门

防火门的设置应符合以下规范的相关规定。

■《建筑设计防火规范》GB 50016—2014(2018 版)

〖 6.5.1 〗防火门的设置应符合下列规定。

(1)设置在建筑内经常有人通行处的防火门宜采用常开防火门。常开防火门应能在火灾发生时自行关闭，并应具有信号反馈的功能。

（2）除允许设置常开防火门的位置外，其他位置的防火门均应采用常闭防火门。常闭防火门应在其明显位置设置“保持防火门关闭”等提示标识。

（3）除管井检修门和住宅的户门外，防火门应具有自行关闭功能。双扇防火门应具有按顺序自行关闭的功能。

（4）除规范另有特殊规定外，防火门应能在其内外两侧手动开启。

（5）设置在建筑变形缝附近时，防火门应设置在楼层较多的一侧，并应保证防火门开启时门扇不跨越变形缝。

（6）防火门关闭后应具有防烟性能。

（7）甲、乙、丙级防火门应符合现行国家标准《防火门》的规定。

【6.4.10】疏散走道在防火分区处应设置常开甲级防火门。

■《建筑防火通用规范》GB 55037—2022

【6.4.2】下列部位的门应为甲级防火门：

（1）设置在防火墙上的门，疏散走道在防火分区处设置的门；

（2）设置在耐火极限要求不低于 3.00 h 的防火隔墙上的门；

（3）电梯间、疏散楼梯间与汽车库连通的门；

（4）室内开向避难走道前室的门、避难间的疏散门；

（5）多层乙类仓库和地下、半地下及多、高层丙类仓库中从库房通向疏散走道或疏散楼梯间的门。

【6.4.3】除建筑直通室外和屋面的门可采用普通门外，下列部位的门的耐火性能不应低于乙级防火门的要求，且其中建筑高度大于 100 m 的建筑相应部位的门应为甲级防火门：

（1）甲、乙类厂房，多层丙类厂房，人员密集的公共建筑和其他高层工业与民用建筑中封闭楼梯间的门；

（2）防烟楼梯间及其前室的门；

（3）消防电梯前室或合用前室的门；

（4）前室开向避难走道的门；

（5）地下、半地下及多、高层丁类仓库中从库房通向疏散走道或疏散楼梯间的门；

（6）歌舞娱乐放映游艺场所中的房间疏散门；

（7）从室内通向室外疏散楼梯间的疏散门；

（8）设置在耐火极限要求不低于 2.00 h 的防火隔墙上的门。

【6.4.4】电气竖井、管道井、排烟道、排气道、垃圾道等竖井井壁上的检查门，应符合下列规定：

（1）对于埋深大于 10 m 的地下建筑或地下工程，应为甲级防火门；

（2）对于建筑高度大于 100 m 的建筑，应为甲级防火门；

（3）对于层间无防火分隔的竖井和住宅建筑的合用前室，门的耐火性能不应低于乙级防火门的要求；

（4）对于其他建筑，门的耐火性能不应低于丙级防火门的要求，当竖井在楼层处无水平防火分隔时，门的耐火性能不应低于乙级防火门的要求。

【6.4.5】平时使用的人民防空工程中代替甲级防火门的防护门、防护密闭门、密闭门，耐火性能不应低于甲级防火门的要求，且不应用于平时使用的公共场所的疏散出口处。

b. 防火窗

防火窗的设置应符合以下规范的相关规定。

■《建筑防火通用规范》GB 55037—2022

【6.4.6】设置在防火墙和要求耐火极限不低于 3.00 h 的防火隔墙上的窗应为甲级防火窗。

【6.4.7】下列部位的窗的耐火性能不应低于乙级防火窗的要求：

（1）歌舞娱乐放映游艺场所中房间开向走道的窗；

（2）设置在避难间或避难层中避难区对应外墙上的窗；

（3）其他要求耐火极限不低于 2.00 h 的防火隔墙上的窗。

注意：所有可启闭的防火窗产品都是火灾发生时能自行关闭的防火窗；除常开防火门外的普通防火门产品也都是能自行关闭的防火门，都有自行关闭和按顺序自行关闭功能，只有防火墙上设置的需要常开的防火门才需要特别注明“火灾时能自行关闭”，这样的防火门有特殊的关闭触发方式和要求；对于没有常开要求的普通防火门窗而言，只要选用了符合国家标准的可靠产品，没有必要特别注明“火灾时能自行关闭”这一要求。

4）防火卷帘

以下是不同规范对于防火卷帘设置的相关规定。

■《建筑防火通用规范》GB 55037—2022

【2.2.8】除兼作消防电梯的货梯前室无法设置防火门的开口可采用防火卷帘分隔外，消防电梯前室不应采用防火卷帘或防火玻璃墙等替代防火隔墙。

【6.4.8】用于防火分隔的防火卷帘应符合下列规定：

（1）应具有在火灾发生时不需要依靠电源等外部动力源而依靠自重自行关闭的功能；

（2）耐火性能不应低于防火分隔部位的耐火性能要求；

（3）应在关闭后具有烟密闭的性能；

（4）在同一防火分隔区域的界限处采用多樘防火卷帘分隔时，应具有同步降落封闭开口的功能。

【7.1.8】疏散楼梯间及其前室与其他部位的防火分隔不应使用卷帘。

■《建筑设计防火规范》GB 50016—2014（2018 版）

〖6.5.3〗除中庭外，当防火分隔部位的宽度不大于 30 m 时，防火卷帘的宽度不应大于 10 m；当防火分隔部位的宽度大于 30 m 时，防火卷帘的宽度不应大于该部位宽度的 1/3，且不应大于 20 m。

防火卷帘与防火门窗的耐火极限要求有所不同，防火门窗的耐火极限一般小于所在部位防火墙的耐火极限要求，比如防火墙的耐火极限要求是 3.00 h，但在防火墙上设置的甲级防火门窗的耐火极限要求只有 1.50 h；而防火卷帘的耐火极限要求与防火墙一致，即要达到 3.00 h，如果防火隔墙的耐火极限要求为 2.00 h，则墙上设置的防火卷帘的耐火极限就需要不低于 2.00 h。这说明防火卷帘所起的是防火墙的作用，而不是防火门窗的作用，防火卷帘是可以卷起来的防火墙或防火隔墙。商场常在柱间设置防火卷帘进行防火分区分隔，平时开启，打通空间，方便使用，有火情时通过自动控制或人工干预的方式将防火卷帘落下来，完成防火分区间的分隔。不过，防火分隔仍要以防火墙为主，防火卷帘为辅，以兼顾平时的功能需求和防火分隔的可靠性。

5）防火玻璃墙

防火玻璃墙的设置应符合以下规范的相关规定。

■《建筑防火通用规范》GB 55037—2022【6.4.9】

用于防火分隔的防火玻璃墙，耐火性能不应低于所在防火分隔部位的耐火性能要求。

五、垂直方向的防火分隔

除了要防止火情在水平方向扩散，还要防止其在上下楼层间竖向蔓延。楼梯扶梯、共享中庭、建筑外窗、建筑幕墙、外墙保温、电梯井道等部位，都是容易导致火情在层间蔓延的部位、通道或媒介，对此必须采取严密完善的垂直防火分隔措施。

1. 楼梯扶梯

规范对楼梯扶梯的要求如下。

■《建筑设计防火规范》GB 50016—2014（2018 版）【5.3.2】

建筑内设置自动扶梯、敞开楼梯等上、下层相连通的开口时，其防火分区的建筑面积应按上、下层相连通的建筑面积叠加计算；当叠加计算后的建筑面积大于防火分区的面积规定时，应划分防火分区。

条文说明如下。对于规范允许采用敞开楼梯间的建筑，如 5 层或 5 层以下的教学建筑、普通办公建筑等，该敞开楼梯间可以不按上、下层相连通的开口考虑。

2. 共享中庭

规范对共享中庭的要求如下。

■《建筑设计防火规范》GB 50016—2014（2018 版）〖5.3.2〗

建筑内设置中庭时，其防火分区的建筑面积应按上、下层相连通的建筑面积叠加计算，当叠加计算后的建筑面积大于防火分区的面积规定时，应符合下列规定。

（1）与周围连通空间应进行防火分隔。采用防火隔墙时，其耐火极限不应低于 1.00 h；采用防火玻璃墙时，其耐火隔热性和耐火完整性不应低于 1.00 h；采用耐火完整性不低于 1.00 h 的非隔热性防火玻璃墙时，应设置自动喷水灭火系统进行保护；采用防火卷帘时，其耐火极限不应低于 3.00 h，并应符合防火规范对防火卷帘的相关规定；与中庭相连通的门、窗，应采用火灾时能自行关闭的甲级防火门、窗。

（2）高层建筑内的中庭回廊应设置自动喷水灭火系统和火灾自动报警系统。

（3）中庭应设置排烟设施。

（4）中庭内不应布置可燃物。

共享中庭采用防火卷帘进行封堵的做法见图 4-1。

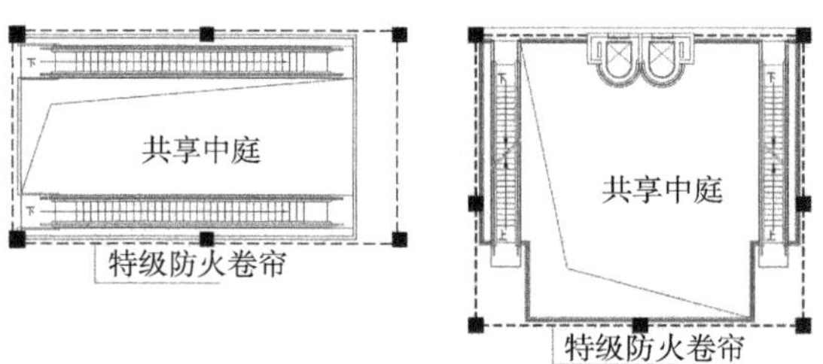

图 4-1　共享中庭防火卷帘封堵

3. 建筑外窗

规范对建筑外窗的规定如下。

■《建筑设计防火规范》GB 50016—2014（2018 版）【6.2.5】

除防火规范另有规定外，建筑外墙上、下层开口之间应设置高度不小于 1.2 m 的实体墙或挑出宽度不小于 1.00 m、长度不小于开口宽度的防火挑檐；当室内设置自动喷水灭火系统时，上、下层开口之间的实体墙高度不应小于 0.80 m。当上、下层开口之间设置实体墙确有困难时，可设置防火玻璃墙，但高层建筑的防火玻璃墙的耐火完整性不应低于 1.00 h，多层建筑的防火玻璃墙的耐火完整性不应低于 0.50 h。外窗的耐火完整性不应低于防火玻璃墙的耐火完整性要求。住宅建筑外墙上相邻户开口之间的墙体宽度不应小于 1.00 m；小于 1.00 m 时，应在开口之间设置突出外墙不小于 0.60 m 的隔板。实体墙、防火挑檐和隔板的耐火极限和燃烧性能，均不应低于相应耐火等级建筑外墙的要求。

注意：用于楼层间防火分隔的防火玻璃墙，其防火性能指标是耐火完整性，耐火完整性为 0.50 h、1.00 h，满足其要求的防火窗等级是 C0.50、C1.00，而不是丙级防火窗 A0.50 和乙级防火窗 A1.00。

4. 建筑幕墙

规范对建筑幕墙的规定如下。

■《建筑设计防火规范》GB 50016—2014（2018 版）【6.2.6】

建筑幕墙应在每层楼板外沿处采取符合《建筑设计防火规范 6.2.5》规定的防火措施，幕墙与每层楼板、隔墙处的缝隙应采用防火封堵材料封堵。

注意：常用的防火封堵材料有岩棉、矿棉、玻璃棉、硅酸铝棉等。另外，同一块玻璃不宜跨越建筑物的两个防火分区。

5. 外墙保温

由于节能需要，建筑外墙普遍采取保温隔热措施，但作为常用保温材料的挤塑板、聚苯板等多为 B 级保温材料，它们在火灾发生时的高温烘烤下会燃烧，可能导致火情通过外墙快速波及整栋建筑，因此对外墙保温采取可靠的防火隔离措施是非常重要的。规范对墙保温的规定如下。

■《建筑设计防火规范》GB 50016—2014（2018 版）〖6.7.7〗

当建筑外墙外保温系统采用燃烧性能为 B_1、B_2 级的保温材料时，应符合下列规定。

（1）除采用 B_1 级保温材料且建筑高度不大于 24 m 的公共建筑或采用 B_1 级保温材料且建筑高度不大于 27 m 的住宅建筑外，建筑外墙上门、窗的耐火完整性不应低于 0.50 h。

（2）应在每层保温系统中设置水平防火隔离带。防火隔离带应采用燃烧性能为 A 级的材料，防火隔离带的高度不应小于 300 mm。

6. 电梯井道

■《建筑设计防火规范》GB 50016—2014（2018 版）〖6.2.9〗

电梯层门的耐火极限不应低于 1.00 h，并应符合现行国家标准《电梯层门耐火试验　完整性、隔热性和热通量测定法》规定的完整性和隔热性要求。

7. 其他部位和措施

建筑中还有许多部位存在导致火情在层间垂直蔓延的隐患，需要采取符合规范要求的封堵、隔绝措施，以下是几个比较常见的部位及防火分隔措施的规定。

■《建筑设计防火规范》GB 50016—2014（2018 版）

【6.2.9】电缆井、管道井、排烟道、排气道、垃圾道等竖向井道，应分别独立设置。井壁的耐火极限不应低于 1.00 h，井壁上的检查门应采用丙级防火门。建筑内的电缆井、管道井应在每层楼板处采用不低于楼板耐火极限的不燃材料或防火封堵材料封堵。

〖6.3.7〗建筑屋顶上的开口与邻近建筑或设施之间，应采取防止火灾蔓延的措施。

条文说明如下。应将开口布置在距离建筑高层部分较远的位置，一般不宜小于 6 m，或采取设置防火采光顶、邻近开口一侧的建筑外墙采用防火墙等措施。

六、建筑防火间距

防火间距，指防止着火建筑在一定时间内引燃相邻建筑，便于消防扑救的间隔距离。

1. 防火间距的确定规则

造成火情在建筑间蔓延的因素有很多，如飞火、热对流、热辐射等，防火间距以减少热辐射造成的火灾蔓延为主。以下是规范对防火间距确定规则的规定。

■《建筑设计防火规范》GB 50016—2014（2018 版）〖附录 B〗

建筑物之间的防火间距应按相邻建筑外墙的最近水平距离计算，当外墙有凸出的可燃或难燃构件时，应从其凸出部分外缘算起。建筑物与储罐、堆场的防火间距，应为建筑外墙至储罐外壁或堆场中相邻堆垛外缘的最近水平距离。建筑物、储罐或堆场与道路、铁路的防火间距，应为建筑外墙、储罐外壁或相邻堆垛外缘距道路最近一侧路边或铁路中心线的最小水平距离。

2. 防火间距的规定

民用建筑之间的防火间距不应小于表 4-5 的规定，与其他建筑的防火间距，除应符合本表规定外，尚应符合防火规范其他章的有关规定。

表 4-5　民用建筑之间的防火间距　　单位：m

建筑类别		高层民用建筑	裙房和其他民用建筑		
		一、二级	一、二级	三级	四级
高层民用建筑	一、二级	13	9	11	14
裙房和其他民用建筑	一、二级	9	6	7	9
	三级	11	7	8	10
	四级	14	9	10	12

注：1. 相邻两座单、多层建筑，当相邻外墙为不燃性墙体且无外露的可燃性屋檐，每面外墙上无防火保护的门、窗、洞口不正对开设且该门、窗、洞口的面积之和不大于外墙面积的 5%时，其防火间距可按本表的规定减少 25%。

2. 两座建筑相邻较高一面外墙为防火墙，或高出相邻较低一座一、二级耐火等级建筑的屋面 15 m 及以下范围内的外墙为防火墙时，其防火间距不限。

3. 相邻两座高度相同的一、二级耐火等级建筑中相邻任一侧外墙为防火墙，屋顶的耐火极限不低于 1.00 h 时，其防火间距不限。

4. 相邻两座建筑中较低一座建筑的耐火等级不低于二级，相邻较低一面外墙为防火墙且屋顶无天窗，屋顶的耐火极限不低于 1.00 h 时，其防火间距不应小于 3.5 m；对于高层建筑，不应小于 4 m。

5. 相邻两座建筑中较低一座建筑的耐火等级不低于二级且屋顶无天窗，相邻较高一面外墙高出较低一座建筑的屋面 15 m 及以下范围内的开口部位设置甲级防火门、窗，或设置符合现行国家标准《自动喷水灭火系统设计规范》规定的防火分隔水幕或《建筑设计防火规范 6.5.3》规定的防火卷帘时，其防火间距不应小于 3.5 m；对于高层建筑，不应小于 4 m。

6. 相邻建筑通过连廊、天桥或底部的建筑物等连接时，其间距不应小于本表的规定。

7. 耐火等级低于四级的既有建筑，其耐火等级可按四级确定。

以下为规范对防火间距的规定。

■《建筑设计防火规范》GB 50016—2014（2018 版）〖5.2.4〗

除高层民用建筑外，数座一、二级耐火等级的住宅建筑或办公建筑，当建筑物的占地面积总和不大于 2 500 m^2 时，可成组布置，但组内建筑物之间的间距不宜小于 4 m。组与组或组与相邻建筑物的防火间距不应小于表 4-5 的规定。

七、消防扑救

在消防扑救这个环节，要解决消防人员和车辆能够及时到达、停靠、进场、展开扑救这几个问题。

1. 消防车道的设置要求

消防车道或兼作消防车道的道路应符合以下规范的相关规定。

■《建筑设计防火规范》GB 50016—2014（2018 版）

〖7.1.1〗街区内的道路应考虑消防车的通行，道路中心线间的距离不宜大于 160 m。当建筑物沿街道部分的长度大于 150 m 或总长度大于 220 m 时，应设置穿过建筑物的消防车道。确有困难时，应设置环形消防车道。

【7.1.2】高层民用建筑，超过 3 000 个座位的体育馆，超过 2 000 个座位的会堂，占地面积大于 3 000 m^2 的商店建筑、展览建筑等单、多层公共建筑应设置环形消防车道，确有困难时，可沿建筑两个长边设置消防车道；对于高层住宅建筑和山坡地或河道边临空建造的高层民用建筑，可沿建筑的一个长边设置消防车道，但该长边所在建筑立面应为消防车登高操作面。

〖7.1.4〗有封闭内院或天井的建筑物，当内院或天井的短边长度大于 24 m 时，宜设置进入内院或天井的消防车道；当该建筑物沿街时，应设置连通街道和内院的人行通道（可利用楼梯间），其间距不宜大于 80 m。

〖7.1.8〗消防车道应符合下列要求：

【1】车道的净宽度和净空高度均不应小于 4 m；

【2】转弯半径应满足消防车转弯的要求；

【3】消防车道与建筑之间不应设置妨碍消防车操作的树木、架空管线等障碍物；

【4】消防车道靠建筑外墙一侧的边缘距离建筑外墙不宜小于 5 m；

【5】消防车道的坡度不宜大于 8%。

〖7.1.9〗环形消防车道至少应有两处与其他车道连通。尽头式消防车道应设置回车道或回车场，回车场的面积不应小于 12 m × 12 m；对于高层建筑，不宜小于 15 m × 15 m；供重型消防车使用时，不宜小于 18 m × 18 m。消防车道的路面、救援操作场地、消防车道和救援操作场地下面的管道和暗沟等，应能承受重型消防车的压力。消防车道可利用城乡、厂区道路等，但该道路应满足消防车通行、转弯和停靠的要求。

条文说明如下。目前，我国普通消防车的转弯半径为 9 m，登高车的转弯半径为 12 m，一些特种车辆的转弯半径为 16~20 m。回车场地不应小于 12 m × 12 m，是根据一般消防车的最小转弯半径而确定的，对于重型消防车的回车场则还要根据实际情况增大。如有些重型消防车和特种消防车，由于车身长度和最小转弯半径已有 12 m 左右，就需设置更大面积的回车场才能满足使用要求；少数消防车的车身全长为 15.7 m，而 15 m × 15 m 的回车场可能也满足不了使用要求。因此，设计还需根据当地的具体建设情况确定回车场的大小，但最小不应小于 12 m × 12 m，供重型消防车使用时不宜小于 18 m × 18 m。

注意：规范并没有限制消防车道距建筑的最大距离。对于高层建筑，有消防救援操作场地的一侧，按规范要求设置消防救援场地即可，消防车道距建筑边缘不宜小于 5 m、不宜大于 10 m；对于需设消防车道的单、多层建筑和高层建筑不设消防救援操作场地的一侧，各地大多规定消防车道距建筑外墙不宜小于 5 m、不宜大于 30 m，设计中应执行地方的相关规定。根据实际灭火情况，除高层建筑需要设置消防救援操作场地外，一般建筑可直接利用消防车道展开灭火救援行动，消防车道与建筑间要保持足够的距离和净空，避免高大树木、架空高压电力线、架空管廊等影响灭火救援作业。

■《建筑防火通用规范》GB 55037—2022

【3.4.1】工业与民用建筑周围、工厂厂区内、仓库库区内、城市轨道交通的车辆基地内、其他地下工程的地面出入口附近，均应设置可通行消防车并与外部公路或街道连通的道路。

【3.4.3】除受环境地理条件限制只能设置 1 条消防车道的公共建筑外，其他高层公共建筑和占地面积大于 3 000 m² 的其他单、多层公共建筑应至少沿建筑的两条长边设置消防车道。住宅建筑应至少沿建筑的一条长边设置消防车道。当建筑仅设置 1 条消防车道时，该消防车道应位于建筑的消防车登高操作场地一侧。

【3.4.5】消防车道或兼作消防车道的道路应符合下列规定：

（1）道路的净宽度和净空高度应满足消防车安全、快速通行的要求；

（2）转弯半径应满足消防车转弯的要求；

（3）路面及其下面的建筑结构、管道、管沟等，应满足承受消防车满载时压力的要求；

（4）坡度应满足消防车满载时正常通行的要求，且不应大于 10%，兼作消防救援场地的消防车道，坡度尚应满足消防车停靠和消防救援作业的要求；

（5）消防车道与建筑外墙的水平距离应满足消防车安全通行的要求，位于建筑消防扑救面一侧兼作消防救援场地的消防车道应满足消防救援作业的要求；

（6）长度大于 40 m 的尽头式消防车道应设置满足消防车回转要求的场地或道路；

（7）消防车道与建筑消防扑救面之间不应有妨碍消防车操作的障碍物，不应有影响消防车安全作业的架空高压电线。

2. 消防救援场地的设置要求

低多层建筑无须设置消防救援场地，消防救援场地是专门服务于高层建筑的消防救援设施，其设置应符合以下规范的相关规定。

■《建筑设计防火规范》GB 50016—2014(2018 版)

【7.2.1】高层建筑应至少沿一个长边或周边长度的 1/4 且不小于一个长边长度的底边连续布置消防车登高操作场地,该范围内的裙房进深不应大于 4 m。建筑高度不大于 50 m 的建筑,连续布置消防车登高操作场地确有困难时,可间隔布置,但间隔距离不宜大于 30 m,且消防车登高操作场地的总长度仍应符合上述规定。

〖7.2.2〗消防车登高操作场地应符合下列规定。

【1】场地与厂房、仓库、民用建筑之间不应设置妨碍消防车操作的树木、架空管线等障碍物和车库出入口。

【2】场地的长度和宽度分别不应小于 15 m 和 10 m。对于建筑高度大于 50 m 的建筑,场地的长度和宽度分别不应小于 20 m 和 10 m。

【3】场地及其下面的建筑结构、管道和暗沟等,应能承受重型消防车的压力。

【4】场地应与消防车道连通,场地靠建筑外墙一侧的边缘距离建筑外墙不宜小于 5 m,且不应大于 10 m,场地的坡度不宜大于 3%。

【7.2.3】建筑物与消防车登高操作场地相对应的范围内,应设置直通室外的楼梯或直通楼梯间的入口。

■《建筑防火通用规范》GB 55037—2022【12.0.2】

建筑周围的消防车道和消防车登高操作场地应保持畅通,其范围内不应存放机动车辆,不应设置隔离桩、栏杆等可能影响消防车通行的障碍物,并应设置明显的消防车道或消防车登高操作场地的标识和不得占用、阻塞的警示标志。

注意:消防电梯通道出入口或专用消防通道出入口要设置在消防车登高操作场地范围内,消防车登高操作场地要便于消防人员在此范围内安全方便地进出建筑并进行消防作业。

3. 消防救援窗口的设置要求

消防救援窗口指火灾发生时,在建筑外墙设置的可供专业消防人员使用的入口。消防救援窗口能方便消防员进行灭火救援,有利于消防员将灭火剂直接作用于火源或燃烧的可燃物。救援窗口的位置、标识设置要便于消防员快速识别和利用,要满足一个消防员背负基本救援装备进入建筑的基本尺寸。消防救援窗口的设置应符合以下规范的相关规定。

■《建筑设计防火规范》GB 50016—2014(2018 版)

【7.2.4】厂房、仓库、公共建筑的外墙应在每层的适当位置设置可供消防救援人员进入的窗口。

〖7.2.5〗供消防救援人员进入的窗口的净高度和净宽度均不应小于 1.0 m,下沿距室内地面不宜大于 1.2 m,间距不宜大于 20 m 且每个防火分区不应少于 2 个,设置位置应与消防车登高操作场地相对应。窗口的玻璃应易于破碎,并应设置可在室外易于识别的明显标志。

■《建筑防火通用规范》GB 55037—2022【2.2.3】

除有特殊要求的建筑和甲类厂房可不设置消防救援口外,在建筑的外墙上应设置便于消防救援人员出入的消防救援口,并应符合下列规定:

(1)沿外墙的每个防火分区在对应消防救援操作面范围内设置的消防救援口不应少于 2 个;

(2)无外窗的建筑应每层设置消防救援口,有外窗的建筑应自第三层起每层设置消防救援口;

(3)消防救援口的净高度和净宽度均不应小于 1.0 m,当利用门时,净宽度不应小于 0.8 m;

(4)消防救援口应易于从室内和室外打开或破拆,采用玻璃窗时,应选用安全玻璃;

(5)消防救援口应设置可在室内和室外识别的永久性明显标志。

4. 隐形消防车道和隐形登高操作场地

所谓隐形消防车道和隐形登高操作场地,指不以道路面貌呈现或可视边界不明确的消防车道和登高操作场地。比如以精美铺装的广场、绿化草坪和浅水景观等面貌呈现的消防车道和登高操作场地。隐形消防车道和隐形登高操作场地必须满足规范的相关规定，并有利于提高区域的景观质量。如果处理不好，隐形消防车道和隐形登高操作场地也容易给消防救援带来隐患，所以要慎重采用、认真对待。

公共建筑的入口广场容易被消防车道切割得支离破碎，这时可以按消防车道的要求对整个广场做设计，看起来是广场，但能按规定通行消防车辆，能满足消防需要。隐形消防车道也可以通过铺地面层的材料、颜色、图案变化，以艺术的方式划分出消防车道的路面范围。隐藏在草坪或浅水之下的消防车道，要能满足供消防车通行、驻留的承载力要求。居住区内设置隐形消防车道和隐形登高操作场地的道理和要求也一样。两侧住宅共用消防车登高操作场地时，场地宽度较大，可兼作消防车道和回车场地，如果铺设耐用、结实的地砖或石材，在满足消防需要的前提下，还能极大地提升居住区的环境景观质量。

Ⅱ. 安全疏散

疏散即逃生，安全疏散就是在建筑发生火灾或其它险情时，能及时快速地将人员疏散到安全出口或室外的安全地点，是一个有方位指向的概念。

一、相关概念

1. 疏散

疏散，指人员由危险区域向安全区域撤离。

2. 疏散出口

疏散出口，指火灾发生时供人员逃离着火区域或建筑的出口，包括房间疏散门和安全出口。

3. 疏散门

疏散门，指设置在疏散出口以满足人员安全疏散要求的门。疏散门是房间直接通向疏散走道的房门、直接开向疏散楼梯间的门（如住宅的户门）或室外的门，不包括套间内的隔间门或住宅套内的房间门。

1）相关术语

开门推杠装置：无需借助钥匙或其他工具，用手或身体即可直接、迅速推开门扇的装置。

逃生门锁：安装在建筑中的疏散门上，具有通过锁舌限制疏散门的开启、关闭（锁闭）功能，能在疏散、逃生方向上采用推压方式开启疏散门的成套机械装置。

2）设置要求

疏散门的设置应符合以下规范的相关规定。

■《建筑设计防火规范》GB 50016—2014（2018 版）【6.4.11】

民用建筑和厂房的疏散门，应采用向疏散方向开启的平开门，不应采用推拉门、卷帘门、吊门、转门和折叠门。除甲、乙类生产车间外，人数不超过 60 人且每樘门的平均疏散人数不超过 30 人的房间，其疏散门的开启方向不限。

条文说明如下。侧拉门、卷帘门、旋转门或电动门，包括帘中门，在人群紧急疏散情况下无法保证安全、快速疏散，不允许作为疏散门。疏散门为设置在建筑内各房间直接通向疏散走道的门或安全出口上的门。为避免在着火时由于人群惊慌、拥挤而压紧内开门扇，使门无法开启，要求疏散门应向疏散方向开启。对于使用人员较少且人员对环境及门的开启形式熟悉的场所，疏散门的开启方向可以不限。

■《建筑防火通用规范》GB 55037—2022【7.1.7】

疏散出口门应能在关闭后从任何一侧手动开启。开向疏散楼梯(间)或疏散走道的门在完全开启时,不应减少楼梯平台或疏散走道的有效净宽度。除住宅的户门可不受限制外,建筑中控制人员出入的闸口和设置门禁系统的疏散出口门应具有在火灾时自动释放的功能,且人员不需使用任何工具即能容易地从内部打开,在门内一侧的显著位置应设置明显的标识。

注意:当楼梯门完全开启时,门扇不应与楼梯平台有效疏散宽度边缘线相交叉,但门的开启轨迹可以和楼梯平台有效疏散宽度边缘线相交叉。

■《电影院建筑设计规范》JGJ 58—2008〖6.2.2〗

观众厅疏散门不应设置门槛,在紧靠门口 1.40 m 范围内不应设置踏步。疏散门应为自动推闩式外开门,严禁采用推拉门、卷帘门、折叠门、转门等。

条文说明如下。为防范偷盗事件的发生,疏散门常上门锁,一旦火灾发生,门打不开,会造成大量人员伤亡,国内已发生过火灾时由此原因造成人员大量死亡的案例,是我们应吸取的教训。为此强调疏散外门应设自动推闩式门锁。此锁的特点是人体接触门扇,触动门闩,门被打开,但从外面无法开启,使用方便又有很高的安全性。在实践中,通常一个观众厅设两道疏散门,一道为出场门,一道为进场门。出场门上设推闩式门锁,门外无把手,人出去就进不来;进场门口通常有管理人员值班,可以没有锁,若带锁应是推闩式门锁,门外还要有把手。因此,门若有锁,应采用推闩式门锁。

4. 安全出口

安全出口,指供人员安全疏散用的楼梯间和室外楼梯的出入口或直通室内外安全区域的出口,是疏散门的一个特例。室内安全区域包括符合规范规定的避难层、避难走道等,室外安全区域包括室外地面、符合疏散要求并具有直接到达地面设施的上人屋面、平台以及符合规范要求的天桥、连廊等。尽管防火规范将避难走道视为室内安全区域,但其安全性能仍有别于室外地面,因此设计安全出口要直接通向室外,尽量避免通过避难走道到达室外地面。

5. 袋形走道

袋形走道,指只有一个疏散方向的走道。由于其只有一个疏散方向,不利于疏散安全,所以对位于其两侧和尽端房间的疏散距离要求比较严格。袋形走道实际上就是尽端未设楼梯或其他安全出口的走道,要改变这种不利局面,最直接的办法就是把疏散楼梯或安全出口设置在走道尽端,并在首层相近位置设置室外出口,这样做也有利于满足楼梯间在首层直接疏散到室外的规范要求。

6. 儿童活动场所

儿童活动场所,指托儿所、幼儿园的儿童用房,是设置在建筑内的儿童游乐厅、儿童乐园、儿童培训班、早教中心等类似用途的场所。

7. 老年人照料设施

老年人照料设施,指为老年人提供集中照料服务的设施,是老年人全日照料设施和老年人日间照料设施的统称,属于公共建筑。

8. 避难层(间)

避难层(间),指建筑内用于人员暂时躲避火灾及其烟气危害的楼层(房间)。避难层(间)的设置应符合以下规范的相关规定。

■《建筑设计防火规范》GB 50016—2014(2018 版)【5.5.23】

建筑高度大于 100 m 的公共建筑应设置避难层(间)。

9. 避难走道

避难走道，指采取防烟措施且两侧设置耐火极限不低于 3 h 的防火隔墙，用于人员安全通行至室外的走道。

在大楼层、大进深商业综合体中，常常需要通过设置避难走道以解决防火疏散所面对的困难。当其核心区域的疏散楼梯间难以满足首层直通室外的相关要求及疏散距离过长时，可先将人民疏散到避难走道，再通过避难走道疏散至室外。避难走道既可设置在首层，也可设置在楼层，只要能满足相关规范要求即可。设置避难走道，可以极大地延长合法的疏散距离，但设置避难走道是有代价的，一般不会轻易采用设置避难走道的方式解决疏散问题。设置避难走道也会使建筑的疏散逻辑变得复杂，属于不得已而为之的做法，设置示意见图 4-2。避难走道的设置应符合以下规范的相关规定。

■《建筑设计防火规范》GB 50016—2014（2018 版）〖6.4.14〗

（1）避难走道防火隔墙的耐火极限不应低于 3.00 h，楼板的耐火极限不应低于 1.50 h。

（2）避难走道直通地面的出口不应少于 2 个，并应设置在不同方向；当避难走道仅与一个防火分区相通且该防火分区至少有 1 个直通室外的安全出口时，可设置 1 个直通地面的出口。任一防火分区通向避难走道的门至该避难走道最近直通地面的出口的距离不应大于 60 m。

（3）避难走道的净宽度不应小于任一防火分区通向该避难走道的设计疏散总净宽度。

（4）避难走道内部装修材料的燃烧性能应为 A 级。

（5）防火分区至避难走道入口处应设置防烟前室，前室的使用面积不应小于 6 m^2，开向前室的门应采用甲级防火门，前室开向避难走道的门应采用乙级防火门。

（6）避难走道内应设置消火栓、消防应急照明、应急广播和消防专线电话。

10. 人员密集场所和人员密集的场所

《中华人民共和国消防法》第七十三条所说的人员密集场所，指公众聚集场所，医院的门诊楼、病房楼，学校的教学楼、图书馆、食堂和集体宿舍，养老院，福利院，托儿所，幼儿园，公共图书馆的阅览室，公共展览馆、博物馆的展示厅，劳动密集型企业的生产加工车间和员工集体宿舍，旅游、宗教活动场所等。

人员密集的场所或人员密集的公共场所，主要指营业厅、观众厅，礼堂、电影院、剧院和体育场馆的观众厅，公共娱乐场所中出入大厅、舞厅，候机（车、船）厅及医院的门诊大厅等面积较大、同一时间聚集人数较多的场所。

人员密集场所主要指建筑或建筑的某些功能区域，人员密集的场所或人员密集的公共场所主要指人员密集的具体功能空间，应当注意二者之间的差别。《建筑设计防火规范》中的人员密集场所，大体上既包括《中华人民共和国消防法》定义的人员密集场所，也包括会议厅、多功能厅、展览厅、观众厅、营业厅、餐厅等人员密集的场所。

11. 公共娱乐场所

公共娱乐场所，指具有文化娱乐、健身休闲功能并向公众开放的室内场所，包括影剧院、录像厅、礼堂等演出、放映场所，舞厅、卡拉 OK 厅等歌舞娱乐场所，具有娱乐功能的夜总会、音乐茶座、酒吧和餐饮场所，游艺、游乐场所和保龄球馆、旱冰场、桑拿等娱乐、健身、休闲场所和互联网上网服务营业场所。公共娱乐场所一般均为人员密集场所。

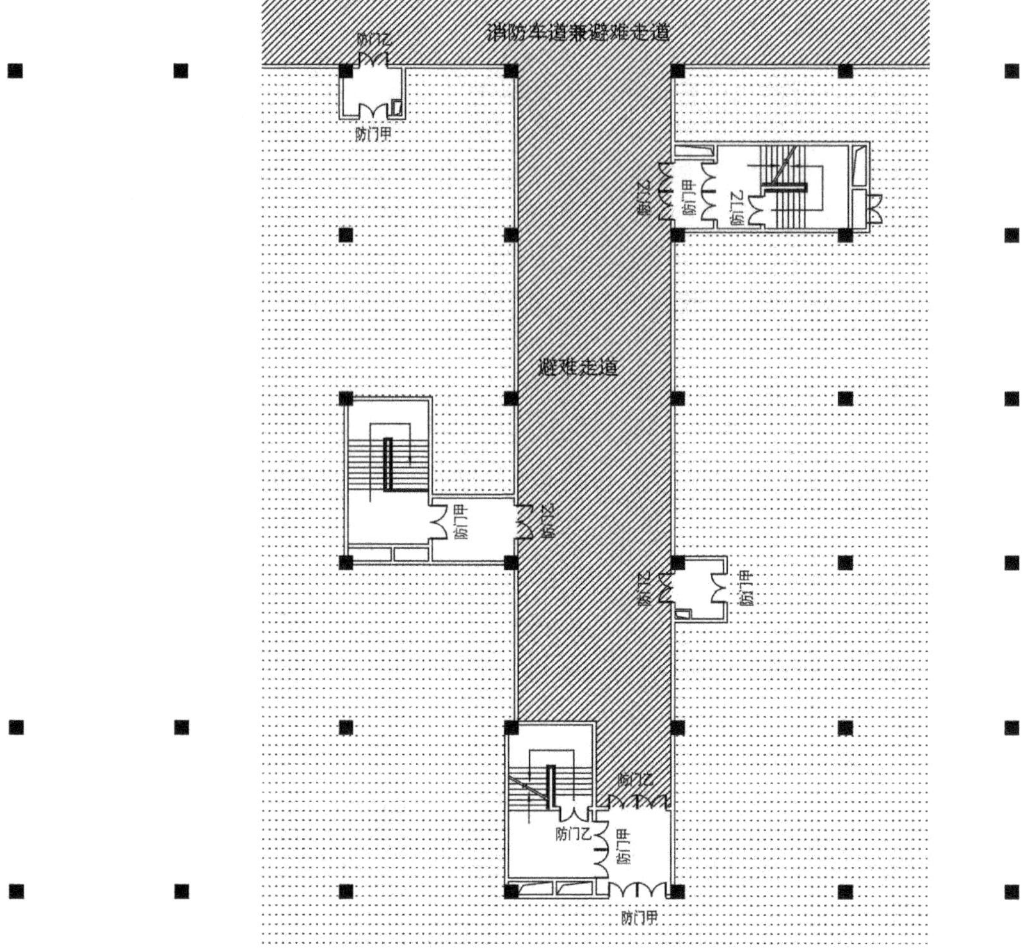

（a）设置在首层的避难走道

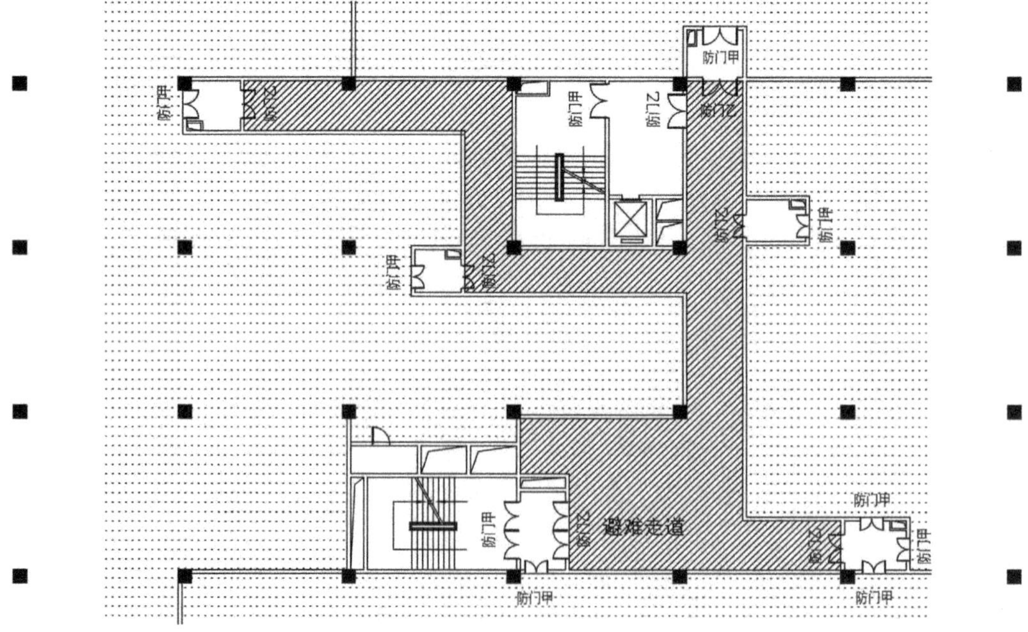

（b）设置在楼层的避难走道

图 4-2　避难走道设置示意

12. 歌舞娱乐放映游艺场所

歌舞娱乐放映游艺场所，指歌厅、舞厅、录像厅、夜总会、卡拉 OK 厅和具有卡拉 OK 功能的餐厅或包房、各类游艺厅、桑拿浴室的休息室和具有桑拿服务功能的客房、网吧等场所，不包括电影院和剧场的观众厅。这是《建筑设计防火规范》归纳的一类建筑或功能空间类型，是人员密集、火灾隐患多的场所，在防火疏散要求方面有非常严格的规定。

13. 公众聚集场所

公众聚集场所，指面对公众开放，具有商业经营性质的室内场所，包括宾馆、饭店、商场、集贸市场、客运车站候车室、客运码头候船厅、民用机场航站楼、体育场馆、会堂以及公共娱乐场所等。

二、疏散原则

建筑的疏散设计要遵守一些基本的设计原则，要满足规范的相关规定。

1. 每个房间或区域不少于两个疏散出口

每个房间、每个防火分区、防火分区的每个楼层都至少要有两个疏散门或安全出口可供选择，以保证当一个疏散出口发生问题时，还有另外的疏散出口能用于逃生。由于两个疏散出口同时出现问题的情况概率极低，因此建筑设计并不考虑。只有当房间或楼层面积很小，正常使用人数很少的时候才被允许只设一个疏散出口。因此，凡只设一个疏散出口的情况，总会附加功能、面积、人数等前提，在疏散距离、出口宽度等方面也会有更为严格的规定。设一个疏散门或安全出口的情况，可以认为是两个疏散出口原则的特例。

1）房间设置一个疏散门的条件

■《建筑防火通用规范》GB 55037—2022【7.4.2】

公共建筑内每个房间的疏散门不应少于 2 个；儿童活动场所、老年人照料设施中的老年人活动场所、医疗建筑中的治疗室和病房、教学建筑中的教学用房，当位于走道尽端时，疏散门不应少于 2 个；公共建筑内仅设置 1 个疏散门的房间应符合下列条件之一：

（1）对于儿童活动场所、老年人照料设施中的老年人活动场所，房间位于两个安全出口之间或袋形走道两侧且建筑面积不大于 50 m^2；

（2）对于医疗建筑中的治疗室和病房、教学建筑中的教学用房，房间位于两个安全出口之间或袋形走道两侧且建筑面积不大于 75 m^2；

（3）对于歌舞娱乐放映游艺场所，房间的建筑面积不大于 50 m^2 且经常停留人数不大于 15 人；

（4）对于其他用途的场所，房间位于两个安全出口之间或袋形走道两侧且建筑面积不大于 120 m^2；

（5）对于其他用途的场所，房间位于走道尽端且建筑面积不大于 50 m^2；

（6）对于其他用途的场所，房间位于走道尽端且建筑面积不大于 200 m^2、房间内任一点至疏散门的直线距离不大于 15 m、疏散门的净宽度不小于 1.40 m。

2）防火分区设置一个安全出口的条件

■《建筑设计防火规范》GB 50016—2014（2018 版）【5.5.8】

公共建筑内每个防火分区或一个防火分区的每个楼层，其安全出口的数量应经计算确定，且不应少于 2 个。设置 1 个安全出口或 1 部疏散楼梯的公共建筑应符合下列条件之一：

（1）除托儿所、幼儿园外，建筑面积不大于 200 m^2 且人数不超过 50 人的单层公共建筑或多层公共建筑的首层；

（2）除医疗建筑，老年人照料设施，托儿所、幼儿园的儿童用房，儿童游乐厅等儿童活动场所和歌舞娱乐放映游艺场所等外，符合表 4-6 规定的公共建筑。

表 4-6　设置一部疏散楼梯的公共建筑

耐火等级	最多层数	每层最大建筑面积（m²）	人数
一、二级	3 层	200	第二、三层的人数之和不超过 50 人
三级	3 层	200	第二、三层的人数之和不超过 25 人
四级	2 层	200	第二层人数不超过 15 人

三层联排建筑，每个单元的建筑面积小于 200 m²，第二、三层的人数之和不超过 50 人，单元之间采用防火墙分隔，符合两栋建筑贴邻建造（即防火间距为零）的条件，每个单元可以设置一部楼梯和一个安全出口。嵌入建筑且采用不开设门窗洞口的防火墙与建筑的其他部分完全隔开的功能单元，主体建筑和嵌入的功能单元各自独立疏散，符合设置一部疏散楼梯的条件时，嵌入的功能单元可以设置一部疏散楼梯和一个安全出口。建筑底层的独立部分满足一个安全出口条件时，也可以设置一个安全出口。

3）顶层局部升高部分设一部疏散楼梯的条件

■《建筑设计防火规范》GB 50016—2014（2018 版）〖5.5.11〗

设置不少于 2 部疏散楼梯的一、二级耐火等级多层公共建筑，如顶层局部升高，当高出部分的层数不超过 2 层、人数之和不超过 50 人且每层建筑面积不大于 200 m² 时，高出部分可设置 1 部疏散楼梯，但至少应另外设置 1 个直通建筑主体上人平屋面的安全出口，且上人屋面应符合人员安全疏散的要求。

注意：本条要求屋面的耐火极限不应低于 1.00 h，高出屋面的楼层的第一层应设直通屋面的疏散出口，屋面的另一端还须设置一部通向建筑首层或室外地面的疏散楼梯。

2. 疏散出口要均匀分布

无论是房间、防火分区还是楼层，疏散出口都要做到均匀分布。以下是规范对此的规定。

■《建筑设计防火规范》GB 50016—2014（2018 版）〖5.5.2〗

建筑内的安全出口和疏散门应分散布置，且建筑内每个防火分区或一个防火分区的每个楼层、每个住宅单元每层相邻两个安全出口以及每个房间相邻两个疏散门最近边缘之间的水平距离不应小于 5 m。

条文说明如下。对于安全出口和疏散门的布置，一般要使人员在建筑着火后能有多个不同方向的疏散路线可供选择和疏散，要尽量将疏散出口均匀分散布置在平面上的不同方位。如果两个疏散出口之间距离太近，在火灾中实际上只能起到 1 个出口的作用，因此国外有关标准还规定同一房间最近 2 个疏散出口与室内最远点的夹角不应小于 45°。

注意：同侧两个疏散出口最近边缘间的直线距离不小于所在房间或区域最长对角线的一半，也可以认为两个疏散出口是处于两个不同疏散方向上。

3. 疏散路径不能穿过房间

疏散路径不能穿过房间是建筑疏散的一个基本原则，这在以下规范中都有阐释。

■《建筑防火通用规范》GB 55037—2022【7.1.2】

建筑中的疏散出口应分散布置，房间疏散门应直接通向安全出口，不应经过其他房间。

■《人员密集场所消防安全管理》GB/T 40248—2021〖8.3.5〗

营业厅的安全疏散路线不应穿越仓库、办公室等功能性用房。

■《展览建筑设计规范》JGJ 218—2010〖5.3.5〗

展厅内的疏散走道应直达安全出口，不应穿过办公、厨房、贮存间、休息间等区域。

注意：从疏散门到安全出口应以疏散走道、门厅等公共走道或开敞空间相连通，不能穿过会议室、展厅、报告厅、活动室等大空间。从另一个角度说，安全出口不能设在功能房间内。楼层内仅有的两部疏散楼梯被会议室、报告厅、多功能厅等大型功能性用房分隔在两侧时，两侧不能有其他有人员使用的功能用房，且大空间两侧均应设有符合规范规定宽度、数量和距离要求的疏散出口。

4. 疏散路径上不能有瓶颈

从房间到室外的疏散路径上会存在房间疏散门、疏散走道、疏散楼梯、楼梯首层疏散门、首层疏散外门等疏散环节，各个环节的疏散宽度和疏散能力必须协调，某个环节过宽未必能发挥有益的作用，有时还容易造成后续环节的拥堵。全路径的疏散能力，本质上取决于最窄、最不利环节的通行能力，因而保持各环节疏散宽度基本匹配是非常重要的设计原则。

一般，走道的宽度均较宽，因此当以门宽为计算宽度时，楼梯的宽度不应小于门的宽度；当以楼梯的宽度为计算宽度时，门的宽度不应小于楼梯的宽度。保证楼梯的疏散宽度符合规范要求通常是解决疏散宽度问题的关键，多数建筑以楼梯宽度为计算宽度，而楼梯宽度又以梯段宽度为计算宽度。楼梯有楼梯门、楼梯梯段、楼梯平台等疏散环节，决定楼梯疏散宽度的是其中的最不利环节。如果以楼梯梯段净宽为计算宽度，必须保证楼梯门和楼梯平台的疏散宽度大于梯段宽度。

5. 疏散路径的向宽原则

无论地上地下，在从房间门到首层室外出口的整个疏散路径中，要越走越宽，而不能越走越窄，这就是疏散路径的向宽原则。因此，下层的楼梯或门的宽度不应小于上层的宽度；对于地下、半地下，则上层的楼梯或门的宽度不应小于下层的宽度。在疏散过程中，疏散宽度要么保持一致，要么变宽，不能逐渐收窄，必须保证后续环节的疏散宽度和疏散能力要大于前面的疏散环节。当为了某种形式效果而采用不等宽楼梯段时，要做成向疏散方向渐宽的形式，除非最窄处都远远超过疏散所需要的极限宽度。

6. 按最不利情况做设计

建筑运转时人数有常值有峰值，建筑疏散设计要以最不利的峰值人数做设计，这样才能保证紧急疏散时的人员安全。《博物馆建筑设计规范 7.2.4》规定：陈列展览区每个防火分区的疏散人数应按区内全部展厅的高峰限值之和计算确定。

7. 电梯、自动扶梯应邻近疏散楼梯设置

公共建筑中平时使用频率较高的交通设施，如电梯、自动扶梯、开敞楼梯等，在紧急疏散时无法发挥作用。因为一旦进入应急控制程序，电梯的楼层呼唤按钮将不起作用，消防电梯目前也只能由专业消防救援人员控制使用。自动扶梯、开敞楼梯由于无法保障疏散安全，且容易导致火情跨楼层蔓延，在紧急状态下也会被防火卷帘封闭而无法使用。由于多数人都习惯通过电梯、自动扶梯、开敞楼梯上下楼，发生险情时，通常还会按习惯找寻逃生路径，尤其是那些对环境不太熟悉的人员，这会浪费大量逃生时间，延误逃生机会。所以，应遵循疏散楼梯与电梯、自动扶梯、开敞楼梯合并设置或就近设置的原则，以便人们在紧急情况下能依习惯发现疏散楼梯，实现安全逃生目标。另外，无论楼梯还是电梯、自动扶梯，均宜设置在靠近首层出入口的位置，不仅平时使用方便，灾情发生时也易于找到出口，既减少了逃生环节，又缩短了逃生距离，非常利于疏散安全。

三、疏散环节

从室内疏散到室外的过程中有几个关键的疏散环节，每个环节都有其注意事项。

1. 冲出房门

冲出房门是整个疏散过程的第一步。要保证这个疏散环节的安全，关键有两点：到达房门的距离不能太远；房门的形式和开启方式要利于疏散。

1）房间最远点到疏散门的距离要求

疏散距离一般指房间疏散门到安全出口间的距离，这个距离规范有明确规定，但如果房间最远点到疏散门的距离不受控制，就可能导致总疏散距离过远，因此规范对房间最远点到疏散门的距离也作出了规定。

■《建筑防火通用规范》GB 55037—2022【7.1.3】

房间内任一点至房间疏散门的疏散距离，不应大于建筑中位于袋形走道两侧或尽端房间的疏散门至最近安全出口的最大允许疏散距离。

注意：袋形走道两侧或尽端房间的疏散门至最近安全出口的直线距离，单、多层建筑一般不大于 22 m（27.5 m），高层建筑一般不大于 20 m（25 m），不同功能类型、不同层数的建筑也有不同的距离要求，括号内尺寸为因设置自动灭火系统而增加了 25%之后的距离限值。

2）利于疏散的房门设置

房间疏散门要符合疏散门的相关设置要求，超过 60 人且每樘门的平均疏散人数超过 30 人的房间，房间门应向疏散方向开启。之所以不规定所有房间门都向疏散方向开启，一方面，有些房间门不属于疏散门；另一方面，房间疏散门向外开启也有一些负面影响，比如会减小疏散走道的有效宽度，来往人员容易与开启的房门发生碰撞等。因而，对于一些人数少、面积小的房间，以内开为宜。必须外开时，要保证门外不受影响的疏散净宽仍能满足疏散宽度要求。由于外开门的房间通常是人数多的房间，且对门外的交通疏散有不利影响，所以门外要设较宽的走廊或较大的缓冲空间，对于人员密集的大空间的疏散门，其外面必须设置能满足疏散缓冲需要的宽大走廊和前厅。

2. 奔向疏散楼梯

无论处于楼层还是地下室，冲出房门后，就要直奔最近的疏散楼梯。从房间到楼梯的疏散路径不但要宽，还要安全、平坦，不能设门槛，高差变化尽量用平缓的坡道解决。如果非要设台阶，要符合规范要求，台阶步数要在 2 级及以上，设置阶梯的位置还要有良好的光照条件，中小学、幼儿园、老年人照料设施在这方面的要求更为严格。

在疏散路径的转折处，最好能有提前识别对向来人的措施，如设置漏窗、透明玻璃、镂空格栅等，这样能避免因躲避不及发生碰撞的危险。

3. 从疏散楼梯直达出口

人员通过楼梯疏散到首层后要能直达室外，这是疏散楼梯设置的基本原则。但许多情况下要先疏散到首层的走廊或门厅，再通过一段距离才能疏散到室外，在这个环节要努力保障人员的疏散安全，要符合规范要求，有时要采取防火隔离措施。

1）设立安全区域

当封闭楼梯间或防烟楼梯间直达室外确有困难时，可在首层设置扩大封闭楼梯间或防烟楼梯间前室，并用乙级防火门将其与其他走道和房间隔开，这样就形成了一个相对安全的疏散区域，用以保障从疏散楼梯到外门这段路径的疏散安全。

2）控制疏散距离

从疏散楼梯疏散到建筑首层后，楼梯疏散门到室外出口的距离也不能太远，太远了就难以保证疏散时间和疏散安全，这个距离规范也有相关的限制规定。如不高于 4 层的公共建筑采用开敞楼梯间时，楼梯到直通室外的安全出口的直线距离不应大于 15 m 等。

3）强化首层提醒

当楼层和地下室楼梯位置相同时，要在首层设有疏散警示标识，提醒人们到达了首层。除了地下室出口设防火门以外，还要通过增加开敞度、明亮度，以及能看到室外景观等措施，提高人们对首层的辨识度，及时中断行为惯性，避免造成疏散人流的混乱。

4）采用合规外门

建筑出入口要采用符合规范要求的疏散门，向疏散方向开启。当设置转门或电动推拉门时，要在其两侧设置能够满足疏散宽度和开启方向要求的平开门。

5）采取防跌倒措施

出入口不要设门槛，挡水高差不要超过 20 mm，要保证足够的台阶平台宽度，台阶踏步不要离门太近，门外还要有足够的疏散缓冲空间，有无障碍设施要求的建筑，还应符合无障碍设计的相关规定。

四、疏散距离要求

人员疏散设计要实现两个目标：一个是具备安全疏散的条件，其内容涉及门窗形式、楼梯做法、高差处理、防火分隔、路径要求、出口设置等诸多方面；另一个则是减少疏散时间，即要在限定时间内把人员疏散到安全的地方。疏散时间也与两个因素有关：一个是疏散距离，距离越长疏散时间越长，不确定因素越多；另一个是疏散宽度，同样的疏散人数，疏散宽度越窄所需要的疏散时间越长，越容易发生拥堵甚至阻塞。前者是路径问题，后者是门径问题。因此，疏散距离和疏散宽度问题是安全疏散的两个关键问题。

1. 疏散距离的一般规定

疏散距离指人在疏散路径上的行走距离，一般指房间疏散门至最近安全出口的直线距离，是门边到门边的距离。疏散距离应符合以下规范的相关规定。

■《建筑设计防火规范》GB 50016—2014（2018 版）【5.5.17】

公共建筑直通疏散走道的房间疏散门至最近安全出口的直线距离不应大于表 4-7 的规定。

表 4-7　直通疏散走道的房间疏散门至最近安全出口的直线距离　　单位：m

名称			位于两个安全出口之间的疏散门			位于袋形走道两侧或尽端的疏散门		
			一、二级	三级	四级	一、二级	三级	四级
托儿所、幼儿园、老年人照料设施			25	20	15	20	15	10
歌舞娱乐放映游艺场所			25	20	15	9	—	—
医疗建筑	单、多层		35	30	25	20	15	10
	高层	病房部分	24	—	—	12	—	—
		其他部分	30	—	—	15	—	—
教学建筑	单、多层		35	30	25	22	20	10
	高层		30	—	—	15	—	—
高层旅馆、展览建筑			30	—	—	15	—	—
其他建筑	单、多层		40	35	25	22	20	15
	高层		40	—	—	20	—	—

注：1. 建筑内开向敞开式外廊的房间疏散门至最近安全出口的直线距离可按本表的规定增加 5 m。
2. 直通疏散走道的房间疏散门至最近开敞楼梯间的直线距离，当房间位于两个楼梯间之间时，应按本表的规定减少 5 m；当房间位于袋形走道两侧或尽端时，应按本表的规定减少 2 m。
3. 建筑物内全部设置自动喷水灭火系统时，其安全疏散距离可按本表的规定增加 25%。

对于一座全部设置自动喷水灭火系统的建筑，又符合注 1 或注 2 的要求时，其疏散距离要先按注 3 的规定增加后，再进行疏散距离的增减。如一设有敞开式外廊的多层办公楼，当未设置自动喷水灭火系统时，其位于两个安全出口之间的房间疏散门至最近安全出口的疏散距离为 40+5=45（m）；当设有自动喷水灭火系统时，该疏散距离可为 40×（1+25%）+5=55（m）。

疏散距离的规定影响着楼梯和安全出口的数量与分布，对建筑设计影响非常大，事关生命安全，需要认真对待。房间疏散门的安放位置对疏散距离有一定影响，如果房间门设置在远离安全出口的位置，疏散距离就会偏大，通过调整房间门的位置，可对疏散距离进行微调。某些房间可能不止一个疏散门，只要设置了疏散门，疏散门到安全出口的距离就要满足规范对于疏散距离的规定。

2. 大空间的疏散距离要求

对于观众厅、展览厅、多功能厅、餐厅、营业厅、开敞式办公室、开敞式办公区、会议报告厅、宴会厅、观演建筑的序厅、体育建筑的入场等候与休息厅（不包括用作舞厅和娱乐场所的多功能厅）等这类空间，由于功能需要，有比较大的空间规模，规范对从空间内任一点到疏散门的距离也有比一般房间更为宽松的规定。但当空间内任一点到疏散门的直线距离超出一般房间的规定时，为了保证总的疏散距离不至过长，就要压缩疏散门到安全出口的疏散距离，所以防火规范做了如下规定。

■《建筑设计防火规范》GB 50016—2014（2018 版）【5.5.17】

一、二级耐火等级建筑内疏散门或安全出口不少于 2 个的观众厅、展览厅、多功能厅、餐厅、营业厅等，其室内任一点至最近疏散门或安全出口的直线距离不应大于 30 m；当疏散门不能直通室外地面或疏散楼梯间时，应采用长度不大于 10 m 的疏散走道通至最近的安全出口。当该场所设置自动灭火系统时，室内任一点至最近安全出口的安全疏散距离可分别增加 25%。

条文说明如下。当需要采用疏散走道连接营业厅等场所的安全出口时，若室内和疏散走道均设置自动灭火系统，室内最远点至最近疏散门的距离、该疏散走道的长度可分别增加 25%。如其营业厅需采用疏散走道连接安全出口，且该疏散走道的长度为 10 m 时，该营业厅内任一点至最近安全出口的疏散距离可为 30×（1+25%）+10×（1+25%）=50（m），即营业厅内任一点至其最近出口的距离可为 37.5 m，连接走道的长度可以为 12.5 m，但不可以将连接走道上增加的长度用到营业厅内。

其中的逻辑是：一方面，当室内任一点到房间门的疏散距离被放宽时，房间门到安全出口的距离就要比一般房间采取更为严格的约束，以保证整个疏散路径的距离不至于过长；另一方面，如果室内的疏散距离不超出对于普通房间的要求，那么从房间疏散门到安全出口的距离也就不必太过严苛，按对于普通房间的要求执行即可。

房间内部的疏散距离指房间内任一点到最近疏散门的直线距离，而不是逃生路径上的实际行走距离。当房间内设有不影响视线的货柜、桌椅、固定家具或其他障碍物时，可不考虑因其阻挡而绕路所导致的疏散距离加长。但当空间内设有高大家具、隔墙或嵌套房间时，疏散路径转折导致的疏散距离加长就不能忽略了，这时的疏散距离应为每段转折距离之和，这个考虑了路径转折的疏散距离被称为行走距离。行走距离就是实际的疏散距离，《人员密集场所消防安全管理 8.3.3》对于商场营业厅内行走距离的规定是：商场营业厅内任一点至最近安全出口或疏散门的直线距离不宜大于 30 m，且行走距离不应大于 45 m。

注意：观众厅、营业厅、开敞办公室等开敞大空间，房间内任一点至房间疏散门的疏散距离超过位于袋形走道两侧或尽端房间的疏散门至最近安全出口的最大允许疏散距离，并按照 30 m 的限制规定执行时，同时要执行采用长度不大于 10 m 的疏散走道通至最近的安全出口的规定；当房间内任一点至房间疏散门的疏散距离没有超过位于袋形走道两侧或尽端房间的疏散门至最近安全出口的最大允许疏散距离时，其疏散门至最近安全出口的最大允许疏散距离还可以按普通房间的疏散门到安全出口的距离要求执行。

3. T 字形疏散走道的疏散距离要求

对于建筑内的 T 字形疏散走道（也称丁字形疏散走道）两侧的房间，疏散门至最近安全出口的疏散距离，应考虑人员在疏散过程中可能在 T 字形尽端走道内往返的情况，即应将其中 T 字形袋形走道部分的距离加倍计入这些房间的总疏散距离中。情境示意见图 4-3，其中 α 为 T 形走道尽端房门至主走道的路，b、c 为 T 形走道开口部位至邻近安全门的距离。

对于除托儿所、幼儿园、老年人照料设施，歌舞娱乐放映游艺场所，单、多层医疗建筑，单、多层教学建筑等以外的建筑应同时满足以下两点要求。

（1）$a<b$ 且 $a<c$。

（2）对于一、二级耐火等级的其他建筑满足 $2a+b\leq40$ 或 $2a+c\leq40$，设置自动灭火系统时 $2a+b\leq50$ 或 $2a+c\leq50$，高层医疗建筑其他部分、高层教学建筑、高层旅馆、展览建筑满足 $2a+b$（或 c）≤30，其他情况依此类推。

在防火规范正式文本中并未提及 T 字形走道问题，但在设计中经常会遇到这种情况，其对于疏散的不利影响应在设计时引起重视。上述规定中的“其他建筑”“其他部分”等语都是对表 4-7 的有关内容而言的，应对照表 4-7 正确理解这些规定。T 字形走道内的房间，按位于两个安全出口之间的房间对待，其深度必须受到控制，而且从主体走道深入的部分应按两倍的疏散距离计算。对于一些疏散安全要求高的建筑，T 字形走道内的房间应按规范对于袋形走道两侧或尽端房间的疏散要求对待。托儿所、幼儿园、老年人照料设施，歌舞娱乐放映游艺场所，单、多层医疗建筑，单、多层教学建筑等，不宜出现 T 字形走道的情况，如果遇到，$a+b$ 或 $a+c$ 不应超过规范对于袋形走道的疏散距离要求。

总之，T 字形走道不利于疏散安全，因为在紧急疏散情况下，不熟悉场地的人会尝试在各个可能的路径上寻找安全出口，而这种尽端未设疏散楼梯或安全出口的袋形走道，容易给人误导，误入和折返会耗费疏散时间，减少逃生机会。这也说明在走道尽端设置疏散楼梯或安全出口是有利于疏散的做法，也是避免出现 T 字形走道的有效措施。

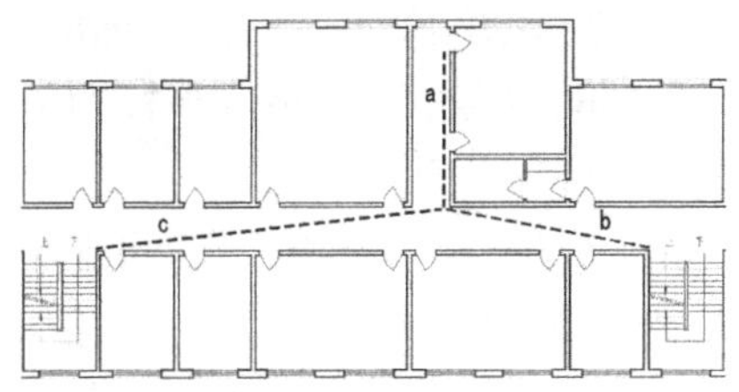

图 4-3　T 字形疏散走道示意图

五、疏散宽度要求

疏散能力是由疏散宽度决定的，疏散宽度是疏散安全的重要保障，疏散路径上的各个环节的宽度应符合以下规范的相关规定。

■《建筑设计防火规范》GB 50016—2014（2018 版）

【5.5.18】除规范另有规定外，公共建筑内疏散门和安全出口的净宽度不应小于 0.9 m，疏散走道和疏散楼梯的净宽度不应小于 1.1 m。高层公共建筑内楼梯间的首层疏散门、首层疏散外门、疏散走道和疏散楼梯的最小净宽度应符合表 4-8 的规定。

表 4-8　高层公共建筑内各部位的最小疏散净宽度　　单位：m

建筑类别	楼梯间的首层疏散门、首层疏散外门	走道		疏散楼梯
		单面布房	双面布房	
高层医疗建筑	1.3	1.4	1.5	1.3
其他高层公共建筑	1.2	1.3	1.4	1.2

■《建筑防火通用规范》GB 55037—2022【7.1.4】

疏散出口门、疏散走道、疏散楼梯等的净宽度应符合下列规定：

（1）疏散出口门、室外疏散楼梯的净宽度均不应小于 0.8 m；

（2）住宅建筑中直通室外地面的住宅户门的净宽度不应小于 0.8 m，当住宅建筑高度不大于 18.0 m 且一边设置栏杆时，室内疏散楼梯的净宽度不应小于 1.0 m，其他住宅建筑室内疏散楼梯的净宽度不应小于 1.1 m；

（3）疏散走道、首层疏散外门、公共建筑中的室内疏散楼梯的净宽度均不应小于 1.1 m；

（4）净宽度大于 4.0 m 的疏散楼梯、室内疏散台阶或坡道，应设置扶手栏杆将其分隔为宽度均不大于 2.0 m 的区段。

注意：以上两个规范都是现行规范，但它们对于疏散宽度的规定有所不同，设计时应按要求严格的条款执行。

六、疏散宽度的计算与分配

疏散宽度的计算就是根据疏散人数估算安全出口的宽度。对于小型公共建筑，在设置两部疏散楼梯或两个安全出口的前提下，疏散宽度通常符合要求，一般不需进行疏散宽度核算，而对于大中型公共建筑和作为人员密集场所的建筑，疏散宽度的确定必须有依据并满足规范要求，要提供计算过程和计算书。疏散宽度计算首先要从统计疏散人数开始，疏散人数通过人员密度和使用面积（建筑面积）计算获得。

1. 确定疏散人数

要保证疏散安全，就要限制疏散时间。在限定疏散时间的前提下，疏散人数决定着疏散宽度。疏散人数的确定要符合以下规范的相关规定或计算规则。

■《民用建筑设计统一标准》GB 50352—2019

〖6.1.1〗有固定座位等标明使用人数的建筑，应按照标定人数为基数计算配套设施、疏散通道和楼梯及安全出口的宽度。

〖6.1.2〗对无标定人数的建筑应按国家现行有关标准或经调查分析确定合理的使用人数，并应以此为基数计算配套设施、疏散通道和楼梯及安全出口的宽度。

〖6.1.3〗多功能用途的公共建筑中，各种场所有可能同时使用同一出口时，在水平方向应按各部分使用人数叠加计算安全疏散出口和疏散楼梯的宽度；在垂直方向，地上建筑应按楼层使用人数最多一层计算以下楼层安全疏散楼梯的宽度，地下建筑应按楼层使用人数最多一层计算以上楼层安全疏散楼梯的宽度。

剧场、影院、礼堂、体育馆的观众厅等，可按标定人数或座位数作为计算疏散宽度的疏散人数。对于有固定座位的场所，如餐厅、图书馆阅览室等，疏散人数可按实际座位数的比例计算。对于既没有标定人数也没有固定座位的功能空间，要根据人员密度指标进行计算统计。

人员密度，指单位面积上的人员数目，体现的是人员的密集程度，一般以每人所分摊的使用面积（建筑面积），或单位使用面积（建筑面积）内平均容纳的人员数量来衡量，单位为“m^2/人”或“人/m^2”。人员密度与空间场所的功能、楼层、规模等因素有关，是根据调研数据分析确定的，是在防火规范或专业规范中规定的。人员密度又分合理密度、高峰密度和疏散计算用人员密度等几种数据类型。

1）合理密度

合理密度，指功能空间在被正常、合理使用时的人员密度。合理密度通常是一个被建议的范围或被规定的限值。

■《博物馆建筑设计规范》JGJ 66—2015

〖2.0.23〗展厅观众合理密度，指在一定的展览方式条件下，展厅内观展环境、展品和观众安全能得到充分保证，且空气质量维持良好时，展厅净面积每平方米能容纳的最大观众人数，简称合理密度。

〖2.0.25〗展厅观众合理限值，指在一定的展览方式条件下，展厅内达到合理密度时的观众人数，简称合理限值。

注意：展厅观众合理限值就是合理使用人数，即按合理密度统计出的使用人数。

■《办公建筑设计标准》JGJ/T 67—2019

办公建筑的人员合理密度如下。

〖4.2.3〗普通办公室每人使用面积不应小于 6 m^2。

〖4.2.4〗手工绘图室每人使用面积不应小于 6 m^2；研究工作室每人使用面积不应小于 7 m^2。

〖4.3.2〗中、小会议室每人使用面积：有会议桌不应小于 2 m^2/人；无会议桌不应小于 1 m^2/人。

合理密度通常用净使用面积与人数的关系来衡量，不同功能空间有不同的合理密度。合理密度与合理使用人数主要用于确定设施或器具数量，未经注明，一般不用于疏散计算。

2)高峰密度

高峰密度，指功能空间在人员聚集量处于高峰时的人员密度，实际上就是最小人均面积数或单位面积内的最多容纳人数。

■《博物馆建筑设计规范》JGJ 66—2015

〖2.0.24〗展厅观众高峰密度，指在一定的展览方式条件下，展厅内观展环境、展品和观众安全不能得到充分保证，空气质量下降趋向允许限值而需限制厅外观众进入时，展厅净面积每平方米能容纳的最大观众人数，简称高峰密度。

〖2.0.26〗展厅观众高峰限值，指在一定的展览方式条件下，展厅内达到高峰密度时的观众人数，简称高峰限值。

〖7.2.4〗陈列展览区每个防火分区的疏散人数应按区内全部展厅的高峰限值之和计算确定。

注意：高峰密度也是由人均净使用面积数来衡量的。当规范提供了高峰密度值时，一般应按高峰密度来统计疏散人数。

3)疏散计算用人员密度

不是所有建筑都有人员高峰状况并能提供高峰密度参数，防火规范和各专业规范会直接给出一些建筑类型的疏散计算用人员密度，简称人员密度，人员密度就是单位建筑面积上的人员数目。以下是《办公建筑设计标准》对办公建筑人员密度的规定。

■《办公建筑设计标准》JGJ/T 67—2019〖5.0.3〗

办公建筑疏散总净宽度应按总人数计算，当无法额定总人数时，可按其建筑面积 9 m^2/人计算。

当没有高峰密度和疏散计算用人员密度参数时，可参照合理密度，或相近功能、相近规模建筑的人员密度指标进行人数核算。随着时代的发展，当旧的人员密度指标变得与事实不符时，应通过实际调研类似项目的使用情况确定合理的疏散计算用人员密度指标。

2. 确定疏散宽度指标

建筑规范既规定了疏散宽度的底线要求，也规定了疏散宽度计算的控制指标，为确定具体情境下的合理疏散宽度创造了条件。疏散宽度的控制指标一般体现为百人疏散宽度指标。百人疏散宽度指标指在一定的疏散控制时间下，每疏散 100 人所需的最小疏散净宽，单位是“m/百人”，与建筑功能和楼层等因素有关。百人疏散宽度指标是一个暗含了疏散时间前提的疏散控制指标，是实现从疏散时间控制到疏散宽度控制转化的关键参数。

疏散控制时间由国家消防部门根据消防经验提出，是通过实验、调研总结确定的。剧场、影院、礼堂的观众厅或多功能厅疏散时间按不大于 2 min 控制，体育馆建筑按 3~4 min 控制。最为基础的调研数据就是在疏散过程中每分钟每股人流能通过特定功能空间的人员数量。比如规模小于 2 000 人的剧场或影院，池座平坡地面每分钟每股人流能通过的人数为 43 人，楼座阶梯地面每分钟每股人流能通过的人数为 37 人，这时如果规定了疏散控制时间，就可以算出池座和楼座的百人疏散宽度指标了。计算公式如下：

$$\text{百人指标}=(0.55\times 100)/(\text{疏散控制时间}\times\text{每分钟每股人流通过人数})\qquad(4\text{-}1)$$

其中，0.55 为每股人流宽度，单位为米；疏散控制时间单位为分钟。

以下是防火规范对于百人疏散宽度指标、人员密度等疏散宽度相关内容的规定。

■《建筑设计防火规范》GB 50016—2014（2018 版）〖5.5.21〗

除剧场、电影院、礼堂、体育馆外的其他公共建筑，其房间疏散门、安全出口、疏散走道和疏散楼梯的各自总净宽度，应符合下列规定。

【1】每层的房间疏散门、安全出口、疏散走道和疏散楼梯的各自总净宽度，应根据疏散人数按每 100 人的最小疏散净宽度不小于表 4-9 的规定计算确定。当每层疏散人数不等时，疏散楼梯的总净宽度可分层计算，地上建筑内下层楼梯的总净宽度应按该层及以上疏散人数最多一层的人数计算；地下建筑内上层楼梯的总净宽度应按该层及以下疏散人数最多一层的人数计算。

表 4-9　每层房间疏散门、安全出口、疏散走道和疏散楼梯的每 100 人最小疏散净宽度　　单位：m/百人

建筑层数		建筑的耐火等级		
		一、二级	三级	四级
地上楼层	1~2 层	0.65	0.75	1.00
	3 层	0.75	1.00	—
	≥4 层	1.00	1.25	—
地下楼层	与地面出入口地面的高差$\Delta H \leq 10$ m	0.75	—	—
	与地面出入口地面的高差$\Delta H > 10$ m	1.00	—	—

【2】地下或半地下人员密集的厅、室和歌舞娱乐放映游艺场所，其房间疏散门、安全出口、疏散走道和疏散楼梯的各自总净宽度，应根据疏散人数按每 100 人不小于 1.00 m 计算确定。

注意：这里的“人员密集的厅、室”指多功能厅、观众厅、报告厅、商店营业厅、餐厅、证券营业厅等。

【3】首层外门的总净宽度应按该建筑疏散人数最多一层的人数计算确定，不供其他楼层人员疏散的外门，可按本层的疏散人数计算确定。

【4】歌舞娱乐放映游艺场所中录像厅的疏散人数，应根据厅、室的建筑面积按不小于 1.0 人/m² 计算；其他歌舞娱乐放映游艺场所的疏散人数，应根据厅、室的建筑面积按不小于 0.5 人/m² 计算。

（5）有固定座位的场所，其疏散人数可按实际座位数的 1.1 倍计算。

注意：有固定座位的场所指餐厅、图书馆阅览室等。

（6）展览厅的疏散人数应根据展览厅的建筑面积和人员密度计算，展览厅内的人员密度不宜小于 0.75 人/m²。

（7）商店的疏散人数应按每层营业厅的建筑面积乘以表 4-10 规定的人员密度计算。对于建材商店、家具和灯饰展示建筑，其人员密度可按表 4-10 规定值的 30%确定。

表 4-10　商店营业厅内的人员密度　　单位：人/m²

楼层位置	地下第二层	地下第一层	地上第一、二层	地上第三层	地上第四层及以上各层
人员密度	0.56	0.60	0.43~0.60	0.39~0.54	0.30~0.42

条文说明如下。本条所指“营业厅的建筑面积”，既包括营业厅内展示货架、柜台、走道等顾客参与购物的场所，也包括营业厅内的卫生间、楼梯间、自动扶梯等的建筑面积。对于进行了严格的防火分隔，并且疏散时无需进入的营业厅内的仓储、设备房、工具间、办公室等，可不计入营业厅的建筑面积。确定人员密度值时，应考虑商店的建筑规模，当建筑规模较小（比如营业厅的建筑面积小于 3 000 m²）时，宜取上限值；当建筑规模较大时，可取下限值。当一座商店建筑内设置有多种商业用途时，人员密度仍需要按照该建筑的主要商业用途来确定。

3. 疏散宽度计算

确定了疏散人数和百人疏散宽度指标，就可以计算疏散宽度。

计算出的疏散宽度是疏散净宽，对于疏散门来说，还要根据疏散门标注宽度和疏散净宽的关系，推导出疏散门的标注宽度。对于楼梯、走道来说，如果疏散路径上有出垛、房门开启后探入等影响疏散的不利因素，推算疏散宽度时要考虑它们的不利影响。管道井检修门不考虑对楼梯、走道宽度的影响。

凡人员较多、功能复杂的大、中型公共建筑，均须进行疏散宽度计算，以确保设计的疏散宽度不小于理论上需要满足的疏散宽度，使设计有理有据。下面是一个教育培训建筑的疏散宽度计算过程，大体分三部分，实际上也是计算疏散宽度的三个步骤。

1)疏散人数指标

餐厅按固定座位 1.1 倍计算疏散人数,阶梯教室按固定座位总数确定疏散人数,多功能厅按 1.5 m²/人计算疏散人数,学员宿舍按房间正常容纳的人员数量计算疏散人数。

2)疏散宽度指标及依据

依据表 4-9 提供的百人疏散宽度指标,按 1 m/百人计算最小疏散宽度。

3)疏散宽度计算

列出疏散宽度计算表,见表 4-11。

表 4-11　疏散宽度计算表

所属楼层	使用功能	计算人数(人)	所需疏散宽度(m)	设计疏散宽度(m)
一层裙房	餐厅、大堂、厨房	600	6.00	11.6
一层主楼	学生宿舍、配套用房	34	0.34	3.9
二层裙房	阶梯教室、研讨用房	700	7.00	7.2
二层主楼	学生宿舍、配套用房	40	0.40	2.8
三层裙房	多功能厅	400	4.00	5.4
三层主楼	学生宿舍、配套用房	60	0.60	2.8
三层以上主楼	学生宿舍、配套用房	70	0.70	2.8

4. 疏散宽度分配

计算出总的疏散宽度后,要继续解决疏散宽度分配的问题。以楼梯为例,就是要把疏散宽度分配给每个楼梯。这些楼梯可以平均分担疏散宽度,也可以有主次差异地进行分配。人流容易集中的位置,如靠近主入口的疏散楼梯,适合分担更多的疏散宽度,称为主要疏散楼梯,其他次要疏散楼梯分担的疏散宽度可以少些,但它们的疏散净宽之和要大于等于计算出的疏散宽度。

在分配疏散宽度的时候,要考虑人流股数的影响,因为疏散宽度指标是按每股人流的疏散速度统计出来的,不足一股人流的疏散宽度在疏散效能上会大打折扣。所以,在分配疏散宽度的时候,一定要进行人流股数的复核,不足一股人流的,要按一股人流的宽度(0.55 m)为模数进行扩充调整,这个调整只能是附加调整,不能做折减调整。大空间的各个疏散门分担疏散宽度的做法和原则与楼梯是一样的。

5. 安全出口借用

安全出口借用,指在特定情况下,用开向相邻防火分区的门作为安全出口的做法,是不得已的做法,应严格遵守以下规范的相关规定。

■《建筑设计防火规范》GB 50016—2014(2018 版)〖5.5.9〗

一、二级耐火等级公共建筑内的安全出口全部直通室外确有困难的防火分区,可利用通向相邻防火分区的甲级防火门作为安全出口,但应符合下列要求:

(1)利用通向相邻防火分区的甲级防火门作为安全出口时,应采用防火墙与相邻防火分区进行分隔;

(2)建筑面积大于 1 000 m² 的防火分区,直通室外的安全出口不应少于 2 个,建筑面积不大于 1 000 m² 的防火分区,直通室外的安全出口不应少于 1 个;

(3)该防火分区通向相邻防火分区的疏散净宽度不应大于按规范规定计算出的所需疏散总净宽度的 30%,建筑各层直通室外的安全出口总净宽度不应小于按规范规定计算出的所需疏散总净宽度。

条文说明如下。计算时,不能将利用通向相邻防火分区的安全出口宽度计算在楼层的总疏散宽度内。考虑到三、四级耐火等级的建筑,不仅建筑规模小、建筑耐火性能低,而且火灾蔓延更快,故规范不允许三、四级耐火等级的建筑借用相邻防火分区进行疏散。

注意:被借用安全出口的防火分区首先必须满足自身已设置 2 个直通室外的安全出口的条件,不能在都不符合正常要求的情况下连环借用,而且总体的疏散宽度也要满足规范要求。

Ⅲ. 特殊空间场所的防火疏散

一、地下或半地下室的防火疏散

1. 地下或半地下室的设计要求与功能限制

地下室,指房间地平面低于室外地平面的高度超过该房间净高的 1/2 者。半地下室,指房间地平面低于室外地平面的高度超过该房间净高的 1/3 且不超过 1/2 者。地下和半地下空间的消防扑救和人员疏散难度大,防火疏散要求也比地上部分要高,有些功能空间则不允许设置在地下。以下为规范对于地下或半地下空间设计的限制规定。

■《建筑防火通用规范》GB 55037—2022【5.1.2】

地下、半地下建筑(室)的耐火等级应为一级。

■《建筑设计防火规范》GB 50016—2014(2018 版)

【5.4.3】营业厅、展览厅不应设置在地下三层及以下楼层。地下或半地下营业厅、展览厅不应经营、储存和展示甲、乙类火灾危险性物品。

【5.4.4】托儿所、幼儿园的儿童用房和儿童游乐厅等儿童活动场所宜设置在独立的建筑内,且不应设置在地下或半地下。

【5.4.5】医院和疗养院的住院部分不应设置在地下或半地下。

2. 地下或半地下室设一个安全出口的条件

地下或半地下建筑(室)规模小、使用人数少时,可设置一个疏散门、安全出口或疏散楼梯,但要符合以下规范的相关规定,要满足一定的前提条件。

■《建筑设计防火规范》GB 50016—2014(2018 版)〖5.5.5〗

除人员密集场所外,建筑面积不大于 500 m^2、使用人数不超过 30 人且埋深不大于 10 m 的地下或半地下建筑(室),当需要设置 2 个安全出口时,其中一个安全出口可利用直通室外的金属竖向梯。除歌舞娱乐放映游艺场所外,防火分区建筑面积不大于 200 m^2 的地下或半地下设备间、防火分区建筑面积不大于 50 m^2 且经常停留人数不超过 15 人的其他地下或半地下建筑(室),可设置 1 个安全出口或 1 部疏散楼梯。除防火规范另有规定外,建筑面积不大于 200 m^2 的地下或半地下设备间、建筑面积不大于 50 m^2 且经常停留人数不超过 15 人的其他地下或半地下房间,可设置 1 个疏散门。

3. 地下或半地下室的楼梯设置与疏散距离

除住宅建筑套内自用楼梯外,地下或半地下建筑(室)的疏散楼梯间应符合下列规定。

■《建筑设计防火规范》GB 50016—2014(2018 版)【6.4.4】

(1)室内地面与室外出入口地坪高差大于 10 m 或 3 层及以上的地下、半地下建筑(室),其疏散楼梯应采用防烟楼梯间;其他地下或半地下建筑(室),其疏散楼梯应采用封闭楼梯间。

(2)应在首层采用耐火极限不低于 2.00 h 的防火隔墙与其他部位分隔并应直通室外,确需在隔墙上开门时，应采用乙级防火门。

（3）建筑的地下或半地下部分与地上部分不应共用楼梯间，确需共用楼梯间时，应在首层采用耐火极限不低于 2.00 h 的防火隔墙和乙级防火门将地下或半地下部分与地上部分的连通部位完全分隔，并应设置明显的标志。

条文说明如下。对于楼梯间在地下层与地上层的连接处，如不进行有效分隔，容易造成地下楼层的火灾蔓延到建筑的地上部分。因此，为防止烟气和火焰蔓延到建筑的上部楼层，同时避免建筑上部的疏散人员误入地下楼层，要求在首层楼梯间通向地下室、半地下室的入口处采用防火分隔构件将地上部分的疏散楼梯与地下、半地下部分的疏散楼梯分隔开，并设置明显的疏散指示标志。当地上、地下楼梯间确因条件限制难以直通室外时，可以在首层通过与地上疏散楼梯共用的门厅直通室外。

上述规定意味着地下室埋深大时比照高层建筑的规定确定安全疏散距离和楼梯形式，埋深小时比照单、多层建筑的规定进行设置。实际工程中，高层建筑地上部分的防烟楼梯间经常顺延到地下，这对于埋深小于 10 m 和不多于 2 层的地下室并不是规范要求。对于跨越地上、地下楼梯间的通窗或玻璃幕墙，必须采取符合规范要求的防火分隔措施，否则就会形成火灾隐患，这是设计中非常容易出现的问题。

低层独立式、双拼式 、联排式住宅地下室的户内楼梯不必遵守上述规定，可以和地上部分的楼梯共用外门，因为地下一般多为一层，家庭成员对情况熟悉，危险性比较小。

二、仓库与民用建筑内的附属库房设计

仓库是一个特殊的建筑类型或功能类型，这个特殊性体现在人少，人员疏散问题不是设计中面临的主要矛盾，所以防火规范在仓库部分只规定了仓库的防火分区规模和安全出口数目，并没有规定人员的疏散距离。虽然理论上仓库对疏散距离是没有限制的，但在建筑规模或防火分区规模的限制下，人员的疏散距离一般也不会出现过于极端的情况。

1. 仓库的层数和面积规定

仓库的层数和面积应符合表 4-12 的规定。

表 4-12　耐火等级为一、二级的丙、丁、戊类仓库的层数和面积

储存物品的火灾危险性类别		最多允许层数	每座仓库的最大允许占地面积和每个防火分区的最大允许建筑面积（m^2）						
			单层仓库		多层仓库		高层仓库		地下或半地下仓库（包括地下或半地下室）
			每座仓库	防火分区	每座仓库	防火分区	每座仓库	防火分区	防火分区
丙	1 项	5	4 000	1 000	2 800	700	—	—	150
	2 项	不限	6 000	1 500	4 800	1 200	4 000	1 000	300
丁		不限	不限	3 000	不限	1 500	4 800	1 200	500
戊		不限	不限	不限	不限	2 000	6 000	1 500	1 000

注：1. 仓库内的防火分区之间必须采用防火墙分隔；地下或半地下仓库（包括地下或半地下室）的最大允许占地面积，不应大于相应类别地上仓库的最大允许占地面积。
2.“—”表示不允许。
3. 丙类 1 项为闪点不小于 60 ℃的液体，丙类 2 项为可燃固体。

多数民用建筑内的附属仓库和很难限制其储藏物品类型的杂物仓库，宜按丙类 2 项（可燃固体）的相关要求进行设计。

2. 仓库的安全疏散

仓库的安全疏散应符合以下规范的相关规定。

■《建筑设计防火规范》GB 50016—2014（2018 版）

〖3.8.1〗仓库的安全出口应分散布置。每个防火分区或一个防火分区的每个楼层，其相邻 2 个安全出口最近边缘之间的水平距离不应小于 5 m。

【3.8.2】每座仓库的安全出口不应少于 2 个，当一座仓库的占地面积不大于 300 m² 时，可设置 1 个安全出口。仓库内每个防火分区通向疏散走道、楼梯或室外的出口不宜少于 2 个，当防火分区的建筑面积不大于 100 m² 时，可设置 1 个出口。通向疏散走道或楼梯的门应为乙级防火门。

【3.8.3】地下或半地下仓库（包括地下或半地下室）的安全出口不应少于 2 个；当建筑面积不大于 100 m² 时，可设置 1 个安全出口。地下或半地下仓库（包括地下或半地下室），当有多个防火分区相邻布置并采用防火墙分隔时，每个防火分区可利用防火墙上通向相邻防火分区的甲级防火门作为第二安全出口，但每个防火分区必须至少有 1 个直通室外的安全出口。

3. 民用建筑内的附属库房设计

防火规范对民用建筑内的附属库房设计有如下严格规定。

■《建筑设计防火规范》GB 50016—2014（2018 版）【5.4.2】

除为满足民用建筑使用功能所设置的附属库房外，民用建筑内不应设置生产车间和其他库房。经营、存放和使用甲、乙类火灾危险性物品的商店、作坊和储藏间，严禁附设在民用建筑内。

民用建筑内允许设置的附属库房主要指直接为民用建筑使用功能服务，在整座建筑中所占面积比例较小，且内部采取了一定防火分隔措施的库房，如民用建筑中的自用物品暂存库房、档案室和资料室等。

有些特殊类型的建筑，其内部必须设置的库房不属于附属库房，因为它们一方面属于建筑的必备功能单元，另一方面规模往往较大，完全独立设置多会造成使用上的不便。如博物馆建筑中的藏品库，图书馆建筑中的书库，档案馆中的档案库、文物资料库等，上述库房都不属于普通附属库房，也不适合按主体功能的防火疏散要求对其进行约束。它们拥有典型的仓库功能，应按仓库的防火隔离和疏散出口设置要求进行设计，应设计独立的防火分区，并严格按各专业规范对这些库房的相关要求进行设计。

4. 仓库的其他设计要求

■《建筑设计防火规范》GB 50016—2014（2018 版）

【3.3.9】办公室、休息室设置在丙、丁类仓库内时，应采用耐火极限不低于 2.50 h 的防火隔墙和 1.00 h 的楼板与其他部位分隔，并应设置独立的安全出口。隔墙上需开设相互连通的门时，应采用乙级防火门。

〖6.2.3〗民用建筑内的附属库房应采用耐火极限不低于 2.00 h 的防火隔墙与其他部位分隔，墙上的门、窗应采用乙级防火门、窗，确有困难时，可采用防火卷帘，防火卷帘应符合防火规范的相关规定。

【6.4.11】仓库的疏散门应采用向疏散方向开启的平开门，但丙、丁、戊类仓库首层靠墙的外侧可采用推拉门或卷帘门。

条文说明如下。考虑到仓库内的人员一般较少且门洞较大，故规定门设置在墙体的外侧时允许采用推拉门或卷帘门，但不允许设置在仓库外墙的内侧，以防止因货物翻倒等原因压住或产生阻碍而无法开启。

三、消防设备与消防管理用房设置

1. 消防设备和消防管理用房的防火分隔

消防设备和消防管理用房的防火分隔应符合以下规范的相关规定。

■《建筑设计防火规范》GB 50016—2014（2018 版）【6.2.7】

附设在建筑内的消防控制室、灭火设备室、消防水泵房和通风空气调节机房、变配电室等，应采用耐火极限不低于 2.00 h 的防火隔墙和 1.50 h 的楼板与其他部位分隔。设置在丁、戊类厂房内的通风机房，应采用耐火极限不低于 1.00 h 的防火隔墙和 0.50 h 的楼板与其他部位分隔。通风、空气调节机房和变配电室开向建筑内的门应采用甲级防火门，消防控制室和其他设备房开向建筑内的门应采用乙级防火门。

条文说明如下。设置在其他建筑内的消防控制室、固定灭火系统的设备室等要保证该建筑发生火灾时，其不会受到火灾的威胁，确保消防设施正常工作。通风、空调调节机房是通风管道汇集的地方，是火势蔓延的主要部位之一，所以这些房间要与其他部位进行防火分隔。

2. 消防水泵房的设置要求

消防水泵房的布置和防火分隔应符合以下规范的相关规定。

■《建筑防火通用规范》GB 55037—2022【4.1.7】

（1）单独建造的消防水泵房，耐火等级不应低于二级；

（2）附设在建筑内的消防水泵房应采用防火门、防火窗、耐火极限不低于 2.00 h 的防火隔墙和耐火极限不低于 1.50 h 的楼板与其他部位分隔；

（3）除地铁工程、水利水电工程和其他特殊工程中的地下消防水泵房可根据工程要求确定其设置楼层外，其他建筑中的消防水泵房不应设置在建筑的地下三层及以下楼层（《建筑设计防火规范 8.1.6》同时要求不应设置在埋深大于 10 m 的地下楼层）。

（4）消防水泵房的疏散门应直通室外或安全出口；

（5）消防水泵房的室内环境温度不应低于 5 ℃；

（6）消防水泵房应采取防水淹等的措施。

条文说明如下。"埋深"是指室内地面与室外出入口地坪的高差；"疏散门应直通室外"要求进出相应房间不需要经过其他房间或使用区域就可以直接到达建筑外；"疏散门应直通安全出口"要求相应房间的疏散门可以经疏散走道直接到达疏散楼梯间的楼层入口或直通室外的门口，不需要经过其他场所或区域。

3. 消防控制室的设置要求

设置火灾自动报警系统和需要联动控制的消防设备的建筑（群）应设置消防控制室。消防控制室的布置和防火分隔应符合下列规定。

■《建筑防火通用规范》GB 55037—2022【4.1.8】

（1）单独建造的消防控制室，耐火等级不应低于二级；

（2）附设在建筑内的消防控制室应采用防火门、防火窗、耐火极限不低于 2.00 h 的防火隔墙和耐火极限不低于 1.50 h 的楼板与其他部位分隔；

（3）消防控制室应位于建筑的首层或地下一层，疏散门应直通室外或安全出口；

（4）消防控制室的环境条件不应干扰或影响消防控制室内火灾报警与控制设备的正常运行；

（5）消防控制室内不应敷设或穿过与消防控制室无关的管线；

（6）消防控制室应采取防水淹、防潮、防啮齿动物等的措施。

注意：疏散门设置要求与消防水泵房的要求一致。

4. 消防水泵房和消防控制室的防水淹措施

消防水泵房和消防控制室应采取防水淹的技术措施。设在建筑首层的消防水泵房或消防控制室应设置挡水门槛；设在地下的消防水泵房或消防控制室除在门口设置挡水门槛外，还应采取设置排水沟等防淹措施。

四、歌舞娱乐放映游艺场所的防火疏散

歌舞娱乐放映游艺场所人员密集，火灾隐患多，设计时应严格执行以下规范的相关规定。

■《建筑设计防火规范》GB 50016—2014（2018 版）

〖5.4.9〗歌舞娱乐放映游艺场所（不含剧场、电影院）的布置应符合下列规定：

【1】不应布置在地下二层及以下楼层；

（2）宜布置在一、二级耐火等级建筑内的首层、二层或三层的靠外墙部位；

（3）不宜布置在袋形走道的两侧或尽端；

【4】确需布置在地下一层时，地下一层的地面与室外出入口地坪的高差不应大于 10 m；

【5】确需布置在地下或四层及以上楼层时，一个厅、室的建筑面积不应大于 200 m^2；

【6】厅、室之间及与建筑的其他部位之间，应采用耐火极限不低于 2.00 h 的防火隔墙和 1.00 h 的不燃性楼板分隔，设置在厅、室墙上的门和该场所与建筑内其他部位相通的门均应采用乙级防火门。

【5.5.13】设置歌舞娱乐放映游艺场所的多层建筑应采用封闭楼梯间；

【5.5.15】歌舞娱乐放映游艺场所的厅、室设置一个疏散门的条件是：建筑面积不大于 50 m^2 且经常停留人数不超过 15 人。

五、人员密集场所的防火疏散

1. 防绊倒和防拥堵措施

人员密集场所的防绊倒和防拥堵措施应符合以下规范的要求。

■《建筑设计防火规范》GB 50016—2014（2018 版）〖5.5.19〗

人员密集的公共场所、观众厅的疏散门不应设置门槛，其净宽度不应小于 1.40 m，且紧靠门口内外各 1.40 m 范围内不应设置踏步。人员密集的公共场所的室外疏散通道的净宽度不应小于 3.00 m，并应直接通向宽敞地带。

“安全出口、疏散门不得设置门槛和其他影响疏散的障碍物，且在其 1.40 m 范围内不应设置台阶。”在《人员密集场所消防安全管理》中属于强制性条文，因此应重视这一要求，即便不是人员密集的公共场所的疏散门，也应遵守这一设计要求。

2. 疏散门设置要求

人员密集场所的疏散门设置应符合以下规范的规定。

■《建筑设计防火规范》GB 50016—2014（2018 版）【6.4.11】

人员密集场所内平时需要控制人员随意出入的疏散门和设置门禁系统的住宅、宿舍、公寓建筑的外门，应保证火灾时不需使用钥匙等任何工具即能从内部易于打开，并应在显著位置设置具有使用提示的标识。

注意：设置门禁系统的人员密集的公共场所可以选用内侧设置开门推杠装置等逃生门锁的疏散门。

Ⅳ. 防火疏散的性能化设计

规范标准是根据以往经验、教训总结制定的，其中的许多内容具有长期的稳定性和长久的适应性，但随着时代发展，难免会出现与新情况不再适应的地方，会存在规范没有关照到的领域和情况，有时甚至会存在

合法与合理的矛盾。这时,除了更新规范以适应新情况,还需要制定一套面对特殊情况的应对机制。这种针对特殊情况所采取的超出现有规范限制的消防安全解决办法,就被称为性能化消防设计。相对而言,按照现行规范进行防火设计的做法也被称为规格式防火设计或处方式防火设计。通常以处方式消防设计为主,以性能化消防设计为辅,来应对工程项目中的普遍性问题和特殊情况的挑战。

性能化消防设计是一种以消防目标为主导的系统设计,它通过多种消防举措的科学运用,实现消防安全的最大收益。像国家体育馆、中国国家大剧院等规模巨大、功能特殊的建筑,在许多方面会超出通用规范的允许范围,有些实际可行的做法按现有规范来说是违规的,然而完全按照通用规范要求做会难以满足特定的功能需求,这时就需要进行性能化消防设计。

防火疏散的性能化设计显然是实现消防目标的特殊通道,但这个通道并不是可以任意开启的,并不是随便哪个工程项目或面对任何情况都可以开启这个通道,必须满足极端重要、非常必要、值得去做的前提才行,还要经过严格的审查、评估程序。首先要提出申请,申请被受理后,才能由建设主管部门和公安消防部门召集专家论证会,论证设计做法是否能被允许,或者提出具体的修改建议。通常情况下,建筑师必须按规则做设计,不能随意违反规范标准的相关规定。

第 5 篇

功能模块篇

Ⅰ. 城市道路

道路是建筑的外部环境和场地的常见边界，许多建筑设计规则与道路的宽度和等级有关。了解城市道路的相关知识，对学生深入地理解场地环境，更好地协调处理建筑、场地与城市道路的关系，合理安排建筑和场地出入口，以及在总平面图中正确绘制道路环境等方面都有非常重要的意义。

一、相关概念

◣城市道路：在城市范围内，供车辆及行人通行的具备一定技术条件和设施的道路。

◣城市快速路：城市道路中设有中央分隔带，具有四条以上的车道，全部或部分采用立体交叉与控制出入，供车辆以较高的速度行驶的道路。

◣城市主干路：在城市道路网中起骨架作用的道路。

◣城市次干路：城市道路网中的区域性干路，与主干路相连接，构成完整的城市干路系统。

◣城市支路：城市道路网中干路以外联系次干路或供区域内部使用的道路。

◣街道：在城市范围内，全路或大部分地段两侧建有各式建筑物，设有人行道和各种市政公用设施的道路。

◣交通稳静化：道路设计中以提高安全性和舒适性为目标的减速技术的总称，即通过道路系统的硬设施（如物理措施等）及软设施（如政策、立法、技术标准等）降低机动车对居民生活质量及环境的负效应，改变驾驶员对道路的感知从而使其以合适速度驾驶。常用的稳静化手段包括曲折车行道、减速丘、减速台、变形交叉口等。

二、城市道路的分类及相关规定

1. 城市道路的分类

按照城市道路所承担的城市活动特征，城市道路分为干线道路、支线道路，以及联系两者的集散道路三个大类；快速路、主干路、次干路、支路四个中类和八个小类，具体见表 5-1。不同城市会根据城市规模、空间形态和城市活动特征等因素确定城市道路类别的构成。干线道路承担城市中、长距离联系交通，集散道路和支线道路共同承担城市中、长距离联系交通的集散和城市中、短距离交通的组织。

表 5-1　城市道路功能等级划分与规划要求

大类	中类	小类	功能说明	设计速度（km/h）
干线道路	快速路	Ⅰ级快速路	为城市长距离机动车出行提供快速、高效的交通服务	80~100
		Ⅱ级快速路	为城市长距离机动车出行提供快速交通服务	60~80
	主干路	Ⅰ级主干路	为城市主要分区（组团）间中、长距离联系交通服务	60
		Ⅱ级主干路	为城市分区（组团）间中、长距离联系以及分区（组团）内部主要交通联系服务	50~60
		Ⅲ级主干路	为城市分区（组团）间联系以及分区（组团）内部中等距离交通联系提供辅助服务，为沿线用地服务较多	40~50
集散道路	次干路	次干路	为干线道路与支线道路的转换以及城市内中、短距离的地方性活动组织服务	30~50
支线道路	支路	Ⅰ级支路	为短距离地方性活动组织服务	20~30
		Ⅱ级支路	为短距离地方性活动组织服务的街坊内道路、步行、非机动车专用路等	—

2. 各级城市道路的功能特征

（1）城市快速路设中央分隔，全部控制出入、出入口间距及形式，保证汽车连续通行，单向设置不少于两条车道，设有配套的交通安全与管理设施。快速路两侧不能设置吸引大量车流、人流的公共建筑物的出入口。

（2）主干路连接城市各主要分区，以交通功能为主。主干路两侧不宜设置吸引大量车流、人流的公共建筑物的出入口。

（3）次干路与主干路结合组成干路网，以集散交通功能为主，兼有服务功能。

（4）支路与次干路和居住区、工业区、交通设施等内部道路相连接，服务局部地区交通，以服务功能为主。

3. 城市干线道路的等级选择

不同规模城市干线道路的等级选择宜符合表 5-2 的规定。

表 5-2　城市干线道路等级选择要求

规划人口规模（万人）	最高等级干线道路
≥200	Ⅰ级快速路或Ⅱ级快速路
100~200	Ⅱ级快速路或Ⅰ级主干路
50~100	Ⅰ级主干路
20~50	Ⅱ级主干路
≤20	Ⅲ级主干路

4. 城市道路的横断面形式

城市道路的横断面可分为单幅路、两幅路、三幅路、四幅路及特殊形式的断面等几种典型形式。快速路一般采用四幅路或两幅路；主干路一般采用四幅路或三幅路；次干路一般采用单幅路或两幅路，支路一般采用单幅路。

三、道路红线

道路红线，指城市道路（含居住区级道路）用地的边界线。道路红线通常是与道路中心线平行的两条线，但在道路交叉口附近，为了提高通行能力，经常会对这个路段的道路红线进行展宽处理，展宽线是斜线，道路转角处的红线一般也是斜线。道路红线不是车道边线，由于一般不沿道路红线修建设施，建筑还会退红线建设，因而红线通常是不可见的，只存在于地形图中，一些场地内容是可以跨红线铺设的，如广场铺地或绿地等。

1. 道路红线宽度的规定

与道路等级有关的道路宽度指道路两侧红线间的宽度，而不是车行路面的宽度。城市道路红线的宽度要符合相关规范的规定。

■《城市综合交通体系规划标准》GB/T 51328—2018

〖12.4.2〗城市道路红线宽度（快速路包括辅路），规划人口规模 50 万及以上城市不应超过 70 m，20~50 万的城市不应超过 55 m，20 万以下城市不应超过 40 m。

〖12.4.3〗对城市公共交通、步行与非机动车，以及工程管线、景观等无特殊要求的城市道路，红线宽度取值应符合表 5-3 的规定。

表 5-3　无特殊要求的城市道路红线宽度取值

道路分类	快速路（不包括辅路）		主干路			次干路	支路	
	Ⅰ	Ⅱ	Ⅰ	Ⅱ	Ⅲ		Ⅰ	Ⅱ
双向车道数（条）	4~8	4~8	6~8	4~6	4~6	2~4	2	—
道路红线宽度（m）	25~35	25~40	40~50	40~45	40~45	20~35	14~20	—

2. 道路红线转弯截角及其形成机制

道路红线在转弯处会有一个切角，这个切角是为保障车辆行驶安全而设置的，与停车视距的大小和无遮挡视线观察的需要有关。为了认识其形成机制，需了解一些相关概念。

◣视距：从车道中心线上规定的视线高度，能看到该车道中心线上高为 10 cm 的物体顶点时，沿该车道中心线量得的长度。视线高度一般取 1.2 m。

◣停车视距：汽车行驶时，驾驶人员自看到前方障碍物起，至达到障碍物前安全停车止，所需的最短行车距离。两部车辆相向行驶会车时停车需二倍停车视距，称会车视距。停车视距由反应距离、制动距离、安全距离组成，与道路的设计速度有关。表 5-4 列出了不同车速下的停车视距。

表 5-4　停车视距

设计速度（km/h）	100	80	60	50	40	30	20
停车视距（m）	160	110	70	60	40	30	20

◣视距三角形：平面交叉路口处，由一条道路进入路口行驶方向的最外侧的车道中线与相交道路最内侧的车道中线的交点为顶点，两条车道中线各按其规定车速停车视距的长度为两边，所组成的三角形，见图 5-1，图中 S 为安全停车视距。视距三角形是影响行车安全的最危险视域范围，这个范围内不能存在包括建筑在内的视觉障碍物，交叉口转角部位红线切角就是由视距三角形切割道路红线形成的。丁字、十字交叉口的红线切角长度，主、次干路一般为 20~25 m，支路为 15~20 m。

◣路口视距：平面交叉路口处，视距三角形的第三边长度。

◣路口截角：平面交叉路口处，按视距三角形沿路口视距位置拆除妨碍视线的建筑物角部。形成机制见图 5-2。

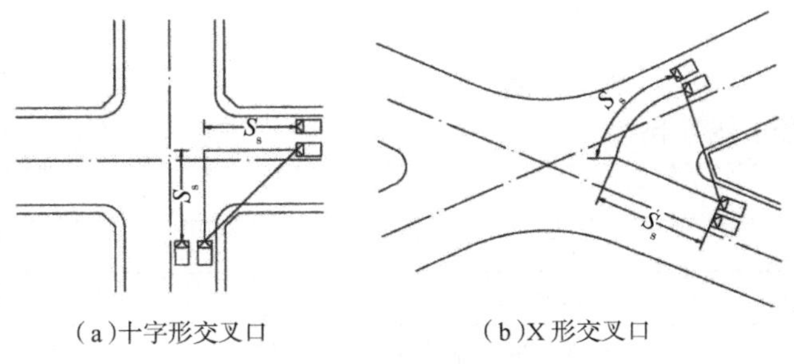

图 5-1　视距三角形

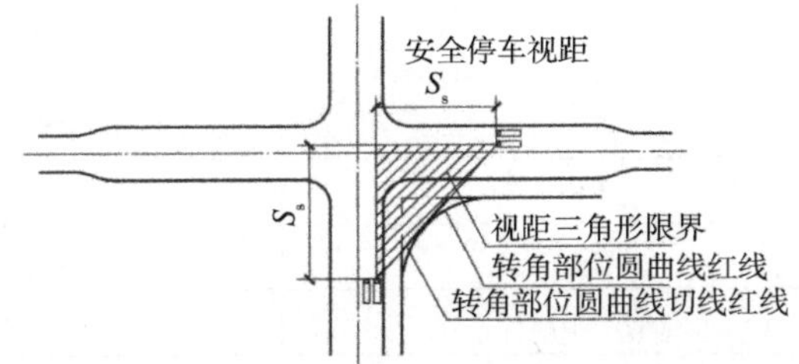

图 5-2　道路红线路口截角的形成机制

以石家庄为例，其规定城市道路平面交叉口转角部位红线应作切角处理，红线切角长度一般采用 10 m、12 m、15 m、20 m、25 m、30 m 六级模数，并应符合表 5-5 的规定。

表 5-5　道路红线宽度与切角长度对应关系表　　单位：m

红线宽度	快速路	主干路	次干路	支路
≥55	30	25、30	—	—
45~54	—	20、25	—	—
35~44	—	20	15	—
25~34	—	—	15	12
15~24	—	—	12	10
<15	—	—	—	10

注：1. 有条件的，倒角应当取大值。
2. 如果两条道路的等级相差较大，高等级道路取值参考低等级道路取值并扩大一级。
3. 小角度交叉，道路红线切角长度扩大一级。

四、机动车与道路参数

无论是认识建筑和场地的道路环境，还是进行场地道路设计、场地机动车出入口设计、停车场库设计，都需要先了解机动车和道路的相关参数。小型车是占比最大的机动车车型，也是被当作标准车的当量车型，需要给予更多的关注。

1. 机动车最小转弯半径（r_1）

机动车最小转弯半径，指机动车回转时，当转向盘转到极限位置，机动车以最低稳定车速转向行驶时，外侧转向轮的中心平面在支承平面上滚过的轨迹圆半径，见图 5-3，用来表示机动车能够通过狭窄弯曲地带或绕过不可越过的障碍物的能力。部分车型机动车最小转弯半径见表 5-6。

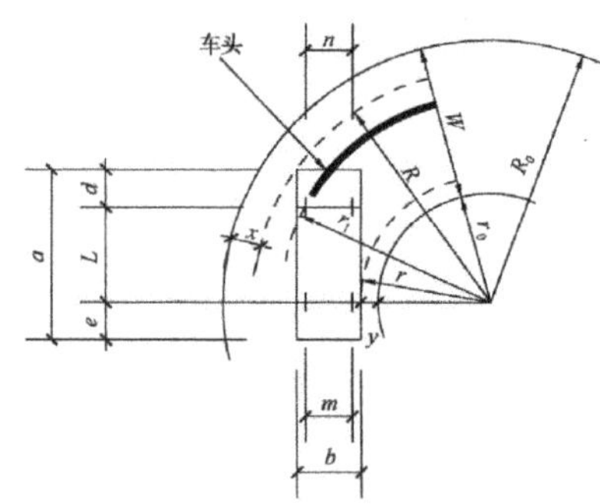

图 5-3　r_1——汽车最小转弯半径（加粗部分）

表 5-6　机动车最小转弯半径

车型	最小转弯半径 r_1（m）
微型车	4.50
小型车	6.00
轻型车	6.00~7.20
中型车	7.20~9.00
大型车	9.00~10.50

机动车转弯半径不要与城市道路转弯半径相混淆。机动车最小转弯半径是特定车型的固有参数，与机动车轴距有关，车身越长，最小转弯半径越大。机动车最小转弯半径能够确定特定车型回转时所需的场地大

小。机动车尽端回车场的直径或长宽尺寸不应小于机动车最小转弯半径的两倍。比如小型车的最小转弯半径是 6 m，用于小型车回转的尽端回车场外廓尺寸不应小于 12 m × 12 m；大型车的最小转弯半径是 9 m，则大型车尽端回车场的外廓尺寸不应小于 18 m × 18 m，依此类推。机动车最小转弯半径一般略大于车长。尽端回车场的一般形式和尺寸见图 5-4。

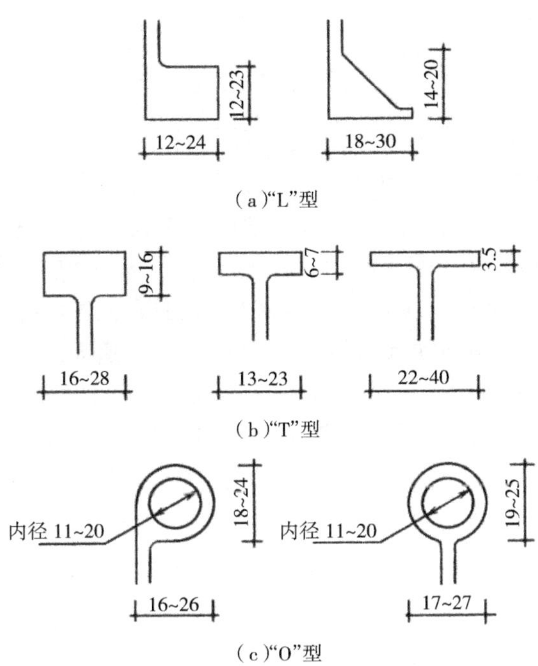

图 5-4　尽端回车场的一般形式和尺寸（m）

（注：图中下限值适用于小汽车（车长 5 m，最小转弯半径 5.5 m）；上限值适用于大汽车（车长 8~9 m，最小转弯半径 10 m）。）

2. 环形车道外半径（R_0）

环形车道外半径，指以回转圆心为参考点，机动车回转时其外侧最远端循圆曲线行走的轨迹半径加上机动车最远端至环形车道外边的安全距离，见图 5-5。最小环形车道外半径是特定车型的固有参数。

3. 环形车道内半径（r_0）

环形车道内半径，指以回转圆心为参考点，机动车回转时其内侧最近端循圆曲线行走的轨迹半径减去机动车最近端至环形车道外边的安全距离，见图 5-6。最小环形车道内半径是特定车型的固有参数，是机动车在低速转向行驶时所需的道路最小转弯半径（内径）。城市道路转弯半径是参考了行驶车型的最小环形车道内半径和行驶速度等因素后确定的道路参数。

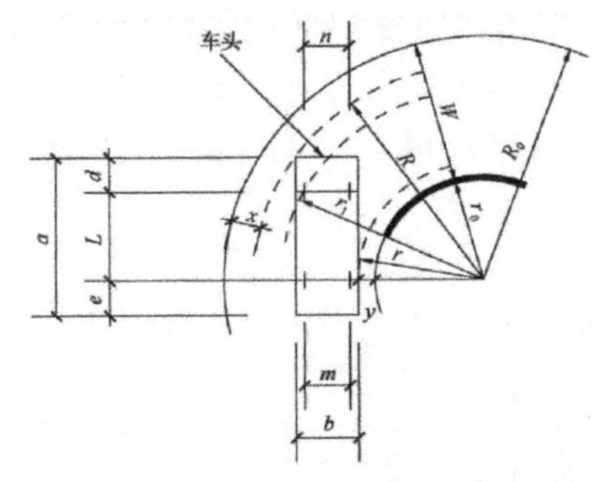

图 5-5　R_0——环形车道外半径（加粗部分）

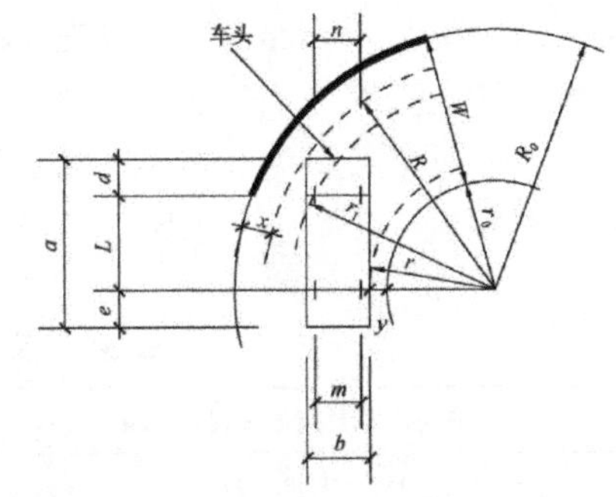

图 5-6　r_0——环形车道内半径（加粗部分）

4. 环形车道最小净宽（W）

环形车道最小净宽，指机动车以最小转弯半径行驶时的环形车道宽度，本质上也是机动车参数而不是道路参数。当机动车以最小转弯半径环行时，所需的环形车道是最宽的，环行车道的半径越大，环形车道宽度反而越窄，直至直行时所需的宽度。

5. 机动车道路转弯半径

机动车道路转弯半径，指能够保持机动车辆正常行驶与转弯状态下的弯道内侧道路边缘处半径。道路转弯半径是一个和道路等级、规定车速有关的道路参数，要符合道路交通法规的相关规定，与具体的机动车车型无关。道路的规定车速越快，转弯半径就越大，否则机动车在转弯时就容易倾覆。正常行驶状态下，标准长度公交车（车身长度 12 m）和标准长度小汽车（车身长度 4.3 m）的右转弯平均车速在 15~20 km/h 左右。右转弯半径为 8 m 时，标准长度公交车右转弯后可顺利驶入目标车道而对其他车道无影响；右转弯半径为 5 m 时，标准长度小汽车右转弯后可顺利驶入目标车道而对其他车道无影响。所以，有消防车和公交车行驶的城市路口，道路转弯半径一般不小于 9 m。居住区连接城市道路的出入口，转弯半径不宜小于 6 m。居住区或一般场地内道路，在规划转弯半径时可不着重考虑行驶速度的要求，主要以行驶车辆的环道内径为参照，能使其低速通过即可，转弯半径一般不小于 4 m。根据《民用建筑设计统一标准 5.2.2》的规定，基地道路转弯半径不应小于 3 m。

6. 消防车道的转弯半径

消防车道的转弯半径要求根据目前国内在役消防车辆的外形尺寸，按照单车道行驶并考虑消防车正常通行的需要而提出。在规划消防车道时，要综合考虑消防车道转弯半径要求和道路实际宽度的影响。我国普通消防车道的转弯半径规定不小于 9 m，登高车不小于 12 m，一些特种消防车辆为 16~20 m，它们实际上是 4 m 宽消防车道上的转弯半径限值。当消防车道宽度增大时，消防车通过沿道路外侧行驶，道路的转弯半径可小于以上限值要求。比如对于通行普通消防车的车道来说，当车道宽为 4.5 m 时，道路的转弯半径不小于 7.5 m 即可满足消防车的转弯通行需求；当车道宽为 5 m 时，道路的转弯半径不小于 6 m 即可；当车道宽为 5.5 m 时，道路的转弯半径不小于 4 m 即可；当车道宽为 7 m 时，转弯半径 3 m 即可，这也是基地道路转弯半径的最小允许值，见图 5-7。

7. 路缘石转弯半径

路缘石，指设在路面边缘的界石，有平缘石、立缘石两种形式。

路缘石有标定路面或车行道范围、整齐路容、保护路面边缘、组织路面排水等作用，是可见的城市路面边线。对于宽度较窄的低级别城市道路交叉口，路缘石转弯半径通常就是道路的转弯半径，但对于设置了非机动车道和隔离带的多幅路，路缘石转变半径就不等同于道路转弯半径了。这时，机动车道转弯半径只是一个隐含的功能轨迹，而不是显示于路面上的可视轨迹，只要路面空间能够包容机动车道转弯所需的运行轨迹即可。

平面交叉口转角处路缘石宜为圆曲线或复曲线，其转弯半径应满足机动车和非机动车的行驶要求，可按表 5-7 选定。当平面交叉口为非机动车专用路交叉口时，路缘石转弯半径可取 5~10 m。道路交叉口各轨迹之间的关系见图 5-8。

表 5-7　交叉口转角处路缘石转弯最小半径

右转弯计算行车速度（km/h）		30	25	20	15
路缘石转弯半径（m）	无非机动车道	25	20	15	10
	有非机动车道	20	15	10	5

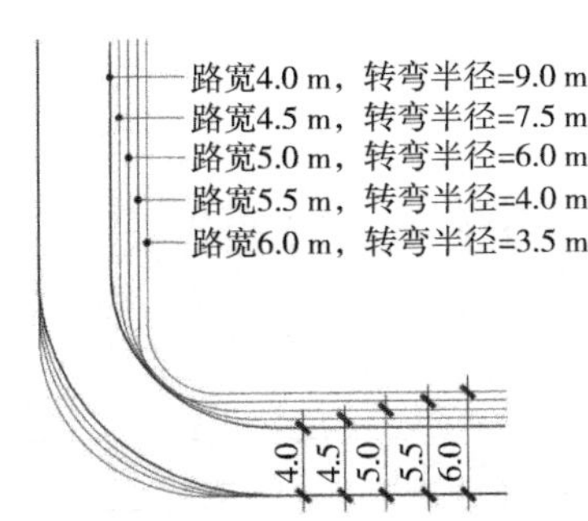

图 5-7　消防车道转弯半径与车道宽度的关系

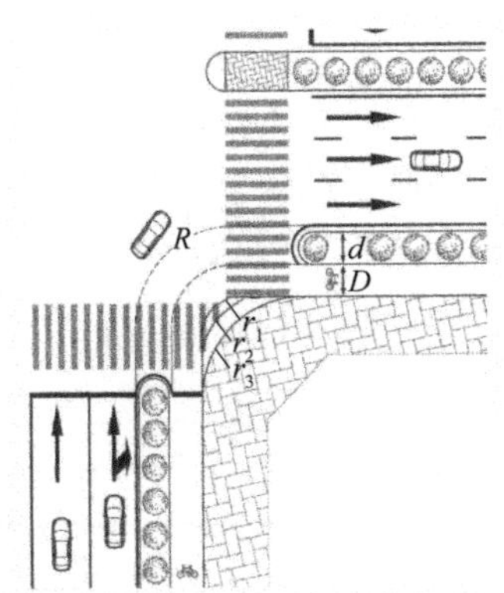

图 5-8　道路交叉口各轨迹线之间的关系

（注：R 为机动车右转弯半径；d 为机非隔离带宽度；D 为非机动车道宽度；r_1、r_2、r_3 为不同路缘石半径。）

五、城市道路的一般规定

1. 道路宽度

城市道路的宽度取决于路幅形式、设施带宽度，以及机动车道、非机动车行道、人行道的条数和宽度，城市道路各构成要素的宽度应符合规范的相关规定。

1)机动车道的宽度

机动车道的宽度应符合以下规范的规定。

■《城市道路工程设计规范》CJJ 37—2012(2016 年版)〖 5.3.2 〗

一条机动车道的最小宽度应符合表 5-8 的规定。

表 5-8　一条机动车道最小宽度

车型及车道类型	设计速度(km/h)	
	>60	≤60
大型车或混行车道(m)	3.75	3.50
小客车专用车道(m)	3.50	3.25

2)非机动车道宽度

非机动车道的宽度应符合以下规范的规定。

■《城市道路工程设计规范》CJJ 37—2012(2016 年版)〖 5.3.3 〗

非机动车道宽度应符合下列规定。

(1)一条非机动车道宽度应符合表 5-9 的规定。

表 5-9　一条非机动车道宽度

车辆种类	自行车	三轮车
非机动车道宽度(m)	1.0	2.0

(2)与机动车道合并设置的非机动车道，车道数单向不应小于 2 条，宽度不应小于 2.5 m。

(3)非机动车专用道路面宽度应包括车道宽度及两侧路缘带宽度，单向不宜小于 3.5 m，双向不宜小于 4.5 m。

注：城市道路断面形式、汽车转弯参数和道路转弯半径、部分机动车环形车道最小内、外半径列表见附录

图页 2—4(P214—P216)。

3)人行道宽度

人行道宽度应符合以下规范的规定。

■《城市道路工程设计规范》CJJ 37—2012〖5.3.4〗

人行道宽度必须满足行人安全顺畅通过的要求，并应设置无障碍设施。人行道最小宽度应符合表 5-10 的规定。

表 5-10　人行道最小宽度

项目	人行道最小宽度(m)	
	一般值	最小值
各级道路	3.0	2.0
商业或公共场所集中路段	5.0	4.0
火车站、码头附近地段	5.0	4.0
长途汽车站	4.0	3.0

2. 道路高度

道路高度应符合以下规范的规定。

■《城市道路工程设计规范》CJJ 37—2012【3.4.3】

道路最小净高应符合表 5-11 的规定。

表 5-11　道路最小净高

道路种类	行驶车辆类型	最小净高(m)
机动车道	各种机动车	4.5
	小客车	3.5
非机动车道	自行车、三轮车	2.5
人行道	行人	2.5

3. 相交方式

道路的平面交叉口宜垂直相交，其他相交方式应符合规范的相关规定。

■《城市道路交叉口规划规范》GB 50647—2011【4.1.1】

新建道路交通网规划中，规划干路交叉口不应规划超过 4 条进口道的多路交叉口、错位交叉口、畸形交叉口；相交道路的交角不应小于 70°，地形条件特殊困难时，不应小于 45°。

■《建筑工程交通设计及停车库(场)设置标准》DG/TJ 08—7—2021(上海)〖4.2.12〗

基地双向出入通道与道路相交的角度应为 75~90°，见图 5-9，具有良好的通视条件，并在距入口边线内 2.0 m 处作为视点的 120° 范围内至边线外 7.5 m 不应有遮挡视线的障碍物。进出分开的单向出入口通道设置应避免车辆行驶路线出现小于 90° 的折角，见图 5-10。

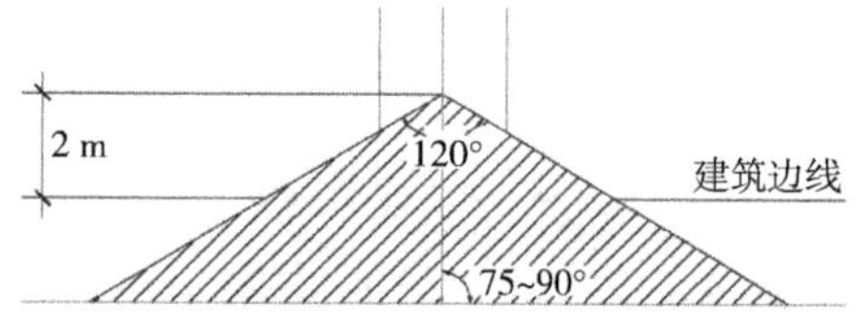

图 5-9　建筑连接城市道路的方式

图 5-10　建筑连接城市道路的方式

Ⅱ. 场地设计

一、相关概念

◣场地设计：对建筑用地内的建筑布局、道路、竖向、绿化及工程管线等进行综合性的设计，又称为总图设计或总平面设计。

◣用地红线：各类建筑工程项目用地使用权属范围的边界线，是由道路红线、城市绿线、紫线、黄线、用地分界线等组成的闭合线。

◣征地界线：由城市规划部门和国土资源管理部门划定的供土地使用者征用土地的边界线。征地界线内有时包含城市道路、城市公共绿地等一部分城市公共设施用地，征地范围通常比可用场地范围要大。

◣建筑控制线：规划行政主管部门在道路红线、建设用地边界内另行划定的地面以上建（构）筑物主体不得超出的界线，又称建筑红线，规定着建筑退道路红线或用地边界的宽度。

◣城市绿线：城市规划确定的，各类绿地范围的控制界线。

◣城市黄线：对城市发展全局有影响的、城市规划中确定的、必须控制的城市基础设施用地的控制界线。

◣城市蓝线：城市规划确定的江、河、湖、库、渠和湿地等城市地表水体保护和控制的地域界线。

◣城市紫线：国家历史文化名城内的历史文化街区和省、自治区、直辖市人民政府公布的历史文化街区的保护范围界线，以及历史文化街区外经县级以上人民政府公布保护的历史建筑的保护范围界线。

◣建筑密度：在一定用地范围内，建筑物基底面积总和与总用地面积的比率。

◣容积率：在一定用地及计容范围内，建筑面积总和与用地面积的比值。

注意：计入容积率的建筑面积一般指地上部分的建筑面积，有时一些地下空间也会被要求统计到总建筑面积之内。

◣绿地率：在一定用地范围内，各类绿地总面积占该用地总面积的比率。各地对绿地的定性做法和绿地面积的统计方式会有所不同。

二、场地连接城市道路的规定

1. 基地与城市道路的连接

基地与城市道路的连接应符合以下规范的规定，连接方式见图 5-11。

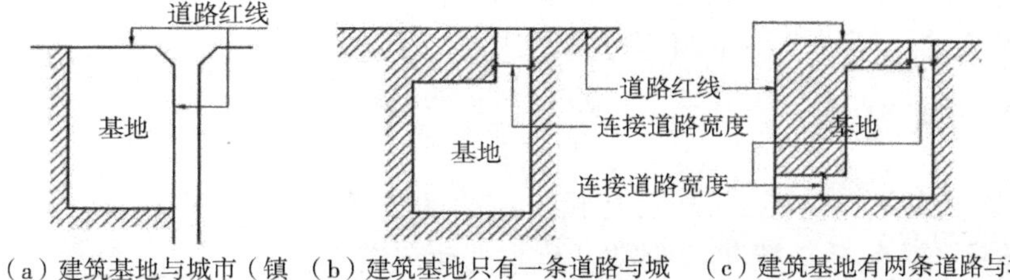

（a）建筑基地与城市（镇区）道路红线相邻示意图　（b）建筑基地只有一条道路与城市（镇区）道路相连接示意图　（c）建筑基地有两条道路与城市（镇区）道路相连接示意图

图 5-11　建筑连接城市道路的方式

■《民用建筑设计统一标准》GB 50352—2019〖4.2.1〗

建筑基地应与城市道路或镇区道路相邻接，否则应设置连接道路，并应符合下列规定。

（1）当建筑基地内建筑面积小于或等于 3 000 m² 时，其连接道路的宽度不应小于 4. 0 m。

（2）当建筑基地内建筑面积大于 3 000 m²，且只有一条连接道路时，其宽度不应小于 7.0 m；当有两条或两条以上连接道路时，单条连接道路宽度不应小于 4.0 m。

2. 基地机动车出入口设置

基地机动车出入口设置应符合以下规范的规定，其在城市主干路交叉口开口示意见图 5-12。

■《民用建筑设计统一标准》GB 50352—2019〖4.2.4〗

建筑基地机动车出入口位置，应符合所在地控制性详细规划，并应符合下列规定。

（1）中等城市、大城市的主干路交叉口，自道路红线交叉点起沿线 70 m 范围内不应设置机动车出入口。

条文说明如下。本条是考虑了下列因素后综合确定的：道路拐弯半径 18~21 m，交叉口人行横道宽 4~10 m，人行横道至停车线约 2 m，停车、候驶车辆（或车队）的长度，公共汽车站与交叉口的距离一般不小于 50 m，主干路交叉口展宽段一般控制在 50~80 m（起算点是道路缘石半径的起点）。

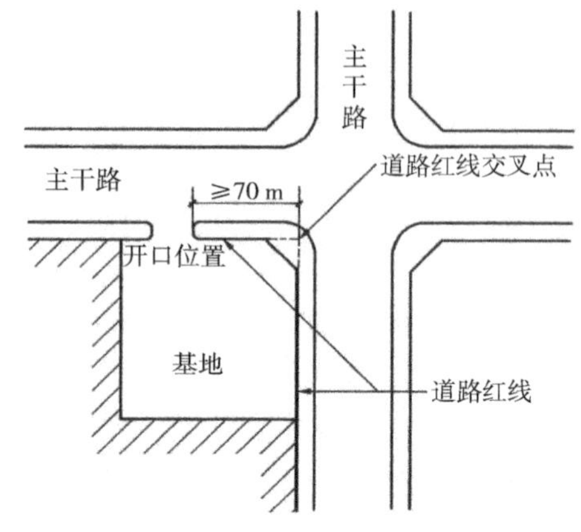

图 5-12　基地机动车出入口在城市主干路交叉口开口位置示意图

根据《国务院关于调整城市规模划分标准的通知》（国发〔2014〕51 号），城区常住人口 50 万以上 100 万以下的城市为中等城市；城区常住人口 100 万以上 500 万以下的城市为大城市。根据《城市综合交通体系规划标准 12.5.2、12.4.3》，中等城市最高等级干线道路应为 Ⅰ 级主干路，Ⅰ 级主干路双向车道数为 6~8 条，道路红线宽度为 40~50 m。主干路一般采用四幅路或三幅路。据此就可判断基地机动车出入口是否要遵守本规定了。

规范虽然没有对城市次干道和城市支路作出明确的类似规定，但道路转角交通繁忙，状况复杂，存在堵车的情况，易发生交通事故，故场地机动车出入口应尽可能离路口转角远些，以避免因堵车而导致出入困难等状况的发生，减少交通事故的发生。所以《建筑设计资料集》建议基地机动车出入口距大中城市次干路交叉口的距离不应小于 50 m。临街公共建筑的内部道路一般也设在远离城市干道一侧。另外，建筑出入口和基地机动车进出口不同，建筑出入口面对的是步行人员，主入口设在转角处较为常见。尽管如此，影院、剧场等人员密集的公共建筑主要出入口也不应设在城镇主干道的交叉口处。

（2）距人行横道、人行天桥、人行地道（包括引道、引桥）的最近边缘线不应小于 5 m。

（3）距地铁出入口、公共交通站台边缘不应小于 15 m。

（4）距公园、学校及有儿童、老年人、残疾人使用建筑的出入口最近边缘不应小于 20 m。

■《民用建筑通用规范》GB 55031—2022【4.3.4】

建筑基地机动车出入口位置应符合下列规定：

（1）不应直接与城市快速路相连接；

（2）距周边中小学及幼儿园的出入口最近边缘不应小于 20 m；

（3）应有良好的视线，行车视距范围内不应有遮挡视线的障碍物。

3. 道路交叉口的管理规定

道路交叉口包括整个交叉口功能区，即所有相交道路的重叠部分及其上游和下游车道的延伸，包括拓宽和渐变段以及非机动车道、人行道和过街设施，见图 5-13。机动车进入交叉口要进行一系列复杂的操作：反应、减速、排队等待、转向或穿越、加速等，功能区则是实施这一系列复杂操作的面积范围，或者说是交叉口对其相交道路的影响区域范围。在交叉口功能区之外，车辆可以正常速度行驶。其管理规定应符合以下规范的要求。

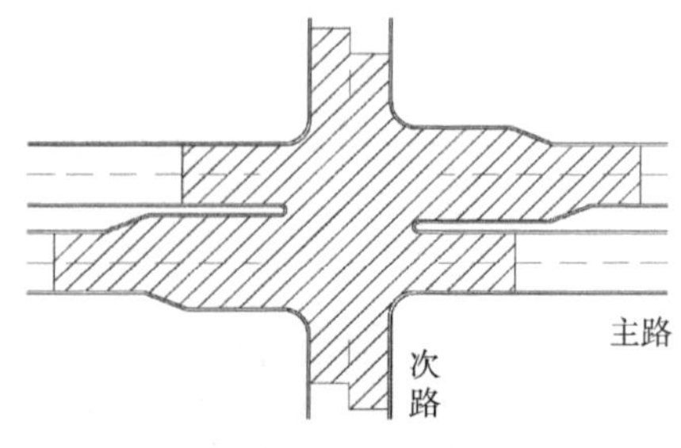

图 5-13　道路交叉口范围示意图

■《城市道路交叉口规划规范》GB 50647—2011

〖3.4.1〗平面交叉口规划范围包括构成该平面交叉口各条道路的相交部分和进口道、出口道及其向外延伸 10~20 m 的路段所共同围成的空间。

〖3.4.3〗立体交叉规划范围应包括相交道路中线投影平面交点至相交道路各进出口变速车道渐变段及其向外延伸 10~20 m 的主线路段所共同围成的空间。

〖4.1.2〗道路外侧规划用地建筑物机动车出入口规划应符合下列规定。

(1)道路外侧规划用地建筑物机动车出入口不得规划在新建交叉口范围内,应设置在支路或专为道路外侧规划用地建筑物集散车辆所建的内部道路上。

(2)改建、治理交叉口规划,道路外侧规划用地建筑物机动车出入口应符合下列规定:

①应设在交叉口规划范围之外的路段上,或设在道路外侧规划用地建筑物离交叉口的最远端;

②干路上道路外侧规划用地建筑物出入口的进出交通组织应为右进右出。

4. 地方对场地机动车出入口设置的规定

■《石家庄市城乡规划管理技术规定》2015 版〖第 72 条〗

在城市道路交叉口附近开设机动车道口时,一般不得设置在交叉口展宽段和展宽渐变段范围内,受地形限制或交叉口无展宽段时,出入口自道路红线切角折点向后量起,主干路上距离平面交叉口不应小于 80 米、次干路上不应小于 50 米、支路上不应小于 30 米。位于交叉口的用地,因地块面积限制,开口距交叉口距离达不到上述要求的,经批准可临远离交叉口一侧的用地红线设置车行出入口。地块开口宽度一般为 10~20 米,公建项目不应大于 25 米,有特殊要求的项目,开口宽度以交通影响评价结论为准。

■《建筑工程交通设计及停车库(场)设置标准》DG/TJ 08—7—2021(上海)

〖4.2.4〗基地机动车出入口设置应避免影响道路交叉口的正常运行,不应在交叉口进出口道展宽段和展宽渐变段范围内设置机动车出入口,见图 5-14,并应符合下列规定。

(1)确需在主干路上设置出入口的,出入口距上游交叉口不应小于 50.0 m,距下游交叉口不应小于 80.0 m;条件不允许的,基地出入口设置在基地最远端。

(2)在次干路上设置出入口的,出入口距上游交叉口不应小于 30.0 m,距下游交叉口不应小于 50.0 m;条件不允许的,基地出入口设置在基地最远端。

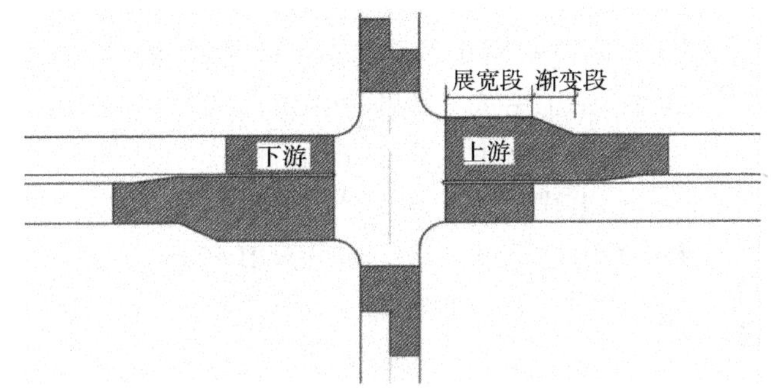

图 5-14　交叉口上游和下游区域示意图

(3)在支路上设置出入口的,出入口距与主干路相交的交叉口不应小于 50.0 m,距与次干路相交的交叉口不应小于 30.0 m,距与支路相交的交叉口不应小于 20.0 m;条件不允许的,基地出入口设置在基地最远端。

(4)在已建成道路上设置机动车出入口的,出入口不宜设置在交叉口最大排队长度范围内。

条文说明如下。基地出入口距交叉口的距离指从基地出入口通道缘石边线(近交叉口侧)到交叉口转角缘石曲线的端点,见图 5-15。这与《民用建筑设计统一标准》的规定方式有所不同。

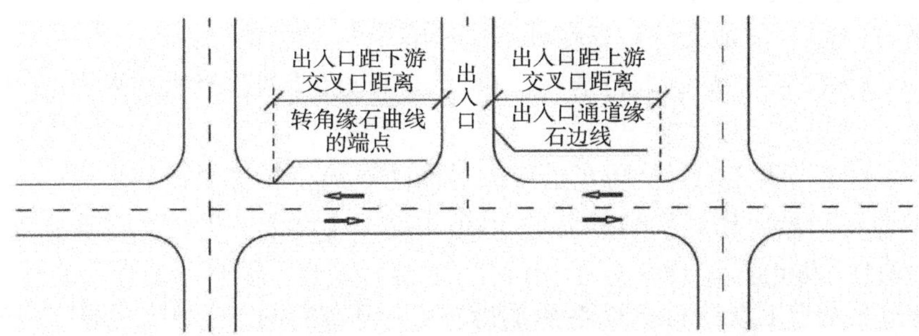

图 5-15　出入口与交叉口距离示意图

〖4.2.5〗在主干路和次干路上设置机动车出入口的，与交叉口的距离区分上下游差异。若道路是规划或新建道路无转角缘石的，主干路红线向道路中心线方向平移 5.0 m，次干路和支路红线向道路中心线方向平移 3.0 m，作为参照路缘石。

〖4.2.9〗在城市道路上设置的机动车双向行驶出入口车行道宽度宜为 7.0~11.0 m，出入口中间设置隔离设施的，宽度可增加至 8.0~12.0 m。单向行驶出入口车行道宽度宜为 5.0~7.0 m。有大型车辆进出的出入口中间不宜设置隔离设施。有机非隔离带的道路，机非隔离带开口宽度宜增加 5.0~8.0 m。工业建筑根据实际通行的车辆类型确定所需要的出入口宽度。对于大型物流仓储建筑，货车出入口宽度宜为 12.0~16.0 m。

〖4.2.10〗机动车出入口路缘石的转弯半径（内径）宜大于 5.0 m，有大型车辆进出的出入口路缘石转弯半径（内径）宜大于 7.0 m。

三、场地内部道路的设置要求

场地内部道路的设置，对建筑功能的发挥、人流物流集散的效率等都有重要影响，在设计中应符合以下规范的相关规定。

■《民用建筑通用规范》GB 55031—2022

【4.3.3】建筑基地内机动车车库出入口与连接道路间应设置缓冲段。

注意：缓冲段应从车库出入口坡道起坡点算起，做法要求见地下车库出入口设置部分。

【4.3.5】建筑基地内道路的设置应符合下列规定：

（1）基地内道路与城市道路连接处应设限速设施，道路应能通达建筑物的主要出入口；

（2）当机动车道路改变方向时，路边绿化及建筑物应满足行车有效视距要求。

【4.3.6】建筑基地内机动车道路应符合下列规定：

（1）单车道宽度不应小于 3.0 m，兼作消防车道时不应小于 4.0 m；

（2）双车道宽度不应小于 6.0 m；

（3）尽端式道路长度大于 120 m 时，应设置回车场地。

■《民用建筑设计统一标准》GB 50352—2019

〖5.2.1〗基地内宜设人行道路，大型、特大型交通、文化、娱乐、商业、体育、医院等建筑，居住人数大于 5 000 人的居住区等车流量较大的场所应设人行道路。

条文说明如下。小规模的居住小区由于车流量较小，可根据基地内条件设置人行道路，但 5 000 人的居住区，每户按 3.2 人计，5 000 人即为 1 562 户，按每户 0.5 机动车计算，5 000 人的居住区会配置 780 辆机动车，车流量较大，为保证居住小区内的交通安全，有必要设置人行道，避免上下班出入高峰时行人无法通行。

注意：对于城市城区，户均机动车拥有量仍在不断增加，居住区和居住街坊内设人行道路的必要性在增大，取舍权衡可参考条文说明中的数据。

〖5.2.2〗基地道路设计应符合下列规定。

（1）单车道路宽不应小于 4.0 m，双车道路宽住宅区内不应小于 6.0 m，其他基地道路宽不应小于 7.0 m。

注意：居住区与公共建筑的道路有不同的宽度要求。

（2）当道路边设停车位时，应加大道路宽度且不应影响车辆正常通行。

（3）人行道路宽度不应小于 1.5 m，人行道在各路口、入口处的设计应符合现行国家标准《无障碍设计规范》的相关规定。

（4）道路转弯半径不应小于 3.0 m，消防车道应满足消防车最小转弯半径要求。

条文说明如下。回车场地应保证场地的转弯半径（内径）不小于 3.0 m，大型车回车场地应保证场地的转弯半径（内径）不小于 10.0 m。

（5）尽端式道路长度大于 120.0 m 时，应在尽端设置不小于 12.0 m × 12.0 m 的回车场地。

四、建筑与道路和用地边界的规定

1. 建筑退城市道路和用地边界的规定

1)建筑部件及附属设施的退线规定

建筑部件及附属设施的退线规定应符合以下规范的要求。

■《民用建筑设计统一标准》GB 50352—2019【 4.3.1 】

除骑楼、建筑连接体、地铁相关设施及连接城市的管线、管沟、管廊等市政公共设施以外,建筑物及其附属的下列设施不应突出道路红线或用地红线建造:

(1)地下设施,应包括支护桩、地下连续墙、地下室底板及其基础、化粪池、各类水池、处理池、沉淀池等构筑物及其他附属设施等;

(2)地上设施,应包括门廊、连廊、阳台、室外楼梯、凸窗、空调机位、雨篷、挑檐、装饰构架、固定遮阳板、台阶、坡道、花池、围墙、平台、散水明沟、地下室进风及排风口、地下室出入口、集水井、采光井、烟囱等。

2)建筑退道路红线和用地边界距离

基地内的建筑必须退城市道路红线一定距离,以维护交通、疏散安全,保持良好的空间形态。建筑越高,规模越大,人员越密集,建筑退道路红线的距离也越大。建筑退红线距离是由各城市规划管理部门规定的,在设计中实际退距只能大于等于规定退距。

建筑退用地边界的距离主要是由防火间距、日照间距决定的。防火问题是主要矛盾的时候,两侧建筑要各退防火间距的一半,两侧建筑高度不同时,高的按高的要求退一半,低的按低的要求退一半。日照退距主要体现在南北方向的地界两侧,当日照问题是主要矛盾的时候,原则上也是两侧建筑各退所需日照间距的一半,但由于两侧建筑的高度关系不一定对等,还存在各种历史的和现状的问题,所以建筑的日照退距问题比较复杂。为此,各地方都会在国家规范的基础上制定出详细的日照退距细则,设计时要遵守当地的相关规定。

3)地下建筑的退距要求

不仅地上建筑有退距问题,建筑的地下部分也需要退用地边界和道路红线一定距离。比如《石家庄市城乡规划管理技术规定》就规定:地下建筑物退地界、退道路红线、绿线距离,其最小值为 5 m,且与现状保留建筑不小于 10 m;深度超过 20 m 的,需根据实际情况具体研究确定。地下建筑退红线和用地边界的做法要执行各地方的相关规定。

2. 公共建筑与基地内部道路的间距要求

公共建筑与基地道路之间应保持必要的距离,以减轻行人、车辆对建筑内部空间的干扰,以及高大建筑给道路行人造成的压迫感,同时避免高空坠物给行人、车辆造成的危险。公共建筑与基地道路的距离大小可参考《城市居住区规划设计标准》对于“居住区道路边缘至建筑物、构筑物最小距离”的规定,详见本书“五分钟生活圈居住区规划篇”的“道路与建筑”部分。

3. 地方对建筑退道路红线和用地边界距离的规定

1)石家庄建筑退道路红线距离

城市道路两侧新建建筑退红线距离应符合表 5-12 的规定,并满足退用地边界、建筑间距要求,以及抗震防灾等其他要求,同时考虑街道界面的完整性。

表 5-12　建筑退道路红线距离控制一览表

<table>
<tr><th colspan="2">建筑高度
退红线距离
布置方式
红线宽度</th><th><24 m</th><th>24~100 m</th><th>≥100 m</th></tr>
<tr><td>中心城区>40 m</td><td>平行红线布置</td><td>15 m</td><td>≥25 m</td><td rowspan="7">根据情况确定，
不低于前款要求</td></tr>
<tr><td>四组团区（县）>30 m</td><td>垂直红线布置</td><td colspan="2">≥15 m</td></tr>
<tr><td rowspan="2">中心城区 ≤40 m、>20 m；
四组团区（县）≤30 m、>20 m</td><td>平行红线布置</td><td>≥10 m</td><td>≥15 m</td></tr>
<tr><td>垂直红线布置</td><td colspan="2">≥10 m</td></tr>
<tr><td rowspan="2">≤20 m</td><td>平行红线布置</td><td colspan="2" rowspan="2">≥5 m</td></tr>
<tr><td>垂直红线布置</td></tr>
</table>

注：1. 建筑退红线均从地上建筑物的主墙体外沿算起。
2. 沿道路交叉口布置的建筑，退三角视距按红线宽的道路执行。
3. 山墙相连建筑高度不同的连续建筑，退道路红线距离按最高建筑的标准执行。

2）建筑退用地边界距离

建筑退让用地边界的距离应符合下列规定。

（1）新建建筑按自身间距标准的 1/2 退让用地边界；若新建高层建筑北侧地块为空地，应按照最小间距标准的 1/2 退让正面用地边界。

（2）多层建筑山墙退侧面用地边界不小于 4 m；高层山墙退侧面用地边界不小于 6.5 m。主居室侧面开窗时，退侧面用地边界不小于 10 m。

五、建筑间距

建筑间距的控制受诸多因素的影响，因而会有各种不同的建筑间距控制要求，如防火间距、日照间距、防视线干扰间距、防噪声干扰间距等，当几种间距要求叠加存在时，应以最大的间距要求进行控制。设置建筑防火间距的目标是防火隔离，避免火情在建筑间蔓延，这部分内容已在“防火疏散篇”做了详细阐释，下面简要介绍一下其他几类建筑间距的控制要求。

1. 日照间距

建筑间距要考虑日照的要求，日照间距是为了减少日照遮挡、保证生活空间的卫生质量而采取的技术措施。有些建筑或房间能获得足够的日照非常重要，如住宅、托儿所幼儿园、老年建筑的居住空间，病房、疗养室、教室等。国家和各地方对建筑日照标准、日照间距都有详细的量化规定。居住建筑的日照间距要求见本书“五分钟生活圈居住区规划篇”的建筑日照部分。由于公共建筑的功能差异比较大，对日照诉求的迫切程度也不同，因此国家没有对公共建筑的日照间距作出明确和统一的规定，设计时要根据具体问题进行分析，以保证必要的环境质量和卫生标准为原则，地方对公共建筑日照间距有具体要求时，应按地方的规定执行。

2. 防视线干扰间距

建筑间距要满足防视线干扰的要求，住宅建筑尤须通过必要的间距保障居民的私密性诉求。住宅窗对窗、窗对阳台的防视线干扰距离一般不宜小于 18 m，其他建筑可参照这个距离规定执行。

3. 防噪声干扰间距

建筑间距要考虑防噪声干扰的要求，需要安静的房间应远离噪声污染严重的房间或建筑。《中小学校设计规范》就规定：各类教室的外窗与相对的教学用房或室外运动场地边缘间的距离不应小于 25 m。

六、人员密集场所的场地设计要求

1. 人员密集的建筑基地设计要求

人员密集的建筑基地设计应符合以下规范的要求。

■《民用建筑设计统一标准》GB 50352—2019〖4.2.5〗

大型、特大型交通、文化、体育、娱乐、商业等人员密集的建筑基地应符合下列规定：

(1)建筑基地与城市道路邻接的总长度不应小于建筑基地周长的 1/6；

(2)建筑基地的出入口不应少于 2 个，且不宜设置在同一条城市道路上；

(3)建筑主要出入口前应设人员集散场地，其面积和长宽尺寸应根据使用性质和人数确定；

(4)当建筑基地设置绿化、停车或其他构筑物时，不应对人员集散造成障碍。

2. 电影院基地选择与场地设计要求

电影院基地选择与场地设计应符合以下规范的要求。

■《电影院建筑设计规范》JGJ 58—2008〖3.1.2〗

电影院基地选择应符合下列规定：

(1)宜选择交通方便的中心区和居住区，并远离工业污染源和噪声源；

(2)至少应有一面直接临接城市道路，与基地临接的城市道路的宽度不宜小于电影院安全出口宽度总和，且与小型电影院连接的道路宽度不宜小于 8 m，与中型电影院连接的道路宽度不宜小于 12 m，与大型电影院连接的道路宽度不宜小于 20 m，与特大型电影院连接的道路宽度不宜小于 25 m；

(3)基地沿城市道路方向的长度应按建筑规模和疏散人数确定，不应小于基地周长的 1/6；

(4)基地应有两个或两个以上不同方向通向城市道路的出口；

(5)基地和电影院的主要出入口，不应和快速道路直接连接，也不应直对城镇主要干道的交叉口；

(6)电影院主要出入口前应设有供人员集散用的空地或广场，其面积指标不应小于 0.2 m^2/座，且大型及特大型电影院的集散空地的深度不应小于 10 m；特大型电影院的集散空地宜分散设置。

3. 剧场建筑基地选择与场地设计要求

剧场建筑基地选择与场地设计应符合以下规范的要求。

■《剧场建筑设计规范》JGJ 57—2016〖3.1.2〗

剧场建筑基地应符合下列规定。

(1)宜选择交通便利的区域，并应远离工业污染源和噪声源。

(2)基地应至少有一面临接城市道路，或直接通向城市道路的空地；临接的城市道路的可通行宽度不应小于剧场安全出口宽度的总和。

(3)基地沿城市道路的长度应按建筑规模或疏散人数确定，并不应小于基地周长的 1/6。

(4)基地应至少有两个不同方向的通向城市道路的出口。

(5)基地主要出入口不应与快速道路直接连接，也不应直接面对城市主要干道的交叉口。

注：道路平面交叉口示意、道路立体交叉口示意见附录图页 5—6(P217—P218)。

Ⅲ. 非机动车停车场、库设计

非机动车，指以人力驱动，在道路上行驶的交通工具以及虽有动力装置驱动但设计最高时速、空车质量、

外形尺寸符合国家有关标准的电动自行车、残疾人机动轮椅车等交通工具。非机动车库，指停放非机动车的建筑物。非机动车停车场、库设计的难度没有机动车停车场、库那么大，因此未得到足够的重视，实际上它们对城市也有较大的影响。在市容方面，非机动车停车的影响甚至不亚于汽车停车的影响。

一、一般规定

设计非机动车停车场、库，首先要了解车型尺寸、停车要求等一般知识和规定。以下是规范中的相关要求。

■《车库建筑设计规范》JGJ 100—2015

〖1.0.4〗非机动车车库建筑规模及停车当量数应符合表 5-13 的规定。

表 5-13　车库建筑规模及停车当量数

车库类型	大型	中型	小型
非机动车库停车当量数	>500	251~500	≤250

〖3.1.4〗非机动车库的服务半径不宜大于 100 m。

〖3.2.5〗单向行驶的非机动车道宽度不应小于 1.5 m，双向行驶不宜小于 3. 5 m。

〖6.1.1〗非机动车设计车型的外廓尺寸可按表 5-14 的规定取值。

表 5-14　非机动车设计车型外廓尺寸

车型 \ 几何尺寸	车辆几何尺寸（m）		
	长度	宽度	高度
自行车	1.90	0.60	1.20
三轮车	2.50	1.20	1.20
电动自行车	2.00	0.80	1.20
机动轮椅车	2.00	1.00	1.20

〖6.1.2〗非机动车及二轮摩托车应以自行车为计算当量进行停车当量的换算，且车辆换算的当量系数应符合表 5-15 的规定。

表 5-15　非机动车及二轮摩托车车辆换算当量系数

车型	非机动车				二轮摩托车
	自行车	三轮车	电动自行车	机动轮椅车	
换算当量系数	1.0	3.0	1.2	1.5	1.5

条文说明如下。二轮摩托车不属于非机动车，其长、宽、高尺寸为 2.00 m、1.00 m、1.20 m，与非机动车规格尺寸相近，目前也普遍存在二轮摩托车停放在非机动车库的情况，所以本规范中规定二轮摩托车可停放在非机动车库里，但应采取相应的通风及安全措施。

〖6.1.3〗非机动车库不宜设在地下二层及以下，当地下停车层地坪与室外地坪高差大于 7 m 时，应设机械提升装置。

〖6.1.4〗机动轮椅车、三轮车宜停放在地面层，当条件限制需停放在其他楼层时，应设坡道式出入口或设置机械提升装置；其坡道式出入口的坡度应符合现行行业标准《城市道路工程设计规范》的规定。

条文说明如下。机动轮椅车、三轮车在坡道上推行和骑行均很困难，建议停放在地面层；当条件限制需停放在其他楼层时，参照现行行业标准《城市道路工程设计规范》规定，机动轮椅车坡道最大纵坡为 8%，三轮车坡道最大纵坡为 3%；或设电梯等机械提升设施。

■《城市步行和自行车交通系统规划标准》GB/T 51439—2021〖7.5.2〗

单个自行车停车位尺寸宜为 0.6~0.8 m × 2.0 m；电动自行车停车位尺寸宜为 0.7~0.8 m × 2.0 m。

二、出入口及坡道

出入口及坡道设计应符合以下规范的要求。

■《车库建筑设计规范》JGJ 100—2015

〖6.2.1〗非机动车库停车当量数量不大于 500 辆时，可设置一个直通室外的带坡道的车辆出入口；超过 500 辆时应设两个或以上出入口，且每增加 500 辆宜增设一个出入口。

条文说明如下。车辆出入口数量按车库的非机动车总数量选取。如为多层车库，其每层车库的车辆出入口数量按其所承受的非机动车数量累计计算。

〖6.2.2〗非机动车库出入口宜与机动车库出入口分开设置，且出地面处的最小距离不应小于 7.5 m。当中型和小型非机动车库受条件限制，其出入口坡道需与机动车出入口设置在一起时，应设置安全分隔设施，且应在地面出入口外 7.5 m 范围内设置不遮挡视线的安全隔离栏杆。

注意：分隔设施可以采用实体墙或隔离栏杆等；7.5 m 相当于 1.5 个车长。

〖6.2.3〗自行车和电动自行车车库出入口净宽不应小于 1.8 m，机动轮椅车和三轮车车库单向出入口净宽不应小于车宽加 0.60 m。

〖6.2.4〗非机动车库车辆出入口可采用踏步式出入口或坡道式出入口。

条文说明如下。踏步式出入口指中间为人行楼梯两侧为自行车推行坡道或中间为自行车推行坡道两侧为人行楼梯的出入口；坡道式出入口是指只设坡道人车混行的出入口。自行车推行基本使用踏步式出入口；其他较重的非机动车进出应使用坡道式出入口。

〖6.2.5〗非机动车库出入口宜采用直线形坡道，当坡道长度超过 6.8 m 或转换方向时，应设休息平台，平台长度不应小于 2.0 m，并应能保持非机动车推行的连续性。

条文说明如下。供推行自行车的坡道，一般每个梯级为 0.4 m（宽）× 0.1 m（高），这较符合中国人步幅宽；b（宽）与 $2h$（高）之和大于或等于 0.6 m，每个斜跑段 18 梯级，水平长度为 6.8 m。

〖6.2.6〗踏步式出入口推车斜坡的坡度不宜大于 25%，单向净宽不应小于 0.35 m，总净宽度不应小于 1.80 m。坡道式出入口的斜坡坡度不宜大于 15%，坡道宽度不应小于 1.80 m。

■《城市道路工程设计规范》CJJ 37—2012（2016 年版）〖11.2.6〗

非机动车停车场的设计应符合下列规定。

（1）非机动车停车场出入口不宜少于 2 个。出入口宽度宜为 2.5~3.5 m。场内停车区应分组安排，每组场地长度宜为 15~20 m。

（2）非机动车停车场坡度宜为 0.3%~4.0%。停车区宜有车棚、存车支架等设施。

■《民用建筑设计统一标准》GB 50352—2019〖5.2.8〗

室外非机动车停车场应设置在基地边界线以内，出入口不宜设置在交叉路口附近，停车数大于等于 300 辆时，应设置不少于 2 个出入口。

三、停车区域设计

■《车库建筑设计规范》JGJ 100—2015

〖6.3.1〗大型非机动车库车辆应分组设置，且每组的当量停车数量不应超过 500。

〖6.3.2〗大型和中型非机动车停车库宜在出入口附近设管理用房及相应的服务设施，且不应影响非机动车的通行。

〖6.3.3〗自行车的停车方式可采取垂直式和斜列式。自行车停车位的宽度、通道宽度应符合表 5-16 的规定(图 5-1),其他类型非机动车应按表 5-16 相应调整。自行车停车宽度和通道宽度见图 5-16。

表 5-16　自行车停车位的宽度和通道宽度

停车方式		停车位宽度(m)		车辆横向间距(m)	通道宽度(m)	
		单排停车	双排停车		一侧停车	两侧停车
垂直排列		2.00	3.20	0.60	1.50	2.60
斜排列	60°	1.70	3.00	0.50	1.50	2.60
	45°	1.40	2.40	0.50	1.20	2.00
	30°	1.00	1.80	0.50	1.20	2.00

注:角度为自行车与通车道夹角。

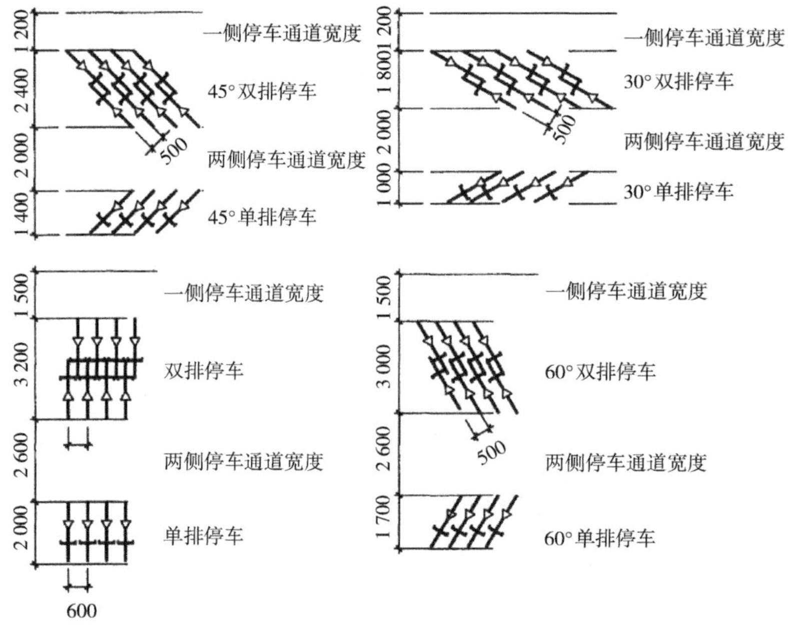

图 5-16　自行车停车宽度和通道宽度

〖6.3.4〗非机动车库的停车区域净高不应小于 2.0 m。

■《城市综合交通体系规划标准》GB/T 51328—2018

〖13.2.3〗非机动车路内停车位应布设在路侧带(车行道路缘石与道路红线之间的范围)内,但不应妨碍行人通行。

〖13.2.4〗非机动车停车场可与机动车停车场结合设置,但进出通道应分开布设。

〖13.2.5〗非机动车的单个停车位面积宜取 1.5~1.8 m^2。

四、车库构造措施

■《车库建筑设计规范》JGJ 100—2015

〖6.4.1〗非机动车库出入口上方宜设有防坠落设施。

〖6.4.2〗非机动车库通往地下的坡道在地面出入口处应设置不小于 0.15 m 高的反坡,并宜设置与坡道同宽的截水沟。

〖6.4.3〗多雨地区通往地下的坡道底端应设置截水沟；当地下坡道的敞开段无遮雨设施时，在敞开段的较低处应增加截水沟。

〖6.4.4〗非机动车库出入口的坡道应采取防滑措施。

〖6.4.5〗严寒和寒冷地区非机动车库室外坡道应采取防雪和防滑措施。

〖6.4.6〗严寒和寒冷地区有采暖设施的非机动车库出入口处应采取保温措施。

Ⅳ. 汽车停车场、库设计

随着汽车拥有量的不断提高，停车问题日益突出，停车场、库设计也成为非常重要的常规设计内容，每一个建筑师都必须熟悉汽车停车场、库的设计知识。

一、相关概念

◣标准车：各种型号车辆换算标准停车位的当量车种。一般以小型轿车作为标准车。

◣标准车停放建筑面积：停放一辆标准车所需的建筑面积，包括停车位面积和均摊的通道面积、管理、服务等辅助设施面积。根据标准车停放建筑面积的正常值，可以预估停车场库所需的建筑面积，也可以根据实际的标准车停放建筑面积，评估车位布置的合理性和停车场、库的空间利用效率。

地面机动车停车场标准车停放建筑面积宜采用 25~30 m²；地下机动车停车库与地上机动车停车楼标准车停放建筑面积宜采用 30~40 m²，小型车库宜取偏大值，大型车库宜取偏小值；机械式机动车停车库标准车停放建筑面积宜采用 15~25 m²。

◣停车当量：用于协调各种不同车型，便于统计与计算停车数量、停车位大小等数据而设定的标准参考车型单元。当量指与某个作为标准的数量相当的量，停车当量指以标准车停放占用面积为衡量单位的停车占用面积数量。多少个停车当量，即多少个标准停车位的数量。

◣子母停车位：由前后两个停车位组成，前方停车位的车辆驶出后，后方停车位的车辆才能驶出的停车位形式称为子母停车位；前方停车位称为母停车位，后方停车位称为子停车位。

◣弯道超高：为平衡机动车在弯道上行驶所产生的离心力所设置的弯道横向坡度而形成的高差。环形坡道处弯道超高宜为 2%~6%。

二、汽车库设计

1. 规模分类

汽车库规模分类设计应符合以下规范的规定。

■《车库建筑设计规范》JGJ 100—2015〖1.0.4〗

机动车车库建筑规模应按停车当量数划分为特大型、大型、中型、小型，车库建筑规模及停车当量数应符合表 5-17 的规定。

表 5-17　机动车车库建筑规模及停车当量数

机动车车库规模	特大型	大型	中型	小型
机动车库停车当量数	>1 000	301~1 000	51~300	≤50

注：本表以小型车为标准当量作为划分依据，其他车型可考虑车辆的当量换算系数进行折算。

■《汽车库、修车库、停车场设计防火规范》GB 50016—2014（2018 版）〖3.0.1〗

汽车库、修车库、停车场的分类应根据停车（车位）数量和总建筑面积确定，并应符合表 5-18 的规定。

表 5-18　汽车库、修车库、停车场的分类

名称		Ⅰ	Ⅱ	Ⅲ	Ⅳ
汽车库	停车数量（辆）	>300	151~300	51~150	≤50
	总建筑面积 S（m²）	>10 000	5 001~10 000	2 001~5 000	≤2 000
修车库	车位数（个）	>15	6~15	3~5	≤2
	总建筑面积 S（m²）	>3 000	1 001~3 000	501~1 000	≤500
停车场	停车数量（辆）	>400	251~400	101~250	≤100

注：1. 当屋面露天停车场与下部汽车库共用汽车坡道时，其停车数量应计算在汽车库的车辆总数内。
2. 室外坡道、屋面露天停车场的建筑面积可不计入汽车库的建筑面积之内。
3. 公交汽车库的建筑面积可按本表的规定值增加 2.0 倍。

条文说明如下。分类时，泊位数控制值及建筑面积控制值两项限值应从严执行。

2. 基础参数

1）不同车型的外廓尺寸

不同车型的外廓尺寸符合以下规范的规定。

■《车库建筑设计规范》JGJ 100—2015

〖4.1.1〗机动车库应根据停放车辆的设计车型外廓尺寸进行设计。机动车设计车型的外廓尺寸可按表 5-19 取值。

〖4.1.2〗机动车库应以小型车为计算当量进行停车当量的换算，各类车辆的换算当量系数应符合表 5-19 的规定。

表 5-19　机动车停车库设计车型的外廓尺寸及停车当量换算系数

设计车型		各类车型外廓尺寸（m）			停车当量换算系数
		总长	总宽	总高	
微型车		3.80	1.60	1.80	0.7
小型车		4.80	1.80	2.00	1.0
轻型车		7.00	2.25	2.75	1.5
中型车	客车	9.00	2.50	3.20	2.0
	货车	9.00	2.50	4.00	
大型车	客车	12.00	2.50	3.50	2.5
	货车	11.50	2.50	4.00	

注：1. 专用机动车库可以按所停放的机动车外廓尺寸进行设计。
2. 停车当量换算系数以小型车为计算当量。

表 5-19 中设计车型外廓尺寸不是汽车的实际尺寸或最大尺寸，这个尺寸兼顾了设计的经济性，也使按标准车型设计的停车位能满足绝大多数同类汽车的停车需求。

2）汽车停放方式

汽车停车方式有平行式、斜列式（见图 5-17）、垂直式、混合式几种停车方式，采用哪种停车方式要根据具体情况做选择，平行式和垂直式是最常见的停车方式。停车方式既要满足车位大小要求，也要满足车辆停放和进出通道的尺度要求。

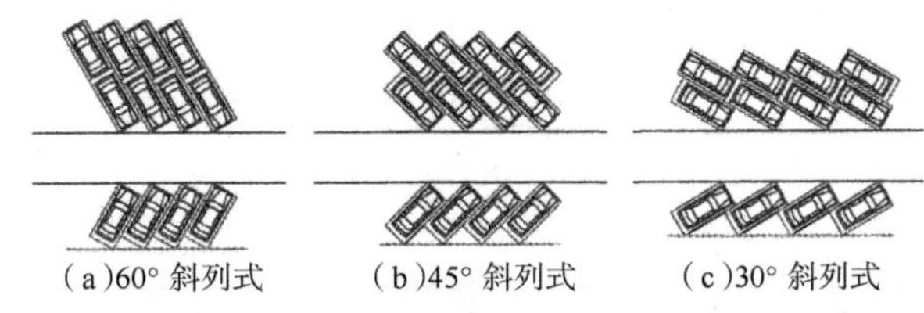

图 5-17　斜列式停车方式的可能性布局

3)汽车停放净距

汽车停放净距应符合以下规范的要求。

■《车库建筑设计规范》JGJ 100—2015〖4.1.5〗

机动车之间以及机动车与墙、柱、护栏之间的最小净距应符合表 5-20 的规定。

表 5-20　机动车之间以及机动车与墙、柱、护栏之间的最小净距要求

项目 \ 机动车类型		微型车、小型车	轻型车	中型车、大型车
平行式停车时机动车间纵向净距(m)		1.20	1.20	2.40
垂直式、斜列式停车时机动车间纵向净距(m)		0.50	0.70	0.80
机动车间横向净距(m)		0.60	0.80	1.00
机动车与柱间净距(m)		0.30	0.30	0.40
机动车与墙、护栏及其他构筑物间净距(m)	纵向	0.50	0.50	0.50
	横向	0.60	0.80	1.00

注:1. 纵向指机动车长度方向,横向指机动车宽度方向。
2. 净距指最近距离,当墙、柱外有突出物时,从其凸出部分外缘算起。

4)停车位尺寸及通(停)车道宽度

汽车库或汽车停车场内的车行通道有“通车道”和“通(停)车道”之分,通车道只用于汽车通行,通(停)车道既能用于汽车通过,也能用于向相邻车位停车,是通、停兼用的车道,通(停)车道一般比单纯的通车道要宽。

汽车通(停)车道的最小宽度与汽车进出车位的方式有关。汽车进出车位的方式有三种:第一种是前进停车后退驶出;第二种是后退停车向前驶出;第三种是前进停车前进驶出。第三种方式要求前后均有行车道,停车效率相对较低,较少使用。对于前两种停车方式,前进停车后退驶出比后退停车向前驶出需要更宽的通(停)车道,因此多数车库都是以后退停车向前驶出的方式规划停车位的。

停车位尺寸及通(停)车道宽度应符合以下规范的要求。

■《车库建筑设计规范》JGJ 100—2015〖4.3.4〗

机动车最小停车位、通(停)车道宽度可通过计算或作图法求得,且库内通车道宽度应大于或等于 3.0 m。小型车的最小停车位、通(停)车道宽度宜符合表 5-21 的规定。

停车方式可采用图 5-18 所示的方式,或混合式。

停车位尺寸是由汽车外廓尺寸和汽车与汽车、墙、柱、护栏等的安全净距决定的,还与停车方式有关。下面列出了几种小型车停车位的车位大小(单位为 mm)。

(1)垂直式停车方式车位大小。

端头邻墙停车位大小:2 400 × 5 300。

端头邻车停车位大小:2 400 × 5 100。

表 5-21　小型车的最小停车位、通(停)车道宽度

停车方式			垂直通车道方向的最小停车位宽度(m)		平行通车道方向的最小停车位宽度 Lt(m)	通(停)车道最小宽度 W_d(m)
			W_{e1}	W_{e2}		
平行式		后退停车	2.4	2.1	6.0	3.8
斜列式	30°	前进(后退)停车	4.8	3.6	4.8	3.8
	45°	前进(后退)停车	5.5	4.6	3.4	3.8
	60°	前进停车	5.8	5.0	2.8	4.5
	60°	后退停车	5.8	5.0	2.8	4.2
垂直式		前进停车	5.3	5.1	2.4	9.0
		后退停车	5.3	5.1	2.4	5.5

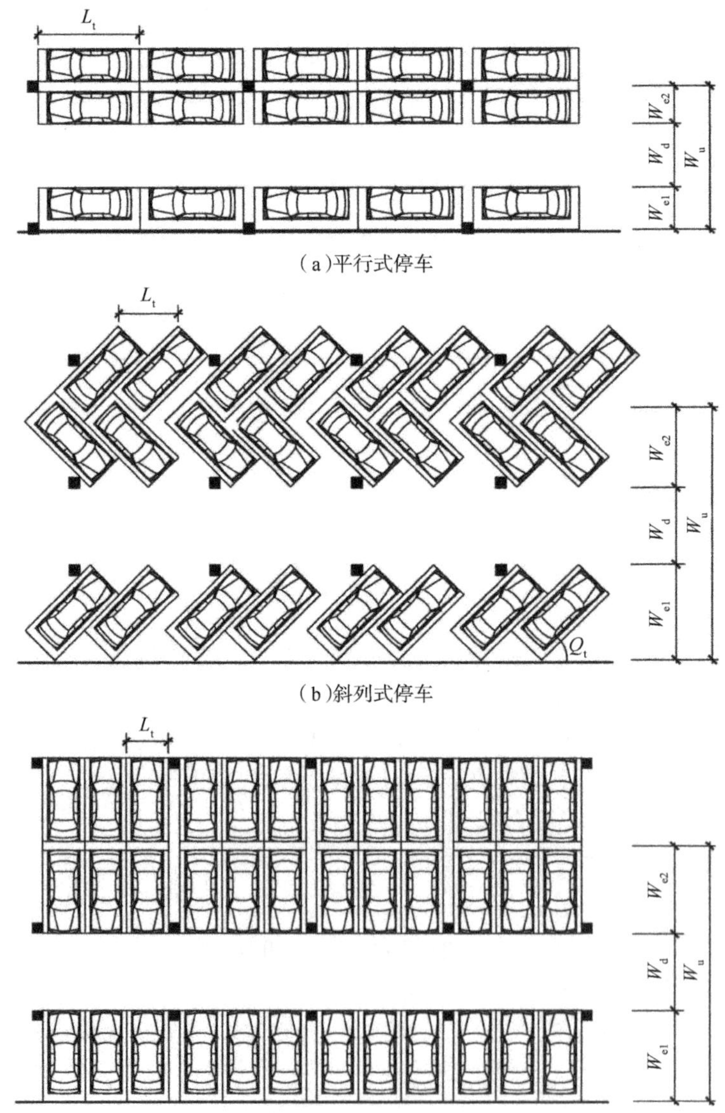

图 5-18　停车方式

(注:W_u 为停车带宽度;W_{e1} 为停车位毗邻墙体或连续分隔物时,垂直于通(停)车道的停车位尺寸;W_{e2} 为停车位毗邻时,垂直于通(停)车道的停车位尺寸;W_d 为通车道宽度;L_t 为平行于通车道的停车位尺寸;Q_t 为为机动车倾斜角度。)

(2)平行式停车方式车位大小。

侧面邻墙停车位大小:2 400×6 000。

侧面邻车停车位大小:2 100×6 000。

(3)60° 停车方式车位大小。

60° 停车难度较大,无论是邻墙还是邻车,停车位大小均为 2 800×5 800。

以上所列都是车位尺寸的最小值,如果条件允许,车位尺寸可以稍微放松一些,比如垂直式停车的停车位可做到 2 500×5 300、2 500×5 500。

5)别墅类住宅附属车库大小

(1)容纳一辆小型车的车库大小。

单车停车库宜满足车库门关闭后能开门和绕车行走的要求。停车库净尺寸不小于 3 000×6 000;按 240 墙考虑,车库宽 × 深轴线尺寸宜为:3 300×6 300。

(2)容纳两辆小型车的车库大小。

停车库净尺寸不小于 5 400×6 000;按 240 墙考虑,车库宽 × 深轴线尺寸宜为:5 700×6 300,不宜小于 5 700×6 000。

6)车库净高

车库净高应符合以下规范的要求。

■《车库建筑设计规范》JGJ 100—2015〔4.3.6〕

停车区域净高不应小于出入口及坡道处净高要求。

注意:根据经验,小型车地下车库层高以 3.6 m 为宜。

7)环形车道最小净宽

环形车道最小净宽应符合以下规范的要求。

■《车库建筑设计规范》JGJ 100—2015〔4.1.4〕

环形车道最小净宽按坡道的最小净宽要求取值。

注意:微型、小型车环形车道最小净宽,单行 3.8 m,双行 7.0 m。

8)环形车道转弯半径

环形车道转变半径应符合以下规范的要求。

■《车库建筑设计规范》JGJ 100—2015〔4.3.5〕

注意:微型车和小型车的环形通车道最小内半径不得小于 3.0 m。

3. 总平面设计

1)道路宽度

道路宽度应符合以下规范的要求。

■《车库建筑设计规范》JGJ 100—2015〔3.2.5〕

车库总平面内,单向行驶的机动车道宽度不应小于 4 m,双向行驶的小型车道不应小于 6 m,双向行驶的中型车以上车道不应小于 7 m。

2)转弯半径

转弯半径应符合以下规范的要求。

■《车库建筑设计规范》JGJ 100—2015〔3.2.6〕

机动车道路转弯半径应根据通行车辆种类确定。微型、小型车道路转弯半径不应小于 3.5 m;消防车道转弯半径应满足消防车辆最小转弯半径要求。

3)消防车道

消防车道应符合以下规范的要求。

■《汽车库、修车库、停车场设计防火规范》GB 50067—2014

【4.3.1】汽车库、修车库周围应设置消防车道。

〖4.3.2〗消防车道的设置应符合下列要求：

(1)除Ⅳ类汽车库和修车库以外，消防车道应为环形，当设置环形车道有困难时，可沿建筑物的一个长边和另一边设置；

(2)尽头式消防车道应设置回车道或回车场，回车场的面积不应小于 12 m × 12 m；

(3)消防车道的宽度不应小于 4 m。

〖4.3.3〗穿过汽车库、修车库、停车场的消防车道，其净空高度和净宽度均不应小于 4 m；当消防车道上空遇有障碍物时，路面与障碍物之间的净空高度不应小于 4 m。

4)基地出入口设计

基地出入口设计应符合以下规范的规定。

■《车库建筑设计规范》JGJ 100—2015〖3.1.6〗

车库基地出入口的设计应符合下列规定。

(1)基地出入口的数量和位置应符合现行国家标准《民用建筑设计统一标准》的规定及城市交通规划和管理的有关规定。

(2)基地出入口不应直接与城市快速路连接，且不宜直接与城市主干路连接。

(3)基地主要出入口宽度不应小于 4 m，并应保证出入口与内部通道衔接的顺畅。

条文说明如下。一般基地出入口宽度要和与之连接的基地内通道宽度取得一致，机动车出入口双向行驶宽度不小于 7 m，单向行驶不小于 4 m；当非机动车道与机动车道混合设置时，可在机动车道宽度的基础上，单向增加不小于 1.5 m 宽度的非机动车道。

(4)当需在基地出入口办理车辆出入手续时，出入口处应设置候车道，且不应占用城市道路；机动车候车道宽度不应小于 4 m、长度不应小于 10 m，非机动车应留有等候空间。

条文说明如下。机动车按 2 辆车位等候考虑。

(5)机动车库基地出入口应具有通视条件，与城市道路连接的出入口地面坡度不宜大于 5%。

条文说明如下。在距离出入口边线以内 2 m 处作视点的 120° 范围内不应有遮挡视线的障碍物(见图 5-19)，设计应保证驾驶员在视点位置可以看到全部通视区范围内的车辆、行人情况。人行道的行道树不属于遮挡视线的障碍物。

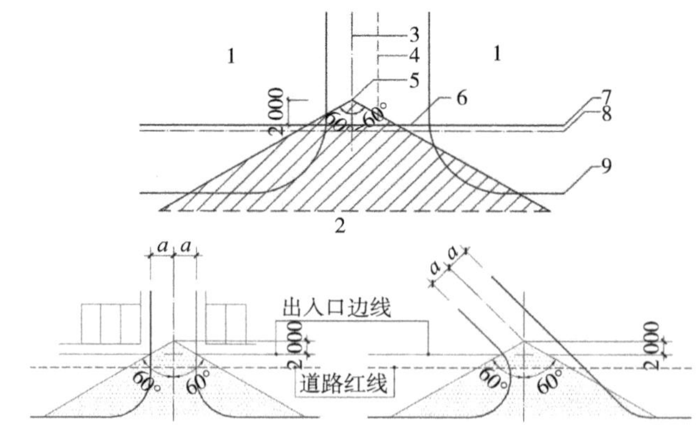

图 5-19　机动车基地出入口通视要求示意图

(注：1 为建筑基地；2 为城市道路；3 为车道中心线；4 为车道边线；5 为视点位置；6 为基地机动车出入口；7 为基地边线；8 为道路红线；9 为道路缘石线。)

(6)机动车库基地出入口处的机动车道路转弯半径不宜小于 6 m，且应满足基地通行车辆最小转弯半径的要求。

(7)相邻机动车库基地出入口之间的最小距离不应小于 15 m，且不应小于两出入口道路转弯半径之和。

条文说明如下。两出入口之间的最小距离是指两者之间的净距。

5)缓坡设置

■《车库建筑设计规范》JGJ 100—2015〖3.2.11〗

车库总平面内的道路纵坡坡度应符合《民用建筑设计统一标准》的最大限值规定。当机动车道路纵坡相对坡度大于 8%时,应设缓坡段与城市道路连接。对于机动车与非机动车混行的道路,其纵坡的坡度应满足非机动车道路纵坡的最大限值要求。

条文说明如下。缓坡长度可采用 4 m。

4. 防火设计

1)耐火等级

■《汽车库、修车库、停车场设计防火规范》GB 50067—2014

【3.0.2】汽车库、修车库的耐火等级分为一级、二级和三级,其构件的燃烧性能和耐火极限应符合规范的相关规定。

【3.0.3】汽车库和修车库的耐火等级应符合下列规定:

(1)地下、半地下和高层汽车库应为一级;

(2)甲、乙类物品运输车的汽车库、修车库和 I 类汽车库、修车库,应为一级;

(3)Ⅱ、Ⅲ 类汽车库、修车库的耐火等级不应低于二级;

(4)Ⅳ类汽车库、修车库的耐火等级不应低于三级。

2)防火间距

■《汽车库、修车库、停车场设计防火规范》GB 50067—2014

【4.2.1】汽车库、修车库、停车场之间及汽车库、修车库、停车场与除甲类物品仓库外的其他建筑物的防火间距,不应小于表 5-22 的规定。其中,高层汽车库与其他建筑物,汽车库、修车库与高层建筑的防火间距应按表 5-22 的规定值增加 3 m;汽车库、修车库与甲类厂房的防火间距应按表 5-22 的规定值增加 2 m。

表 5-22　汽车库、修车库、停车场、民用建筑间的防火间距　　单位:m

名称和耐火等级	汽车库、修车库		厂房、仓库、民用建筑		
	一级、二级	三级	一级、二级	三级	四级
一、二级汽车库、修车库	10	12	10	12	14
三级汽车库、修车库	12	14	12	14	16
停车场	6	8	6	8	10

注:1. 防火间距应按相邻建筑物外墙的最近距离算起,如外墙有凸出的可燃物构件时,则应从其凸出部分外缘算起,停车场从靠近建筑物的最近停车位置边缘算起。

2. 厂房、仓库的火灾危险性分类应符合现行国家标准《建筑设计防火规范》的有关规定。

〖4.2.2〗汽车库、修车库之间或汽车库、修车库与其他建筑之间的防火间距可适当减少,但应符合下列规定:

(1)当两座建筑相邻较高一面外墙为无门、窗、洞口的防火墙或当较高一面外墙比较低一座一、二级耐火等级建筑屋面高 15 m 及以下范围内的外墙为无门、窗、洞口的防火墙时,其防火间距可不限;

(2)当两座建筑相邻较高一面外墙上,同较低建筑等高的以下范围内的墙为无门、窗、洞口的防火墙时,其防火间距可按表 5-22 的规定值减小 50%;

(3)相邻的两座一、二级耐火等级建筑,当较高一面外墙的耐火极限不低于 2.00 h,墙上开口部位设置甲级防火门、窗或耐火极限不低于 2.00 h 的防火卷帘、水幕等防火设施时,其防火间距可减小,但不应小于 4 m;

(4)相邻的两座一、二级耐火等级建筑,当较低一座的屋顶无开口,屋顶的耐火极限不低于 1.00 h,且较低一面外墙为防火墙时,其防火间距可减小,但不应小于 4 m。

3）防火分区

防火分区的设计应符合以下规范的规定。

■《汽车库、修车库、停车场设计防火规范》GB 50067—2014

【5.1.1】汽车库防火分区的最大允许建筑面积应符合表5-23的规定。其中，敞开式、错层式、斜楼板式汽车库的上下连通层面积应叠加计算，每个防火分区的最大允许建筑面积不应大于表5-23规定的2.0倍；室内有车道且有人员停留的机械式汽车库，其防火分区最大允许建筑面积应按表5-23的规定减少35%。

表5-23　汽车库防火分区的最大允许建筑面积　单位：m^2

耐火等级	单层汽车库	多层汽车库、半地下汽车库	地下汽车库、高层汽车库
一、二级	3 000	2 500	2 000
三级	1 000	不允许	不允许

注：除规范另有规定外，防火分区之间应采用符合本规范规定的防火墙、防火卷帘等分隔。

〖5.1.2〗设置自动灭火系统的汽车库，其每个防火分区的最大允许建筑面积不应大于表5-23规定的2.0倍。

【7.2.1】除敞开式汽车库、屋面停车场外，下列汽车库、修车库应设置自动灭火系统：

（1）Ⅰ、Ⅱ、Ⅲ类地上汽车库；

（2）停车数大于10辆的地下、半地下汽车库；

（3）机械式汽车库；

（4）采用汽车专用升降机作汽车疏散出口的汽车库；

（5）Ⅰ类修车库。

注意：由于停车数大于10辆的地下、半地下汽车库均需设置自动灭火系统，意味着绝大多数地下、半地下汽车库每个防火分区的最大允许建筑面积为4 000 m^2。

4）防火分隔

防火分隔的设计应符合以下规范的规定。

■《汽车库、修车库、停车场设计防火规范》GB 50067—2014

〖4.1.4〗汽车库不应与托儿所、幼儿园、老年人建筑、中小学校的教学楼、病房楼等组合建造。当符合下列要求时，汽车库可设置在托儿所、幼儿园、老年人建筑、中小学校的教学楼、病房楼等的地下部分：

（1）汽车库与托儿所、幼儿园、老年人建筑、中小学校的教学楼、病房楼等建筑之间，应采用耐火极限不低于2.00 h的楼板完全分隔；

（2）汽车库与托儿所、幼儿园、老年人建筑、中小学校的教学楼、病房楼等的安全出口和疏散楼梯应分别独立设置。

〖5.1.6〗汽车库、修车库与其他建筑合建时，应符合下列规定：

（1）当贴邻建造时，应采用防火墙隔开；

（2）设在建筑物内的汽车库（包括屋顶停车场）、修车库与其他部位之间，应采用防火墙和耐火极限不低于2.00 h的不燃性楼板分隔；

（3）汽车库、修车库的外墙门、洞口的上方，应设置耐火极限不低于1.00 h、宽度不小于1.0 m、长度不小于开口宽度的不燃性防火挑檐；

（4）汽车库、修车库的外墙上、下层开口之间墙的高度不应小于1.2 m，或设置耐火极限不低于1.00 h、宽度不小于1.0 m的不燃性防火挑檐。

〖5.3.3〗除敞开式汽车库、斜楼板式汽车库外，其他汽车库内的汽车坡道两侧应采用防火墙与停车区隔开，坡道的出入口应采用水幕、防火卷帘或甲级防火门等与停车区隔开；但当汽车库和汽车坡道上均设置自动灭火系统时，坡道的出入口可不设置水幕、防火卷帘或甲级防火门。

■《建筑设计防火规范》GB 50016—2014（2018 版）〖6.2.3〗

附设在住宅建筑内的机动车库，应采用耐火极限不低于 2.00 h 的防火隔墙与其他部位分隔，墙上的门、窗应采用乙级防火门、窗，确有困难时，可采用防火卷帘，但应符合防火规范对于防火卷帘的相关规定。

5）设备用房

设备用房的设计应符合以下规范的规定。

■《汽车库、修车库、停车场设计防火规范》GB 50067—2014

〖5.1.9〗附设在汽车库、修车库内的消防控制室、自动灭火系统的设备室、消防水泵房和排烟、通风空气调节机房等，应采用防火隔墙和耐火极限不低于 1.50 h 的不燃性楼板相互隔开或与相邻部位分隔。

条文说明如下。附设在汽车库、修车库内的且为汽车库、修车库服务的变配电室、柴油发电机房等常见的设备用房也应按照本条的规定采取相应的防火分隔措施。

注意：直接为汽车库服务的设备用房可与汽车库划分在同一防火分区内，但要按上述要求进行防火分隔；当汽车库内设置了不为汽车库服务的设备用房，或设置了不只为汽车库服务，还为整座建筑服务的设备用房时，这些设备用房应独立划分防火分区，并应符合独立防火分区的相关设计要求。

5. 人车疏散

1）基本要求

人车疏散的基本要求应符合以下规范的规定。

■《汽车库、修车库、停车场设计防火规范》GB 50067—2014【6.0.1】

汽车库、修车库的人员安全出口和汽车疏散出口应分开设置。设置在工业与民用建筑内的汽车库，其车辆疏散出口应与其他场所的人员安全出口分开设置。

注意：停车位不应影响入户通道、楼电梯间出入口的人员进出；通道尽端应留足回车空间；通（停）车道宽度应满足汽车进出车位的空间要求；尽端式通道不宜设置平行式机动车停车位；地下车库的停车位设置不应影响人防门的开启、维护与使用；机动车升降梯不得替代乘客电梯作为人员出入口，并应设置标识。

2）人员疏散

人员疏散的出口数量、疏散距离、楼梯借用应符合以下规范的要求。

■《汽车库、修车库、停车场设计防火规范》GB 50067—2014

〖6.0.2〗除室内无车道且无人员停留的机械式汽车库外，汽车库、修车库内每个防火分区的人员安全出口不应少于 2 个，Ⅳ类汽车库和Ⅲ、Ⅳ类修车库可设置 1 个。

条文说明如下。鉴于汽车库的防火分区面积、疏散距离等指标均比现行国家标准《建筑设计防火规范》相应的防火分区面积、疏散距离等指标大，故对于汽车库来讲，防火墙上通向相邻防火分区的甲级防火门，不得作为第二安全出口。

【6.0.6】汽车库室内任一点至最近人员安全出口的疏散距离不应大于 45 m，当设置自动灭火系统时，其距离不应大于 60 m。对于单层或设置在建筑首层的汽车库，室内任一点至室外最近出口的疏散距离不应大于 60 m。

〖6.0.7〗与住宅地下室相连通的地下汽车库、半地下汽车库，人员疏散可借用住宅部分的疏散楼梯；当不能直接进入住宅部分的疏散楼梯间时，应在汽车库与住宅部分的疏散楼梯之间设置连通走道，走道应采用防火隔墙分隔，汽车库开向该走道的门均应采用甲级防火门。

条文说明如下。走道设置类似于楼梯间的扩大前室，走道两侧的门可设置为乙级防火门。

3）汽车疏散

汽车疏散应符合以下规范的规定。

■《车库建筑设计规范》JGJ 100—2015

〖4.2.6〗机动车库出入口和车道数量应符合表 5-24 的规定，当车道数量大于等于 5 且停车当量大于 3 000 辆时，机动车出入口数量应经过交通模拟计算确定。

〖4.2.7〗对于停车当量小于 25 辆的小型车库，出入口可设一个单车道，并应采取进出车辆的避让措施。

条文说明如下。车库出入口及车道数量按车库的机动车总数量选取。如为多层车库，其每层车库的出入口及车道数量按其所承受的机动车数量累计计算，应参照表 5-24 执行。居住建筑与非居住建筑共用车库时，按非居住建筑设置出入口。

表 5-24　机动车库出入口和车道数量

规模 / 停车当量 / 出入口和车道数量	特大型	大型		中型		小型	
	>1 000	501~1 000	301~500	101~300	51~100	25~50	<25
机动车出入口数量	≥3	≥2		≥2	≥1	≥1	
非居住建筑出入口车道数量	≥5	≥4	≥3	≥2		≥2	≥1
居住建筑出入口车道数量	≥3	≥2	≥2	≥2		≥2	≥1

■《汽车库、修车库、停车场设计防火规范》GB 50067—2014

【6.0.9】除规范另有规定外，汽车库、修车库的汽车疏散出口总数不应少于 2 个，且应分散布置。

〖6.0.10〗当符合下列条件之一时，汽车库、修车库的汽车疏散出口可设置 1 个：

（1）Ⅳ类汽车库；

（2）设置双车道汽车疏散出口的Ⅲ类地上汽车库；

（3）设置双车道汽车疏散出口、停车数量小于或等于 100 辆且建筑面积小于 4 000 m^2 的地下或半地下汽车库；

（4）Ⅱ、Ⅲ、Ⅳ类修车库。

4）车库出入口设置

车库出入口设置应符合以下规范的要求。

■《车库建筑设计规范》JGJ 100—2015

〖4.2.2〗车辆出入口的最小间距不应小于 15 m，并宜与基地内部道路相接通，当直接通向城市道路时，应符合车库基地出入口设置的相关规定。

〖4.2.4〗车辆出入口宽度，双向行驶时不应小于 7 m，单向行驶时不应小于 4 m。

〖4.2.9〗平入式出入口应符合下列规定：

（1）平入式出入口室内外地坪高差不应小于 150 mm，且不宜大于 300 mm；

（2）出入口室外坡道起坡点与相连的室外车行道路的最小距离不宜小于 5.0 m；

（3）出入口的上部宜设有防雨设施；

（4）出入口处宜设置遥控启闭的大门。

■《汽车库、修车库、停车场设计防火规范》GB 50067—2014〖6.0.14〗

除室内无车道且无人员停留的机械式汽车库外，相邻两个汽车疏散出口之间的水平距离不应小于 10 m；毗邻设置的两个汽车坡道应采用防火隔墙分隔。

6. 楼梯和电梯

1）楼梯

车库楼梯的设计应符合以下规范的要求。

■《汽车库、修车库、停车场设计防火规范》GB 50067—2014【6.0.3】

汽车库、修车库的疏散楼梯应符合下列规定：

（1）建筑高度大于 32 m 的高层汽车库、室内地面与室外出入口地坪的高差大于 10 m 的地下汽车库应采用防烟楼梯间，其他汽车库、修车库应采用封闭楼梯间；

（2）楼梯间和前室的门应采用乙级防火门，并应向疏散方向开启；

（3）疏散楼梯的宽度不应小于 1.1 m。

2）电梯

车库电梯的设计应符合以下规范的要求。

■《建筑设计防火规范》GB 50016—2014（2018 版）〔5.5.6〕

直通建筑内附设汽车库的电梯，应在汽车库部分设置电梯候梯厅，并应采用耐火极限不低于 2.00 h 的防火隔墙和乙级防火门与汽车库分隔。

■《车库建筑设计规范》JGJ 100—2015〔4.1.9〕

四层及以上的多层机动车库或地下三层及以下的机动车库应设置乘客电梯，电梯的服务半径不宜大于 60 m。

三、停车场设计

1. 一般规定

停车场设计的一般规定应符合以下规范的要求。

■《民用建筑设计统一标准》GB 50352—2019〔5.2.5〕

室外机动车停车场应符合下列规定：

（1）停车场地应满足排水要求，排水坡度不应小于 0.3%；

（2）停车场出入口的设计应避免进出车辆交叉；

（3）停车场应设置无障碍停车位，且设置要求和停车位数量应符合现行国家标准《无障碍设计规范》的相关规定；

（4）停车场应结合绿化合理布置，可利用乔木遮阳。

■《城市道路工程设计规范》CJJ37—2012〔11.2.5〕

机动车停车场的设计应符合下列规定。

（1）机动车停车场设计应根据使用要求分区、分车型设计。如有特殊车型，应按实际车辆外廓尺寸进行设计。

（2）机动车停车场内车位布置可按纵向或横向排列分组安排，每组停车不应超过 50 辆。当各组之间无通道时，应留出大于或等于 6 m 的防火通道。

（3）机动车停车场的出入口不宜设在主干路上，可设在次干路或支路上，并应远离交叉口；不得设在人行横道、公共交通停靠站及桥隧引道处。出入口的缘石转弯曲线切点距铁路道口的最外侧钢轨外缘不应小于 30 m。距人行天桥和人行地道的梯道口不应小于 50 m。

（4）停车场出入口位置及数量应根据停车容量及交通组织确定，且不应少于 2 个，其净距宜大于 30 m；条件困难或停车容量小于 50 辆时，可设一个出入口，但其进出口应满足双向行驶的要求。

（5）停车场进出口净宽，单向通行的不应小于 5 m，双向通行的不应小于 7 m。

（6）停车场出入口应有良好的通视条件，视距三角形范围内的障碍物应清除。

（7）停车场的竖向设计应与排水相结合，坡度宜为 0.3%~3.0%。

（8）机动车停车场出入口及停车场内应设置指明通道和停车位的交通标志、标线。

2. 停车场出入口设置要求

停车场出入口设置应符合以下规范的要求。

■《民用建筑设计统一标准》GB 50352—2019

〔5.2.6〕室外机动车停车场的出入口数量应符合下列规定：

(1)当停车数为 50 辆及以下时,可设 1 个出入口,宜为双向行驶的出入口;
(2)当停车数为 51~300 辆时,应设置 2 个出入口,宜为双向行驶的出入口;
(3)当停车数为 301~500 辆时,应设置 2 个双向行驶的出入口;
(4)当停车数大于 500 辆时,应设置 3 个出入口,宜为双向行驶的出入口。
〖5.2.7〗室外机动车停车场的出入口设置应符合下列规定:
(1)大于 300 辆停车位的停车场,各出入口的间距不应小于 15 m;
(2)单向行驶的出入口宽度不应小于 4 m,双向行驶的出入口宽度不应小于 7 m。

3. 停车场的防火疏散要求

停车场的防火疏散应符合以下规范的要求。
■《汽车库、修车库、停车场设计防火规范》GB 50067—2014
【4.2.1】除规范另有规定外,汽车库、修车库、停车场之间及汽车库、修车库、停车场与除甲类物品仓库外的其他建筑物的防火间距,不应小于表 5-22 的规定。

注意:根据规定,停车场中的停车位与建筑之间的防火间距应不小于 6 m,但一般居住区内的家用轿车停车位与居住建筑之间不必严格按此规定执行。

〖4.2.3〗停车场与相邻的一、二级耐火等级建筑之间,当相邻建筑的外墙为无门、窗、洞口的防火墙,或比停车部位高 15 m 范围以下的外墙均为无门、窗、洞口的防火墙时,防火间距可不限。

〖4.2.10〗停车场的汽车宜分组停放,每组的停车数量不宜大于 50 辆,组之间的防火间距不应小于 6 m。

〖6.0.15〗停车场的汽车疏散出口不应少于 2 个;停车数量不大于 50 辆时,可设置 1 个。

注意:对于停车场设计的上述要求,由于源自不同规范,在规定上可能存在重合,对此可以相互补充、参照。停车场和停车库也有共性要求,部分内容可以参考汽车库的相关设计要求。

四、坡道式地下车库设计

坡道式地下车库由于不占用地上空间,设施简单,方便安全,是最常见和最大量采用的汽车存放方式。

1. 地下车库出入口设置

地下车库出入口设置应符合以下规范的要求。
■《民用建筑设计统一标准》GB 50352—2019〖5.2.4〗
建筑基地内地下机动车车库出入口与连接道路间宜设置缓冲段,缓冲段应从车库出入口坡道起坡点算起,并应符合下列规定:
(1)出入口缓冲段与基地内道路连接处的转弯半径不宜小于 5. 5 m;
(2)当出入口与基地道路垂直时,缓冲段长度不应小于 5. 5 m;
(3)当出入口与基地道路平行时,应设不小于 5. 5 m 长的缓冲段再汇入基地道路;
(4)当出入口直接连接基地外城市道路时,其缓冲段长度不宜小于 7.5 m。

2. 坡道宽度

坡道宽度应符合以下规范的要求。
■《车库建筑设计规范》JGJ 100—2015〖4.2.10〗
坡道式出入口应符合下列规定:
(1)出入口可采用直线坡道、曲线坡道和直线与曲线组合坡道,其中直线坡道可选用内直坡道式、外直坡道式;
(2)出入口可采用单车道或双车道,坡道最小净宽应符合表 5-25 的规定。

表 5-25　坡道最小净宽

形式	最小净宽（m）	
	微型、小型车	轻型、中型、大型车
直线单行	3.0	3.5
直线双行	5.5	7.0
曲线单行	3.8	5.0
曲线双行	7.0	10.0

注：此宽度不包括道牙及其他分隔带宽度。当曲线比较缓时，可以按直线宽度进行设计。

3. 出入口及坡道高度

出入口及坡度高度应符合以下规范的要求。

■《车库建筑设计规范》JGJ 100—2015〚4.2.5〛

车辆出入口及坡道的最小净高应符合表 5-26 的规定。

表 5-26　车辆出入口及坡道的最小净高要求

车型	最小净高（m）
微型、小型车	2.20
轻型车	2.95
中型、大型客车	3.70
中型、大型货车	4.20

注：净高指从楼地面面层（完成面）至吊顶、设备管道、梁或其他构件底面之间的有效使用空间的垂直高度。

4. 坡道转弯半径

坡道转弯半径应符合以下规范的要求。

■《车库建筑设计规范》JGJ 100—2015〚4.2.10〛

微型车和小型车的坡道转弯处的最小环形车道内半径（r_0）不宜小于表 5-27 的规定；其他车型的坡道转弯处的最小环形车道内半径应按规范提供的公式计算。

表 5-27　微型车和小型车的坡道转弯处的最小环形车道内半径（r_0）

角度 / 半径	坡道转向角度（a）		
	$a \leq 90°$	$90° < a < 180°$	$a \geq 180°$
最小环形车道内半径（r_0）	4 m	5 m	6 m

注：坡道转向角度为机动车转弯时的连续转向角度。

5. 坡度要求

坡度应符合以下规范的要求。

■《车库建筑设计规范》JGJ 100—2015〚4.2.10〛

坡道的最大纵向坡度应符合表 5-28 的规定。

表 5-28　坡道的最大纵向坡度

车型	直线坡道		曲线坡道	
	百分比（%）	比值（高：长）	百分比（%）	比值（高：长）
微型车、小型车	15.0	1：6.67	12	1：8.3
轻型车	13.3	1：7.50	10	1：10.0
中型车	12.0	1：8.30		
大型客车、大型货车	10.0	1：10.00	8	1：12.5

当坡道纵向坡度大于 10%时，坡道上、下端均应设缓坡坡段，其直线缓坡段的水平长度不应小于 3.6 m，缓坡坡度应为坡道坡度的 1/2；曲线缓坡段的水平长度不应小于 2.4 m，曲率半径不应小于 20 m，缓坡段的中心为坡道原起点或止点；大型车的坡道应根据车型确定缓坡的坡度和长度。

注意：坡道上、下端设置缓坡可以避免汽车行驶时车头、车尾或底盘与地面碰擦，并有助于减少驾驶人员视觉盲区。坡道坡度以高长比来表示，坡度的一半指高长比的一半，而不是指角度的一半。如图 5-20 所示，对于直线缓坡，从变坡点向两侧水平方向各截取 1.8 m，从坡道一侧截取点作垂线与坡线相交，连接交点与另一个截取点，就形成符合规范要求的直线缓坡；但曲线缓坡不能用同样的方法在变坡点两侧各截取 1.2 m，注明曲线半径为 20 m 即可，因为只有主坡度为 12%的情况下这样做才能得到相切的平滑坡道，如果为其他坡度，就不能得到与两侧坡面相切的光滑变坡曲线了。

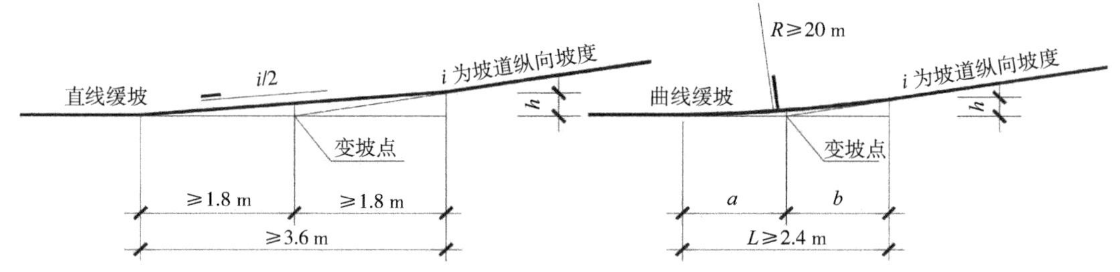

图 5-20　直线缓坡和曲线缓坡做法详图

注：a、b 分别为变坡点到曲线缓坡段两端的距离

表 5-29　曲线缓坡段水平投影长度与相切圆曲率半径的关系列表　　单位：mm

坡度	曲线缓坡段相切圆曲率半径为 20 m 时，L、a、b 的数量关系			L=2 400、a=b 时相切变坡圆曲线的曲率半径 R
	曲线缓坡段水平投影长度 L 近似值（准确值）	a 近似值（准确值）	b 近似值（准确值）	
11%	2 200（2 187）	1 100（1 097）	1 100（1 090）	21 884（L=2 393）
12%	2 400（2 383）	1 200（1 196）	1 200（1 187）	20 072（L=2 391）
13%	2 600（2 578）	1 300（1 295）	1 300（1 284）	18 539（L=2 390）
14%	2 800（2 773）	1 400（1 393）	1 400（1 380）	17 226（L=2 388）
15%	3 000（2 967）	1 500（1 492）	1 500（1 475）	16 089（L=2 387）

注：上表中的加重栏为 R<20 m 的情况，不合规范要求。

通过表 5-29 可以看出，只有主坡道坡度为 12%时，缓坡段水平投影长度和平滑相切变坡圆曲线的曲率半径才恰好是 2.4 m 和 20 m。坡道主坡度为 11%、缓坡段水平投影长度为 2.4 m 时，相切变坡圆曲线的曲率半径要做到大约 22 m；主坡度为 13%、14%、15%时，如果相切圆曲率半径规定为 20 m，要得到与两侧坡面相切并平滑连接的曲线缓坡，其水平投影长度分别应为 2.6 m、2.8 m、3.0 m，大体为变坡点两侧均分。如果仍然简单按水平投影长度为 2.4 m，曲率半径不小于 20 m 标注，缓坡曲线与两侧坡面就不相切了，类似于长度不够 3.6 m 的直线缓坡，因而是违反规范规定的。

计算曲线缓坡段水平投影长度有一个简易计算公式：$L=R\times i$，R 为缓坡段曲率半径，i 为主坡道坡度。如坡度为 14%，缓坡段曲率半径为 20 m，与两侧平滑相切的缓坡段长度为 20 × 14%=2.8（m），缓坡段水平投影长度在变坡点两侧均分。于是符合规范要求的最短变坡段做法总结如下：

11%的坡道，变坡段水平投影长度为 2.4 m，曲率半径为 22 m；

12%的坡道，变坡段水平投影长度为 2.4 m，曲率半径为 20 m；

13%的坡道，变坡段水平投影长度为 2.6 m，曲率半径为 20 m；

14%的坡道，变坡段水平投影长度为 2.7 m，曲率半径为 20 m；

15%的坡道，变坡段水平投影长度为 3.0 m，曲率半径为 20 m。

继续推论可知：

地下车库坡道两端高差 H=室外地坪标高—地下车库地坪标高+0.1（挡水坡高度）

采用曲线缓坡的地下车库坡道总长=H/i+20 × i+3.6（挡水坡长度）

采用直线缓坡的地下车库坡道长度=H/i+7.2（含 3.6 m 挡水坡长度）

15%坡度、曲线缓坡的坡道总长=H/15%+6.6

15%坡度、直线缓坡的坡道总长=H/15%+7.2

这样就可以根据预设条件快速推算所需的坡道长度了。

五、停车位配建指标

建筑物配建停车位指标应遵循差别化停车供给原则，参考值见表 5-30，城市中心区的停车配建指标不应高于城市外围地区；在相同区域内公交服务水平高的地区，配建停车位指标可降低；居住、医院等民生类建筑物配建停车位指标可适度提高。

多种性质混合的建筑物配建停车位规模可小于各单种性质建筑物配建停车位规模总和，不应低于各种性质建筑物需配建停车位总规模的 80%。

规划人口规模大于 50 万人的城市的普通商品房配建机动车停车位指标可采取 1 车位/户，配建非机动车停车位指标可采取 2 车位/户；医院的建筑物配建机动车停车位指标可采取 1.2 车位/100 m² 建筑面积，配建非机动车停车位指标可采取 2 车位/100 m² 建筑面积；办公类建筑物配建机动车停车位指标可采取 0.65 车位/100 m² 建筑面积，配建非机动车停车位指标可采取 2 车位/100 m² 建筑面积；其他类型建筑物配建停车位指标可结合城市特点确定。

表 5-30　建筑物配建停车位指标参考值

建筑物大类	建筑物子类	机动车停车位指标下限值	非机动车停车位指标下限值	单位
居住	别墅	1.20	2.00	车位/户
	普通商品房	1.00	2.00	车位/户
	限价商品房	1.00	2.00	车位/户
	经济适用房	0.80	2.00	车位/户
	公共租赁住房	0.60	2.00	车位/户
	廉租住房	0.30	2.00	车位/户
医院	综合医院	1.20	2.50	车位/100 m² 建筑面积
	其他医院（包括独立门诊、专科医院等）	1.50	3.00	车位/100 m² 建筑面积

续表

建筑物大类	建筑物子类	机动车停车位指标下限值	非机动车停车位指标下限值	单位
学校	幼儿园	1.00	10.00	车位/100 师生
	小学	1.50	20.00	车位/100 师生
	中学	1.50	70.00	车位/100 师生
	中等专业学校	2.00	70.00	车位/100 师生
	高等院校	3.00	70.00	车位/100 师生
办公	行政办公	0.65	2.00	车位/100 m² 建筑面积
	商务办公	0.65	2.00	车位/100 m² 建筑面积
	其他办公	0.50	2.00	车位/100 m² 建筑面积
商业	宾馆、旅馆	0.30	1.00	车位/客房
	餐饮	1.00	4.00	车位/100 m² 建筑面积
	娱乐	1.00	4.00	车位/100 m² 建筑面积
	商场	0.60	5.00	车位/100 m² 建筑面积
	配套商业	0.60	6.00	车位/100 m² 建筑面积
	大型超市、仓储式超市	0.70	6.00	车位/100 m² 建筑面积
	批发市场、综合市场、农贸市场	0.70	5.00	车位/100 m² 建筑面积
文化体育设施	体育场馆	3.00	15.00	车位/100 座位
	展览馆	0.70	1.00	车位/100 m² 建筑面积
	图书馆、博物馆、科技馆	0.60	5.00	车位/100 m² 建筑面积
	会议中心	7.00	10.00	车位/100 座位
	剧院、音乐厅、电影院	7.00	10.00	车位/100 座位
工业和物流仓储	厂房	0.20	2.00	车位/100 m² 建筑面积
	仓库	0.20	2.00	车位/100 m² 建筑面积
交通枢纽	火车站	1.50	—	车位/100 高峰乘客
	港口	3.00	—	车位/100 高峰乘客
	机场	3.00	—	车位/100 高峰乘客
	长途客车站	1.0	—	车位/100 高峰乘客
	公交枢纽	0.50	3.00	车位/100 高峰乘客
游览场所	风景公园	2.00	5.00	车位/公顷占地面积
	主题公园	3.50	6.00	车位/公顷占地面积
	其他游览场所	2.00	5.00	车位/公顷占地面积

注：汽车停车位尺寸与排列，汽车坡道设计，地下车库坡道设计，地下车库坡道设计详图，地下车库坡道工程范例，地下车库工程范例，停车位、停车库及借用楼梯疏散做法见附录图页 7—13(P219—P225)。

V. 楼梯

楼梯是建筑层间沟通的关键部件，是建筑设计中的一个要点和难点。

一、楼梯的分类

楼梯有许多分类方式：

按形式特征分有直跑楼梯、双跑楼梯、三跑楼梯、四跑楼梯、剪刀梯、螺旋楼梯等；

按材料分有木楼梯、钢楼梯、钢筋混凝土楼梯及其他新型材料的楼梯等；

按结构特征分有板式楼梯、梁式楼梯、悬挑楼梯等；

按所处的位置分有室内楼梯、室外楼梯等；

按功能用途分有疏散楼梯、服务楼梯、装饰楼梯等；

按防火疏散性能分有开敞楼梯、开敞楼梯间、封闭楼梯间、防烟楼梯间等。

二、楼梯部件及设计要求

楼梯的梯段、平台、栏杆、踏步、门窗等部件设计应符合规范的相关规定。

1. 梯段宽度

不被楼层或平台中断的连续踏步被称为一个梯段或一跑，其设计应符合下列规定。

■《民用建筑设计统一标准》GB 50352—2019

〖6.8.2〗当一侧有扶手时，梯段净宽应为墙体装饰面至扶手中心线的水平距离；当双侧有扶手时，梯段净宽应为两侧扶手中心线之间的水平距离。当有凸出物时，梯段净宽应从凸出物表面算起。

〖6.8.3〗梯段净宽除应符合现行国家标准《建筑设计防火规范》及国家现行相关专用建筑设计标准的规定外，供日常主要交通用的楼梯的梯段净宽应根据建筑物使用特征，按每股人流宽度为 0.55 m+（0~0.15）m 的人流股数确定，并不应少于两股人流。（0~0.15）m 为人流在行进中人体的摆幅，公共建筑人流众多的场所应取上限值。

注意：楼梯梯段的标注宽度与疏散净宽不同，对于一般的楼梯梯段做法而言，梯段疏散净宽大体应按梯段标注宽度减去 100 mm 进行估算。多层住宅将楼梯栏杆固定在梯井中间时，梯段净宽可以按楼梯内墙标注宽度的一半减去 20 mm（抹灰厚度）来估算。

2. 平台宽度

平台宽度应符合下列规定。

■《民用建筑通用规范》GB 55031—2022

【5.3.5】当梯段改变方向时，楼梯休息平台的最小宽度不应小于梯段净宽，并不应小于 1.20 m；当中间有实体墙时，扶手转向端处的平台净宽不应小于 1.30 m。直跑楼梯的中间平台宽度不应小于 0.90 m。

■《电影院建筑设计规范》JGJ 58—2008；〖6.2.5〗

《剧场建筑设计规范》JGJ 57—2016〖8.2.5〗

电影院、剧场直跑楼梯的中间平台深度不应小于 1.20 m。

由于楼梯栏杆在转弯处会探入平台一定的宽度（一般为踏步宽度的一半），楼梯转弯平台的疏散净宽大体应按平台的标注宽度减去 100~150 mm 进行估算。另外，探入楼梯平台且高度低于 2 m 的框架梁和在平台上设置的护窗栏杆，也会影响楼梯平台的有效疏散净宽，在计算楼梯平台的疏散净宽时应减去这些部件所占据的宽度。

3. 梯段和平台高度

梯段和平台高度应符合以下规定。

■《民用建筑设计统一标准》GB 50352—2019【6.8.6】

楼梯平台上部及下部过道处的净高不应小于 2.0 m，梯段净高不应小于 2.2 m。梯段净高为自踏步前缘（包括每个梯段最低和最高一级踏步前缘线以外 0.3 m 范围内）量至上方突出物下缘间的垂直高度。

注意：梯段净高没有宽度，所以净高要求比平台要高。

4. 每个梯段的踏步数

每个梯段的踏步数应符合以下规定。

■《民用建筑设计统一标准》GB 50352—2019〖6.8.5〗

每个梯段的踏步级数不应少于 3 级，且不应超过 18 级。

注意：踏高数（踏步级数）=踏面数+1，18 个踏高的楼梯，其踏面数是 17。楼梯踏步高度允许大于 166 mm 的建筑，18 级踏步就可以爬升超过 3 m 的楼层了。

5. 踏步宽度和高度

踏步宽度和高度应符合以下规定。

■《民用建筑设计统一标准》GB 50352—2019

〖6.8.10〗楼梯踏步的宽度和高度应符合表 5-31 的规定。

表 5-31 楼梯踏步最小宽度和最大高度及其所对应的坡度和步距

楼梯类别		最小宽度 b（m）	最大高度 h（m）	坡度（°）	步距（m）
住宅楼梯	住宅公共楼梯	0.260	0.175	33.94	0.61
	住宅套内楼梯	0.220	0.200	42.27	0.62
宿舍楼梯	小学宿舍楼梯	0.260	0.150	29.98	0.56
	其他宿舍楼梯	0.270	0.165	31.43	0.60
老年人建筑楼梯	住宅建筑楼梯	0.300	0.150	26.57	0.60
	公共建筑楼梯	0.320	0.130	22.11	0.58
托儿所、幼儿园楼梯		0.260	0.130	26.57	0.52
小学校楼梯		0.260	0.150	29.98	0.56
人员密集且竖向交通繁忙的建筑和大、中学校楼梯		0.280	0.165	30.51	0.61
其他建筑楼梯		0.260	0.175	33.94	0.61
超高层建筑核心筒内楼梯		0.250	0.180	35.75	0.61
检修及内部服务楼梯		0.220	0.200	42.27	0.62

条文说明如下。表 5-31 中人员密集且竖向交通繁忙的建筑主要指电影院、剧场、音乐厅、体育馆、商场、医院、旅馆、交通客运站、博物馆、展览建筑、公共图书馆、游乐园（场）这类建筑场所。

检修及内部服务楼梯是指维修工作人员在对设备进行维护工作时使用的楼梯和公共建筑中辅助用房如耳光室、库房等仅供内部人员使用房间的楼梯，其要求和住宅套内楼梯的要求是一致的。

楼梯踏步高宽比是根据楼梯坡度要求和不同类型人体自然跨步（步距）要求确定的，符合安全和方便舒适的要求。坡度一般控制在 30° 左右。对仅供少数人使用的住宅套内楼梯会放宽要求，但不宜超过 45°。步距是按水平跨步距离公式 $L=2r+g$ 计算的，式中 r 为踏步高度，g 为踏步宽度。成人和儿童、男性和女性、青壮年和老年的步距均有所不同，一般在 560~630 mm 范围内，少年儿童平均在 560 mm 左右，成人平均在 600 mm 左右。

注意：步距公式 $L=2r+g$ 源于人的上楼梯动作。人每迈一步就会跨越一个水平踏面和两个垂直踢面，这个步幅要与人的水平步幅大体相当。当确定了踏步高、宽中的一个时，就可以根据公式求得另一个的合理值。要避免出现一步台阶迈不开，两步台阶迈得吃力的情况。

〖6.8.12〗当同一建筑地上、地下为不同使用功能时，楼梯踏步高度和宽度可分别按表 5-31 规定执行。

■《民用建筑通用规范》GB 55031—2022

【5.3.6】公共楼梯正对（向上、向下）梯段设置的楼梯间门距踏步边缘的距离（见图 5-21）不应小于 0.60 m。

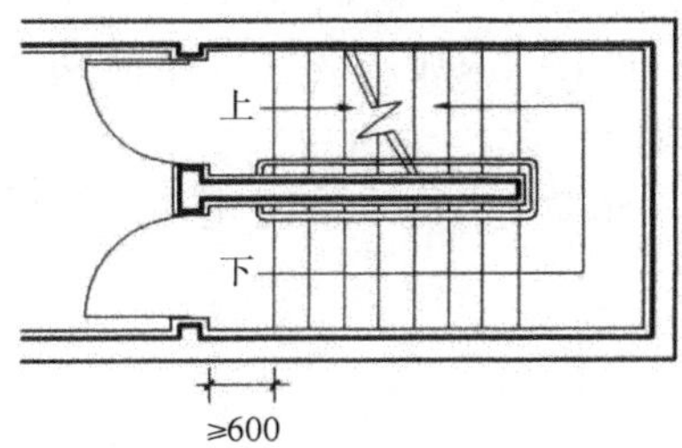

图 5-21　正对梯段设置的楼梯间门距踏步边缘的最小安全距离示意图

【5.3.9】公共楼梯踏步的最小宽度和最大高度应符合表 5-32 的规定。

表 5-32　楼梯踏步最小宽度和最大高度　　单位：m

楼梯类别	最小宽度	最大高度
以楼梯作为主要垂直交通的公共建筑、非住宅类居住建筑的楼梯	0.26	0.165
住宅建筑公共楼梯、以电梯作为主要垂直交通的多层公共建筑和高层建筑裙房的楼梯	0.26	0.175
以电梯作为主要垂直交通的高层和超高层建筑楼梯	0.25	0.180

注：表中公共建筑及非住宅类居住建筑不包括托儿所、幼儿园、中小学及老年人照料设施。

【5.3.10】每个梯段的踏步高度、宽度应一致，相邻梯段踏步高度差不应大于 0.01 m，且踏步面应采取防滑措施。

6. 栏杆扶手

栏杆扶手设计应符合以下规定。

■《民用建筑设计统一标准》GB 50352—2019

〖6.8.7〗楼梯应至少于一侧设扶手，梯段净宽达三股人流时应两侧设扶手，达四股人流时宜加设中间扶手。

〖6.8.8〗室内楼梯扶手高度自踏步前缘线量起不宜小于 0.9 m。楼梯水平栏杆或栏板长度大于 0.5 m 时，其高度不应小于 1.05 m。

注意：室内楼梯临空部位防护栏杆（栏板）做法要求见第 3 篇“栏杆和栏板”一节。

7. 楼梯井

楼梯井设计应符合以下规定。

■《建筑设计防火规范》GB 50016—2014（2018 版）〖6.4.8〗

建筑内的公共疏散楼梯，其两梯段及扶手间的水平净距不宜小于 150 mm。

条文说明如下。这主要是考虑火灾发生时消防员进入建筑后，能利用楼梯间内两梯段及扶手之间的空隙向上吊挂水带，快速展开救援作业，减少水头损失。根据实际操作和平时使用的安全需要，规定公共疏散楼梯梯段之间空隙的宽度不小于 150 mm。对于住宅建筑，也要尽可能满足此要求。

注意：楼梯井对于楼梯而言，可以有，也可以没有。如果梯井净宽小于 150 mm 就失去了吊挂水带的功能价值。

■《民用建筑设计统一标准》GB 50352—2019【6.8.9】

托儿所、幼儿园、中小学校及其他少年儿童专用活动场所，当楼梯井净宽大于 0.2 m 时，必须采取防止少年儿童坠落的措施。

条文说明如下。为了保护少年儿童生命安全，中小学校、幼儿园等少年儿童专用活动场所的楼梯，其梯井净宽大于 0.20 m（少儿胸背厚度），必须采取防止少年儿童坠落措施，防止其在楼梯扶手上做滑梯游戏，产生坠落事故跌落楼梯井底。楼梯栏杆应采用不易攀登的构造和装饰；杆件或装饰的镂空处净距不得大于 0.11 m，楼梯扶手上应加装防止少年儿童溜滑的设施。少年儿童活动频繁的其他公共场所也应参照执行。

■《住宅设计规范》GB 50096—2011【6.3.5】

对于住宅建筑，楼梯井净宽大于 0.11 m 时，必须采取防止儿童攀滑的措施。

8. 楼梯门

楼梯门设计应符合以下规定。

■《建筑设计防火规范》GB 50016—2014（2018 版）【6.4.11】

开向疏散楼梯或疏散楼梯间的门，当其完全开启时，不应减少楼梯平台的有效宽度。

9. 楼梯窗

需要自然通风的楼梯窗要设开启扇；靠机械加压送风防排烟的楼梯间及楼梯间前室，或者不开窗，或者要设固定窗。

三、楼梯的形式分类及设计要求

楼梯形式既体现了表现力，也决定着人们上下楼的具体方式，对建筑的交通组织、空间效果、防火疏散等方面都有重要影响，设计时也要遵循建筑规范的相关规定。

1. 直行楼梯

直行楼梯也称直跑楼梯，指楼层间没有转折的直达楼梯，分直行单跑楼梯和直行多跑楼梯。直行楼梯的进出口位列两端，需要另外的空间用于回转，占用空间大，疏散效率低，多用于公共建筑大厅内的装饰楼梯或住宅的户内楼梯。

2. 折行楼梯

折行和直行是相对的，折行楼梯指楼梯各跑之间有一定转折角度的楼梯，多见的折角是 90°。折行楼梯不是紧凑、高效的楼梯形式，多用于美化和活跃空间，与直行楼梯类似。折行两跑楼梯就是通过两个梯段一次折行到达相邻楼层的楼梯，两梯段形成围拢格局，能活跃空间气氛，下部空间还可以用于储藏或造景，适合设置在大堂、门厅中。折行多跑楼梯形式多样，其作用和价值要根据具体情况进行分析。

3. 平行楼梯

平行楼梯指由平行梯段组成的能连续往复上下的楼梯。平行楼梯由于其高效、简洁、紧凑的特性，是应用最为广泛的一类楼梯形式。平行楼梯有平行双跑楼梯、平行三跑楼梯、平行四跑楼梯等，更多跑的平行楼梯可以认为是上述三种楼梯形式的扩展。平行楼梯还可以分为偶数跑平行楼梯和奇数跑平行楼梯，偶数跑平行楼梯在每层的起点和达点位置相同，奇数跑平行楼梯在每层的起点和达点位置分别位于梯段的两端。

1）平行双跑楼梯

平行双跑楼梯的平面图看起来是对称形式，但其真实状态却不是对称的，从正面看，一侧是楼梯踏步，另一侧是楼梯背面，显得不够庄重。所以，平行双跑楼梯不适合正对建筑入口设置，适合设置在门厅两侧距离较近的地方。平行双跑楼梯适用的层高大体在 2.4~5 m 之间，不适合设置在层高小于 2.4 m 的地方，因为此时楼梯的净高要求不容易满足。当层高大于 5 m 时如果还采用平行双跑楼梯，梯段就会非常长，人上下楼梯就会感到吃力，需要的结构跨度也会增大。

2)平行三跑楼梯

平行三跑楼梯的特点是其起点、达点不断在楼梯两端摆动，这就需要把楼梯出入口设置在同一空间内，其适宜的层高在 3.6~8 m 之间，道理同上。

3)平行四跑楼梯

平行四跑楼梯大体相当于两个叠合的平行双跑楼梯，适用层高在 4.8~10 m 之间，小于 4.8 m 的层高不适合做平行四跑楼梯，道理同上。

4. 分合式楼梯

分合式楼梯指在楼层间存在梯段分合关系的楼梯，或先合后分或先分后合，或对称或不对称，或平行或不平行，做法多样。

1)平行双分楼梯

平行双分楼梯是一种先集中上，后两侧分的平行梯段对称楼梯，有非常好的装饰效果，适合正对出入口设置，具有隆重、端庄、大气的美学特性。

2)平行双合楼梯

平行双合楼梯是一种先两侧分上，后合并集中的平行梯段对称楼梯。特性与平行双分楼梯相近，效果略逊一筹。

3)其他分合式楼梯

分合式楼梯还有许多其他形式，如两侧分中间合，分的梯段与合的梯段垂直，或两侧分一侧合，分合的梯段平行，如此等等，做法多样，出发点无非是功能或形式需要。

5. 螺旋楼梯

螺旋楼梯为扇形踏步围绕中柱或短径空心轴逐级旋转而成的楼梯形式。由于中轴内径小，导致其踏步内侧陡，存在人员发生大角度跌落的危险。所以，螺旋楼梯不能用作疏散楼梯，只能用于小范围少数人使用的功能性楼梯，或仅供平时使用的装饰性楼梯。螺旋楼梯多为钢梯，也有钢筋混凝土螺旋楼梯。

6. 弧形楼梯

弧形楼梯与螺旋楼梯在形式上没有本质区别和清晰界线，弧形楼梯的含义更具包容性，可以认为螺旋楼梯是弧形楼梯的一种，或弧度小的称弧形楼梯，弧度大的称螺旋楼梯，一些任意曲线的楼梯也可归于弧形楼梯。弧形楼梯和螺旋楼梯只有在踏步形式满足一定要求的情况下才能作为疏散楼梯使用。弧形楼梯和螺旋楼梯的设计应符合以下规范的相关规定。

■《建筑设计防火规范》GB 50016—2014(2018 版)〖6.4.7〗

疏散用楼梯和疏散通道上的阶梯不宜采用螺旋楼梯和扇形踏步；确需采用时，踏步上、下两级所形成的平面角度不应大于 10°，且每级离扶手 250 mm 处的踏步深度不应小于 220 mm。

■《民用建筑通用规范》GB 55031—2022【5.3.9】

螺旋楼梯和扇形踏步离内侧扶手中心 0.25 m 处的踏步宽度不应小于 0.22 m。

■《民用建筑设计统一标准》GB 50352—2019〖6.8.10〗

螺旋楼梯和扇形踏步离内侧扶手中心 0.25 m 处的踏步宽度不应小于 0.22 m。

■《住宅设计规范》GB 50096—2011〖5.7.4〗

住宅套内楼梯扇形踏步转角距扶手中心 0.25 m 处，宽度不应小于 0.22 m。

注意：住宅套内楼梯常在平台转折处加设踏步，由此形成的扇形踏步要按规定设计。

■《中小学校设计规范》GB 50099—2011〖8.7.4〗

中小学校教学用房的疏散楼梯不得采用螺旋楼梯和扇形踏步。

■《托儿所、幼儿园建筑设计规范》JGJ 39—2016(2019 年版)〖4.1.11〗

幼儿使用的楼梯不应采用扇形、螺旋形踏步。

■《剧场建筑设计规范》JGJ 57—2016〖8.2.5〗

剧场建筑的疏散楼梯不宜采用螺旋楼梯。当采用扇形梯段时,离踏步窄端扶手水平距离 0.25 m 处的踏步宽度不应小于 0.22 m,离踏步宽端扶手水平距离 0.25 m 处的踏步宽度不应大于 0.50 m。休息平台窄端不应小于 1.20 m。

7. 剪刀楼梯

剪刀楼梯,又称剪刀梯、桥式楼梯、交叉楼梯,指能从两端上下,侧面投影呈交叉关系,水平投影呈平行关系的楼梯,又分过程有平台无平台、中间有隔墙无隔墙、整体开敞或封闭等不同形式。剪刀梯本质上是并在一起且能交叉上下的两部楼梯。开敞的剪刀楼梯不能用作疏散楼梯,中间无隔墙的剪刀楼梯只能算一部楼梯,中间有防火隔墙的剪刀楼梯在规范允许的情况下可以被看作两部疏散楼梯,在规范未予允许的情况下,剪刀楼梯无论做法如何,均应按一部楼梯对待。即便被当作一部楼梯,剪刀楼梯也有它的优点:首先,它能从两端进入,能显著改善特定位置疏散距离偏远的问题;其次,从疏散宽度和疏散能力上看,它相当于在同一个空间里放了两部疏散楼梯。

1)高层公共建筑中的剪刀楼梯

高层公共建筑中的剪刀楼梯应符合以下规定。

■《建筑设计防火规范》GB 50016—2014(2018 版)〖5.5.10〗

高层公共建筑的疏散楼梯,当分散设置确有困难且从任一疏散门至最近疏散楼梯间入口的距离不大于 10 m 时,可采用剪刀楼梯间,但应符合下列规定:

(1)楼梯间应为防烟楼梯间;

(2)梯段之间应设置耐火极限不低于 1.00 h 的防火隔墙;

(3)楼梯间的前室应分别设置。

条文说明如下。本条规定是对于楼层面积比较小的高层公共建筑,在难以按本规范要求间隔 5 m 设置 2 个安全出口时的变通措施。本条规定房间疏散门到安全出口的距离小于 10 m,主要为限制楼层的面积。

注意:即使设置了自动灭火系统,从任一疏散门至最近疏散楼梯间入口的距离也不能大于 10 m。剪刀梯的两个疏散楼梯应在楼层分设前室,在首层则可共用前室直通室外。不符合上述前提的高层公共建筑或一般公共建筑,不能将剪刀楼梯视为两个疏散楼梯。

2)高层住宅建筑中的剪刀楼梯

高层住宅建筑中的剪刀楼梯应符合以下规定。

■《建筑设计防火规范》GB 50016—2014(2018 版)〖5.5.28〗

住宅单元的疏散楼梯,当分散设置确有困难且任一户门至最近疏散楼梯间入口的距离不大于 10 m 时,可采用剪刀楼梯间,但应符合下列规定。

(1)应采用防烟楼梯间。

(2)梯段之间应设置耐火极限不低于 1.00 h 的防火隔墙。

(3)楼梯间的前室不宜共用;共用时,前室的使用面积不应小于 6.0 m^2。

(4)楼梯间的前室或共用前室不宜与消防电梯的前室合用;楼梯间的共用前室与消防电梯的前室合用时,合用前室的使用面积不应小于 12.0 m^2,且短边不应小于 2.4 m。

条文说明如下。剪刀楼梯间的防烟前室,要尽可能分别设置,以提高其防火安全性。当剪刀楼梯间共用前室时,进入剪刀楼梯间前室的入口应该位于不同方位,不能通过同一个入口进入共用前室,入口之间的距离仍应不小于 5 m;在首层的对外出口,要尽量分开设置在不同方向。当首层的公共区无可燃物且首层的户门不直接开向前室时，剪刀梯在首层的对外出口可以共用，但宽度须满足人员疏散的要求。

注意：剪刀楼梯在结构上的安全性较一般楼梯形式低，而且剪刀梯的使用会使疏散人流过度集中，安全风险大，因此在设计时不鼓励采用剪刀楼梯，有的地方规定商业建筑等人员密集场所的疏散楼梯间不应采用剪刀式楼梯。

8. 叠合楼梯

叠合楼梯，又称套梯，指在同一空间内容纳了相互交错套叠却又互不相通的两部或多部独立楼梯的楼梯形式。平行双跑叠合楼梯在剖面图中很像两部剪刀梯上下重叠而成，理论上还有其他不像剪刀梯的叠合形式，但以平行双跑叠合楼梯最为高效、实用。叠合楼梯只能作为一部疏散楼梯使用，适合用在人员密集的商业建筑中，适用层高要在 4.8 m 以上。

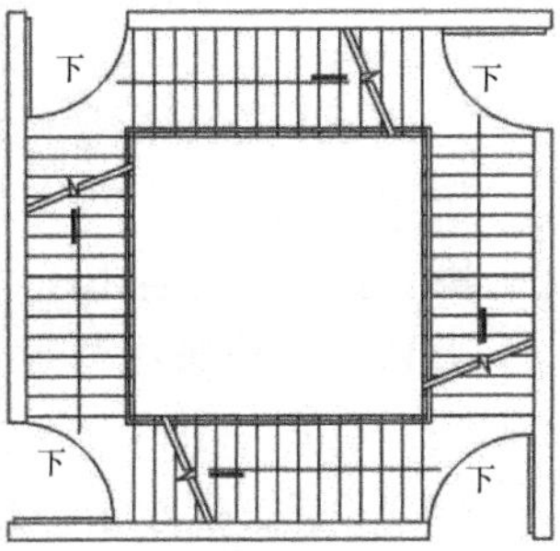

图 5-22　理论上可能的四通道叠合楼梯

四、楼梯的防火性能分类及设计要求

不同类型的楼梯，其防火性能也不同。没有防火能力的楼梯，如开敞楼梯，不能用作疏散楼梯。所谓疏散楼梯，是指具有足够防火能力并能作为竖向疏散通道的室内或室外楼梯。按防火性能分类是楼梯的一种重要分类方式。

1. 开敞楼梯

开敞楼梯，指建筑物内不封闭的楼梯。其形式特征为没有墙体围合，或围合墙体少于三面。开敞楼梯在火灾发生时完全不能阻隔烟、火，无法为疏散人员提供必要的安全防护，平时可以使用，但不能作为安全出口和疏散楼梯使用。不仅如此，还应将开敞楼梯视为楼层连通的开口，它所连通的楼层应归为同一个防火分区。在同一防火分区内设置的开敞楼梯，往往有非常好的装饰效果和景观作用，对丰富建筑空间，解决平时的楼层交通问题具有一定的价值。

2. 开敞楼梯间

开敞楼梯间指三面是墙，一面是走道的楼梯间。只要防火规范允许采用开敞楼梯间，它就能作为疏散楼梯使用，可不被视为上下层连通的开口。因为允许设置开敞楼梯间的建筑一般层数较少，火灾危险性低，疏散相对容易，规范对火灾在开敞楼梯间蔓延的情况已有所考虑。办公楼、教学楼、幼儿园、集体宿舍等火灾危险性较小的场所，允许其建筑层数小于等于 5 层时采用开敞楼梯间。

3. 封闭楼梯间

封闭楼梯间，指在入口处设置门，以防止火灾的烟和热气进入的楼梯间。

1)封闭楼梯间的设计要求

封闭楼梯间的设计应符合以下规定。

■《建筑设计防火规范》GB 50016—2014(2018 版)【 6.4.2 】

封闭楼梯间除应符合疏散楼梯间的一般规定外，尚应符合下列规定。

(1)不能自然通风或自然通风不能满足要求时，应设置机械加压送风系统或采用防烟楼梯间。

注意：除非必要，封闭楼梯间应靠外墙设置，自然通风采光。

(2)除楼梯间的出入口和外窗外，楼梯间的墙上不应开设其他门、窗、洞口。

条文说明如下。垃圾道、管道井等的检查门，也不能直接开向楼梯间内。

(3)高层建筑，人员密集的公共建筑，人员密集的多层丙类厂房，甲、乙类厂房，其封闭楼梯间的门应采用乙级防火门，并应向疏散方向开启；其他建筑，可采用双向弹簧门。

条文说明如下。对于有人员经常出入的楼梯间门，要尽量采用常开防火门。

（4）楼梯间的首层可将走道和门厅等包括在楼梯间内形成扩大的封闭楼梯间，但应采用乙级防火门等与其他走道和房间分隔。

注意：由于首层的扩大封闭楼梯间已经将走道、门厅或它们的一部分包含在内，实际上是将楼梯间的封闭范围扩大了，所以封闭楼梯间自身在首层可以不再设门。

2）需设置封闭楼梯间的条件

设置封闭楼梯间的条件应符合以下规定。

■《建筑防火通用规范》GB 55037—2022【7.4.5】

下列公共建筑中与敞开式外廊不直接连通的室内疏散楼梯均应为封闭楼梯间：

（1）建筑高度不大于 32 m 的二类高层公共建筑；

（2）多层医疗建筑、旅馆建筑、老年人照料设施及类似使用功能的建筑；

（3）设置歌舞娱乐放映游艺场所的多层建筑；

（4）多层商店建筑、图书馆、展览建筑、会议中心及类似使用功能的建筑；

（5）6 层及 6 层以上的其他多层公共建筑。

3）高层建筑设置封闭楼梯间的条件

高层建筑设置封闭楼梯间的条件应符合以下规定。

■《建筑设计防火规范》GB 50016—2014（2018 版）【5.5.12】

裙房和建筑高度不大于 32 m 的二类高层公共建筑，其疏散楼梯应采用封闭楼梯间。当裙房与高层建筑主体之间设置防火墙时，裙房的疏散楼梯可按防火规范有关单、多层建筑的要求确定。

4）封闭楼梯间的通风要求

封闭楼梯间的通风要求应符合以下规定。

■《建筑防烟排烟系统技术标准》GB 51251—2017〖3.1.6〗

封闭楼梯间应采用自然通风系统，不能满足自然通风条件的封闭楼梯间，应设置机械加压送风系统。当地下、半地下建筑（室）的封闭楼梯间不与地上楼梯间共用且地下仅为一层时，可不设置机械加压送风系统，但首层应设置有效面积不小于 1.2 m^2 的可开启外窗或直通室外的疏散门。

4. 防烟楼梯间

防烟楼梯间，指在楼梯间入口处设置防烟的前室、开敞式阳台或凹廊（统称前室）等设施，且通向前室和楼梯间的门均为防火门，以防止火灾的烟和热气进入的楼梯间。防烟楼梯间比封闭楼梯间防火性能等级更高，能够满足高层建筑和大埋深地下室的防火疏散需要。防烟楼梯间通过提供良好的自然通风排烟条件或提供内部空气正压，具有更好的安全可靠性，其防烟前室减小了因疏散迟滞带来的火灾威胁，给无法自然通风采光的疏散楼梯提供了解决方案。

1）防烟楼梯间的前室类型

防烟楼梯间前室有三种类型：独立前室，指只与一部疏散楼梯相连的前室；共用前室，指（居住建筑）剪刀楼梯间的两个楼梯间共用同一前室；合用前室，指防烟楼梯间前室与消防电梯前室合用的前室。

2）防烟楼梯间的设置要求

防烟楼梯间的设置应符合以下规定。

■《建筑设计防火规范》GB 50016—2014（2018 版）〖6.4.3〗

防烟楼梯间除应符合疏散楼梯间的一般规定外，尚应符合下列规定：

（1）应设置防烟设施。

（2）前室可与消防电梯间前室合用。

条文说明如下。防烟楼梯间是具有防烟前室等防烟设施的楼梯间。前室应具有可靠的防烟性能，使防烟楼梯间具有比封闭楼梯间更好的防烟、防火能力，防火可靠性更高。前室不仅起防烟作用，而且可作为疏散人群进入楼梯间的缓冲空间，同时也可以供灭火救援人员进行进攻前的整装和灭火准备工作。设计要注意使前室的大小与楼层中疏散进入楼梯间的人数相适应。规范中规定的前室或合用前室的面积，为可供人员使用的净面积。前室，包括开敞式的阳台、凹廊等类似空间。当采用开敞式阳台或凹廊等防烟空间作为前室时，阳台或凹廊等的使用面积也要满足前室的有关要求。防烟楼梯间在首层直通室外时，其首层可不设置前室。

（3）前室的使用面积：公共建筑、高层厂房（仓库），不应小于 6.0 m^2；住宅建筑，不应小于 4.5 m^2。与消防电梯间前室合用时，合用前室的使用面积：公共建筑、高层厂房（仓库）不应小于 10.0 m^2；住宅建筑不应小于 6.0 m^2。

（4）疏散走道通向前室以及前室通向楼梯间的门应采用乙级防火门。

注意：高于 250 m 的建筑，进人防烟楼梯间前室及楼梯间的门应采用甲级防火门，酒店客房的门应采用乙级防火门，电缆井和管道井等竖井井壁上的检查门应采用甲级防火门。

（5）除住宅建筑的楼梯间前室外，防烟楼梯间和前室内的墙上不应开设除疏散门和送风口外的其他门、窗、洞口。

条文说明如下。对于住宅建筑，由于平面布置难以将电缆井和管道井的检查门开设在其他位置时，可以设置在前室或合用前室内，但检查门应采用丙级防火门。其他建筑的防烟楼梯间的前室或合用前室内，不允许开设除疏散门以外的其他开口和管道井的检查门。

（6）楼梯间的首层可将走道和门厅等包括在楼梯间前室内形成扩大的前室，但应采用乙级防火门等与其他走道和房间分隔。

3）需设置防烟楼梯间的条件

设置防烟楼梯间的条件应符合以下规定。

■《建筑设计防火规范》GB 50016—2014（2018 版）

【5.5.12】一类高层公共建筑和建筑高度大于 32 m 的二类高层公共建筑，其疏散楼梯应采用防烟楼梯间。

【6.4.4】室内地面与室外出入口地坪高差大于 10 m 或 3 层及以上的地下、半地下建筑（室），其疏散楼梯应采用防烟楼梯间。

5. 室外楼梯

室外楼梯设计应符合以下规定。

■《建筑设计防火规范》GB 50016—2014（2018 版）【6.4.5】

室外疏散楼梯应符合下列规定。

（1）栏杆扶手的高度不应小于 1.10 m，楼梯的净宽度不应小于 0.90 m。

（2）倾斜角度不应大于 45°。

（3）梯段和平台均应采用不燃材料制作。平台的耐火极限不应低于 1.00 h，梯段的耐火极限不应低于 0.25 h。

注意：钢材的耐火极限为 0.25 h，即室外钢梯不用做防火保护。

（4）通向室外楼梯的门应采用乙级防火门，并应向外开启。

（5）除疏散门外，楼梯周围 2 m 内的墙面上不应设置门、窗、洞口。疏散门不应正对梯段。

条文说明如下。本条规定主要为防止因楼梯倾斜度过大、楼梯过窄或栏杆扶手过低导致不安全，同时防止火焰从门内窜出而将楼梯烧坏，影响人员疏散。室外楼梯可作为防烟楼梯间或封闭楼梯间使用，但主要还是用于人员的应急逃生和消防员直接从室外进入建筑物，到达着火层进行灭火救援。对于某些建筑，由于楼层使用面积紧张，也可采用室外疏散楼梯进行疏散。

6. 要点提示

封闭楼梯间或防烟楼梯间在首层通过扩大的封闭楼梯间或扩大的防烟楼梯间前室到室外时，封闭楼梯间和防烟楼梯间的门至建筑外门的直线距离，无论是否设置自动灭火系统，均不宜大于 15 m，极端情况下不应超过 30 m。防火规范对这个距离要求没做明确规定，如地方标准有确切规定，应按地方标准要求执行。

五、楼梯间防烟

楼梯间防烟是保障疏散安全的重要技术措施。无论采用自然通风系统防烟，还是采用机械加压送风系统防烟，都需要建筑设计的配合，并符合规范的相关规定。

1. 相关概念

◣防烟系统：通过采用自然通风方式，防止火灾烟气在楼梯间、前室、避难层（间）等空间内积聚，或通过采用机械加压送风方式阻止火灾烟气侵入楼梯间、前室、避难层（间）等空间的系统，分为自然通风系统和机械加压送风系统。

◣排烟系统：采用自然排烟或机械排烟的方式，将房间、走道等空间的火灾烟气排至建筑物外的系统，分为自然排烟系统和机械排烟系统。

◣直灌式机械加压送风：无送风井道，采用风机直接对楼梯间进行机械加压的送风方式。

◣自然排烟：利用火灾热烟气流的浮力和外部风压作用，通过建筑开口将建筑内的烟气直接排至室外的排烟方式。

◣挡烟垂壁：用不燃材料制成，垂直安装在建筑顶棚、梁或吊顶下，能在火灾发生时形成一定的蓄烟空间的挡烟分隔设施。

◣固定窗：设置在设有机械防烟排烟系统的场所中，窗扇固定、平时不可开启，仅在火灾发生时便于人工破拆以排出火场中的烟和热的外窗。

2. 楼梯间防烟系统设计的一般规定

1）50 m 以上公共建筑和 100 m 以上住宅

50 m 以上公共建筑和 100 m 以上住宅的楼梯间防烟系统设计应符合以下规定。

■《建筑防烟排烟系统技术标准》GB 51251—2017【3.1.2】

建筑高度大于 50 m 的公共建筑、工业建筑和建筑高度大于 100 m 的住宅建筑，其防烟楼梯间、独立前室、共用前室、合用前室及消防电梯前室应采用机械加压送风系统。

条文说明如下。对于高度较高的建筑，其自然通风效果受建筑本身的密闭性以及自然环境中风向、风压的影响较大，难以保证防烟效果，所以需要采用机械加压来保证防烟效果。

2）50 m 及以下公共建筑和 100 m 及以下住宅

50 m 及以下公共建筑和 100 m 及以下住宅的楼梯间防烟系统设计应符合以下规定。

■《建筑防烟排烟系统技术标准》GB 51251—2017〖3.1.3〗

建筑高度小于或等于 50 m 的公共建筑、工业建筑和建筑高度小于或等于 100 m 的住宅建筑，其防烟楼梯间、独立前室、共用前室、合用前室（除共用前室与消防电梯前室合用外）及消防电梯前室应采用自然通风系统；当不能设置自然通风系统时，应采用机械加压送风系统。防烟系统的选择，尚应符合下列规定。

（1）当独立前室或合用前室满足下列条件之一时，楼梯间可不设置防烟系统：

①采用全敞开的阳台或凹廊；

②设有两个及以上不同朝向的可开启外窗，且独立前室两个外窗面积分别不小于 2.0 m²，合用前室两个外窗面积分别不小于 3.0 m²。

（2）当独立前室、共用前室及合用前室的机械加压送风口设置在前室的顶部或正对前室入口的墙面时，楼梯间可采用自然通风系统；当机械加压送风口未设置在前室的顶部或正对前室入口的墙面时，楼梯间应采用机械加压送风系统。

条文说明如下。将前室的机械加压送风口设置在前室的顶部，其目的是形成有效阻隔烟气的风幕；而将送风口设在正对前室入口的墙面上，是为了形成正面阻挡烟气侵入前室的效果。当前室的加压送风口的设置不符合上述规定时，其楼梯间就必须设置机械加压送风系统。

（3）当防烟楼梯间在裙房高度以上部分采用自然通风时，不具备自然通风条件的裙房的独立前室、共用前室及合用前室应采用机械加压送风系统，且独立前室、共用前室及合用前室送风口的设置方式应符合上款规定。

条文说明如下。对于建筑高度小于或等于 50 m 的公共建筑、工业建筑和建筑高度小于或等于 100 m 的住宅建筑，由于这些建筑受风压作用影响较小，且一般不设火灾自动报警系统，利用建筑本身的采光通风也可基本起到防止烟气进一步进入安全区域的作用，因此建议防烟楼梯间、前室均采用自然通风方式的防烟系统，简便易行。当楼梯间、前室不能采用自然通风方式时，应根据各自的通风条件，选符合标准的相应的机械加压送风方式。考虑到安全性，共用前室与消防电梯前室合用时宜采用机械加压送风方式的防烟系统。

3）地下部分

地下部分的楼梯间防烟系统设计应符合以下规定。

■《建筑防烟排烟系统技术标准》GB 51251—2017〖3.1.4〗

建筑地下部分的防烟楼梯间前室及消防电梯前室，当无自然通风条件或自然通风不符合要求时，应采用机械加压送风系统。

3. 自然通风防烟做法的相关规定

自然通风防烟做法应符合以下规定。

■《建筑防烟排烟系统技术标准》GB 51251—2017

【3.2.1】采用自然通风方式的封闭楼梯间、防烟楼梯间，应在最高部位设置面积不小于 1.0 m^2 的可开启外窗或开口；当建筑高度大于 10 m 时，尚应在楼梯间的外墙上每 5 层内设置总面积不小于 2.0 m^2 的可开启外窗或开口，且布置间隔不大于 3 层。

【3.2.2】前室采用自然通风方式时，独立前室、消防电梯前室可开启外窗或开口的面积不应小于 2.0 m^2，共用前室、合用前室不应小于 3.0 m^2。

4. 楼梯间机械加压送风及防烟系统设置要求

1）一般规定

楼梯间机械加压送风及防烟系统设置应符合以下规定。

■《建筑防烟排烟系统技术标准》GB 51251—2017

〖3.1.5〗防烟楼梯间及其前室的机械加压送风系统的设置应符合下列规定。

（1）建筑高度小于或等于 50 m 的公共建筑、工业建筑和建筑高度小于或等于 100 m 的住宅建筑，当采用独立前室且其仅有一个门与走道或房间相通时，可仅在楼梯间设置机械加压送风系统；当独立前室有多个门时，楼梯间、独立前室应分别独立设置机械加压送风系统。

【2】当采用合用前室时，楼梯间、合用前室应分别独立设置机械加压送风系统。

【3】当采用剪刀楼梯时，其两个楼梯间及其前室的机械加压送风系统应分别独立设置。

【3.3.1】建筑高度大于 100 m 的建筑，其机械加压送风系统应竖向分段独立设置，且每段高度不应超过 100 m。

2）送风井道

送风井道的设置应符合以下规定。

■《建筑防烟排烟系统技术标准》GB 51251—2017

〖3.3.2〗除规范另有规定外，采用机械加压送风系统的防烟楼梯间及其前室应分别设置送风井（管）道，送风口（阀）和送风机。

〖3.3.3〗建筑高度小于或等于 50 m 的建筑，当楼梯间设置加压送风井（管）道确有困难时，楼梯间可采用直灌式加压送风系统。

条文说明如下。直灌式加压送风通常直接将送风机设置在楼梯间的顶部，也有设置在楼梯间附近的设备平台上或其他楼层，送风口直对楼梯间，由于楼梯间通往安全区域的疏散门（包括首层、避难层、屋顶通往安全区域的疏散门）开启的概率最大，加压送风口应远离这些楼层，避免大量的送风从这些楼层的门洞泄漏，导致楼梯间的压力分布均匀性差。

3）送风口

送风口的设置应符合以下规定。

■《建筑防烟排烟系统技术标准》GB 51251—2017

〖3.1.7〗设置机械加压送风系统的场所，楼梯间应设置常开风口，前室应设置常闭风口。

注意：常开风口一般为固定百叶或自垂百叶制成的不受控风口，用于楼梯间；常闭风口为平时关闭需要时受控开启的送风口，用于前室。

〖3.3.6〗加压送风口的设置应符合下列规定：

（1）除直灌式加压送风方式外，楼梯间宜每隔 2~3 层设一个常开式百叶送风口；

（2）前室应每层设一个常闭式加压送风口，并应设手动开启装置；

（3）送风口的风速不宜大于 7 m/s；

（4）送风口不宜设置在被门挡住的部位。

条文说明如下。楼梯间采用每隔 2~3 层设置一个加压送风口的目的是保持楼梯间全高度内的均衡一致，其最有效的手段就是多点送风。加压送风口的位置如果设在前室进出口的背后，火灾发生时，疏散的人群会将门推开，推开的门扇会将前室的送风口挡住，影响正常送风，就会降低前室的防烟效果。

【5.1.3】当防火分区内火灾确认后，（机械加压送风系统）应能在 15 s 内联动开启常闭加压送风口和加压送风机，并应符合下列规定：

（1）应开启该防火分区楼梯间的全部加压送风机；

（2）应开启该防火分区内着火层及其相邻上下层前室及合用前室的常闭送风口，同时开启加压送风机。

4）建筑设计要求

■《建筑防烟排烟系统技术标准》GB 51251—2017

〖3.3.10〗采用机械加压送风的场所不应设置百叶窗，且不宜设置可开启外窗。

注意：凡采用机械加压送风系统的楼梯及前室，要求不开窗或不设开启扇，以使楼梯或前室能够保持正压，正压才能阻止烟气进入，透风漏气就无法形成正压。

【3.3.11】设置机械加压送风系统的封闭楼梯间、防烟楼梯间，尚应在其顶部设置不小于 1 m^2 的固定窗。靠外墙的防烟楼梯间，尚应在其外墙上每 5 层内设置总面积不小于 2 m^2 的固定窗。

条文说明如下。在楼梯间的顶部设置可破拆的固定窗目的是及时排出火灾烟气及热量。

注意：紧急情况下可以砸开窗户玻璃进行自然通风。

六、楼梯的设置要求和布置原则

1. 楼梯设置的一般规定

楼梯设置应符合以下规定。

■《建筑设计防火规范》GB 50016—2014（2018 版）

〖5.5.3〗建筑的楼梯间宜通至屋面，通向屋面的门或窗应向外开启。

条文说明如下。将建筑的疏散楼梯通至屋顶，可使人员多一条疏散路径，有利于人员及时避难和逃生。因此，有条件时，如屋面为平屋面或具有连通相邻两楼梯间的屋面通道，均要尽量将楼梯间通至屋面。楼梯间通屋面的门要易于开启，同时门也要向外开启，以利于人员的安全疏散。特别是住宅建筑，当只有一部疏散楼梯时，如楼梯间未通至屋面，人员在火灾发生时一般就只有竖向一个方向的疏散路径，这会对人员的疏散安全造成较大危害。

【5.5.17】楼梯间应在首层直通室外，确有困难时，可在首层采用扩大的封闭楼梯间或防烟楼梯间前室。当层数不超过 4 层且未采用扩大的封闭楼梯间或防烟楼梯间前室时，可将直通室外的门设置在离楼梯间不大于 15 m 处。

【5.5.26】建筑高度大于 27 m，但不大于 54 m 的住宅建筑，每个单元设置一座疏散楼梯时，疏散楼梯应通至屋面，且单元之间的疏散楼梯应能通过屋面连通，户门应采用乙级防火门。当不能通至屋面或不能通过屋面连通时，应设置 2 个安全出口。

〖6.4.1〗疏散楼梯间应符合下列规定。

（1）楼梯间应能天然采光和自然通风，并宜靠外墙设置。靠外墙设置时，楼梯间、前室及合用前室外墙上的窗口与两侧门、窗、洞口最近边缘的水平距离不应小于 1.0 m。

条文说明如下。无论楼梯间与门窗洞口是处于同一立面位置还是处于转角处等不同立面位置，该距离都是外墙上的开口与楼梯间开口之间的最近距离，含折线距离。

（2）楼梯间内不应设置烧水间、可燃材料储藏室、垃圾道。

（3）楼梯间内不应有影响疏散的凸出物或其他障碍物。

注意：考虑梯段和平台疏散净宽时，应减去确实影响疏散的梁、柱等突出部件的宽度。

（4）封闭楼梯间、防烟楼梯间及其前室不应设置卷帘。

（5）楼梯间内不应设置甲、乙、丙类液体管道。

（6）封闭楼梯间、防烟楼梯间及其前室内禁止穿过或设置可燃气体管道。开敞楼梯间内不应设置可燃气体管道，当住宅建筑的开敞楼梯间内确需设置可燃气体管道和可燃气体计量表时，应采用金属管和设置切断气源的阀门。

■《建筑防火通用规范》GB 55037—2022【7.1.8】

疏散楼梯间及其前室上的开口与建筑外墙上的其他相邻开口最近边缘之间的水平距离不应小于 1.0 m。当距离不符合要求时，应采取防止火势通过相邻开口蔓延的措施。

注意：对于防烟楼梯间来说，楼梯间与前室或合用前室的外窗开口之间的距离不限。

■《商店建筑设计规范》JGJ 48—2014〖5.2.5〗

大型商店的营业厅设置在五层及以上时，应设置不少于 2 个直通屋顶平台的疏散楼梯间。屋顶平台上无障碍物的避难面积不宜小于最大营业层建筑面积的 50%。

2. 共用疏散楼梯的设计要求

一般情况下，每个防火分区都应设有独立的疏散楼梯，不同防火分区原则上不应共用同一座疏散楼梯间，因为那样会削弱防火分区间防火分隔的有效性和可靠性，降低楼梯间的安全性，也容易造成疏散集中和拥堵。当两个防火分区因需要在结合部共用疏散楼梯间时，建筑的耐火等级不应低于二级，共用的楼梯间要设置为防烟楼梯间，两侧防火分区要通过各自独立的前室连通至共用的疏散楼梯间，前室和楼梯间的疏散门均应采用甲级防火门，共用疏散楼梯间的防火分区不应超过 2 个，每个防火分区至少应有一部独立的疏散楼梯，借用安全出口的净宽与共用疏散楼梯间的净宽之和不应大于防火分区所需总净宽的 30%。共用楼梯间问题和安全出口借用问题存在着相似的逻辑，可以对照学习和把握。

3. 楼梯的布置原则

1)楼梯在各层的平面位置不应改变

根据防火规范的规定,除通向避难层错位的疏散楼梯外,建筑内的疏散楼梯间在各层的平面位置不应改变。

2)楼梯尽量不占用朝向好的位置

楼梯应尽量不占用朝向好的位置,把朝向好的位置让给人员长期停留的生活或工作空间。

3)楼梯应邻近首层出入口设置

楼梯应设置在平面上紧邻出入口处,既方便寻找,也便于下到首层后尽快疏散到室外。另外,规范或要求楼梯间应在首层直通室外,或对楼梯到首层对外出口的距离作出严格规定,如果楼梯离出入口过远,就不容易满足规范要求,也不容易找到合理的解决办法。

4)楼梯应靠外墙设置

楼梯靠外墙设置能方便其获得自然通风采光,利于楼梯间防排烟和疏散安全。如果楼梯不靠外墙设置,就无法自然通风采光,要增加机械加压送风设备,提高楼梯的防火性能等级。所以,只要能够通过调整方案实现楼梯的自然通风采光,就不要随意采取调高楼梯间防火性能等级的做法。

5)楼梯要有主次之分

当需要设置多部楼梯时,楼梯要区分主次。靠近建筑主入口的楼梯,应设置为主楼梯,主楼梯疏散宽度要偏大,应与人流流量相匹配。人流分布不均而楼梯大小一样是不合理的做法。

6)楼梯分布要均匀

楼梯分布要均匀,避免出现极端的疏散距离。由于多层建筑的疏散距离限制要求比较宽松,因而不能以能够满足规范要求为由忽视楼梯的布置均匀问题。

注:楼梯的设计与表达、楼梯形式 1、楼梯形式 2、楼梯形式 3、楼梯形式 4、楼梯的疏散宽度认知、栏杆设在梯井的住宅楼梯、住宅户内楼梯平台区设置踏步做法、封闭楼梯间示例、封闭楼梯间首层直通室外做法、防烟楼梯间示例、防烟楼梯间首层做法 1、防烟楼梯间首层做法 2、防烟楼梯间首层做法 3、防烟楼梯间首层做法 4 见附录图页 14—28(P226—P240)。

Ⅵ. 电梯

一、相关概念

◣消防员电梯:设置在建筑的耐火封闭结构内,具有前室和备用电源,在正常情况下供普通乘客使用,当建筑发生火灾时其附加的保护、控制和信号等功能可专供消防员使用的电梯,能将消防员及其设备运送至指定楼层。消防员电梯即消防电梯,是有消防救援功能的电梯。

◣消防员电梯开关:在井道外面,设置在消防员入口层的开关。火灾发生时,用于消防员控制消防员电梯运行。

◣消防员入口层:建筑物中,预定用于让消防员进入消防员电梯的入口层。消防员入口层即设置消防员电梯开关的楼层,一般为首层。

◣火灾应急返回:操纵消防开关或接受相应信号后,电梯将直驶回到设定楼层,进入停梯状态。

◣观光电梯:井道和轿厢壁至少有同一侧透明,乘客可观看轿厢外景物的电梯。

◣无机房电梯:机器空间(如放置控制柜和驱动系统、驱动主机、主开关和紧急操作装置等的空间)位于井道内或层站上的电梯。

◣液压电梯：依靠液压驱动的电梯。

◣底坑：底层端站地面以下的井道部分。

◣提升高度：从底层端站地坎上表面至顶层端站地坎上表面之间的垂直距离。

◣轿厢宽度：平行于前侧入口测量的轿厢内壁之间的水平距离。

◣轿厢深度：垂直于前侧入口测量的轿厢内壁之间的水平距离。

二、电梯分类

1. 按用途分

Ⅰ类：为运送乘客而设计的电梯。

Ⅱ类：主要运送乘客，同时也可运送货物的电梯，即通常说的客货两用梯。

Ⅲ类：为运送病床（包括病人）及医疗设备而设计的电梯。

Ⅳ类：主要为运输通常由人伴随的货物而设计的电梯，即通常说的货梯。

Ⅴ类：杂物电梯。

Ⅵ类：为适应大交通流量和频繁使用而特别设计的电梯。

注意：Ⅱ类电梯与Ⅰ、Ⅲ和Ⅳ类电梯的本质区别在于轿厢内的装饰和轿底的强度等。

2. 按消防功能分

普通电梯：一般的客、货电梯。

消防电梯：在消防扑救时由消防人员控制使用的电梯。

3. 按驱动方式分

按驱动方式分为电力驱动的电梯和液压驱动的电梯。

三、电梯参数

1. 电梯的优选参数

轿厢的尺寸与载重量有关，电梯的载重量主要是按接近优先数系 *R*10 选取的，公比是 1.258 9。底坑、顶层、机房的尺寸确定与电梯速度（不超过 2.5 m/s）有关，电梯的速度值主要是按优先数系 *R*5 选取的，公比是 1.584 9。

1）电梯的载重量

电梯的载重量应符合以下规定。

■《电梯主参数及轿厢、井道、机房的型式与尺寸　第 1 部分：Ⅰ、Ⅱ、Ⅲ、Ⅵ类电梯》GB/T 7025.1—2023〖4.2〗电梯的额定载重量为（kg）：320，400，450，600/630，750/800/825，900，1 000/1 050，1 150，1 275，1 350，1 600，1 800，2 000，2 500。部分参数不是优先数，但是常用参数。

■《办公建筑设计标准》JGJ/T 67—2019〖4.1.5〗

办公建筑电梯的载重量不宜小于 1 250 kg/台。

2）电梯的速度

电梯的速度应符合以下规定。

■《电梯主参数及轿厢、井道、机房的型式与尺寸　第 1 部分：Ⅰ、Ⅱ、Ⅲ、Ⅵ类电梯》GB/T 7025.1—2023

〚4.3〛电梯的额定速度为(m/s):0.40,0.50,0.63,0.75,1.00,1.50,1.60,1.75,2.00,2.50,3.00,3.50,4.00,5.00,6.00。部分参数不是优先数,但是常用参数。速度0.50~6.00 m/s适用于电力驱动电梯。速度0.40~1.00 m/s适用于液压电梯。

〚5.1.2〛一般用途的电梯主要适用于15层及以下的建筑,速度一般在2.5 m/s及以下。

〚5.1.5〛频繁使用的电梯主要用于高层建筑(通常为15层以上的建筑),电梯额定速度至少为2.5 m/s。确定电梯的载重量、速度和数量都宜充分考虑交通流量的问题。

■《办公建筑设计标准》JGJ/T 67—2019〚4.1.5〛

多层办公建筑电梯速度建议采用1.60 m/s以上,大型高层或超高层办公建筑应采用2.5 m/s以上电梯。

2. 杂物电梯参数

杂物电梯参数应符合以下规定。

■《电梯主参数及轿厢、井道、机房的型式与尺寸　第3部分》GB/T 7025.3—1997

〚3.1〛V类杂物电梯额定载重量(kg):40,100,250。

〚3.2〛V类杂物电梯额定速度(m/s):0.25,0.40。

3. 层站最小距离

层站最小距离应符合以下规定。

■《电梯主参数及轿厢、井道、机房的型式与尺寸　第1部分:Ⅰ、Ⅱ、Ⅲ、Ⅵ类电梯》GB/T 7025.1—2023

〚5.2.4〛两个连续层站间的最小距离为:层门高度为2 000 mm时为2 450 mm;层门高度为2 100 mm时为2 550 mm。

四、普通电梯设置要求

1. 电梯设置的一般规定

电梯设置应符合以下规定。

■《民用建筑设计统一标准》GB 50352—2019〚6.9.1〛

电梯设置应符合下列规定:

(1)电梯不应作为安全出口;

(2)电梯台数和规格应经计算后确定并满足建筑的使用特点和要求;

(3)高层公共建筑和高层宿舍建筑的电梯台数不宜少于2台,12层及12层以上的住宅建筑的电梯台数不应少于2台,并应符合现行国家标准《住宅设计规范》的规定;

(4)电梯的设置,单侧排列时不宜超过4台,双侧排列时不宜超过2排×4台;

(5)高层建筑电梯分区服务时,每服务区的电梯单侧排列时不宜超过4台,双侧排列时不宜超过2排×4台;

(6)当建筑设有电梯目的地选层控制系统时,电梯单侧排列或双侧排列的数量可超出上述第4款、第5款的规定合理设置;

(7)电梯候梯厅深度应符合表5-33的规定;

表 5-33　候梯厅深度

电梯类别	布置方式	候梯厅深度
住宅电梯	单台	≥B，且≥1.5 m
	多台单侧排列	≥B_{max}，且≥1.8 m
	多台双侧排列	≥相对电梯 B_{max} 之和，且<3.5 m
公共建筑楼梯	单台	≥1.5B，且≥1.8 m
	多台单侧排列	≥1.5B_{max}，且≥2.0 m；当电梯群为 4 台时应≥2.4 m
	多台双侧排列	≥相对电梯 B_{max} 之和，且<4.5 m
病床电梯	单台	≥1.5B
	多台单侧排列	≥1.5B_{max}
	多台双侧排列	≥相对电梯 B_{max} 之和

注：B 为轿厢深度，B_{max} 为电梯群中最大轿厢深度。

（8）电梯不应在转角处贴邻布置，且电梯井不宜被楼梯环绕设置；

（9）电梯井道和机房不宜与有安静要求的用房贴邻布置，否则应采取隔振、隔声措施；

（10）电梯机房应有隔热、通风、防尘等措施，宜有自然采光，不得将机房顶板作水箱底板及在机房内直接穿越水管或蒸汽管；

（11）消防电梯的布置应符合现行国家标准《建筑设计防火规范》的有关规定；

（12）专为老年人及残疾人使用的建筑，其乘客电梯应设置监控系统，梯门宜装可视窗，并应符合现行国家标准《无障碍设计规范》的有关规定。

■《建筑设计防火规范》GB 50016—2014（2018 版）〖6.2.9〗

电梯层门的耐火极限不应低于 1.00 h，并应符合现行国家标准《电梯层门耐火试验　完整性、隔热性和热通量测定法》规定的完整性和隔热性要求。

注意：电梯附近宜设有楼梯，以方便顾客找到楼梯，并在不乘坐电梯时就近上下楼。

2. 电梯厅

电梯厅设置应符合以下规定。

■《建筑设计防火规范》GB 50016—2014（2018 版）〖5.5.14〗

公共建筑内的客、货电梯宜设置电梯候梯厅，不宜直接设置在营业厅、展览厅、多功能厅等场所内。

条文说明如下。建筑内的客、货电梯一般不具备防烟、防火、防水性能，电梯井在火灾发生时可能会成为加速火势蔓延扩大的通道，而营业厅、展览厅、多功能厅等场所是人员密集、可燃物质较多的空间，火势蔓延、烟气填充速度较快。因此，应尽量避免将电梯井直接设置在这些空间内，要尽量设置电梯间或设置在公共走道内，并设置候梯厅，以减小火灾和烟气带来的影响。

注意：普通电梯的电梯厅也应设置防火隔墙和乙级防火门，不设门时应设挡烟垂壁。

3. 电梯井道

电梯井道也符合以下规定。

■《电梯主参数及轿厢、井道、机房的型式与尺寸　第 1 部分：Ⅰ、Ⅱ、Ⅲ、Ⅵ类电梯》GB/T 7025.1—2023〖5.2.3〗

多部电梯共用一个井道时，井道内尺寸应按以下方式确定：

（1）多梯井道的总宽度应为单个井道宽度的和加上两井道之间间隔宽度之和，每个间隔的宽度至少为 200 mm；

（2）多梯井道各组成部分的深度与这些电梯单独安装时井道的深度相同。

4. 电梯机房

电梯机房应符合以下规定。

■《电梯主参数及轿厢、井道、机房的型式与尺寸　第 1 部分：Ⅰ、Ⅱ、Ⅲ、Ⅵ类电梯》GB/T 7025.1—2023

〖5.4.3〗额定载重量不同的两部以上电梯：共用机房地面面积应不小于各部电梯单独安装所需的最小地面面积之和，再加上最大电梯井道面积分别与其他各部电梯井道面积之差值。共用机房的宽度应不小于多梯井道的总宽度再加上最大的一部电梯安装时所需横向延伸长度的总和。共用机房的深度应不小于电梯单部安装所需最深井道的深度再加上 2 100 mm。共用机房的高度应不小于其中单部电梯所需机房最大高度。

〖5.6.1〗单部电梯机房或共用机房布置：机房相对井道（或多梯井道）的横向伸出部分，可以在井道的左侧，也可以在右侧；对于液压电梯，机房宜位于建筑物中井道侧面或后侧的较低的位置；机房应有足够的通风。

〖5.6.2〗单部电梯与多部电梯并排共用机房时的布置：对于电力驱动的电梯，机房的后墙应与井道（或最深的井道）相对应的墙处在一条直线上，机房的两个侧墙之一应与井道（或与多梯井道）相对应的墙处在一条直线上；机房相对于井道深度方向的延伸部分应在候梯厅一侧；对于两部并联的液压电梯，共用机房宜位于建筑物中井道后侧的较低位置。

〖5.6.3〗面对面排列的电梯共用机房时的布置（仅对电力驱动的曳引式与强制式电梯）：机房深度方向的伸长超出各井道后墙的距离，一般不大于 0.5 m，并且与支撑驱动主机的混凝土地面在一个水平面上。

5. 电梯隔声减震

电梯隔声减震应符合以下规定。

《住宅设计规范》GB 50096—2011

【6.4.7】电梯不应紧邻卧室布置。当受条件限制电梯不得不紧邻兼起居的卧室布置时，应采取隔声、减振的构造措施。

〖7.3.5〗起居室（厅）不宜紧邻电梯布置。受条件限制起居室（厅）紧邻电梯布置时，必须采取有效的隔声和减振措施。

注意：隔声减振构造必须设置在需要安静的房间一侧，不能设置在电梯井一侧。不能通过变更房间名称的方式回避电梯隔声、减振问题。

五、消防电梯

1. 消防电梯的一般规定

■《建筑防火通用规范》GB 55037—2022【2.2.10】

消防电梯应符合下列规定：

（1）应能在所服务区域每层停靠；

（2）电梯的载重量不应小于 800 kg；

（3）电梯的动力和控制线缆与控制面板的连接处、控制面板的外壳防水性能等级不应低于 IPX5（国际防水测试标准）；

（4）在消防电梯的首层入口处，应设置明显的标识和供消防救援人员专用的操作按钮；

（5）电梯轿厢内部装修材料的燃烧性能应为 A 级；

（6）电梯轿厢内部应设置专用消防对讲电话和视频监控系统的终端设备。

■《建筑设计防火规范》GB 50016—2014（2018 版）

【7.3.2】消防电梯应分别设置在不同防火分区内，且每个防火分区不应少于 1 台。

注意：两个防火分区可共用一部消防电梯。

〖7.3.4〗符合消防电梯要求的客梯或货梯可兼作消防电梯。

■《消防员电梯制造与安装安全规范》GB/T 26465—2021〖5.2.2〗

消防员电梯的轿厢宽度不应小于 1 100 mm，轿厢深度不应小于 1 400 mm，轿厢的净入口宽度不应小于 800 mm。

2. 消防电梯的设置场合

■《建筑防火通用规范》GB 55037—2022【2.2.6】

除城市综合管廊、交通隧道和室内无车道且无人员停留的机械式汽车库可不设置消防电梯外，下列建筑均应设置消防电梯，且每个防火分区可供使用的消防电梯不应少于 1 部：

（1）建筑高度大于 33 m 的住宅建筑；

（2）5 层及以上且建筑面积大于 3 000 m²（包括设置在其他建筑内第五层及以上楼层）的老年人照料设施；

（3）一类高层公共建筑，建筑高度大于 32 m 的二类高层公共建筑；

（4）建筑高度大于 32 m 的丙类高层厂房；

（5）建筑高度大于 32 m 的封闭或半封闭汽车库；

（6）除轨道交通工程外，埋深大于 10 m 且总建筑面积大于 3 000 m² 的地下或半地下建筑（室）。

注意：这里的总建筑面积指地下各层建筑面积之和。

■《建筑设计防火规范》GB 50016—2014（2018 版）【7.3.1】

设置消防电梯的建筑的地下或半地下室，应设置消防电梯。

3. 消防电梯前室设计要求

消防电梯前室设计应符合以下规定。

■《建筑防火通用规范》GB 55037—2022

【2.2.8】除仓库连廊、冷库穿堂和筒仓工作塔内的消防电梯可不设置前室外，其他建筑内的消防电梯均应设置前室。消防电梯的前室应符合下列规定。

（1）前室在首层应直通室外或经专用通道通向室外，该通道与相邻区域之间应采取防火分隔措施。

（2）前室的使用面积不应小于 6.0 m²，合用前室的使用面积应符合有关规范的相关规定（室内疏散楼梯间设置的相关规定）；前室的短边不应小于 2.4 m。

（3）前室或合用前室应采用防火门和耐火极限不低于 2.00 h 的防火隔墙与其他部位分隔。除兼作消防电梯的货梯前室无法设置防火门的开口可采用防火卷帘分隔外，不应采用防火卷帘或防火玻璃墙等方式替代防火隔墙。

【7.1.13】设置在消防电梯或疏散楼梯间前室内的非消防电梯，防火性能不应低于消防电梯的防火性能。

■《建筑设计防火规范》GB 50016—2014（2018 版）〖7.3.5〗

前室宜靠外墙设置，并应在首层直通室外或经过长度不大于 30 m 的通道通向室外。

注意：当消防电梯与普通电梯合用前室时，应满足消防电梯的设置要求；当不具备自然排烟条件时，消防电梯的前室要进行机械加压送风。消防电梯不是安全出口，独立的消防电梯前室疏散门应向前室外开启。当消防电梯与防烟楼梯间合用前室时，在楼层属于安全出口，前室门应向前室内开启，在首层则应向前室外或室外开启。

4. 消防电梯井和机房的设计要求

消防电梯井和机房的设计应符合以下规定。

■《建筑设计防火规范》GB 50016—2014（2018 版）

【7.3.6】消防电梯井、机房与相邻电梯井、机房之间应设置耐火极限不低于 2.00 h 的防火隔墙，隔墙上的门应采用甲级防火门。

注意：在施工图中应标记和区分消防电梯与普通电梯，并按规范要求进行分隔。

〖7.3.7〗消防电梯的井底应设置排水设施，排水井的容量不应小于 2 m³，排水泵的排水量不应小于 10 L/s。消防电梯间前室的门口宜设置挡水设施。

条文说明如下。建筑发生火灾后，一旦自动喷水灭火系统动作或消防队进入建筑展开灭火行动，均会有大量水在楼层上积聚、流散。因此，要确保消防电梯在灭火过程中能保持正常运行，消防电梯井内外就要考虑设置排水和挡水设施，并设置可靠的电源和供电线路。

5. 辅助人员疏散用电梯

辅助人员疏散用电梯应符合以下规定。

■《建筑防火通用规范》GB 55037—2022【7.1.12】

火灾时用于辅助人员疏散的电梯及其设置应符合下列规定：

（1）应具有在火灾时仅停靠特定楼层和首层的功能；

（2）电梯附近的明显位置应设置标示电梯用途的标志和操作说明；

（3）其他要求应符合规范有关消防电梯的规定。

注：电梯轿厢及机房示意、电梯轿厢 1、电梯轿厢 2、电梯轿厢 3、电梯轿厢 4、小型货梯及杂物梯轿厢和井道尺寸见附录图页 29—37（P241—P249）。

Ⅶ. 自动扶梯与自动人行道

一、一般知识

自动扶梯与自动人行道的角度、宽度、速度、空间限制和输送能力应符合下列规定。

■《自动扶梯和自动人行道的制造与安装安全规范》GB 16899—2011

【5.2.2】自动扶梯的倾斜角 α 不应大于 30°，当提升高度不大于 6 m 且名义速度不大于 0.50 m/s 时，倾斜角 α 允许增至 35°。自动人行道的倾斜角不应大于 12°。

【5.3.2】自动扶梯和自动人行道的名义宽度 Z_1（梯级、踏板或胶带承载面的实际宽度）不应小于 0.58 m，也不应大于 1.10 m。对于倾斜角不大于 6° 的自动人行道，该宽度允许增大至 1.65 m。

【5.4.1】自动扶梯的名义速度不应大于：自动扶梯倾斜角 α 不大于 30° 时，为 0.75 m/s；自动扶梯倾斜角 α 大于 30° 但不大于 35° 时，为 0.50 m/s。自动人行道的名义速度不应大于 0.75 m/s。如果踏板或胶带的宽度不大于 1.10 m，并且在出入口踏板或胶带进入梳齿板之前的水平距离不小于 1.60 m 时，自动人行道的名义速度最大允许达到 0.90 m/s。

注意：名义速度指由制造商设计确定的，自动扶梯或自动人行道的梯级、踏板或胶带在空载情况下的运行速度；额定速度指自动扶梯和自动人行道在额定载荷时的运行速度；待机运行指在无负载的情况下停止或以低于名义速度运行的一种模式。

【A.2.1】自动扶梯的梯级或自动人行道的踏板或胶带上方，垂直净高度不应小于 2.30 m。该垂直净高度应延伸到扶手转向端端部，并宜适用于畅通区域。

【A.2.2】为防止碰撞，自动扶梯或自动人行道的周围应具有符合规范规定的最小自由空间。从自动扶梯的梯级或自动人行道的踏板或胶带起测量的高度不应小于 2.1 m。扶手带外缘与墙壁或其他障碍物之间的水平距离在任何情况下均不应小于 80 mm。

【A.2.3】对于平行或交叉设置的自动扶梯或自动人行道，扶手带之间的距离不应小于 160 mm。

相关尺寸和高度要求见图 5-23、图 5-24。

〖H.1〗用于交通流量的规划时，自动扶梯或自动人行道每小时能输送的最多人数见表 5-34。

表 5-34　最大输送能力

梯级或踏板宽度 Z_1（m）	名义速度 V（m/s）		
	0.50	0.65	0.75
0.60	3 600 人/h	4 400 人/h	4 900 人/h
0.80	4 800 人/h	5 900 人/h	6 600 人/h
1.00	6 000 人/h	7 300 人/h	8 200 人/h

注：1. 使用购物车和行李车时将导致输送能力下降约 80%。

2. 对踏板宽度大于 1.00 m 的自动人行道，其输送能力不会增加，因为使用者需要握住扶手带，其额外的宽度原则上是供购物车和行李车使用的。

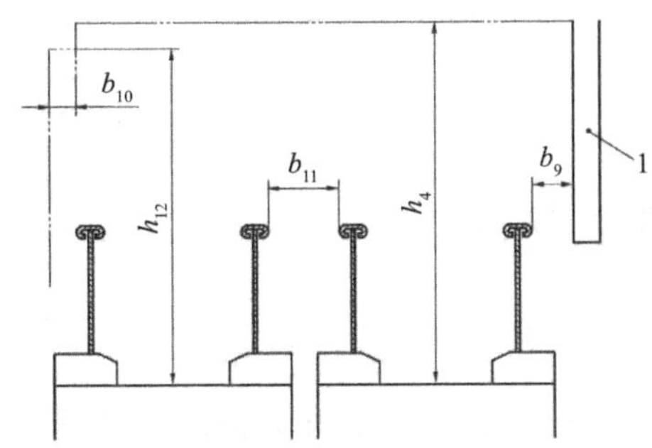

图 5-23　建筑物结构与自动扶梯或自动人行道之间的间距

（注：1 为障碍物（例如：柱子），图示未按比例绘制，仅用于图解说明；$b_9 \geq 400$ mm；$b_{10} \geq 80$ mm；$b_{11} \geq 160$ mm；$b_4 \geq 2\,300$ mm；$b_{12} \geq 2\,100$ mm。）

b_9 扶手带外侧边缘与非连续性障碍物(例如：楼板交叉部分、立柱)之间的水平距离；b_{10} 扶手带外侧边缘与连续性障碍物(例如：墙壁)之间的水平距离；b_{11} 相邻自动扶梯或自动人行道的扶手带之间的水平距离；h_4 扶手带外侧边缘之间区域内梯级、踏板或胶带上方的垂直净高度；h_{12} 扶手带外部自由空间的高度；

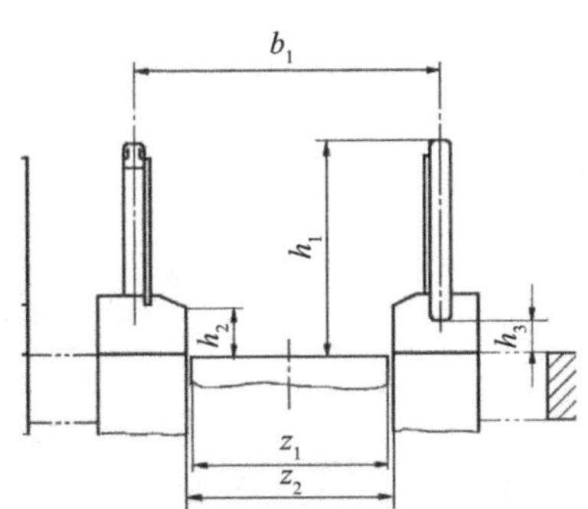

图 5-24　自动扶梯或自动人行道主要尺寸

（注：$z_2 = z_1 + 0.07$ m；$b_1 \leq z_2 + 0.45$ m；$h_1 = 0.90 \sim 1.10$ m；$h_2 \geq 0.25$ m；$h_3 = 0.10 \sim 0.25$ m。）

b_1 扶手带中心线之间的距离；h_1 扶手带上缘和梯级、踏板或胶带表面之间的垂直距离；h_2 围裙板上缘或内盖板折线底部与梯级前缘连线、踏板或胶带踏面之间的垂直距离；h_3 扶手转向端入口处与地板之间的距离；z_1 承载面的名义宽度(梯级、踏板或胶带)；z_2 围裙板之间的水平距离。

二、设计要求

自动扶梯与自动人行道的设计应符合以下规定。

■《民用建筑设计统一标准》GB 50352—2019〖6.9.2〗

自动扶梯、自动人行道应符合下列规定。

（1）自动扶梯和自动人行道不应作为安全出口。

（2）出入口畅通区的宽度从扶手带端部算起不应小于 2.5 m，人员密集的公共场所其畅通区宽度不宜小于 3.5 m。

条文说明如下。畅通区是指进入自动扶梯前和离开自动扶梯后的供乘客行为乘坐和步行进行转换的区域，由于行为方式的变化和各人步行速度的差异，在这个区域容易发生拥堵，因而这个区域需要适当放大，使人流能安全过渡和转换。在一些人员密集的公共场所如交通客运站、地铁站、大中型商店、医院等应加大畅通区的深度。

（3）扶梯与楼层地板开口部位之间应设防护栏杆或栏板。

（4）栏板应平整、光滑和无突出物；扶手带顶面距自动扶梯前缘、自动人行道踏板面或胶带面的垂直高度不应小于 0.9 m。

（5）扶手带中心线与平行墙面或楼板开口边缘间的距离：当相邻平行交叉设置时，两梯（道）之间扶手带中心线的水平距离不应小于 0.5 m，否则应采取措施防止障碍物引起人员伤害。

（6）自动扶梯的梯级、自动人行道的踏板或胶带上空，垂直净高不应小于 2.3 m。

（7）自动扶梯的倾斜角不宜超过 30°，额定速度不宜大于 0.75 m/s；当提升高度不超过 6.0 m，倾斜角小于等于 35° 时，额定速度不宜大于 0.5 m/s；当自动扶梯速度大于 0.65 m/s 时，在其端部应有不小于 1.6 m 的水平移动距离作为导向行程段（出入口踏板或胶带进入梳齿板之前的水平距离）。

（8）倾斜式自动人行道的倾斜角不应超过 12°，额定速度不应大于 0.75 m/s。当踏板的宽度不大于 1.1 m，并且在两端出入口踏板或胶带进入梳齿板之前的水平距离不小于 1.6 m 时，自动人行道的最大额定速度可达到 0.9 m/s。

（9）当自动扶梯和层间相通的自动人行道单向设置时，应就近布置相匹配的楼梯。

■《民用建筑通用规范》GB 55031—2022【5.4.3】

两梯（道）相邻平行或交叉设置，当扶手带中心线与平行墙面或楼板（梁）开口边缘完成面之间的水平投影距离、两梯（道）之间扶手带中心线的水平距离小于 0.50 m 时，应在产生的锐角口前部 1.00 m 处范围内，设置具有防夹、防剪的保护设施或采取其他防止建筑障碍物伤害人员的措施。

注：自动扶梯 1、自动扶梯 2 见附录图页 38—39（P250—P251）。

Ⅷ. 住宅楼、电梯设计

公共建筑和住宅的楼、电梯都不是孤立、分散布置的，而是相互补充，共同组成交通枢纽，以便高效、经济地解决交通疏散问题。住宅与公共建筑在交通枢纽设计方面既有相通的内容和规则，也有不同的要求和特征。公共建筑的交通枢纽设计少有定规，变化多样，而住宅则在苛刻的效率原则和设计规则的约束下，体现出明显的模式化特征，各种类型和面积标准的单元式商品住宅，在交通枢纽的做法和形式方面有着数量有限的成熟做法，甚至连尺寸方面的可调节范围都很小。

住宅的交通枢纽主要由楼梯、电梯、管井三大要素构成，具体做法也由这三大要素的相关规定共同决定，一定前提下的可选择余地并不大，这是住宅楼、电梯组织模式化的内在动因。了解相关设计规则，熟悉楼、电梯的组织模式，对于住宅设计而言非常重要。

一、规范对住宅楼梯的相关规定

1.《住宅设计规范》的规定

■《住宅设计规范》GB 50096—2011

【6.3.1】楼梯梯段净宽不应小于 1.10 m，不超过六层的住宅，一边设有栏杆的梯段净宽不应小于 1.00 m。

【6.3.2】楼梯踏步宽度不应小于 0.26 m，踏步高度不应大于 0.175 m。扶手高度不应小于 0.90 m。楼梯水平段栏杆长度大于 0.50 m 时，其扶手高度不应小于 1.05 m。楼梯栏杆垂直杆件间净空不应大于 0.11 m。

〖6.3.3〗楼梯平台净宽不应小于楼梯梯段净宽，且不得小于 1.20 m。楼梯平台的结构下缘至人行通道的垂直高度不应低于 2.00 m。入口处地坪与室外地面应有高差，并不应小于 0.10 m。

〖6.3.4〗楼梯为剪刀梯时，楼梯平台的净宽不得小于 1.30 m。

2.《建筑设计防火规范》的规定

■《建筑设计防火规范》GB 50016—2014（2018 版）

【5.5.25】住宅建筑安全出口的设置应符合下列规定：

（1）建筑高度不大于 27 m 的建筑，当每个单元任一层的建筑面积大于 650 m²，或任一户门至最近安全出口的距离大于 15 m 时，每个单元每层的安全出口不应少于 2 个；

（2）建筑高度大于 27 m、不大于 54 m 的建筑，当每个单元任一层的建筑面积大于 650 m²，或任一户门至最近安全出口的距离大于 10 m 时，每个单元每层的安全出口不应少于 2 个；

（3）建筑高度大于 54 m 的建筑，每个单元每层的安全出口不应少于 2 个。

【5.5.26】建筑高度大于 27 m，但不大于 54 m 的住宅建筑，每个单元设置一座疏散楼梯时，疏散楼梯应通至屋面，且单元之间的疏散楼梯应能通过屋面连通，户门应采用乙级防火门。当不能通至屋面或不能通过屋面连通时，应设置 2 个安全出口。

注意：商品住宅的层高一般在 2.8~3.0 m 之间，2.9 m 层高居多，因此住宅建筑按高度所做的规定，与层数有相对确定的对应关系。18 m，大体相当于 6 层住宅；21 m，大体相当于 7 层住宅；27 m，大体相当于 9 层住宅；33 m，大体相当于 11 层住宅；54 m，大体相当于 18 层住宅；100 m，大体相当于 34 层住宅。

〖5.5.27〗住宅建筑的疏散楼梯设置应符合下列规定。

（1）建筑高度不大于 21 m 的住宅建筑可采用敞开楼梯间；与电梯井相邻布置的疏散楼梯应采用封闭楼梯间，当户门采用乙级防火门时，仍可采用敞开楼梯间。

注意：此即对 7 层及 7 层以下住宅的要求。

（2）建筑高度大于 21 m、不大于 33 m 的住宅建筑应采用封闭楼梯间；当户门采用乙级防火门时，可采用敞开楼梯间。

注意：此即对 8~11 层住宅的要求。

（3）建筑高度大于 33 m 的住宅建筑应采用防烟楼梯间，户门不宜直接开向前室，确有困难时，每层开向同一前室的户门不应大于 3 樘且应采用乙级防火门。

注意：此即对 12 层及 12 层以上住宅的要求。

〖5.5.28〗住宅单元的疏散楼梯，当分散设置确有困难且任一户门至最近疏散楼梯间入口的距离不大于 10 m 时，可采用剪刀楼梯间，但应符合下列规定。

（1）应采用防烟楼梯间。

（2）梯段之间应设置耐火极限不低于 1.00 h 的防火隔墙。

（3）楼梯间的前室不宜共用；共用时，前室的使用面积不应小于 6.0 m²。

（4）楼梯间的前室或共用前室不宜与消防电梯的前室合用；楼梯间的共用前室与消防电梯的前室合用时，合用前室的使用面积不应小于 12.0 m²，且短边不应小于 2.4 m。

注意：对于合并设置的前室，两个楼梯之间叫共用，楼梯与电梯之间叫合用。

【5.5.30】住宅建筑的户门、安全出口、疏散走道和疏散楼梯的各自总净宽度应经计算确定，且户门和安全出口的净宽度不应小于 0.90 m，疏散走道、疏散楼梯和首层疏散外门的净宽度不应小于 1.10 m。建筑高度不大于 18 m 的住宅中一边设置栏杆的疏散楼梯，其净宽度不应小于 1.0 m。

二、规范对住宅电梯的相关规定

1.《住宅设计规范》的规定

■《住宅设计规范》GB 50096—2011

【6.4.1】属下列情况之一时，必须设置电梯：

（1）七层及七层以上住宅或住户入口层楼面距室外设计地面的高度超过 16 m 时；

（2）底层作为商店或其他用房的六层及六层以下住宅，其住户入口层楼面距该建筑物的室外设计地面高度超过 16 m 时；

（3）底层做架空层或贮存空间的六层及六层以下住宅，其住户入口层楼面距该建筑物的室外设计地面高度超过 16 m 时；

（4）顶层为两层一套的跃层住宅时，跃层部分不计层数，其顶层住户入口层楼面距该建筑物室外设计地面的高度超过 16 m 时。

注意：跃层不计层数的说法只适用于多层住宅，即 9 层以下的住宅，高层住宅的层数均按自然层计算。

〖6.4.2〗十二层及十二层以上的住宅，每栋楼设置电梯不应少于两台，其中应设置一台可容纳担架的电梯。

〖6.4.3〗十二层及十二层以上的住宅每单元只设置一部电梯时，从第十二层起应设置与相邻住宅单元联通的联系廊。联系廊可隔层设置，上下联系廊之间的间隔不应超过五层。联系廊的净宽不应小于 1.10 m，局部净高不应低于 2.00 m。

〖6.4.4〗十二层及十二层以上的住宅由二个及二个以上的住宅单元组成，且其中有一个或一个以上住宅单元未设置可容纳担架的电梯时，应从第十二层起设置与可容纳担架的电梯联通的联系廊。联系廊可隔层设置，上下联系廊之间的间隔不应超过五层。联系廊的净宽不应小于 1.10 m，局部净高不应低于 2.00 m。

〖6.4.5〗七层及七层以上住宅电梯应在设有户门和公共走廊的每层设站。住宅电梯宜成组集中布置。

〖6.4.6〗候梯厅深度不应小于多台电梯中最大轿箱的深度，且不应小于 1.50 m。

【6.4.7】电梯不应紧邻卧室布置。当受条件限制，电梯不得不紧邻兼起居的卧室布置时，应采取隔声、减振的构造措施。

2.《建筑设计防火规范》的规定

■《建筑设计防火规范》GB 50016—2014（2018 版）

【7.3.1】建筑高度大于 33 m 的住宅建筑应设置消防电梯。

注意：此即 12 层以上的住宅应设置消防电梯。

〖7.3.4〗符合消防电梯要求的客梯或货梯可兼作消防电梯。

根据规范的上述规定，单元式商品住宅楼可区分为几个典型的高度或层数区间，每个区间内住宅的楼、电梯设置会有特定要求，也会因之形成一些典型的合理做法，表现为相对有限的几种经典模式。这些区间及其设施配置体现如下。

6 层及 6 层以下（包括 6 跃 7）区间：采用开敞楼梯间，不设电梯，设水暖井。

7~11 层区间：采用封闭楼梯间，有条件地采用开敞楼梯间，设 1 部电梯，设水暖电井。

12~18 层区间：采用防烟楼梯间，设 1 部楼梯、1 或 2 部电梯，设消防电梯，设水暖电风井。

19~34 层区间：采用防烟楼梯间，设 2 部楼梯、2 部电梯，设消防电梯，设水暖电风井。

35 层以上区间，即超过 100 m 的住宅：在上个区间要求的基础上有各种更高的要求。

最为多见的住宅层数为每个区间最高的几个楼层，如 6 层（包括 6 跃 7）、11 层、18 层、30 层左右，因为相对少的设施和较小的交通面积，更符合开发商的利益。对于多层住宅来说，跃层不计层数，顶部跃层做法可以回避设电梯的问题，因而 6 跃 7 的 7 层住宅便比较多见；高层住宅跃层按自然层对待，因而顶部跃层的高层住宅比较少见。另外，其他规范要求也会对区间划分和经济层数产生影响，比如结构规范规定普通砖混结构的最大限高是 21 m，即不能超过 7 层，这也导致 6 跃 7 和 7 层带电梯的砖混结构住宅比较多见，7 层以上就不能采用砖混结构了。

三、管井设计要求

与住宅楼、电梯匹配设置的管井主要有水暖井、电井、加压送风井。

1. 水暖井的设计要求

附设在住宅建筑楼梯间、前室、合用前室、公共走廊内的水暖井，主要容纳的是给水和供暖干管，即给水管、供暖管、供暖回流管。设置水暖井是为了做到一户一阀，以便能在公共区域进行管控和维护。水暖井是必须设置的一类管道井，所有单元式住宅无论层数均需设置水暖井。排水管及其管井一般设在各户的厨房、卫生间内，不同于设在楼梯间及其前室内的水暖井。水暖井大多合并设置，也可分开布置，须按规范要求进行层间分隔。

■《建筑给水排水设计标准》GB 50015—2019〖3.6.14〗

给水管的管道井尺寸应根据管道数量、管径、间距、排列方式、维修条件，结合建筑平面和结构形式等确定。需进人维修管道的管井，维修人员的工作通道净宽度不宜小于 0.6 m。管道井应每层设外开检修门。管道井的井壁和检修门的耐火极限和管道井的竖向防火隔断应符合现行国家标准《建筑设计防火规范》的规定。

水暖井的短边净宽不宜小于 0.5 m，检修门宜设于长边墙面，要尽量开得大些，以方便管道安装和检修。水暖井的形状、面积与住宅层数、单元户数、给排水与供暖方式、排管方式等因素有关，8 层及以下一般不小于 0.7 m × 0.5 m，9~18 层不小于 1.2 m × 0.5 m，19 层及以上不小于 1.6 m × 0.5 m。

由于要从水暖井通过楼地面垫层或直接穿墙向户内引入供水、供暖支管，因此水暖井必须与住户的楼地面或楼梯内平台相邻，不能设置在管井与住户之间间隔楼梯踏步或楼梯外平台，因为这些部分垫层薄或无垫层，踏步还不在一个平面上，无法暗铺水暖管，图 5-25 就是一个做法不恰当的范例。

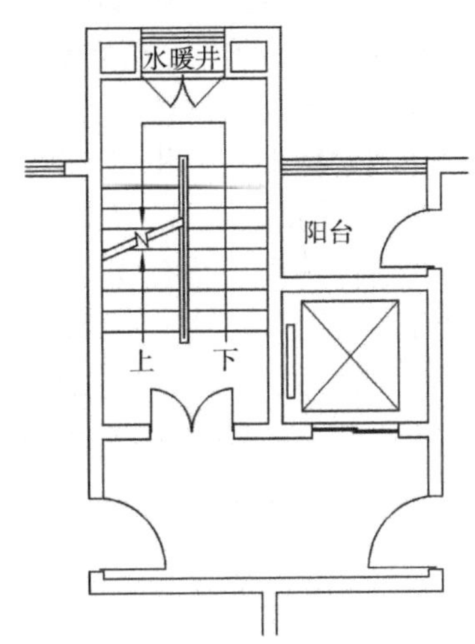

图 5-25　位置不当的水暖井

（注：本图所示做法从水暖井暗敷水、暖管到户内比较困难。）

2. 电井的设计要求

电井一般设在 7 层及以上楼层的住宅中，11 层及以上楼层必设，当然低楼层住宅设电井更好，电井设置应符合以下规范的相关规定。

■《民用建筑电气设计标准》GB 51348—2019

〖8.11.1〗电气竖井内布线可适用于多层和高层建筑内强电及弱电垂直干线的敷设。

〖8.11.3〗竖井的井壁应为耐火极限不低于 1.00 h 的非燃烧体。竖井在每层楼应设维护检修门并应开向公共走廊，其耐火等级不应低于丙级。竖井内各层钢筋混凝土楼板或钢结构楼板应做防火密封隔离，线缆穿过楼板或井壁应采用与楼板、井壁耐火等级相同的防火堵料封堵。

〖8.11.5〗电井大小除应满足布线间隔及端子箱、配电箱布置所必需尺寸外，进入竖井宜在箱体前留有不小于 0.8 m 的操作距离。当建筑物平面受限制时，可利用公共走道满足操作距离的要求，但竖井的进深不应小于 0.6 m。

〖8.11.9〗强电和弱电线路，宜分别设置竖井。当受条件限制必须合用时，强电和弱电线路应分别布置在竖井两侧，弱电线路应敷设于金属槽盒之内。

电井面积与住宅层数、单元户数等因素有关，需要根据具体情况测算。依据经验，11 层及以下的小高层，强弱电合并电井不小于 0.9 m × 0.6 m；12~18 层的住宅，不小于 1.0 m × 0.6 m；19 层及以上的高层住宅不小于 1.2 m × 0.6 m。

3. 加压送风井的规定

加压送风井用于需要加压送风的防烟楼梯间及其前室。除满足自然通风、防烟条件的防烟楼梯间及其前室外，防烟楼梯间及其前室均需设加压送风井，以便火灾发生时能够通过内部正压，阻止浓烟侵入防烟前室及楼梯间内。无窗的防烟楼梯间及其前室或合用前室，必须设风井正压送风，当防烟楼梯采用独立前室且仅有一个门与走道或房间相通时，可仅在楼梯间设风井送风。加压送风井是上下贯通的腔洞，其内腔形状大小要由专业人员计算确定，风井平面形状不宜太过宽扁，井道短边及风口宽度均不应小于 0.3 m。据经验，12~18 层住宅的楼梯风井面积不小于 0.5 m^2，19 层及以上不小于 0.6 m^2。

■《建筑防烟排烟系统技术标准》GB 51251—2017

【3.2.1】采用自然通风方式的封闭楼梯间、防烟楼梯间，应在最高部位设置面积不小于 1.0 m^2 的可开启外窗或开口。

【3.2.2】前室采用自然通风方式时，独立前室、消防电梯前室可开启外窗或开口的面积不应小于 2.0 m^2，共用前室、合用前室不应小于 3.0 m^2。

四、总结

水暖井、电井、风井的位置、形状、尺寸均需根据项目的具体情况由专业人员进行测算确定，规范上有明确规定的，要严格按规范要求执行，上述给出的经验数值只供方案设计时参考。本节虽然是对住宅建筑楼、电梯设计方面的论述，但许多内容，尤其是管井方面的内容，也可供公共建筑设计时参考。在公共建筑中，毗邻区域的排烟井或相邻卫生间的排风井也常与交通枢纽结合设置，但它们与楼、电梯无关，楼、电梯间及其前室、合用前室的加压送风井是不参与排烟的。另外，公共建筑不允许将管井设置在防烟楼梯间及其前室内，住宅建筑的要求略有放松，允许在其前室或合用前室内设置，但不允许在楼梯间内设置。封闭楼梯间内也不允许设管道井。住宅的开敞楼梯间内则只允许设水暖井。

注：6 层及以下层（包括 6 跃 7）的住宅、7~11 层住宅-1、7~11 层住宅-2、7~11 层的住宅-3、12~18 层的住宅-1、12~18 层的住宅-2、19~34 层住宅-1、19~34 层住宅-2、19~34 层住宅-3、19~34 层住宅-4 见附录图页 40—48（P252—P260）。

Ⅸ. 厕所、卫生间

无论是独立的公共厕所设计，还是公共建筑的附属厕所、卫生间设计，都是非常重要的设计内容，厕所设计在厕位数量、设备配置等方面要有依据，要符合国家标准的要求。

一、相关概念

◣厕所：专供人大小便的地方。

◣卫生间：供人们进行便溺、盥洗、洗浴等活动的房间。

◣盥洗室：供人们进行洗漱、洗衣等活动的房间。

◣公共厕所：在道路两旁或公共场所等处设置的供公众使用的厕所。在英国厕所称“toilets”，公共厕所称“public toilets”，在美国公共厕所被称为“restroom”，公共厕所在两个国家都能用的简称为“WC”，是“water closet”的缩写。

◣独立式公共厕所：不依附于其他建筑物的固定式公共厕所。

◣附属式公共厕所：依附于其他建筑物的固定式公共厕所。

◣厕位：如厕的位置，根据便器的类别分为坐位、蹲位和站位。

◣卫生间设备：卫生间内所需使用的坐便器、洗面器、浴盆、淋浴器等洁具及洗衣机等产品。

◣卫生间设施：卫生间的给水、排水、通风、电气等管路及附件。

◣同层排水：排水支管不穿越本层楼板到下层空间，与卫生洁具同层敷设并接入排水立管。

二、公共厕所的类别及要求

公共厕所分固定式和活动式两类，固定式公共厕所包括独立式和附属式；公共厕所的设计和建设应根据公共厕所的位置和服务对象按相应类别的设计要求进行。

1. 独立式公共厕所分类

独立式公共厕所应按周边环境和建筑设计要求分为一类、二类和三类。独立式公共厕所类别的设置应符合表 5-35 的规定。

表 5-35　独立式公共厕所类别

设置区域	类别
商业区、重要公共设施、重要交通客运设施，公共绿地及其他环境要求高的区域	一类
城市主、次干路及行人交通量较大的道路沿线	二类
其他街道	三类

注：独立式公共厕所二类、三类分别为设置区域的最低标准。

2. 附属式公共厕所分类

附属式公共厕所应按场所和建筑设计要求分为一类和二类。附属式公共厕所类别的设置应符合表 5-36 的规定。

表 5-36　附属式公共厕所类别

设置场所	类别
大型商场、宾馆、饭店、展览馆、机场、车站、影剧院、大型体育场馆、综合性商业大楼和二、三级医院等公共建筑	一类
一般商场（含超市）、专业性服务机关单位、体育场馆和一级医院等公共建筑	二类

注：附属式公共厕所二类为设置场所的最低标准。

3. 固定式公共厕所的类别及要求

固定式公共厕所的类别及要求应符合表 5-37 的规定，其中一类和二类适用于所有固定式公厕，三类只适用于独立式公厕。

表 5-37　固定式公共厕所类别及要求

类别 项目	一类	二类	三类
平面布置	大便间、小便间与洗手间应分区设置	大便间、小便间与洗手间宜分区设置；洗手间男女可共用	大便间、小便间宜分区设置；洗手间男女可共用
管理间（m^2）	>6.00（附属式不要求）	4.00~6.00（附属式不要求）	<4.00；视条件需要设置
工具间（m^2）	2.00	1.00~2.00	1.00~2.00；视条件需要设置
第三卫生间	有	视条件定	无
厕位面积指标（m^2/位）	5.00~7.00	3.00~4.90	2.00~2.90
大便厕位（m）	宽度为 1. 00~1.20；深度为内开门 1.50，外开门 1.30	宽度为 0.90~1.00；深度为内开门 1.40，外开门 1.20	宽度为 0.85~0.90；深度为内开门 1.40，外开门 1.20

续表

类别 项目	一类	二类	三类
大便厕位隔断板及门距地面高度(m)	1.80	1.80	1.50
小便站位间距(m)	0.80	0.70	无
小便站位隔板(m)	宽 × 高:0.40×0.80	宽 × 高:0.40×0.80	视需要定
儿童小便器	有	有	无
清洁池(拖布池)	有,不暴露	有,不暴露	有
洗手盆	有	有	有
儿童洗手盆	有	有	无
无障碍厕位	有	有	有
无障碍小便厕位	有	有	有
无障碍通道	有	有	视条件定

三、厕位数量与分配

公共厕所的厕位在数量统计、男女比例、设备配置等方面要符合国家标准规定。

1. 厕位数量

公共场所公共厕所厕位服务人数应符合表5-38的规定。

表 5-38　公共场所公共厕所厕位服务人数

公共场所	服务人数(人/厕位·天)	
	男	女
广场、街道	500	350
车站、码头	150	100
公园	200	130
体育场外	150	100
海滨活动场所	60	40

商场、超市和商业街公共厕所厕位数应符合表5-39的规定。

表 5-39　商场、超市和商业街公共厕所厕位数

购物面积(m^2)	男厕位(个)	女厕位(个)
≤500	1	2
501~1 000	2	4
1 001~2 000	3	6
2 001~4 000	5	10
>4 000	每增加2 000 m^2男厕位增加2个,女厕位增加4个	

注:1. 按男女如厕人数相当时考虑。
2. 商业街应按各商店的面积合并计算后,按上表比例配置。

饭馆、咖啡店、小吃店、快餐店等餐饮场所公共厕所厕位数应符合表 5-40 的规定。

表 5-40　饭馆、咖啡店、小吃店、快餐店等餐饮场所公共厕所厕位数

设施	男	女
厕位	50 座位以下至少设 1 个;100 座位以下设 2 个;超过 100 座位每增加 100 座位增设 1 个	50 座位以下设 2 个;100 座位以下设 3 个,超过 100 座位每增加 65 座位增设 1 个

注:按男女如厕人数相当时考虑。

体育场馆、展览馆、影剧院、音乐厅等公共文体娱乐场所公共厕所厕位数应符合表 5-41 的规定。

表 5-41　体育场馆、展览馆、影剧院、音乐厅等公共文体娱乐场所公共厕所厕位数

设施	男	女
座位、蹲位	250 座以下设 1 个,每增加 1~500 座增设 1 个	不超过 40 座的设 1 个;41~70 座设 3 个;71~100 座设 4 个;每增 1~40 座增设 1 个
站位	100 座以下设 2 个,每增加 1~80 座增设 1 个	无

注:1. 若附有其他服务设施内容(如餐饮等),应按相应内容增加配置。
　2. 有人员聚集场所的广场内,应增建馆外人员使用的附属或独立厕所。

机场、火车站、公共汽(电)车和长途汽车始末站、地下铁道的车站、城市轻轨车站、交通枢纽站、高速路休息区、综合性服务楼和服务性单位公共厕所厕位数应符合表 5-42 规定。

表 5-42　机场、火车站、综合性服务楼和服务性单位公共厕所厕位数

设施	男(人数/每小时)	女(人数/每小时)
厕位	100 人以下设 2 个;每增加 60 人增设 1 个	100 人以下设 4 个;每增加 30 人增设 1 个

2. 男女厕位比例

公共厕所男女厕位比例应符合以下规定。

■《城市公共厕所设计标准》CJJ 14—2016

〖4.1.1〗在人流集中的场所,女厕位与男厕位(含小便站位,下同)的比例不应小于 2∶1。

〖4.1.2〗在其他场所,男女厕位比例可按式 5-1 计算:

$$R=1.5w/m \tag{5-1}$$

式中　R——女厕位数与男厕位数的比值;

1.5——女性与男性如厕占用时间比值;

w——女性如厕测算人数;

m——男性如厕测算人数。

男女厕位的比例应根据使用特点、使用人数确定。在男女使用人数基本均衡时,男厕厕位(含大、小便器)与女厕厕位数量的比例宜为 1∶1~1∶1.5;在商场、体育场馆、学校、观演建筑、交通建筑、公园等场所,厕位数量比不宜小于 1∶1. 5~1∶2。

3. 厕位分配

公共厕所男女厕位(坐位、蹲位和站位)与其数量宜符合表 5-43、5-44 的规定。

表 5-43 男厕位及数量(个)

男厕位总数	坐位	蹲位	站位
1	0	1	0
2	0	1	1
3	1	1	1
4	1	1	2
5~10	1	2~4	2~5
11~20	2	4~9	5~9
21~30	3	9~13	9~14

注:表中厕位不包含无障碍厕位。

表 5-44 女厕位及数量(个)

女厕位总数	坐位	蹲位
1	0	1
2	1	1
3~6	1	2~5
7~10	2	5~8
11~20	3	8~17
21~30	4	17~26

注:表中厕位不包含无障碍厕位。

四、设备布置要求

1. 卫生洁具尺寸

公共厕所卫生洁具的平面尺寸和使用空间应符合表 5-45 的规定。

表 5-45 常用卫生洁具平面尺寸和使用空间

洁具	平面尺寸(mm × mm)	使用空间(宽 mm × 进深 mm)
洗手盆	500 × 400	800 × 600
坐便器(低位、整体水箱)	700 × 500	800 × 600
蹲便器	800 × 500	800 × 600
卫生间便盆(靠墙式或悬挂式)	600 × 400	800 × 600
碗形小便器	400 × 400	700 × 500
水槽(桶/清洁工用)	500 × 400	800 × 800
烘手器	400 × 300	650 × 600

注:使用空间是指除了洁具占用的空间,使用者在使用时所需空间及日常清洁和维护所需空间。使用空间与洁具尺寸是相互联系的。洁具的尺寸将决定使用空间的位置。

住宅卫生间基本卫生洁具参考尺寸应符合表 5-46 的规定。

表 5-46　住宅卫生间基本卫生洁具参考尺寸

设备名称	型号	外形平面标志尺寸（长 mm × 宽 mm）
浴盆	小型	1 200 × 700
	中型	1 500 × 750
	大型	1 700 × 850
大便器	蹲便器	560~640 × 280~470
	坐便器	740~780 × 420~500（分体式） 680~740 × 380~540（连体式）
小便器	小便器	220~360 × 310~475
洗衣机	双缸	700 × 420
	全自动	600 × 600

2. 厕所和浴室隔间尺寸

厕所和浴室隔间尺寸应符合以下规定。

■《民用建筑设计统一标准》GB 50352—2019〖6.6.4〗

厕所和浴室隔间的平面尺寸应根据使用特点合理确定，并不应小于表 5-47 的规定。交通客运站和大中型商店等建筑物的公共厕所，宜加设婴儿尿布台和儿童固定座椅。交通客运站厕位隔间应考虑行李放置空间，其进深尺寸宜加大 0.2 m，便于放置行李。儿童使用的卫生器具应符合幼儿人体工程学的要求。无障碍专用浴室隔间的尺寸应符合现行国家标准《无障碍设计规范》的规定。

表 5-47　厕所和浴室隔间的平面尺寸

类别	平面尺寸（宽度 m × 深度 m）
外开门的厕所隔间	0.9 × 1.2（蹲便器）；0.9 × 1.3（坐便器）
内开门的厕所隔间	0.9 × 1.4（蹲便器）；0.9 × 1.5（坐便器）
医院患者专用厕所隔间（外开门）	1.1 × 1.5（门闩应能里外开启）
无障碍厕所隔间（外开门）	1.5 × 2.0（不应小于 1.0 × 1.8）
外开门淋浴隔间	1.0 × 1.2（或 1.1 × 1.1）
内设更衣凳的淋浴隔间	1.0 ×（1.0+0.6）

注：以上隔间平面尺寸均为最小尺寸，在标准较高的场所应适当增加。

3. 卫生设备间距

卫生设备间距应符合以下规定。

■《民用建筑设计统一标准》GB 50352—2019〖6.6.5〗

卫生设备间距应符合下列规定。

（1）洗手盆或盥洗槽水嘴中心与侧墙面净距不应小于 0.55 m；居住建筑洗手盆水嘴中心与侧墙面净距不应小于 0.35 m。

（2）并列洗手盆或盥洗槽水嘴中心间距不应小于 0.7 m。

（3）单侧并列洗手盆或盥洗槽外沿至对面墙的净距不应小于 1.25 m；居住建筑洗手盆外沿至对面墙的净距不应小于 0.6 m。

（4）双侧并列洗手盆或盥洗槽外沿之间的净距不应小于 1.8 m。

（5）并列小便器的中心距离不应小于 0.7 m，小便器之间宜加隔板，小便器中心距侧墙或隔板的距离不应小于 0.35 m，小便器上方宜设置搁物台。

（6）单侧厕所隔间至对面洗手盆或盥洗槽的距离，当采用内开门时，不应小于 1.3 m；当采用外开门时，不应小于 1.5 m。

（7）单侧厕所隔间至对面墙面的净距，当采用内开门时不应小于 1.1 m，当采用外开门时不应小于 1.3 m；双侧厕所隔间之间的净距，当采用内开门时不应小于 1.1 m，当采用外开门时不应小于 1.3 m。

（8）单侧厕所隔间至对面小便器或小便槽的外沿的净距，当采用内开门时不应小于 1. 1 m，当采用外开门时不应小于 1.3 m；小便器或小便槽双侧布置时，外沿之间的净距不应小于 1.3 m（小便器的进深最小尺寸为 350 mm）。

（9）浴盆长边至对面墙面的净距不应小于 0.65 m；无障碍盆浴间短边净宽度不应小于 2.0 m，并应在浴盆一端设置方便进入和使用的坐台，其深度不应小于 0.4 m。

注意：卫生设备间距规定依据以下几个人体行为尺度，供一个人正常通过的宽度为 0.55 m；人洗脸时左右所需尺寸为 0.70 m，前后所需尺寸（离盆边）为 0.55 m；供一个人捧一只洗脸盆将两肘收紧所需尺寸为 0.70 m；厕所隔间门宽度为 0.60 m。

4. 其他设备

■《城市公共厕所设计标准》CJJ 14—2016

【4.2.7】固定式公共厕所应设置洗手盆。

〖4.2.8〗洗手盆应按厕位数设置，洗手盆数量设置要求应符合表 5-48 的规定。

表 5-48　洗手盆数量设置要求

厕位数（个）	洗手盆数（个）	备注
4 以下	1	①男女厕所宜分别计算，分别设置； ②当女厕所洗手盆数 $n \geq 5$ 时，实际设置数 N 应按下式计算：$N=0.8n$
5~8	2	
9~21	每增 4 厕位增设 1 个	
22 以上	每增 5 厕位增设 1 个	

注：洗手盆为 1 个时可不设儿童洗手盆。

〖4.2.9〗公共厕所应至少设置一个清洁池。

五、厕所建筑设计

1. 位置要求

厕所建筑设计位置应符合以下规定。

■《民用建筑设计统一标准》GB 50352—2019〖6.6.1〗

厕所、卫生间、盥洗室和浴室的位置应符合下列规定。

（1）厕所、卫生间、盥洗室和浴室应根据功能合理布置，位置选择应方便使用、相对隐蔽，并应避免所产生的气味、潮气、噪声等影响或干扰其他房间。室内公共厕所的服务半径应满足不同类型建筑的使用要求，不宜超过 50 m。

（2）在食品加工与贮存、医药及其原材料生产与贮存、生活供水、电气、档案、文物等有严格卫生、安全要求房间的直接上层，不应布置厕所、卫生间、盥洗室、浴室等有水房间；在餐厅、医疗用房等有较高卫生要求用房的直接上层，应避免布置厕所、卫生间、盥洗室、浴室等有水房间，否则应采取同层排水和严格的防水措施。

（3）除本套住宅外，住宅卫生间不应布置在下层住户的卧室、起居室、厨房和餐厅的直接上层。

2. 平面设计

厕所建筑平面设计应符合以下规定。

■《城市公共厕所设计标准》CJJ 14—2016〖4.3.1〗

公共厕所的平面设计应符合下列规定：

（1）大门应能双向开启；

（2）宜将大便间、小便间、洗手间分区设置；

（3）厕所内应分设男、女通道，在男、女进门处应设视线屏蔽；

（4）当男、女厕所厕位分别超过 20 个时，应设双出入口；

（5）每个大便器应有一个独立的厕位间。

■《民用建筑设计统一标准》GB 50352—2019〖6.6.3〗

厕所、卫生间、盥洗室和浴室的平面布置应符合下列规定。

（1）厕所、卫生间、盥洗室和浴室的平面设计应合理布置卫生洁具及其使用空间，管道布置应相对集中、隐蔽。有无障碍要求的卫生间应满足无障碍设计标准的有关规定。

条文说明如下。公共厕所的大便器宜以蹲便器为主，并应为老年人和残疾人设置一定比例的坐便器。在有儿童使用的卫生间，宜设置儿童尺度的洗手盆、厕位。

（2）公共厕所、公共浴室应防止视线干扰，宜分设前室。

（3）公共厕所宜设置独立的清洁间。

（4）公共活动场所宜设置独立的无性别厕所，且同时设置成人和儿童使用的卫生洁具。无性别厕所可兼做无障碍厕所。

3. 第三卫生间设计

第三卫生间，即无性别卫生间、中性厕所，指用于协助老、幼及行动不便者使用的厕所间。无性别卫生间可以解决一部分特殊对象（不同性别的家庭成员共同外出，其中一人的行动无法自理）上厕不便的问题，主要是指女儿协助老父亲，儿子协助老母亲，母亲协助小男孩，父亲协助小女孩等。无性别卫生间内的设备应考虑儿童及老人使用方便，并应有特殊标志和说明。第三卫生间常与无障碍卫生间兼并设置，但第三卫生间不等同于无障碍卫生间。第三卫生间的设置场所、要求应符合以下规定。

■《城市公共厕所设计标准》CJJ 14—2016

〖4.2.10〗公共厕所第三卫生间应在下列各类厕所中设置。

（1）一类固定式公共厕所。

（2）二级及以上医院的公共厕所。

条文说明如下。指包含候诊大厅或医院对外开放的公共厕所。

（3）商业区、重要公共设施及重要交通客运设施区域的活动式公共厕所。

〖4.3.3〗第三卫生间（图 5-26）的设置应符合下列规定：

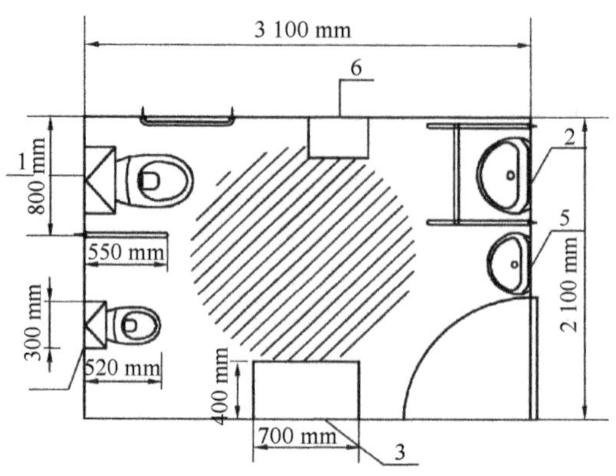

图 5-26　第三卫生间平面布置图

（注：1 为成人坐便器；2 为成人洗手盆；3 为可折叠的多功能台；4 为儿童坐便器；5 为儿童洗手盆；6 为可折叠的儿童安全座椅。）

（1）位置宜靠近公共厕所入口，应方便行动不便者进入，轮椅回转直径不应小于 1.50 m；

（2）内部设施宜包括成人坐便器、成人洗手盆、多功能台、安全抓杆、挂衣钩和呼叫器、儿童坐便器、儿童洗手盆、儿童安全座椅；

（3）使用面积不应小于 6.5 m²；

（4）地面应防滑、不积水；

（5）成人坐便器、洗手盆、多功能台、安全抓杆、挂衣钩、呼叫按钮的设置应符合现行国家标准《无障碍设计规范》的有关规定；

（6）多功能台和儿童安全座椅应可折叠并设有安全带，儿童安全座椅长度宜为 280 mm，宽度宜为 260 mm，高度宜为 500 mm，离地高度宜为 400 mm。

4. 母婴室设计

母婴室，设有婴儿打理台、水池、座椅等设施，为母亲提供的给婴儿换尿布、喂奶或临时休息使用的房间。其设计应符合以下规定。

■《民用建筑设计统一标准》GB 50352—2019〖6.6.6〗

在交通客运站、高速公路服务站、医院、大中型商店、博览建筑、公园等公共场所应设置母婴室，办公楼等工作场所的建筑物内宜设置母婴室。母婴室应符合下列规定：

（1）母婴室应为独立房间且使用面积不宜低于 10.0 m²；

（2）母婴室应设置洗手盆、婴儿尿布台及桌椅等必要的家具；

（3）母婴室的地面应采用防滑材料铺装。

5. 层高净高

独立式厕所、卫生间的层高与规模有关，一般在 3 m 以上即可。建筑中附属的厕所、卫生间，层高跟楼层统一即可，一般通过吊顶谋求与空间尺度相适应的恰当净高。有洗浴功能的卫生间不宜太高，否则不易提升室温，不舒适且浪费能源，吊顶高以 2.2~2.5 m 为宜。

6. 通风采光

厕所、卫生间宜设置为能自然通风采光的明厕、明卫，同时还应配置通风管道和机械排风设施。厕所、卫生间虽然可以设置为暗房间，但如果通过完善设计能够实现自然通风采光，切不可因懒惰而随意设置暗厕所和暗卫生间。

7. 防水排水

■《民用建筑设计统一标准》GB 50352—2019〖6.13.3〗

厕所、浴室、盥洗室等受水或非腐蚀性液体经常浸湿的楼地面应采取防水、防滑的构造措施，并设排水坡坡向地漏。有防水要求的楼地面应低于相邻楼地面 15.0 mm。经常有水流淌的楼地面应设置防水层，宜设门槛等挡水设施，且应有排水措施，其楼地面应采用不吸水、易冲洗、防滑的面层材料，并应设置防水隔离层。

六、附设公厕设计要求举例

1. 办公建筑

办公建筑附设公厕就符合以下规定。

■《办公建筑设计标准》JGJ/T 67—2019〖4.3.5〗

办公建筑公用厕所应符合下列规定：

（1）公用厕所服务半径不宜大于 50 m；

（2）公用厕所应设前室，门不宜直接开向办公用房、门厅、电梯厅等主要公共空间，并宜有防止视线干扰的措施；

（3）公用厕所宜有天然采光、通风，并应采取机械通风措施；

（4）男女性别的厕所应分开设置，其卫生洁具数量应按表 5-49 配置。

表 5-49　卫生设施配置

女性使用数量（人）	便器数量（个）	洗手盆数量（个）	男性使用数量（人）	大便器数量（个）	小便器数量（个）	洗手盆数量（个）
1~10	1	1	1~15	1	1	1
11~20	2	2	16~30	2	1	2
21~30	3	2	31~45	2	2	2
31~50	4	3	46~75	3	2	3
当女性使用人数超过 50 人时，每增加 20 人增设 1 个便器和 1 个洗手盆			当男性使用人数超过 75 人时，每增加 30 人增设 1 个便器和 1 个洗手盆			

注：1. 当使用总人数不超过 5 人时，可设置无性别卫生间，内设大、小便器及洗手盆各 1 个。

2. 为办公门厅及大会议室服务的公共厕所应至少各设一个男、女无障碍厕位。

3. 每间厕所大便器为 3 个以上者，其中 1 个宜设坐式大便器。

4. 设有大会议室（厅）的楼层应根据人员规模相应增加卫生洁具数量。

2. 商业建筑

商业建筑附设公厕应符合以下规定。

■《商店建筑设计规范》JGJ 48—2014〖4.2.14〗

供顾客使用的卫生间设计应符合下列规定：

（1）应设置前室，且厕所的门不宜直接开向营业厅、电梯厅、顾客休息室或休息区等主要公共空间；

（2）宜有天然采光和自然通风，条件不允许时，应采取机械通风措施；

（3）中型以上的商店建筑应设置无障碍专用厕所，小型商店建筑应设置无障碍厕位；

（4）卫生设施的数量应符合现行行业标准《城市公共厕所设计标准》的规定，且卫生间内宜配置污水池；

（5）当每个厕所大便器数量为 3 具及以上时，应至少设置 1 具坐式大便器；

（6）大型商店宜独立设置无性别公共卫生间，并应符合现行国家标准《无障碍设计规范》的规定；

（7）宜设置独立的清洁间。

3. 饮食建筑

饮食建筑附设公厕应符合以下规定。

■《饮食建筑设计标准》JGJ 64—2017〖4.2.5〗

公共区域的卫生间设计应符合下列规定：

（1）公共卫生间宜设前室，卫生间的门不宜直接开向用餐区域，卫生洁具应采用水冲式；

（2）卫生间宜利用天然采光和自然通风，并应设置机械排风设施；

（3）未单独设置卫生间的用餐区域应设置洗手设施，并宜设儿童用洗手设施；

（4）卫生设施数量的确定应符合现行行业标准《城市公共厕所设计标准》对餐饮类功能区域公共卫生间设施数量的规定及现行国家标准《无障碍设计规范》的相关规定；

（5）有条件的卫生间宜提供为婴儿更换尿布的设施。

4. 住宅建筑

住宅建筑附设公厕应符合以下规定。

■《住宅设计规范》GB 50096—2011

〖5.4.3〗无前室的卫生间的门不应直接开向起居室（厅）或厨房。

【5.4.4】卫生间不应直接布置在下层住户的卧室、起居室（厅）、厨房和餐厅的上层。

〖5.4.5〗当卫生间布置在本套内的卧室、起居室（厅）、厨房和餐厅的上层时，均应有防水和便于检修的措施。

注：住宅卫生间典型平面布置示例 1、住宅卫生间典型平面布置示例 2、公共卫生间设计范例 1、公共卫生间设计范例 2、公共卫生间设计范例 3、公共卫生间设计范例 4 见附录图页 49—54（P261—P266）。

X. 住宅厨房

住宅厨房是为家庭服务的厨房，公寓类建筑套房内配设的厨房与住宅厨房有类似要求。食堂、餐馆、酒店等餐饮企业的厨房类型多样，功能复杂，不在本节讨论范围之内。

一、基本概念

◣厨房家具：厨房中用于膳食制作和存放功能的厨柜（包括固定家具、辅助柜等），如地柜、吊柜、高柜等。

◣厨房设备：进行炊事行为使用的灶具、吸油烟机、洗涤池、冰箱、洗碗机、微波炉、垃圾处理机等工业化产品。

◣厨房设施：进行炊事行为时必须使用的水、电、燃气、暖气与通风、电视与电话等管线及表具。

◣操作厨房（K 型）：住宅中进行洗、切、烧等炊事行为的空间。

◣餐室厨房（DK 型）：厨房内除炊事行为空间外，还兼有进餐行为空间，且各空间功能分区明确。

◣起居餐室厨房（LDK 型）：炊事行为空间包容于进餐、起居行为空间之中，且各空间功能分区明确。

二、住宅厨房设计知识

1. 厨房分类

住宅厨房按使用功能分为操作厨房、餐室厨房和起居餐室厨房三种类型；按使用者分为普通厨房（简称厨房）和无障碍厨房两种类型。

2. 一般要求

住宅厨房的操作流程可概括为洗、切、制备、烹炒几个环节，要合理安排相应设备、设施及操作空间，不能违背行为的连贯性与流程的合理性。其应符合以下规定。

■《住宅设计规范》GB 50096—2011

【5.3.3】厨房应设置洗涤池、案台、炉灶及排油烟机、热水器等设施或为其预留位置。

〖5.3.4〗厨房应按炊事操作流程布置。排油烟机的位置应与炉灶位置对应，并应与排气道直接连通。

〖5.3.5〗单排布置设备的厨房净宽不应小于 1.5 m；双排布置设备的厨房其两排设备之间的净距不应小于 0.9 m。

■《住宅厨房及相关设备基本参数》GB/T 11228—2008

〖5.2.1〗开间净尺寸，与餐厅合用的餐室厨房不应小于 2.70 m；与起居室、餐厅合用的起居餐室厨房不应小于 3.30 m，或视平面布局确定。

〖5.2.2〗进深净尺寸，操作厨房和与餐厅合用的餐室厨房不宜小于 3.00 m。

3. 家具尺寸

住宅厨房家具尺寸应符合以下规定。

■《住宅厨房及相关设备基本参数》GB/T 11228—2008

〖5.3.1〗厨房家具高度尺寸如下。

（1）地柜台面高度，包括灶台和洗涤台高度宜为 8 M、8.5 M 及 9 M，推荐尺寸为 8.5 M。当为台式燃气灶时，灶台高度为地柜台面高度减去台式燃气灶高。地柜底座高度宜为 1 M，地柜底座深度不宜小于 0.5 M。

（2）辅助台台面高度宜为 8M、8.5M 及 9M，且宜与地柜台面高度一致。

（3）地柜台面至吊柜底面净空距离宜为 0.6 M。

（4）灶台上烹调器具的支承面与安装在灶台上方的吸油烟机最低部位的距离宜为 0.65~0.70 m。

（5）高柜与吊柜顶面高度宜为 22 M。

注意：M 为国际通用的建筑模数符号，1 M=100 mm，下同。

〖5.3.2〗厨房家具深度尺寸如下。

（1）地柜的深度宜为 6 M、6.5 M 及 7 M，推荐尺寸为 6 M。

（2）辅助台的深度宜为 3 M、3.5 M、4.0 M、4. 5 M，推荐尺寸为 4 M。

（3）吊柜的深度宜为 3 M、3.5 M、4.0 M，推荐尺寸为 3.5 M。

〖5.3.3〗厨房家具宽度尺寸如下。

（1）地柜宽度宜为 6M、9 M、12M，推荐尺寸为 6M。

（2）灶柜的宽度为 6M、7.5 M、8 M、9 M，推荐尺寸为 7.5 M。

（3）洗涤柜的宽度宜为 6M、8 M、9 M，推荐尺寸为 6M、9 M。

4. 通风采光

住宅厨房的通风采光应符合以下规定。

■《住宅设计规范》GB 50096—2011

【7.1.3】卧室、起居室(厅)、厨房应有直接天然采光。

【7.2.1】卧室、起居室(厅)、厨房应有自然通风。

5. 燃气安全

我国多数住宅只设一个厨房,也有设一个中式厨房和一个西式厨房的做法。中餐烹饪需要明火,使用燃气灶具,有油烟气味的扩散问题,有燃气泄漏的危险,因此要设置在非居住房间内,要用门与其他空间隔开,不能做成开敞式厨房,反过来说,开敞式厨房不应采用燃气灶具。西式厨房多用电器加工食物,食材半成品居多,油烟少,可开敞设置。只设一个厨房时,应按中式厨房要求设置。无论哪类厨房都不能做成暗房间。

注:住宅厨房典型平面布置示例 1、住宅厨房典型平面布置示例 2、住宅厨房及相关设备、住宅厨房家具及设备尺寸、住宅厨房设计案例见附录图页 55—59(P267—P271)。

Ⅺ. 建筑无障碍设计

无障碍设计,指为保障行动不便者在生活及工作上的方便、安全,对建筑室内外的设施等进行的专项设计。无障碍设计能使老年人、残疾人等行动不便者方便出行,可扩展他们的可通达空间,保障他们的出行安全。无障碍设计是一个体系,包括室外场地的无障碍设计和建筑的无障碍设计,无障碍设施也可分为无障碍通行设施、无障碍服务设施、无障碍信息交流设施等,建筑方案设计需要关注的主要是建筑无障碍通行设施和无障碍服务设施。无障碍设计规范中的某些细节条款,即便其本身很重要,但只要在施工图阶段还有机会去选择、补救和完善,在方案设计阶段就可以暂时不予关注。

一、无障碍通行设施

1. 无障碍通道

无障碍通道,指方便残疾人、老年人和其他有需求的人自主安全地通行的通道。无障碍通道的设计应符合以下规范的规定。

■《建筑与市政工程无障碍通用规范》GB 55019—2021

【2.2.2】无障碍通道的通行净宽不应小于 1.20 m,人员密集的公共场所的通行净宽不应小于 1.80 m。

【2.2.3】无障碍通道上的门洞口应满足轮椅通行,各类检票口、结算口等应设轮椅通道,通行净宽不应小于 900 mm。

2. 轮椅坡道

轮椅坡道(图 5-27)的设计应符合以下规范的规定。

■《建筑与市政工程无障碍通用规范》GB 55019—2021

【2.3.1】轮椅坡道的坡度和坡段提升高度应符合下列规定:

(1)横向坡度不应大于 1∶50,纵向坡度不应大于 1∶12,当条件受限且坡段起止点的高差不大于 150 mm 时,纵向坡度不应大于 1∶10;

(2)每段坡道的提升高度不应大于 750 mm。

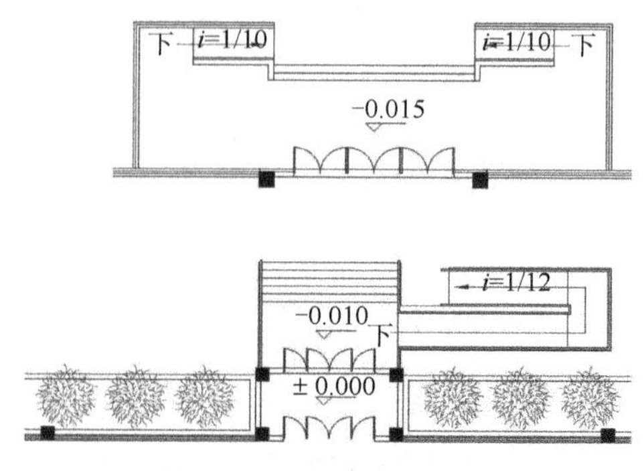

图 5-27 无障碍坡道示意

条文说明如下。在轮椅坡道坡度为 1∶12 时,每段坡道的提升高度不应大于 750 mm 即水平长度不应大于 9 m，否则应设休息平台。

【2.3.2】轮椅坡道的通行净宽不应小于 1.20 m。

注意：本条不适用于客房和住房、居室的套内和户内坡道。机动轮椅的宽度上限是 1.20 m，手动轮椅的宽度上限是 0.78 m。坡道宽度为 1.20 m 时，能保证一辆轮椅和一个人侧身通行；1.50 m 时，能保证一辆轮椅和一个人正面相对通行；1.80 m 时，能保证两辆轮椅正面相对通行。

【2.3.3】轮椅坡道的起点、终点和休息平台的通行净宽不应小于坡道的通行净宽，水平长度不应小于 1.50 m，门扇开启和物体不应占用此范围空间。

【2.3.4】轮椅坡道的高度大于 300 mm 且纵向坡度大于 1：20 时，应在两侧设置扶手，坡道与休息平台的扶手应保持连贯。

3. 无障碍出入口

无障碍出入口，指在坡度、宽度、高度上以及地面材质、扶手形式等方面方便行动障碍者通行的出入口。平坡出入口，是无障碍出入口的一种做法，指地面坡度不大于 1：20 且不设扶手的出入口。

需要进行无障碍设计的建筑，至少应设置一处无障碍出入口，通常将主入口设置为无障碍出入口，主入口不方便设置时也可以将次入口设置为无障碍出入口。为公众办理业务与信访接待的办公建筑、医疗康复建筑、福利及特殊服务建筑等，其主要出入口应为无障碍出入口，其他医疗康复建筑、福利及特殊服务建筑的主入口宜设置为平坡出入口。

■《建筑与市政工程无障碍通用规范》GB 55019—2021

【2.4.1】无障碍出入口应为下列 3 种出入口之一：

（1）地面坡度不大于 1：20 的平坡出入口；

（2）同时设置台阶和轮椅坡道的出入口；

（3）同时设置台阶和升降平台的出入口。

注意：多数建筑的无障碍出入口采用“台阶+轮椅坡道”的做法；医院、老年人照料设施、残疾人专用建筑则更适合采用平坡出入口做法；“台阶+升降平台”的做法一般只应用于受场地限制无法增加坡道的改造工程。

【2.4.2】除平坡出入口外，无障碍出入口的门前应设置平台；在门完全开启的状态下，平台的净深度不应小于 1.50 m；无障碍出入口的上方应设置雨篷。

【2.4.3】设置出入口闸机时，至少有一台开启后的通行净宽不应小于 900 mm，或者在紧邻闸机处设置供乘轮椅者通行的出入口，通行净宽不应小于 900 mm。

■《无障碍设计规范》GB 50763—2012〖8.2.2〗

为公众办理业务与信访接待的办公建筑的无障碍设施应符合下列规定：

（1）建筑的主要出入口应为无障碍出入口；

（2）建筑出入口大厅、休息厅、贵宾休息室、疏散大厅等人员聚集场所有高差或台阶时应设轮椅坡道，宜提供休息座椅和可以放置轮椅的无障碍休息区。

4. 门的无障碍设计

无障碍通道上的门应满足通行净宽要求。无障碍通行净宽的测量方法见图 5-28。

门的无障碍设计应符合以下规定。

■《无障碍设计规范》GB 50763—2012〖3.5.3〗

门的无障碍设计应符合下列规定：

（1）不应采用力度大的弹簧门并不宜采用弹簧门、玻璃门；当采用玻璃门时，应有醒目的提示标志；

（2）自动门开启后通行净宽度不应小于 1.00 m；

（3）平开门、推拉门、折叠门开启后的通行净宽度不应小于 0.80 m，有条件时不宜小于 0.90 mm；

（4）在门扇内外应留有直径不小于 1.50 m 的轮椅回转空间；

（5）在单扇平开门、推拉门、折叠门的门把手一侧的墙面，应设宽度不小于 0.40 m 的墙面；

■《建筑门窗无障碍技术要求》GB/T 41334—2022

〖4.6〗室内门不应有门槛。入户门和单元门门槛高度不宜大于 10 mm，且不应大于 15 mm；门槛高度大于 10 mm 时应以斜面过渡，斜面的纵向坡度不应大于 1∶10。

〖4.9〗厕所门宜采用外开门或推拉门，紧急情况下室外侧可开启。

〖5.2〗建筑用单元门的通行净宽度不应小于 1 100 mm，单元门为双扇或多扇门时，先开扇开启后的通行净宽度不应小于 900 mm；

〖5.5〗带有护理型床位的老年人建筑用室内门通行净宽度不应小于 1 100 mm。采用双扇或多扇门时，先开扇开启后的通行净宽度不应小于 900 mm。

■《建筑与市政工程无障碍通用规范》GB 55019—2021

【2.5.2】在无障碍通道上不应使用旋转门。

【2.5.7】连续设置多道门时，两道门之间的距离除去门扇摆动的空间后的净间距不应小于 1.50 m。

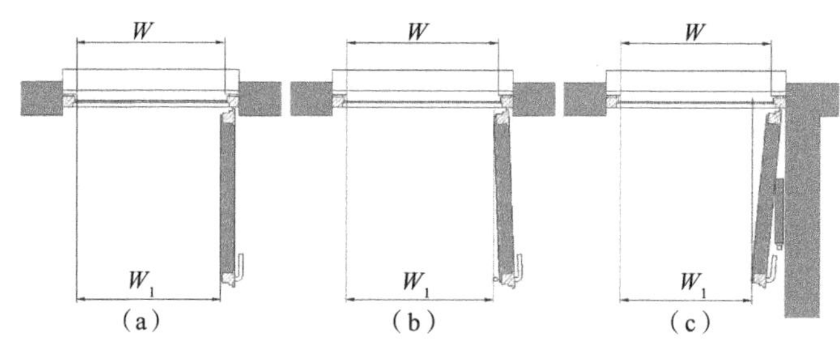

图 5-28　无障碍通行净宽度测量示意图

（a、b、c 分别描述了几种不同情况下的理论通行净宽与实际通行净宽间的关系）

（注：W 为理论通行净宽；W_1 为实际通行净宽。）

5. 无障碍电梯

无障碍电梯，指适合行动障碍者和视觉障碍者进出和使用的电梯。无障碍电梯的设置应符合以下规范的相关规定。

■《建筑与市政工程无障碍通用规范》GB 55019—2021

【2.6.1】电梯门前应设直径不小于 1.50 m 的轮椅回转空间，公共建筑的候梯厅深度不应小于 1.80 m。

【2.6.2】无障碍电梯的轿厢的规格应依据建筑类型和使用要求选用。满足乘轮椅者使用的最小轿厢规格，深度不应小于 1.40 m，宽度不应小于 1.10 m。同时满足乘轮椅者使用和容纳担架的轿厢，如采用宽轿厢，深度不应小于 1.50 m，宽度不应小于 1.60 m；如采用深轿厢，深度不应小于 2.10 m，宽度不应小于 1.10 m。轿厢内部设施应满足无障碍要求。

【2.6.3】新建和扩建建筑的电梯门开启后的通行净宽不应小于 900 mm，既有建筑改造或改建的电梯门开启后的通行净宽不应小于 800 mm；

【2.6.4】公共建筑内设有电梯时，至少应设置 1 部无障碍电梯。

■《无障碍设计规范》GB 50763—2012〖7.4.2〗

居住建筑的无障碍设计应符合下列规定：

（1）设置电梯的居住建筑应至少设置 1 处无障碍出入口，通过无障碍通道直达电梯厅；未设置电梯的低层和多层居住建筑，当设置无障碍住房及宿舍时，应设置无障碍出入口；

（2）设置电梯的居住建筑，每居住单元至少应设置 1 部能直达户门层的无障碍电梯。

6. 升降平台

升降平台的设置应符合以下规范的规定。

■《建筑与市政工程无障碍通用规范》GB 55019—2021【2.6.5】

升降平台应符合下列规定：

（1）深度不应小于 1.20 m，宽度不应小于 900 mm，应设扶手、安全挡板和呼叫控制按钮，呼叫控制按钮的高度应符合规范的有关规定；

（2）应采用防止误入的安全防护措施；

（3）传送装置应设置可靠的安全防护装置 。

7. 楼梯和台阶

楼梯和台阶的设置应符合以下规范的规定。

■《建筑与市政工程无障碍通用规范》GB 55019—2021

行动障碍者和视觉障碍者主要使用的楼梯和台阶一般位于老年人建筑、医疗建筑、康复建筑等行动障碍者和视觉障碍者较多使用的建筑中，以及残障人、老年人经常使用的室外空间中。楼梯、台阶的无障碍设计体现于许多细节方面中，除了行动障碍者和视觉障碍者主要使用的楼梯和台阶，其余大都可以在施工图阶段补充和完善，方案设计时可按普通楼梯、台阶对待。

8. 扶手

扶手的设置应符合以下规范的规定。

■《建筑与市政工程无障碍通用规范》GB 55019—2021

【2.8.1】满足无障碍要求的单层扶手的高度应为 850~900 mm；设置双层扶手时，上层扶手高度应为 850~900 mm，下层扶手高度应为 650~700 mm。

【2.8.3】行动障碍者和视觉障碍者主要使用的楼梯和台阶、轮椅坡道的扶手起点和终点处应水平延伸，延伸长度不应小于 300 mm；扶手末端应向墙面或向下延伸，延伸长度不应小于 100 mm。

9. 无障碍机动车停车位

无障碍机动车停车位的设置应符合以下规范的规定。

■《建筑与市政工程无障碍通用规范》GB 55019—2021

【2.9.1】应将通行方便、路线短的停车位设为无障碍机动车停车位。

【2.9.2】无障碍机动车停车位一侧，应设宽度不小于 1.20 m 的轮椅通道。轮椅通道与其所服务的停车位不应有高差，和人行通道有高差处应设置缘石坡道，且应与无障碍通道衔接。

注意：相邻的两个无障碍机动车停车位可共用一个轮椅通道。上海市规定无障碍停车位尺寸（含轮椅通道）应不小于 6.0 m × 3.7 m。

【2.9.5】总停车数在 100 辆以下时应至少设置 1 个无障碍机动车停车位，100 辆以上时应设置不少于总停车数 1%的无障碍机动车停车位；城市广场、公共绿地、城市道路等场所的停车位应设置不少于总停车数 2%的无障碍机动车停车位。

条文说明如下。车位数计算应采取进位原则，如 240 辆总停车数时，应设 3 个无障碍停车位。

二、无障碍服务设施

1. 一般规定

无障碍服务设施应满足以下规范的规定。

■《建筑与市政工程无障碍通用规范》GB 55019—2021

【3.1.2】具有内部使用空间的无障碍服务设施的入口和室内空间应方便乘轮椅者进入和使用，内部应设轮椅回转空间，轮椅需要通行的区域通行净宽不应小于 900 mm。

【3.1.3】具有内部使用空间的无障碍服务设施的门在紧急情况下应能从外面打开。

2. 公共厕所的无障碍设计

公共厕所的无障碍设计应满足以下规范的要求。

■《建筑与市政工程无障碍通用规范》GB 55019—2021

【3.2.1】满足无障碍要求的公共卫生间（厕所）应符合下列规定：

（1）女卫生间（厕所）应设置无障碍厕位和无障碍洗手盆，男卫生间（厕所）应设置无障碍厕位、无障碍小便器和无障碍洗手盆；

（2）内部应留有直径不小于 1.50 m 的轮椅回转空间。

【3.2.4】公共建筑中的男、女公共卫生间（厕所），每层应至少分别设置 1 个满足无障碍要求的公共卫生间（厕所），或在男、女公共卫生间（厕所）附近至少设置 1 个独立的无障碍厕所。

3. 无障碍厕位

无障碍厕位，公共厕所内设置的带坐便器及安全抓杆且方便行动障碍者进出和使用的带隔间的厕位。其设计应符合以下规范的规定。

■《建筑与市政工程无障碍通用规范》GB 55019—2021【3.2.2】

无障碍厕位应符合下列规定。

（1）应方便乘轮椅者到达和进出，尺寸不应小于 1.80 m × 1.50 m。

条文说明如下。1. 80 m × 1.50 m 的尺寸可提供乘轮椅者进入后调整角度和回转的空间，轮椅可在坐便器侧面靠近后平移就位。此尺寸要求不只限于面积要求，也要求了单边尺寸的最小值，例如 2.00 m × 1.35 m 虽然和 1.80 m × 1.50 m 面积一致，但也不满足本条要求。

（2）如采用向内开启的平开门，应在开启后厕位内留有直径不小于 1.50 m 的轮椅回转空间，并应采用门外可紧急开启的门闩。

条文说明如下。无障碍厕位的门鼓励采用推拉门。如采用平开门，一般情况下应向外开启，便于紧急情况施救，如向内开启则内部应留有足够的净空间，并且门闩在门外可开启，以便于发生紧急情况时进入救助。

（3）应设置无障碍坐便器。

4. 无障碍厕所

无障碍厕所，指出入口、室内空间及地面材质等方面方便行动障碍者使用且无障碍设施齐全的小型无性别厕所。其设计应符合以下规范的要求。

■《建筑与市政工程无障碍通用规范》GB 55019—2021【3.2.3】

无障碍厕所应符合下列规定。

（1）位置应靠近公共卫生间（厕所），面积不应小于 $4.00\ m^2$，内部应留有直径不小于 1.50 m 的轮椅回转空间。

（2）内部应设置无障碍坐便器、无障碍洗手盆、多功能台、低位挂衣钩和救助呼叫装置。

注意：多功能台长度不宜小于 700 mm，宽度不宜小于 400 mm，高度宜为 600 mm。

（3）应设置水平滑动式门或向外开启的平开门。

条文说明如下。使用者跌倒时有可能阻碍门向内打开从而影响救助，所以无障碍厕所不允许采用内开门。

本条中的无障碍厕所是指无性别区分、男女均可使用的小型无障碍厕所，不包括无障碍客房及无障碍住房、居室内的无障碍卫生间，因为其允许陪同的家属进入，方便各类人群的使用。

5. 无障碍卫生间

无障碍卫生间，指设置在无障碍客房和无障碍住房、居室内，方便残疾人、老年人和其他有需求的人使用的卫生间。无障碍卫生间所指范围比较小，不能把无障碍厕所和满足无障碍要求的公共卫生间称为无障碍卫生间。以下为住宅无障碍卫生间的设计要求。

■《住宅卫生间功能及尺寸系列》GB/T 11977—2008

〖5.4.1〗坐便器两侧和洗浴单元应设高 650 mm 的水平抓杆，在墙面一侧应设高 1 400 mm 的垂直抓杆，如图 5-29 所示。

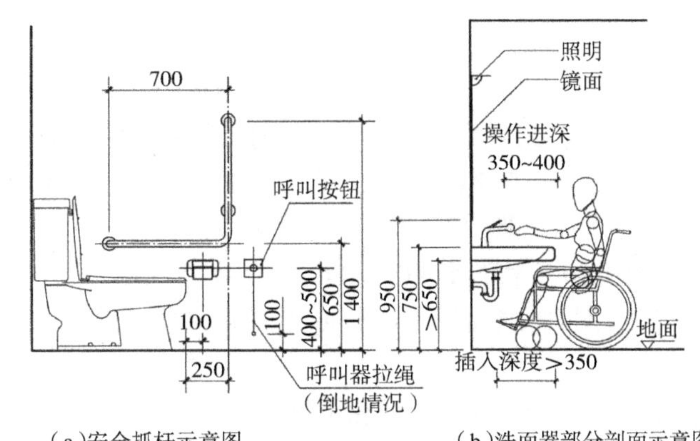

（a）安全抓杆示意图　　（b）洗面器部分剖面示意图

图 5-29　住宅无障碍卫生间坐便器侧墙安全抓杆和洗面器部分剖面示意图

（注：单位为 mm。）

〖5.4.2〗安全抓杆直径应为 30~40 mm。安全抓杆内侧距墙面 40 mm。

〖5.4.3〗洗面器的上缘距地的最大高度宜为 750 mm，下方的净空间不宜小于 650 mm，深度不宜小于 350 mm，如图 5-29 所示；洗面器挑出宽度宜为 600 mm。

〖5.4.4〗距洗面器两侧和前缘 50 mm 宜设安全抓杆。

〖5.4.5〗洗面器处镜子底面距地高度不宜大于 950 mm。

〖5.4.6〗洗面器前应有 1 100 mm × 800 mm 乘坐轮椅者使用空间。

〖5.4.7〗洗浴单元门应向外开启并采用门外可紧急开启的门插销。

6. 无障碍厨房

无障碍厨房，指方便行动障碍者使用的厨房，一般为公寓式客房设置的无障碍厨房和住宅无障碍套房的厨房。其设计应符合以下规范的要求。

■《建筑与市政工程无障碍通用规范》GB 55019—2021

【3.1.13】无障碍厨房应符合下列规定：

（1）厨房设施和电器应方便乘轮椅者靠近和使用；

（2）操作台面距地面高度应为 700~850 mm，其下部应留出不小于宽 750 mm、高 650 mm、距地面高度

250 mm 范围内进深不小于 450 mm、其他部分进深不小于 250 mm 的容膝容脚空间；

（3）水槽应与工作台底部的操作空间隔开。

条文说明如下。家庭的厨房中多安装不锈钢的水槽，一些乘轮椅者下肢没有知觉，为避免水槽中的热水造成烫伤，要求水槽与工作台底部的操作空间隔开。

本条为功能性和安全性要求。有长期使用者的居住建筑的户内或套内厨房可不执行本条要求，根据使用者情况进行具体处理。

■《住宅厨房及相关设备基本参数》JG/T 11228—2008〖5.1.4〗

住宅无障碍厨房应符合下列要求。

（1）无障碍厨房的使用面积不应小于 6.00 m²。厨房内应设冰箱位置和二人就餐位置。

（2）厨房净宽不应小于 2.00 m；布置双排地柜的厨房通道净宽不应小于 1.50 m。通道应能满足轮椅的回转活动（可利用地柜、餐台下部的局部凹入空间），轮椅的回转直径不宜小于 1 500 mm。灶台和洗涤池宜就近布置。

（3）地柜高度宜为 0.75 m，深度宜为 0.60 m。地柜台面下方净宽度不应小于 0.60 m；高度不应小于 0.65 m；深度不应小于 0.35 m。

（4）吊柜柜底高度，不应大于 1.20 m；深度不应大于 0.25 m。

（5）燃气热水器的阀门及观察孔高度，不应大于 1.10 m。吸油烟机的开关宜为低位式开关。

7. 无障碍客房和住房

无障碍客房，指出入口、通道、通信、家具和卫生间等均设有无障碍设施，房间的空间尺度方便行动障碍者安全活动的客房。无障碍住房，指出入口、通道、通信、家具、厨房和卫生间等均设有无障碍设施，房间的空间尺度方便行动障碍者安全活动的住房。其设计应符合以下规范的要求。

■《建筑与市政工程无障碍通用规范》GB 55019—2021

【3.4.1】无障碍客房和无障碍住房、居室应设于底层或无障碍电梯可达的楼层，应设在便于到达、疏散和进出的位置，并应与无障碍通道连接。

【3.4.2】人员活动空间应保证轮椅进出，内部应设轮椅回转空间。

条文说明如下。人员活动空间指的是人需要进入的厅、通道和房间，包括起居室（厅）、卧室、卫生间、厨房、阳台、走廊等。轮椅回转直径为 1.50 m，考虑到房间内保证直径 1.50 m 的轮椅回转空间比较困难，所以本条要求提供能以各种形式满足乘轮椅者进行轮椅回转的空间，不但包括适合轮椅回转的平面布置，也包括利用家具、洁具等下部的空间。

【3.4.3】主要人员活动空间应设置救助呼叫装置。

条文说明如下。主要人员活动空间指的是人员会比较长时间停留的空间，包括起居室（厅）、卧室、卫生间、厨房等。

【3.4.4】无障碍客房和无障碍住房、居室内应设置无障碍卫生间，并符合下列规定：

（1）应保证轮椅进出，内部应设轮椅回转空间；

（2）内部应设置无障碍坐便器、无障碍洗手盆、无障碍淋浴间或盆浴间、低位挂衣钩、低位毛巾架、低位搁物架和救助呼叫装置；

（3）应设置水平滑动式门或向外开启的平开门。

【3.4.5】无障碍客房和无障碍住房设置厨房时应为无障碍厨房。

【3.4.6】乘轮椅者上下床用的床侧通道宽度不应小于 1.20 m。

【3.4.7】窗户可开启扇的执手或启闭开关距地面高度应为 0.85~1.00 m，手动开关窗户操作所需的力度不应大于 25 N。

【3.4.8】无障碍住房的门禁和无障碍客房的门铃应同时满足听觉障碍者、视觉障碍者和言语障碍者的使用需求。

8. 轮椅席位

轮椅席位，指在观众厅、报告厅、阅览室及教室等设有固定席位的场所内，供乘轮椅者使用的位置。轮椅席位附近应设置陪护席位，以方便陪伴者照顾乘轮椅者。其设计应符合以下规范的要求。

■《建筑与市政工程无障碍通用规范》GB 55019—2021

【3.5.1】轮椅席位的观看视线不应受到遮挡，并不应遮挡他人视线。

【3.5.2】轮椅席位应设置在便于疏散的位置，并不应设置在公共通道范围内。

【3.5.3】轮椅席位区应通过无障碍通行设施与疏散出口、公共服务、卫生间、讲台等必要的功能空间和设施连接。

【3.5.4】轮椅席位应符合下列规定。

（1）每个轮椅席位的净尺寸深度不应小于 1.30 m，宽度不应小于 800 mm。

（2）观众席为 100 座及以下时应至少设置 1 个轮椅席位；101~400 座时应至少设置 2 个轮椅席位；400 座以上时，每增加 200 个座位应至少增设 1 个轮椅席位。

条文说明如下。400 座以上时，当不能被 200 整除时，不足 200 的部分也应设置 1 个轮椅席位。例如当为 750 座时，应设置 4 个轮椅席位。

（3）在轮椅席位旁或邻近的座席处应设置 1∶1 的陪护席位。

（4）轮椅席位的地面坡度不应大于 1∶50。

9. 低位服务设施

低位服务设施，指为方便行动障碍者使用而设置的高度适当的服务设施。其设计应符合以下规范的要求。

■《建筑与市政工程无障碍通用规范》GB 55019—2021

【3.6.1】为公众提供服务的各类服务台均应设置低位服务设施，包括问询台、接待处、业务台、收银台、借阅台、行李托运台等。

【3.6.2】当设置饮水机、自动取款机、自动售票机、自动贩卖机等时，每个区域的不同类型设施应至少有 1 台为低位服务设施。

【3.6.3】低位服务设施前应留有轮椅回转空间。

【3.6.4】低位服务设施的上表面距地面高度应为 700~850 mm，台面的下部应留出不小于宽 750 mm、高 650 mm、距地面高度 250 mm 范围内进深不小于 450 mm、其他部分进深不小于 250 mm 的容膝容脚空间。

注：无障碍设施 1、无障碍设施 2、无障碍设施 3、无障碍设施 4、无障碍设施 5 见附录图页 60—64（P272—P276）。

Ⅻ. 大空间设计

大空间指建筑中面积规模较大的单一空间，如观众厅、多功能厅等；或以拓扑方式绵延扩展的连续空间，如营业厅、展厅等。

一、相关概念

◣镜框式舞台：在观众厅和舞台之间设有台口分隔的舞台。
◣台口：舞台面向观众厅的开口。
◣台唇：台口线以外伸向观众席的台面。
◣池座：首层观众席。
◣楼座：首层观众席以上楼层的观众席。
◣短排法：座席区内设置纵横走道的座椅排列方法。
◣长排法：座席成片式布置，每个片区设边走道及前、后横走道的座椅排列方法。
◣开放式办公室：灵活隔断的大空间办公空间形式。
◣半开放式办公室：由开放式办公室和单间办公室组合而成的办公空间形式。
◣混响时间：声音已达到稳态后停止声源，平均声能密度自原始值衰变到其百万分之一（60 dB）所需要的时间。

二、大空间的类型与特征

大空间按是否设柱分有柱大空间和无柱大空间。有柱大空间即内部设柱的开阔空间，由于是有柱扩展，这类空间表现出极强的绵延性和扩张性，纵然回转曲折，只要连为一体，就是同一个大空间，要按同一空间的设计规则去要求或约束。无柱大空间即中间不允许设柱的开敞大空间，此类空间的规模一般受限于楼屋盖的结构能力，也会受到功能需要的约束，普遍表现出很强的几何属性。

大空间按地面是否起坡分平厅大空间和坡厅大空间。平厅大空间即地面为水平的开敞大空间，有极强的功能适应性。坡厅大空间即地面起坡的开敞大空间，地面起坡的目的一般为满足视听需要。

大空间之有柱无柱、平厅坡厅，是按不同标准划分的，两类空间可以组合形成：有柱平厅大空间、无柱平厅大空间、有柱坡厅大空间、无柱坡厅大空间。有柱坡厅大空间是一种理论上存在却无实际需要的大空间，因而有现实应用的大空间只有三种：有柱平厅大空间、无柱平厅大空间、无柱坡厅大空间。具体见表 5-50。

表 5-50　公共建筑中的大空间类型

空间类型			适用功能空间
大空间	有柱大空间	有柱平厅大空间	商场、展厅、餐厅、开放式办公室等
	无柱大空间	无柱平厅大空间	会议室、报告厅、舞厅、宴会厅、多功能厅等
		无柱坡厅大空间	影剧院的观众厅、报告厅、阶梯教室等

三、坡厅大空间设计

从现实情况看，坡厅大空间均为无柱坡厅大空间，无柱坡厅大空间均被用于剧场、影院类建筑的观众厅中，因此可以说坡厅大空间设计就是观众厅设计，只有通过对具体的观众厅设计的分析，才能深入地了解坡厅大空间的设计问题。除了剧场、影院的观众厅，采用坡厅的功能空间还有会议厅、报告厅、礼堂、阶梯教室等，它们在设计要求上大体相近又有差异。本节以剧场、影院的观众厅为研究重心，深入剖析坡厅大空间所服务的生活内容，并在对剧场、影院观众厅设计的对比阐释中，让学生了解它们在各个具体设计内容中的设计规则，并由此积累相关知识，深化对坡厅大空间设计的认识。

1. 规模等级和建筑等级

影院、剧场的观众厅在设计要求、设计标准方面与其规模等级和建筑等级密切相关，应符合以下规范的要求。

■《剧场建筑设计规范》JGJ 57—2016

〖1.0.5〗剧场建筑的规模应按观众座席数量进行划分，并应符合表 5-51 的规定。

表 5-51　剧场建筑规模划分

规模	观众座席数量（座）
特大型	>1 500
大型	1 201~1 500
中型	801~ 1 200
小型	≤800

〖1.0.6〗剧场的建筑等级根据观演技术要求可分为特等、甲等、乙等三个等级。特等剧场的技术指标要求不应低于甲等剧场。

条文说明如下。剧场档次划分为特、甲、乙三个等级，各个等级应保证最低限度的技术要求，便于设计和验收时区别对待。特等剧场是指代表国家的一些文娱建筑，如国家剧院，国家文化中心等，一般可不受本规范限制，其质量标准可根据具体要求而定，但不应低于甲等剧场；甲等剧场主要指代表省、直辖市的一些文娱建筑，乙等剧场主要指代表市、县的一些文娱建筑；一个剧场用类别、规模、等级三种划分，能较清楚地说明剧场的性质、大小、档次，不单用大型、中型、小型笼统划分，这样就可以避免混淆。

■《电影院建筑设计规范》JGJ 58—2008

〖4.1.1〗电影院的规模按总座位数可划分为特大型、大型、中型和小型四个规模，应符合表 5-52 的规定。

表 5-52　电影院建筑规模划分

类型	总座位数（个）	观众厅数（个）
特大型	>1 800	≥11
大型	1 201~1 800	8~10
中型	701~1 200	5~7
小型	≤700	≥4

〖4.1.2〗电影院建筑的等级可分为特、甲、乙、丙四个等级，其中特级、甲级和乙级电影院建筑的设计使用年限不应小于 50 年，丙级电影院建筑的设计使用年限不应小于 25 年。各等级电影院建筑的耐火等级不宜低于二级。

2. 空间指标

1）面积指标

影院剧场的观众厅的面积指标应符合以下规范的规定。

■《剧场建筑设计规范》JGJ 57—2016〖5.2.1〗

观众厅的座席应紧凑，应满足视线、排距、扶手中距、疏散等要求，其面积应符合下列规定：

（1）甲等剧场不应小于 0.80 m²/座；

（2）乙等剧场不应小于 0.70 m²/座。

■《电影院建筑设计规范》JGJ 58—2008〖4.2.1〗

乙级及以上电影院观众厅每座平均面积不宜小于 1.0 m²，丙级电影院观众厅每座平均面积不宜小于 0.6 m²。

2）容积指标

观众厅的容积指标与混响时间、声音效果密切关联，容积指标越大，混响时间越长。由于剧场对音质的要求较高，因此规范对不同类型的剧场做了容积指标的规定。电影院没有对容积指标做规定，需要根据观众厅的实际容积进行混响时间计算，不同频率声音的混响时间应符合规范的相关规定。影院剧场观众厅的容积指标应符合以下的规定。

■《剧场建筑设计规范》JGJ 57—2016〖9.2.1〗

观众厅每座容积宜符合表 5-53 的规定。

表 5-53　剧场观众厅每座容积

剧场类别	容积指标（m³/座）
歌剧、舞剧	5.0~8.0
话剧、戏曲	4.0~6.0
多用途	4.0~7.0

条文说明如下。观众厅容积的计算以大幕线为界，对于开敞式舞台，因舞台容积的部分或全部与观众厅容积融合，故不受本条的限制。

3. 视线设计

电影院、剧场、礼堂等建筑的观众厅都需进行视线设计，其做法和原理也基本一致，差别只在于视点定位不同。视线设计分剖面视线设计和平面视线设计两个方面。剖面视线设计主要解决视线无遮挡和座位升高定位问题，座位升高定位是由视线无遮挡要求所决定和主导的。所谓视线无遮挡就是前排观众的头顶不干扰后排观众的眼睛与视点的连线，保证所有观众都能看到视点位置。决定剖面视线设计的关键要素是视点位置、前排距离、坐姿视高、视线起高值（*C* 值）、排距等几个方面。平面视线设计主要解决观演舒适问题和前排边座观察角度的合理限度问题。视线设计还要满足最近视距和最远视距的限制要求。

剖面视线设计有图解法、数解法、图表法等，数解法、图表法本质上也是基于图解法几何关系的数学方法。随着计算机制图的普及，图解法因其直观、简便和足够精确的特点，成为视线设计和地面升高设计的主要方法。

1）相关概念

◣视线设计：观演建筑中，为合理满足观众看得清、看得好的要求而进行的视觉条件设计，是评价观众厅质量的主要内容。

◣视线：观众眼睛与设计视点之间的连线。

◣视点：观众视线设计的基准点。通俗地说，视点是观众至少能看到的位置。视点选择对观众席的地面起坡做法有直接影响。

◣视线超高值：后排观众观看设计视点的视线与前排观众眼睛垂线之交点，与前排观众眼睛间的高度差，简称 *C* 值。

◣最远视距：观众厅最后一排中心座位观众眼点（通常以椅背代替）至设计视点的水平距离。

◣最近视距：观众厅第一排中心座位观众眼点（通常以椅背代替）至设计视点的水平距离。

2)剧场

剧场观众厅的视点选择、C 值、舞台高和人的坐姿视高、最近视距、最远视距和最大俯角应满足以下规范的要求。

■《剧场建筑设计规范》JGJ 57—2016

〖5.1.1〗剧场观众厅的视线设计宜使观众能看到舞台面表演区的全部。当受条件限制时,应使位于视觉质量不良位置的观众能看到表演区的 80%。

〖5.1.2〗剧场观众厅的视点选择应符合下列规定。

(1)对于镜框式舞台剧场,视点宜选在舞台面台口线中心处。

(2)对于大台唇式、伸出式舞台剧场,视点应按实际需要,将设计视点适当外移。

(3)对于岛式舞台,视点应选在表演区的边缘。

(4)当受条件限制时,视点可适当上移,但不得超过舞台面 0.30 m;也可向台口线或表演区边缘后方移动,但不得大于 1.00 m。

〖5.1.3〗剧场观众厅视线超高值(C 值)的设计应符合下列规定。

(1)视线超高值不应小于 0.12 m。

(2)当隔排计算视线超高值时,座席排列应错排布置,并应保证视线直接看到视点。

(3)对于儿童剧场、伸出式、岛式舞台剧场,视线超高值宜适当增加。

条文说明如下。隔排计算视线超高值时,座席错排才能保证视线从紧邻前排的观众空隙之间穿过,直接看到视点。这是因为每排视线升高 0.12 m,视线升起很陡,工程造价提高。采用错排,C 值按隔排 0.12 m 取值,视觉质量降低不多,但视线升高可以相应平缓,这是常用的方法。我国近期竣工的剧院池座每排视线升高 0.12 m 的较为普遍,条件紧张的情况下,可考虑错排 0.12 m,但不提倡。条件允许的情况下,可适当加大 C 值,但须通过视线分析、声学分析确定合理的视线超高值。本条第 3 款的规定是因为青少年 C 值虽小于 0.12 m,但青少年年龄在 7~13 岁之间,由于发育迅速,年龄不同 C 值差别很大,因而坐着的儿童眼高不是一个常数,而是一个区间。经调研,在设计儿童剧场时,为保证儿童的身心发育健康,其视线设计在可能条件下取高值。伸出式舞台、岛式舞台视点较低,所以视线超高值应采取较高标准。具体采用什么数值应根据工程具体技术要求,合理设计。

〖5.1.4〗舞台面距第一排座席地面的高度应符合下列规定。

(1)对于镜框式舞台面,不应小于 0.60 m,且不应大于 1.10 m。

(2)对于伸出式舞台面,宜为 0.30~0.60 m;对于附有镜框式舞台的伸出式舞台,第一排座席地面可与主舞台面齐平。

(3)对于岛式舞台台面,不宜高于 0.30 m,可与第一排座席地面齐平。

条文说明如下。舞台面的高度影响设计视线升高高度,舞台面愈低、视线升起愈高;舞台面愈高,则视线升起愈低,但舞台面高度不得超过第一排观众坐着时的眼高。这个数值据调查在 1.00~1.50 m 之间。舞台面比观众坐着时的眼高稍低,视觉效果较佳。国内剧场舞台面高度大部分在 0.80~1.10 m 之间。

注意:观众坐着时眼睛离地高度的取值一般为 1.10~1.15 m。

对于设置镜框式舞台的剧场,最近视距由最前排中座与台口两边所形成的夹角 V 来决定,V 不宜超过 120°,设舞台台口宽度为 W,最前排中座与台口的距离应不小于 0.29 W。

〖5.1.5〗对于观众席与视点之间的最远视距,歌舞剧场不宜大于 33 m;话剧和戏曲剧场不宜大于 28 m;伸出式、岛式舞台剧场不宜大于 20 m。

条文说明如下。最远视距是衡量观众视觉质量的指标之一。决定最远视距的因素之一是满足视觉生理学的要求。正常视力的眼睛,能看到的最小尺寸或间距等于视弧上一分的刻度,换算成空间量度,距离 15 m 可以看清楚的最小尺寸为 4 mm,距离 30 m 可以看清楚的最小尺寸为 9 mm。因此,要看清面部表情及化妆细部,不考虑其他因素,应使最远视距不超过 20 m,要观看真人的表演,最远不应超过 30 m。决定观众厅最远视距的因素还有观众厅的规模,其又受制于多种因素,此问题与技术无关,单从视觉生理学一方面考虑。

〖5.1.6〗对于观众视线最大俯角，镜框式舞台的楼座后排不宜大于 30°，靠近舞台的包厢或边楼座不宜大于 35°；伸出式、岛式舞台剧场的观众视线俯角不宜大于 30°。

条文说明如下。俯角指观众眼睛至视点的连线与台面形成的夹角。当视线升起过陡，楼座观众俯角超过 30° 时，从视觉生理学角度来讲，观众分辨形状的能力迅速减弱；同时座席升起过陡，对观众是不安全的。

3）电影院

电影院观众厅的设计应符合以下规范的要求。

■《电影院建筑设计规范》JGJ 58—2008

〖4.2.1〗电影院的观众厅应符合下列规定：

（1）观众厅的设计应与银幕的设置空间统一考虑，观众厅的长度不宜大于 30 m，观众厅长度与宽度的比例宜为（1.5 ± 0.2）∶ 1；

（2）楼面均布活荷载标准值应取 3 kN/m²；

（3）观众厅体形设计，应避免声聚焦、回声等声学缺陷；

（4）观众厅净高度不宜小于视点高度、银幕高度与银幕上方的黑框高度（0.5~1.0 m）三者的总和；

（5）新建电影院的观众厅不宜设置楼座；

〖4.2.2〗观众厅视距、视点高、视角、放映角及视线超高值，应符合表 5-54 的规定。

表 5-54　电影院观众厅视距、视点高度、视角、放映角及视线超高值

项目 \ 电影院建筑的等级	特级	甲级	乙级	丙级
最近视距（m）	≥0.60W	≥0.60W	≥0.55W	≥0.50W
最远视距（m）	≤1.8W	≤2.0W	≤2.2W	≤2.7W
最高视点高度 h_0（m）	≤1.5W	≤1.6W	≤1.8W	≤2.0W
仰视角（°）	≤40		≤45	
斜视角（°）	≤35	≤40	≤45	
水平放映角（°）	≤3			
放映角（°）	≤6			
视线超高值 C（m）	C 值取 0.12 m，需要时可增加附加值 C'			C 值可隔排取 0.12 m

〖2.0.4〗影厅垂直视线设计用的基准视点，定在银幕画面下缘中点。

4）会议厅、报告厅

剧场式的会议厅、报告厅，视线设计可参考剧场建筑观众厅的视线设计做法，但视点位置应根据功能需要选定。最远视距超过 20 m 时，宜考虑设置投影屏，以便后排观众能看到演讲者区域的清晰影像。

5）阶梯教室

阶梯教室的设计应符合以下规范的要求。

■《中小学校设计规范》GB 50099—2011

〖5.12.3〗容纳 3 个班及以上的合班教室应设计为阶梯教室。

〖5.12.4〗阶梯教室梯级高度依据视线升高值确定。阶梯教室的设计视点应定位于黑板底边缘的中点处。前后排座位错位布置时，视线的隔排升高值宜为 0.12 m。

〖5.12.6〗前排边座座椅与黑板远端间的水平视角不应小于 30°。

〖5.12.7〗当合班教室内设置视听教学器材时，宜在前墙安装推拉黑板和投影屏幕（或数字化智能屏幕），并应符合下列规定。

（1）当小学教室长度超过 9.00 m，中学教室长度超过 10.00 m 时，宜在顶棚上或墙、柱上加设显示屏；学生的视线在水平方向上偏离屏幕中轴线的角度不应大于 45°，垂直方向上的仰角不应大于 30°。

（2）当教室内，自前向后每 6.00~8.00 m 设 1 个显示屏时，最后排座位与黑板间的距离不应大于 24.00 m；学生座椅前缘与显示屏的水平距离不应小于显示屏对角线尺寸的 4~5 倍，并不应大于显示屏对角线尺寸的 10~11 倍。

（3）显示屏宜加设遮光板。

注意：由于会议厅、报告厅、阶梯教室的视点位置较高，一般前面几排均不必设置阶梯。

4. 座椅设置

1）剧场

剧场的座椅设置应符合以下规范的要求。

■《剧场建筑设计规范》JGJ 57—2016

〖5.2.2〗剧场应设置有靠背的固定座椅。当包厢座位不超过 12 个时，可设活动座椅。

〖5.2.4〗座椅扶手中距，硬椅不应小于 0.50 m，软椅不应小于 0.55 m。

〖5.2.5〗座席排距应符合下列规定。

（1）短排法：硬椅不应小于 0.80 m，软椅不应小于 0.90 m，台阶式地面排距应适当增大，椅背到后面一排最突出部分的水平距离不应小于 0.30 m。

（2）长排法：硬椅不应小于 1.00 m；软椅不应小于 1.10 m，台阶式地面排距应适当增大，椅背到后面一排最突出部分的水平距离不应小于 0.50 m。

（3）靠后墙设置座位时，楼座及池座最后一排座位排距应至少增大 0.12 m。

（4）在座位升起大于 0.50 m 时，应适当增高靠背高度。

〖5.2.6〗每排座位排列数目应符合下列规定。

（1）短排法：双侧有走道时不宜超过 22 座，单侧有走道时不宜超过 11 座；超过限额时，每增加一个座位，排距应增大 25 mm。

（2）长排法：双侧有走道时不应超过 50 座，单侧有走道时不应超过 25 座。

2）影院

影院的座椅设置应符合以规范的要求。

■《电影院建筑设计规范》JGJ 58—2008

〖4.2.5〗不同等级电影院的观众座席尺寸与排距宜符合表 5-54 的规定。

表 5-54　不同等级电影院的观众座席尺寸与排距

等级	特级	甲级	乙级	丙级	
座椅	软椅			软椅	硬椅
扶手中距（m）	≥0.56		≥0.54	≥0.52	≥0.50
净宽（m）	≥0.48		≥0.46	≥0.44	≥0.44
排距（m）	≥1.10	≥1.00	≥0.90	≥0.85	≥0.80

注：靠后墙设置座位时，最后一排排距为排距、椅背斜度的水平投影距离和声学装修层厚度三者之和。

〖4.2.6〗每排座位的数量应符合下列规定。

（1）短排法：两侧有纵走道且硬椅排距不小于 0.80 m 或软椅排距不小于 0.85 m 时，每排座位的数量不应超过 22 个，在此基础上排距每增加 50 mm，座位可增加 2 个；当仅一侧有纵走道时，上述座位数相应减半；

（2）长排法：两侧有走道且硬椅排距不小于 1.00 m 或软椅排距不小于 1.10 m 时，每排座位的数量不应超过 44 个；当仅一侧有纵走道时，上述座位数相应减半。

〖4.2.7〗观众厅内走道和座位排列应符合下列规定。

（1）观众厅内走道的布局应与观众座位片区容量相适应，与疏散门联系顺畅。

（2）两条横走道之间的座位不宜超过 20 排，靠后墙设置座位时，横走道与后墙之间的座位不宜超过 10 排。

（3）小厅座位可按直线排列，大、中厅座位可按直线与弧线两种方法单独或混合排列。

（4）观众厅内座位楼地面宜采用台阶式地面，前后两排地坪相差不宜大于 0.45 m；观众厅走道最大坡度不宜大于 1∶8。当坡度为 1∶10~1∶8 时，应做防滑处理；当坡度大于 1∶8 时，应采用台阶式踏步；走道踏步高度不宜大于 0.16 m 且不应大于 0.20 m；供轮椅使用的坡道应符合现行行业标准《无障碍设计规范》中的有关规定。

3）阶梯教室

阶梯教育的座椅设置应符合以下规范的要求。

■《中小学校设计规范》GB 50099—2011〖5.12.6〗

合班教室课桌椅的布置应符合下列规定：

（1）每个座位的宽度不应小于 0.55 m，小学座位排距不应小于 0.85 m，中学座位排距不应小于 0.90 m。

（2）教室最前排座椅前沿与前方黑板间的水平距离不应小于 2.50 m，最后排座椅的前沿与前方黑板间的水平距离不应大于 18.00 m。

4）防火规范要求

座椅的防火设计应满足以下规范的要求。

■《建筑设计防火规范》GB 50016—2014（2018 版）〖5.5.20〗

布置疏散走道时，横走道之间的座位排数不宜超过 20 排。纵走道之间的座位数：剧场、电影院、礼堂等，每排不宜超过 22 个；体育馆，每排不宜超过 26 个。前后排座椅的排距不小于 0.90 m 时，可增加 1.0 倍，但不得超过 50 个；仅一侧有纵走道时，座位数应减少一半。

5）座椅排列形式

座椅排列形式有直线排列法、弧线排列法。

直线排列法比较简单，即每排座椅都直线平行排列。这种座椅排列法会导致前排边位观众观看体验差，所以通常会取消几个前排两端的座位。直线排列法适合于小型矩形观众厅，当每排座位数比较少时其弊端也很小，但对于每排座位数很多的大型观众厅其弊端就会被放大，就不再适合被选用。

弧线排列法指座椅围绕舞台呈弧线排列的做法。弧线排列法可保证更多的观众能相对地正视舞台中央，且同一排观众的视距大体一致，观众观看的舒适度较高。弧线排列法是比较合理的座位排列法，因而适用于各种形式和规模的观众厅。这种排列法对施工技术要求高，地面标高控制也较复杂。

弧线排列法的弧线确定方式又有单曲率法和双曲率法两种做法。单曲率法通常以大于观众厅长度的尺寸作为第一排座位的曲率半径，反推圆心，再依次做同心圆，定位出各排座位。无论是座位的曲率半径还是曲率中心位置都没有严格规定，根据观众厅的形状、规模合理设定即可，以保证多数观众能获得好的观看体能为目标，并兼顾观众厅的室内设计效果。双曲率法是指以横走道为界，前后座席区采用不同的曲率中心和曲率半径，这种做法既满足了观众的观看需要，也形成中间走道居中窄两边宽的形式，利于人流疏散，适用于中大型观众厅的座位设置。

座位排列方法并不限于上面谈到的两种经典形式，还有更多的组合做法。比如观众厅前端座椅直排向舞台倾斜的做法，座位区采用多个曲率的做法等，以适应具体的观众厅形式和规模，满足观众更好的视听需要，利于防火疏散为最终目的，座位排列不必拘泥于形式的纯粹性。

6）贵宾座席

贵宾座席应位于观看效果好且便于出入的部位，如池座的 7~9 排或一层楼座的前排中区。排距和椅距也应适当加大，以便安设比较豪华的座椅且方便人的进出，排距宜为 1.00~1.10 m，椅距 0.60~0.65 m。

7）楼座设置

小规模剧场、新建电影院的观众厅不宜设置楼座。800 座以下的剧场、音乐厅等提供现场真人表演的演艺建筑可不设楼座，800 座以上宜设楼座，楼座的设置应根据观众厅的规模、形式、演出剧种、视听要求、防火疏散、空间效果等方面综合考虑。

5. 走道设置

1）剧场

剧场的走道设置应符合以下规范的要求。

■《剧场建筑设计规范》JGJ 57—2016

【5.3.1】观众厅内走道的布局应与观众席片区容量相适应，并应与安全出口联系顺畅，宽度应满足安全疏散的要求。

〖5.3.2〗对于池座首排座位，除排距外，与舞台前沿之间的净距不应小于 1.50 m，与乐池栏杆之间的净距不应小于 1.00 m；当池座首排设置轮椅座席时，至少应再增加 0.50 m 的距离。

〖5.3.3〗两条横向走道之间的座位不宜超过 20 排，靠后墙设置座位时，横向走道与后墙之间的座位不宜超过 10 排。

〖5.3.4〗走道的宽度除应满足安全疏散的要求外，尚应符合下列规定。

（1）短排法：边走道净宽度不应小于 0.80 m；纵向走道净宽度不应小于 1.10 m，横向走道除排距尺寸以外的通行净宽度不应小于 1.10 m。

（2）长排法：边走道净宽度不应小于 1.20 m。

【5.3.5】观众厅纵走道铺设的地面材料燃烧性能等级不应低于 B_1 级材料，且应固定牢固，并应做防滑处理。坡度大于 1∶8 时应做成高度不大于 0.20 m 的台阶。

〖8.2.4〗剧场建筑观众厅外的疏散通道应符合下列规定。

（1）室内部分的坡度不应大于 1∶8，室外部分的坡度不应大于 1∶10，并应采取防滑措施，为残疾人设置的通道坡度不应大于 1∶12；

（2）地面以上 2.00 m 内不得有任何突出物，并不得设置落地镜子及装饰性假门。

2）影院

影院的走道设置应符合以下规范的要求。

■《电影院建筑设计规范》JGJ 58—2008

〖6.2.4〗观众厅外的疏散走道、出口等应符合下列规定：

（1）电影院供观众疏散的所有内门、外门、楼梯和走道的各自总宽度均应符合现行国家标准《建筑设计防火规范》的规定；

（2）穿越休息厅或门厅时，厅内存衣、小卖部等活动陈设物的布置不应影响疏散的通畅，2 m 高度内应无突出物、悬挂物；

（3）当疏散走道有高差变化时宜做成坡道；当设置台阶时应有明显标志、采光或照明；

（4）疏散走道室内坡道不应大于 1∶8，并应有防滑措施；为残疾人设置的坡道坡度不应大于 1∶12；

（5）电影院疏散走道的防排烟设置应符合现行国家标准《建筑设计防火规范》的有关规定。

〖6.2.7〗观众厅内疏散走道宽度除应符合计算外，还应符合下列规定：

（1）中间纵向走道净宽不应小于 1.0 m；

（2）边走道净宽不应小于 0.8 m；

（3）横向走道除排距尺寸以外的通行净宽不应小于 1.0 m。

3）阶梯教室

阶梯教室的走道设计应符合以下规范的要求。

■《中小学校设计规范》GB 50099—2011〖5.12.6〗

合班教室纵向、横向走道宽度均不应小于 0.90 m，当座位区内有贯通的纵向走道时，若设置靠墙纵向走道，靠墙走道宽度可小于 0.90 m，但不应小于 0.60 m。最后排座位之后应设宽度不小于 0.60 m 的横向疏散走道。

4）防火规范要求

走道的防火设计应满足以下规范的要求。

■《建筑设计防火规范》GB 50016—2014（2018 版）〖5.5.20〗

剧场、电影院、礼堂、体育馆等场所的疏散走道的净宽度应按每 100 人不小于 0.60 m 计算，且不应小于 1.00 m；边走道的净宽度不宜小于 0.80 m。

条文说明如下。观众厅内疏散走道的宽度按疏散 1 股人流需要 0.55 m 考虑，同时并排行走 2 股人流需要 1.1 m 的宽度，但观众厅内座椅的高度均在行人的身体下部，座椅不妨碍人体最宽处的通过，故 1.00 m 宽度基本能保证 2 股人流通行需要。观众厅内设置边走道不但对疏散有利，并且还能起到协调安全出口或疏散门和疏散走道通行能力的作用，从而充分发挥安全出口或疏散门的作用。

6. 附属空间

1）前厅和休息厅

前厅和休息厅的设计应满足以下规范的要求。

■《剧场建筑设计规范》JGJ 57—2016〖4.0.1〗

前厅和休息厅应符合下列规定。

（1）交通流线及服务分区应明确，并宜设置售票处、商品零售部、衣物寄存处、误场等候区等。

（2）最小使用面积指标应按剧场的建筑等级进行确定，并应符合表 5-55 的规定。

（3）当剧场设有分层观众厅时，各层的休息厅面积宜根据分层观众座席数量进行分配。

（4）严寒和寒冷地区的剧场，前厅应设门斗。

（5）宜预留安检设施的安放空间。

表 5-55　前厅和休息厅的最小使用面积指标　　单位：m²/座

等级	前厅	休息厅	前厅与休息厅合并
甲等	0.30	0.30	0.50
乙等	0.20	0.20	0.30

剧场前厅和休息厅最小使用面积指标应按剧场的建筑等级进行确定。当剧场设有分层观众厅时，各层的休息厅面积宜根据分层观众座席数量进行分配。

■《电影院建筑设计规范》JGJ 58—2008〖4.3.2〗

电影院门厅和休息厅合计使用面积指标，特、甲级电影院不应小于 0.50 m²/座；乙级电影院不应小于 0.30 m²/座；丙级电影院不应小于 0.10 m²/座。

其他建筑内附设的观众厅、报告厅等的门厅或休息厅应参照以上指标执行。

2）电影放映机房

电影放映机房的建筑要求、放映机布置、放映窗口及观察窗口应符合以下规范的要求。

■《电影院建筑设计规范》JGJ 58-2008

〖4.4.1〗放映机房内应设置放映、还音、倒片、配电等设备或设施，机房内宜设维修、休息处及专用厕所。

〖4.4.2〗各观众厅的放映机房宜集中设置。集中设置的放映机房每层不宜多于两处，并应有走道相通，走道宽度不宜小于 1.20 m。

〖4.4.3〗当放映机房后墙处无设备时，放映机房的净深不宜小于 2.80 m，机身后部距放映机房后墙不宜小于 1.20 m。当放映机房为两侧放映时，放映机房的净深不宜小于 4.80 m。放映机镜头至放映机房前墙面宜为 0.20~0.40 m。

〖4.4.4〗放映机房的净高不宜小于 2.60 m。

〖4.4.6〗放映机的布置应符合下列规定：

(1)当采用一台放映机时，其轴线应与银幕画面的中轴线重合；当采用两台放映机时，两台放映机的轴线应与银幕画面的中轴线对称，且两台放映机的轴线间的距离不宜大于 1.40 m；

(2)放映机轴线与右侧墙面(操作一侧)或其他设备的距离不宜小于 1.20 m；

(3)放映机轴线与左侧墙面(非操作一侧)或其他设备的距离不宜小于 1.00 m。

〖4.4.7〗放映窗口及观察窗口应符合下列规定。

(1)放映窗及观察窗分别设置时，放映窗口宜呈喇叭口，内口尺寸宜为 0.20 m × 0.20 m，喇叭口不应阻挡光束；观察窗内口尺寸宜为 0.30 m(宽) × 0.20 m(高)。

(2)放映窗与观察窗可等高合并，合并后的放映窗口宜呈喇叭口，内口尺寸宜为 0.70 m(宽) × 0.30 m(高)，喇叭口不应阻挡光束。

(3)放映窗应安装光学玻璃，观察窗宜安装普通玻璃。

(4)垂直放映角为 0° 时，放映机镜头光轴距离机房地面高度应为 1.25 m。

(5)放映窗口外侧的观众厅最后一排地坪前沿距离放映光束下缘不宜小于 1.90 m。

〖4.4.8〗放映机房应有一外开门通至疏散通道，其楼梯和出入口不得与观众厅楼梯和出入口合用。

〖4.4.9〗放映机房应有良好通风，放映机背后墙上不宜开窗户，当设有窗户时，应有遮光措施。

〖4.4.10〗当放映机房楼(地)面高于室外地坪 5 m 时，宜设影片提升设备。

3)辅助用房

辅助用房的设计应符合以下规范的要求。

■《中小学校设计规范》GB 50099—2011〖5.12.5〗

合班教室宜附设 1 间辅助用房，储存常用教学器材。

7. 噪声控制

1)剧场要求

剧场噪声控制应符合以下规范的要求。

■《剧场建筑设计规范》JGJ 57—2016

〖9.4.4〗剧场观众厅宜利用休息厅(廊)、前厅等隔离外界噪声。休息厅和前厅内宜做吸声降噪处理。观众厅的出入口宜设置声闸。侧舞台不宜设置直接通向室外的入口，当受条件限制而设置时，应设隔声门或声闸。

注意：一般做法是设两道门，两道门之间采取吸声措施，见图 5-30。

〖9.4.5〗空调机房、风机房、冷却塔、冷冻机房、锅炉房等产生噪声或振动的设施，宜远离观众厅及舞台区域，并应采取有效的隔声、隔振、降噪措施。

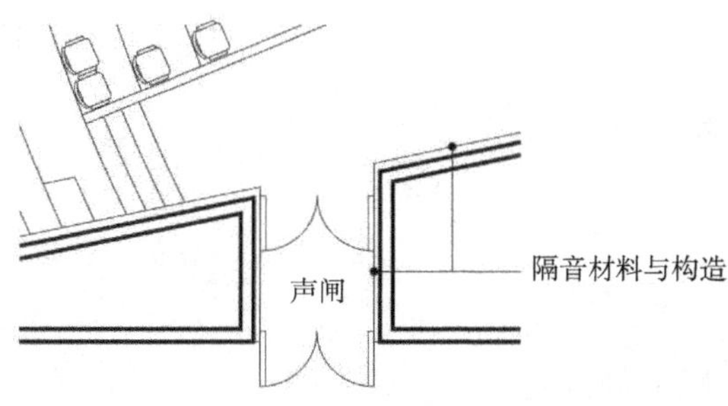

图 5-30　声闸做法示意图

2)影院要求

影院噪声控制应符合以下规范的要求。

■《电影院建筑设计规范》JGJ 58—2008〖5.3.2〗

电影院观众厅宜利用休息厅、门厅、走廊等公共空间作为隔声降噪措施，观众厅出入口宜设置声闸。

总之，观演建筑的观众厅不宜直接向室外开门，而应当通过休息厅（廊）做缓冲，以起到空间过渡和隔声降噪的作用。

四、平厅大空间设计

有柱平厅大空间在空间形式方面没有特殊的设计要求，当它用于商业营业厅或展厅的时候，遵循专业规范的设计要求即可。无柱平厅大空间一般为独立的大空间，设置在楼层或顶层时会涉及抽柱等结构问题，会遇到防火疏散压力增大的问题，在满足会议、典礼等功能需要时，还会有视线设计等方面的问题。

1. 无柱平厅大空间的建筑设计

无柱平厅大空间跨度大、空间高，多设置为单层，有困难时会设置在顶层，因为顶层抽柱方便，没有上部结构的限制，设置在中间层的情况较少，因为这需要设置大跨度刚性楼面，而且上面层层如此。普通钢网架结构柔性大，薄腹梁上部不平，加之这类空间的高度通常远超普通楼层，这决定了它们的上面无法做楼面或上人屋面，采用这些屋面结构的无柱平厅大空间只能设置在顶层或单层。虽然井字梁、密肋梁、复合钢网架等成熟的结构形式可以满足大跨度刚性楼面的结构要求，但多数情况下没有这样做的必要，因为施工难度大、造价高，不如将无柱平厅大空间设为单层或置于顶层更简单、经济。

2. 无柱平厅大空间的视线设计

无柱平厅大空间一般并不用于商品售卖或物品展览，而是用于举行典礼仪式、召开会议、举办学术报告等，宴会厅、大型多功能会议厅、大会议室、学术讲坛等多采用无柱平厅大空间。在实现上述功能时，通常要进行双向的视线设计，即既要考虑观众的观看视线问题，也要考虑演讲者在坐姿时的观察视线问题，使观众能看到演讲者，也使演讲者能随时观察到观众的反应。这就需要给演讲者提供一个讲台或临时舞台，讲台或临时舞台的高度宜为 300~600 mm，长宽尺寸据情而定。安装银幕时，银幕下沿高度距观众座席地面宜为 1.1~1.5 m，即与人的坐姿视高相平或略高，第一排观众观看银幕上沿的视角不宜大于 45°，最后一排观众的视距宜 $\leqslant 2.7W$，W 为银幕的宽度。

五、大空间的防火疏散设计

在大空间的防火疏散方面，依据使用功能和空间形式的差异，可分为以下三类功能空间。剧场、电影院、礼堂为第一类，采用设置固定座椅的无柱坡厅大空间；大会议厅、多功能厅为第二类，采用不设固定座椅的无柱平厅大空间；营业厅、展览厅为第三类，采用有柱平厅大空间。这三类功能空间在防火疏散方面既有共性要求，也有各自不同的规定，设计中应当遵守防火规范和专业标准的相关规定。

1. 大空间防火疏散的共性要求

1）疏散距离要求

各类大空间对于疏散距离的共性要求，详见第 4 篇中“大空间的疏散距离要求”一节。

2）疏散门的设计要求

大空间疏散门的设计应符合以下规范要求。

■《建筑设计防火规范》GB 50016—2014（2018 版）【5.5.16】

剧场、电影院、礼堂和体育馆的观众厅或多功能厅，其疏散门的数量应经计算确定且不应少于 2 个，并应符合下列规定。

（1）对于剧场、电影院、礼堂的观众厅或多功能厅，每个疏散门的平均疏散人数不应超过 250 人；当容纳人数超过 2 000 人时，其超过 2 000 人的部分，每个疏散门的平均疏散人数不应超过 400 人。

（2）对于体育馆的观众厅，每个疏散门的平均疏散人数不宜超过 400~700 人。

2. 无柱坡厅大空间的防火疏散要求

在现实应用中，坡厅大空间等同无柱坡厅大空间，等同有固定座位的观众厅。观众厅在防火疏散方面有不同于平厅大空间的要求，设计时应符合规范的相关规定。

1）疏散宽度

大空间疏散宽度应满足以下规范的要求。

■《建筑设计防火规范》GB 50016—2014（2018 版）〖5.5.20〗

剧场、电影院、礼堂等场所供观众疏散的所有内门、外门、楼梯和走道的各自总净宽度，应根据疏散人数按每 100 人的最小疏散净宽度不小于表 5-56 的规定计算确定。

表 5-56　剧场、电影院、礼堂等场所每 100 人所需最小疏散净宽度　　单位：m/百人

观众厅座位数（座）			≤2 500	≤1 200
耐火等级			一、二级	三级
疏散部位	门和走道	平坡地面	0.65	0.85
		阶梯地面	0.75	1.00
	楼梯		0.75	1.00

2）疏散门和安全出口

大空间疏散门和安全出口应满足以下规范的要求。

■《建筑设计防火规范》GB 50016—2014（2018 版）

〖5.5.20〗剧场、电影院、礼堂、体育馆等场所，有等场需要的入场门不应作为观众厅的疏散门。

■《电影院建筑设计规范》JGJ 58—2008

〖6.2.1〗电影院建筑应合理组织交通路线，并应均匀布置安全出口、内部和外部的通道，分区应明确、路线应短捷合理，进出场人流应避免交叉和逆流。

〖6.2.3〗观众厅疏散门的数量应经计算确定，且不应少于 2 个，门的净宽度应符合现行国家标准《建筑设计防火规范》的规定，且不应小于 0.90 m。应采用甲级防火门，并应向疏散方向开启。

■《剧场建筑设计规范》JGJ 57—2016

〖8.2.1〗观众厅出口应符合下列规定：

（1）出口应均匀布置，主要出口不宜靠近舞台；

（2）楼座与池座应分别布置安全出口，且楼座宜至少有两个独立的安全出口，面积不超过 200 m^2 且不超过 50 座时，可设一个安全出口，楼座不应穿越池座疏散。

【8.2.2】剧场建筑观众厅的出口门、疏散外门及后台疏散门应符合下列规定：

（1）应设双扇门，净宽不应小于 1.40 m，并应向疏散方向开启；

（2）靠门处不应设门槛和踏步，踏步应设置在距门 1.40 m 以外；

（3）不应采用推拉门、卷帘门、吊门、转门、折叠门、铁栅门；

（4）应采用自动门闩，门洞上方应设疏散指示标志。

3）附设剧场、影院、礼堂

附设在综合建筑内的剧院、影院、礼堂等，会构成一个特殊的功能区域，这个区域应当与其他区域进行防火分隔，适合独立作为一个防火分区，因而需要有独立的安全出口或疏散楼梯。其基本要求、疏散楼梯、防火要求应符合以下规范的规定。

■《建筑设计防火规范》GB 50016—2014（2018 版）

〖5.4.7〗剧场、电影院、礼堂宜设置在独立的建筑内；采用三级耐火等级建筑时，不应超过 2 层；确需设置

在其他民用建筑内时，至少应设置 1 个独立的安全出口和疏散楼梯，并应符合下列规定。

（1）应采用耐火极限不低于 2.00 h 的防火隔墙和甲级防火门与其他区域分隔。

（2）设置在一、二级耐火等级的建筑内时，观众厅宜布置在首层、二层或三层；确需布置在四层及以上楼层时，一个厅、室的疏散门不应少于 2 个，且每个观众厅的建筑面积不宜大于 400 m^2。

（3）设置在三级耐火等级的建筑内时，不应布置在三层及以上楼层。

（4）设置在地下或半地下时，宜设置在地下一层，不应设置在地下三层及以下楼层。

（5）设在高层建筑内时，应设火灾自动报警系统及自动喷水灭火系统等自动灭火系统。

条文说明如下。剧院、电影院和礼堂均为人员密集的场所，人群组成复杂，安全疏散需要重点考虑。当设置在其他建筑内时，考虑到这些场所在使用时，人员通常集中精力于观演等某件事情中，对周围火灾可能难以及时知情，在疏散时与其他场所的人员也可能混合。因此，要采用防火隔墙将这些场所与其他场所分隔，疏散楼梯尽量独立设置，不能完全独立设置时，也至少要保证一部疏散楼梯，仅供该场所使用，不与其他用途的场所或楼层共用。

注意：被分隔的区域里包括专属的等候空间、休息接待空间、商业空间、卫生间等。

〖5.5.13 条文说明〗由于剧场、电影院、礼堂、体育馆属于人员密集场所，楼梯间的人流量较大，使用者大都不熟悉内部环境，且这类建筑多为单层，因此规范中并未规定剧场、电影院、礼堂、体育馆的室内疏散楼梯应采用封闭楼梯间。但当这些场所与其他功能空间组合在同一座建筑内时，则其疏散楼梯的设置形式应按其中要求最高者确定，或按该建筑的主要功能确定。如电影院设置在多层商店建筑内，则需要按多层商店建筑的要求设置封闭楼梯间。

■《电影院建筑设计规范》JGJ 58—2008〖6.1.2〗

当电影院建在综合建筑内时，应形成独立的防火分区。

■《剧场建筑设计规范》JGJ 57—2016

【8.1.14】当剧场建筑与其他建筑合建或毗连时，应形成独立的防火分区，并应采用防火墙隔开，且防火墙不得开窗洞；当设门时，应采用甲级防火门。防火分区上下楼板耐火极限不应低于 1.5 h。

〖8.2.10〗剧场与其他建筑合建时，应符合下列规定。

（1）设置在一、二级耐火等级的建筑内时，观众厅宜设在首层，也可设在第二、三层；确需布置在四层及以上楼层时，一个厅、室的疏散门不应少于 2 个，且每个观众厅的建筑面积不宜大于 400 m^2；设置在三级耐火等级的建筑内时，不应布置在三层及以上楼层。

（2）应设独立的楼梯和安全出口通向室外地坪面。

3. 无柱平厅大空间的防火疏散要求

无柱平厅大空间的防火设计应符合以下规范的要求。

■《建筑设计防火规范》GB 50016—2014（2018 版）〖5.4.8〗

建筑内的会议厅、多功能厅等人员密集的场所，宜布置在首层、二层或三层。设置在三级耐火等级的建筑内时，不应布置在三层及以上楼层。确需布置在一、二级耐火等级建筑的其他楼层时，应符合下列规定：

（1）一个厅、室的疏散门不应少于 2 个，且建筑面积不宜大于 400 m^2；

（2）设置在地下或半地下时，宜设置在地下一层，不应设置在地下三层及以下楼层；

（3）设置在高层建筑内时，应设置火灾自动报警系统和自动喷水灭火系统等自动灭火系统。

多功能厅，指可提供多种使用功能的空间。多功能厅并没有确切的形式和尺度规定，它首先应是大空间，我们不可能把一个小房间定义为多功能厅，小本身就是对功能的限制；其次应是平厅大空间，坡厅会极大地限制其功能多样性；再次它的规模不能过大，在建筑中设计一个没有确切功能的超大尺度空间本身就不可思议，许多功能活动也并不适合在远超其需要的大空间内展开；最后应为无柱大空间，因为有柱就会限制观演类功能的实现。综上所述，典型的多功能厅应是中等规模的无柱平厅大空间，规模在 200 m^2 左右，100~400 m^2 之间。多功能厅能够举办的活动包括：典礼、游艺、聚会、会议、报告、培训、宴会、舞会、小型演出等。不能把空间的多用途等同于多功能，多用途的灵活范围要小得多，比如剧场可以演出歌舞剧、话剧、戏曲等剧种，可以作报告、开会议、放电影、举行毕业典礼等，这并不能称之为多功能厅，只能说是确定功能的多用途。多功能厅可参照歌舞娱乐放映游艺场所的人员密度规定统计疏散人数。

4. 有柱平厅大空间的防火疏散要求

采用有柱平厅的功能空间主要有营业厅、展览厅等，由于此类空间常常遍布整个楼层，因而一般不被当作大空间来对待，空间的组织方式则是按防火分区来进行分隔和控制，其防火疏散不仅有共性要求，还会有一些专业设计标准的规定。它们的防火分区规模要符合防火规范的一般要求，见本书表 4-4，当采取了更为严格的防火措施时，可以扩大其防火分区的规模。

■《建筑设计防火规范》GB 50016—2014（2018 版）【5.3.4】

一、二级耐火等级建筑内的商店营业厅、展览厅，当设置自动灭火系统和火灾自动报警系统并采用不燃或难燃装修材料时，其每个防火分区的最大允许建筑面积应符合下列规定：

（1）设置在高层建筑内时，不应大于 4 000 m^2；

（2）设置在单层建筑或仅设置在多层建筑的首层内时，不应大于 10 000 m^2；

（3）设置在地下或半地下时，不应大于 2 000 m^2。

注意：尽管这些场所的防火分区规模增大了，但其疏散距离仍应满足规范的相关规定，见本书第 4 篇中“大空间的疏散距离要求”一节。当营业厅、展览厅同时设置在多层建筑的首层及其他楼层时，考虑到涉及多个楼层的疏散和火灾蔓延危险，防火分区仍应符合防火规范的一般规定。设置在营业厅内的餐饮场所，防火分区的建筑面积要按一般民用建筑的防火分区要求划分，并要与其他商业营业厅进行防火分隔。

注：影剧院观众厅座位排列方式、观众厅座位排列要求与剧场视线设计、电影院观众厅设计 1、电影院观众厅设计 2、观众厅视线设计工程范例、小型电影放映厅设计案例见附录图页 65—70（P277—P282）。

第 6 篇

建筑设计要点提示与详解

要点提示是对建筑设计关键内容的提示，详解则是对特定建筑类型设计要求进行的详细阐释。本篇的详解对象是博物馆建筑设计，因为中小型博物馆建筑设计是学校学习阶段常见的设计训练题目，可发挥余地大，内容有代表性。

Ⅰ. 要点提示

一、办公建筑

办公建筑的要点提示应符合以下规定。

■《办公建筑设计标准》JGJ/T 67—2019

〖4.1.5〗四层及四层以上或楼面距室外设计地面高度超过 12 m 的办公建筑应设电梯。

条文说明如下。电梯的载重量不宜小于 1 250 kg/台。

〖4.1.7〗办公用房的门洞口宽度不应小于 1.00 m，高度不应小于 2.10 m。

〖5.0.2〗办公综合楼内办公部分的安全出口不应与同一楼层内对外营业的商场、营业厅、娱乐、餐饮等人员密集场所的安全出口共用。

二、商场

商场的要点提示应符合以下规定。

■《商店建筑设计规范》JGJ 48—2014

〖5.1.4〗除为综合建筑配套服务且建筑面积小于 1 000 m^2 的商店外，综合性建筑的商店部分应采用耐火极限不低于 2.00 h 的隔墙和耐火极限不低于 1.50 h 的不燃烧体楼板与建筑的其他部分隔开；商店部分的安全出口必须与建筑的其他部分隔开。

商店的疏散楼梯间在首层应能直通室外，不能先疏散到营业厅再疏散到室外。首层扩大封闭楼梯间或扩大防烟楼梯间前室应采用乙级防火门与商店营业厅分开。

三、中小学校

中、小学教学建筑虽然属于人员密集场所，但层数不允许超过 4 层或 5 层，考虑到中、小学生的行为、心理特点，设置封闭楼梯间并不利于学生的行为安全和疏散安全，《建筑设计防火规范》规定要设封闭楼梯间的建筑类型中也不包括中、小学，所以中、小学建筑设开敞楼梯间即可。

四、幼儿园

和中小学建筑允许设置开敞楼梯间的道理一样，幼儿园也可采用开敞楼梯间，其要点提示应符合以下规定。

■《建筑设计防火规范》GB 50016—2014（2018 版）【5.5.15】

位于两个安全出口之间或袋形走道两侧的房间，对于托儿所、幼儿园、老年人照料设施，建筑面积不大于 50 m^2。

条文说明如下。托儿所、幼儿园位于走道尽端时，需要设置 2 个及以上的疏散门，当不能满足此要求时，不能布置在走道的尽端。

五、住宅

住宅的要点提示应符合以下规定。

■《住宅设计规范》GB 50096—2011

〖5.2.3〗套型设计时应减少直接开向起居厅的门的数量。起居室(厅)内布置家具的墙面直线长度宜大于3 m。

〖5.7.3〗套内楼梯当一边临空时,梯段净宽不应小于0.75 m;当两侧有墙时,墙面之间净宽不应小于0.90 m,并应在其中一侧墙面设置扶手。

〖5.7.4〗套内楼梯的踏步宽度不应小于0.22 m,高度不应大于0.20 m;扇形踏步转角距扶手中心0.25 m处,宽度不应小于0.22 m。

住宅家具参考尺寸如下,单位为mm。

吧台:宽 × 高=500 × 900~1 050。

吧台凳高:600~750。

双人床:长 × 宽 × 高=2 000~2 200 × 1 500~1 800 × 400~450。

单人床:长 × 宽 × 高=1 900~2 100 × 850 ~1 200 × 400~450。

圆床直径:1900、2100、2400。

床头柜:宽 × 高=450~700 × 400~600。

衣柜:厚度600~700。

沙发:宽 × 座高=600~900 × 350~400;背高700~900。

茶几:高400~450,长宽具体不同。

写字台:长 × 宽 × 高=1 100~1 500 × 600~700 × 700~800。

坐凳:长 × 宽 × 高=350~450 × 250~450 × 400~450。

书柜:柜体外形深300~400;层间净高不小于250。

文件柜:柜体外形深400~450;层间净高不小于330。

六、餐馆

1. 设计要求

餐馆的设计应符合以下规定。

《饮食建筑设计标准》JGJ 64—2017

〖4.1.2〗用餐区域每座最小使用面积宜符合表6-1的规定。

表6-1　用餐区域每座最小使用面积　　单位 m²/座

分类	餐馆	快餐店	饮品店	食堂
指标	1.3	1.0	1.5	1.0

注:快餐店每座最小使用面积可以根据实际需要适当减少。本表提供的面积标准是不同类型餐厅用餐区域家具布置中偏低的面积指标,不同开间、跨度下各种形式、各种规模的用餐区域每座使用面积大体在0.84~2.00 m²/座之间。消防设计的疏散人数统计可按上述指标进行估算。

〖4.1.4〗厨房区域和食品库房面积之和与用餐区域面积之比宜符合表 6-2 的规定。

表 6-2　厨房区域和食品库房面积之和与用餐区域面积之比

分类	建筑规模	厨房区域和食品库房面积之和与用餐区域面积之比
餐馆	小型	≥1：2.0
	中型	≥1：2.2
	大型	≥1：2.5
	特大型	≥1：3.0
快餐店、饮品店	小型	≥1：2.5
	中型及中型以上	≥1：3.0
食堂	小型	厨房区域和食品库房面积之和不小于 30 m²
	中型	厨房区域和食品库房面积之和在 30 m² 的基础上按照服务 100 人以上每增加 1 人增加 0.3 m²
	大型及特大型	厨房区域和食品库房面积之和在 300 m² 的基础上按服务 1 000 人以上每增加 1 人增加 0.2 m²

注：1. 表中所示面积为使用面积。
2. 使用半成品加工的饮食建筑以及单纯经营火锅、烧烤等的餐馆，厨房区域和食品库房面积之和与用餐区域面积之比可根据实际需要确定。

〖4.1.6〗建筑物的厕所、卫生间、盥洗室、浴室等有水房间不应布置在厨房区域的直接上层，并应避免布置在用餐区域的直接上层。确有困难布置在用餐区域直接上层时应采取同层排水和严格的防水措施。

〖4.2.5〗公共卫生间宜设置前室，卫生间的门不宜直接开向用餐区域。

2. 家具尺寸

餐馆的家具尺寸应符合以下规定。

■《饮食建筑设计标准》JGJ 64—2017〖4.1.2 条文说明〗

设计方案所采用的厅内家具尺寸参数如下。

2 人圆桌：直径 0.5 m。

4 人圆桌：直径 0.9 m。

6 人圆桌：直径 1.1 m。

8 人圆桌：直径 1.30 m。

10 人圆桌：直径 1.50 m。

12 人圆桌：直径 1.80 m。

4 人方桌：0.85 m × 0.85 m（餐馆餐厅用）；0.75 m × 0.75 m（快餐店餐厅用）；（0.80~0.9）m × 1.20 m（火锅店、烧烤店餐厅用）。

6 人条桌：0.80 m × 1.50 m（中餐厅或饮品店餐厅用）；0.90 m × 1.60 m（西餐厅用）。

西餐厅 4 人厢座：1.50 m × 1.80 m。

饮品店餐厅 4 人厢座：1.20 m × 1.60 m。

3. 桌间距离与过道宽度

餐馆的桌间距离与过道宽度应符合以下规定。

■《饮食建筑设计标准》JGJ 64—2017〖4.1.2 条文说明〗

设计方案所采用的桌间距离与厅内道路宽度参数如下。

正面布置：桌边至桌边，仅就餐者通行时 1.45 m；桌边至桌边，有服务员通行时 1.80 m；桌边至桌边，有小车通行时 2.10 m；桌边至墙边，仅就餐者通行时 0.90 m；桌边至墙边，有服务员通行时 1.35 m。

斜向布置：桌角至桌角，仅就餐者通行时 0.90 m；桌角至桌角，有服务员通行时 1.30 m；桌角至桌角，有小车通行时 1.50 m；桌角至墙边，仅就餐者通行时 0.70 m；桌角至墙边，有服务员通行时 1.10 m。

厢座外缘至斜向布置的桌角，仅就餐者通行时 0.90 m；厢座外缘至斜向布置的桌角，有服务员通行时 1.30 m；厢座外缘至斜向布置的桌角，有小车通行时 1.50 m。

Ⅱ. 博物馆建筑设计详解

博物馆是综合性公共建筑的代表，也是有一定难度的公共建筑设计类型，通过剖析博物馆设计的相关内容，能使学生快速了解公共建筑设计普遍需要的专业知识，锻炼学生驾驭中等以上综合性公共建筑的设计。

一、基础知识

1. 相关概念

◣博物馆建筑：为满足博物馆收藏、保护并向公众展示人类活动和自然环境的见证物，开展教育、研究和欣赏活动，以及为社会服务等功能需要而修建的公共建筑。

◣基本陈列厅：为展示博物馆的主要收藏和基本内容而设置的展厅。

◣临时展厅：为短期展示、适时更替的展品而设置的展厅。

◣综合大厅：对观众开放，兼具展品展示和交通枢纽功能的建筑空间。

◣信息中心：对博物馆的藏品、展览、管理等信息进行采集、制作、处理、储存和传播等功能用房的总称。

◣眩光：由于视野中的亮度分布或亮度范围的不适宜，或存在极端的对比，以致引起不舒适感觉或降低观察细部或目标能力的视觉现象。

普遍认为由单个光源产生的不舒适眩光主要来自以下四个主要参数，其示意图见图 6-1。

L_s——观察者眼睛方向的光源照度，照度越高越不利。

ω——朝向观察者眼睛的眩光源立体角，角度越大越不利。

θ——来自观察者视线的眩光源角位移，角位移越小越不利。

L_f——观察者眼睛对通常场照度控制的适应水平，对比度越大越不利。

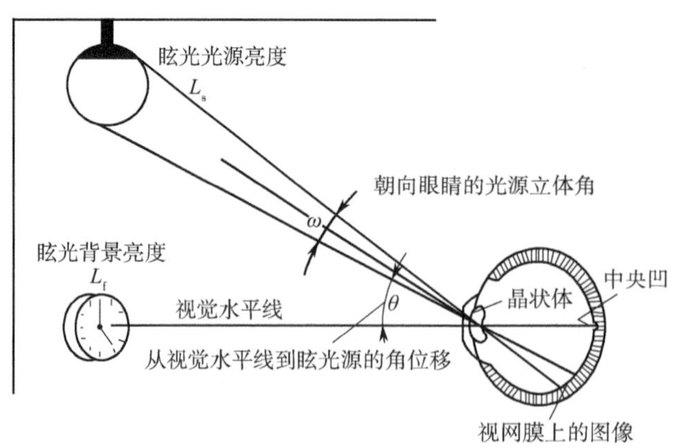

图 6-1　单个光源引起不舒适眩光的影响因素

2. 博物馆分类

1）按内容分类

按博物馆的藏品和基本陈列内容分类，博物馆可划分为历史类博物馆、艺术类博物馆、科学与技术类博物馆、综合类博物馆四种类型。

2）按规模分类

博物馆建筑可按建筑规模划分为特大型馆、大型馆、大中型馆、中型馆、小型馆五类，且建筑规模分类应符合表 6-3 的规定。

表 6-3　博物馆建筑规模分类

建筑规模类别	建筑总建筑面积（m^2）
特大型馆	>50 000
大型馆	20 001~50 000
大中型馆	10 001~20 000
中型馆	5 001~10 000
小型馆	≤5 000

二、总平面设计

1. 原则与规定

博物馆总平面设计的原则与规定应满足以下规范的要求。

■《博物馆建筑设计规范》JGJ 66—2015

〖3.2.1〗博物馆建筑的总体布局应遵循下列原则：

（1）应便利观众使用、确保藏品安全、利于运营管理；

（2）室外场地与建筑布局应统筹安排，并应分区合理、明确、互不干扰、联系方便；

（3）应全面规划，近期建设与长远发展相结合。

条文说明如下。不论建筑采用分散式还是集中式，总体布局都应遵循本条原则。室外场地与建筑都可划分为公众区域、业务区域和行政区域。公众区域场地包括观众集散广场、休憩与活动场地、露天展场、停车场等；业务区域场地指藏、展品装卸场地，露天制作、晾晒场地等；行政区域场地可包括员工入口广场、行政物资入口、停车场等。公众区域对观众开放；业务区域仅限藏品保管、修复等相关人员进入；行政区域供工作人员使用。总体布局应分区明确、互不干扰、联系方便。

〖3.2.2〗博物馆建筑的总平面设计应符合下列规定。

（1）新建博物馆建筑的建筑密度不应超过 40%。

（2）基地出入口的数量应根据建筑规模和使用需要确定，且观众出入口应与藏品、展品进出口分开设置。

（3）人流、车流、物流组织应合理；藏品、展品的运输线路和装卸场地应安全、隐蔽，且不应受观众活动的干扰。

（4）观众出入口广场应设有供观众集散的空地，空地面积应按高峰时段建筑内向该出入口疏散的观众量的 1.2 倍计算确定，且不应少于 0.4 m^2/人。

（5）特大型馆、大型馆建筑的观众主入口到城市道路出入口的距离不宜小于 20 m，主入口广场宜设置供观众避雨遮阴的设施。

（6）建筑与相邻基地之间应按防火、安全要求留出空地和道路，藏品保存场所的建筑物宜设环形消防车道。

（7）对噪声不敏感的建筑、建筑部位或附属用房等宜布置在靠近噪声源的一侧。

2. 露天展场

博物馆露天展场的设计应符合以下规定。

■《博物馆建筑设计规范》JG J66—2015〖3.2.3〗

博物馆建筑的露天展场应符合下列规定：

（1）应与室内公共空间和流线组织统筹安排；

（2）应满足展品运输、安装、展览、维修、更换等要求；

（3）大型展场宜设置问询、厕所、休息廊等服务设施。

3. 停车位

博物馆停车位的设计应符合以下规定。

■《博物馆建筑设计规范》JGJ 66—2015〖3.2.4〗

博物馆建筑基地内设置的停车位数量，应按其总建筑面积的规模计算确定，且不宜小于表 6-4 的规定。

表 6-4　博物馆建筑基地内设置的停车位数量

每 1 000 m² 建筑面积设置的停车位（个）			
大型客车	小型汽车		非机动车
	小型馆、中型馆	大中型馆、大型馆、特大型馆	
0.3	5	6	15

注：1. 计算停车位时，总建筑面积不包含车库建筑面积。
　　2. 停车位数量不足 1 时，应按 1 个停车位设置。

三、建筑设计

1. 分区与流线

博物馆分区与流线设计应符合以下规定。

■《博物馆建筑设计规范》JGJ 66—2015

〖4.1.1〗博物馆建筑的功能空间应划分为公众区域、业务区域和行政区域，且各区域的功能区和主要用房的组成宜符合表 6-5 的规定，并应满足工艺设计要求。

表 6-5　博物馆建筑各区域的功能区和主要用房的组成

区域分类	功能区或用房类别	主要用房组成			
		历史类、综合类博物馆	艺术类博物馆	科学与技术类博物馆	
				自然博物馆	技术博物馆、科技馆
公众区域	陈列展览区	综合大厅、基本陈列厅、临时展厅、儿童展厅、特殊展厅及其设备间	综合大厅、基本陈列厅、临时展厅、儿童展厅、特殊展厅及其设备间	综合大厅、基本陈列厅、临时展厅、儿童展厅、特殊展厅及其设备间	综合大厅、基本陈列厅、临时展厅、儿童展厅、特殊展厅及其设备间
		展具储藏室、讲解员室、管理员室	展具储藏室、讲解员室、管理员室	展具储藏室、讲解员室、管理员室	展具储藏室、讲解员室、管理员室

续表

区域分类	功能区或用房类别		主要用房组成			
			历史类、综合类博物馆	艺术类博物馆	科学与技术类博物馆	
					自然博物馆	技术博物馆、科技馆
	教育区		影视厅、报告厅、教室、实验室、阅览室、博物馆之友活动室、青少年活动室	影视厅、报告厅、教室、阅览室、博物馆之友活动室、青少年活动室	影视厅、报告厅、教室、实验室、阅览室、博物馆之友活动室、青少年活动室	影视厅、报告厅、教室、实验室、阅览室、博物馆之友活动室、青少年活动室
	服务设施		售票室、门廊、门厅、休息厅（廊）、饮水、厕所、贵宾室、广播室、医务室	售票室、门廊、门厅、休息厅（廊）、饮水、厕所、贵宾室、广播室、医务室	售票室、门廊、门厅、休息厅（廊）、饮水、厕所、贵宾室、广播室、医务室	售票室、门廊、门厅、休息厅（廊）、饮水、厕所、贵宾室、广播室、医务室
			茶座、餐厅、商店	茶座、餐厅、商店	茶座、餐厅、商店	茶座、餐厅、商店
业务区域	藏品库区	库前区	拆箱间、鉴选室、暂存库、保管员工作用房、包装材料库、保管设备库、鉴赏室、周转库	拆箱间、鉴选室、暂存库、保管员工作用房、包装材料库、保管设备库、鉴赏室、周转库	拆箱间、鉴选室、暂存库、保管员工作用房、包装材料库、保管设备库、鉴赏室、周转库	拆箱间、保管员工作用房、保管设备库
		库房区	按藏品材质分类，可包括书画、金属器具、陶瓷、玉石、织绣、木器等库	按艺术品材质分类，可包括书画、油画、雕塑、民间工艺、家具等库	按学科分哺乳、鸟、爬行、两栖、鱼、昆虫、无脊椎动物、植物、古生物类等库，按标本制作方法分浸制、干制标本库	工程技术产品库、科技展品库、模型库、音像资料库
	藏品技术区		洁净间、晾置间、干燥间、消毒（熏蒸、冷冻、低氧）室	洁净间、晾置间、干燥间、消毒（熏蒸、冷冻、低氧）室	清洗间、晾置间、冷冻消毒间	按工艺要求配置
			书画装裱及修复用房、油画修复室、实物修复用房（陶瓷、金属、漆木等）、药品库、临时库	书画装裱及修复用房、油画修复室、实物修复用房（陶瓷、金属、漆木等）、药品库、临时库	动物标本制作用房、植物标本制作用房、化石修理室、模型制作室、药品库、临时库	
			鉴定实验室、修复工艺实验室、仪器室、材料库、药品库、临时库	鉴定实验室、修复工艺实验室、仪器室、材料库、药品库、临时库	生物实验室、仪器室、药品库、临时库	
	业务与研究用房		摄影用房、研究室、展陈设计室、阅览室、资料室、信息中心	摄影用房、研究室、展陈设计室、阅览室、资料室、信息中心	摄影用房、研究室、展陈设计室、阅览室、资料室、信息中心	摄影用房、研究室、展陈设计室、阅览室、资料室、信息中心
			美工室、展品展具制作维修用房、材料库	美工室、展品展具制作维修用房、材料库	美工室、展品展具制作维修用房、材料库	美工室、展品展具制作维修用房、材料库
行政区域	行政管理区		行政办公室、接待室、会议室、物业管理用房	行政办公室、接待室、会议室、物业管理用房	行政办公室、接待室、会议室、物业管理用房	行政办公室、接待室、会议室、物业管理用房
			安全保卫用房、消防控制室、建筑设备监控室	安全保卫用房、消防控制室、建筑设备监控室	安全保卫用房、消防控制室、建筑设备监控室	安全保卫用房、消防控制室、建筑设备监控室
	附属用房		职工更衣室、餐厅	职工更衣室、餐厅	职工更衣室、餐厅	职工更衣室、餐厅
			设备机房、行政库房、车库	设备机房、行政库房、车库	设备机房、行政库房、车库	设备机房、行政库房、车库

注：1. 当综合类博物馆、科技馆等设有自然部或存有自然类藏品时，可按自然博物馆的要求设置相关用房；当技术博物馆、科技馆等存有科技类文物时，可按历史类博物馆的要求设置相关用房。

2. 当艺术类博物馆的藏品以古代艺术品为主时，其藏品库区用房组成可与历史类博物馆相同。

【4.1.3】博物馆建筑的藏（展）品出入口、观众出入口、员工出入口应分开设置。公众区域与行政区域、业务区域之间的通道应能关闭。

〖4.1.4〗博物馆建筑内的观众流线与藏（展）品流线应各自独立，不应交叉；食品、垃圾运送路线不应与藏（展）品流线交叉。

公众区域包括陈列展览区和教育区；业务区域包括藏品库区、藏品技术区和业务与研究用房；行政区域包括行政管理区和附属用房。这三个区域相对独立，但建筑是一个整体，区域之间总会有人员和物品往来，相互之间要能彼此连通。通过在区域边界上设门，既能沟通往来，又能在需要的时候封闭管控，即使分隔区域的门处于可开启状态，也能给人以区域边界的暗示，能有效避免人员的不当流动。另外，建筑的公众区域、业务区域、行政区域，还要和总平面中的这三个区域在功能、布局上相呼应，使建筑和场地构成一个密切关联的整体。

2. 区域面积分配

博物馆区域面积分配应符合以下规定。

■《博物馆建筑设计规范》JGJ 66—2015〖4.1.2〗

博物馆建筑设计应根据工艺设计的要求确定各功能空间的面积分配。陈列展览区、藏品库区建筑面积占总建筑面积的比可遵从表 6-6 的规定，并应通过工艺设计确定。

表 6-6　陈列展览区、藏品库区建筑面积占总建筑面积的比例

博物馆类别		功能区	功能区建筑面积占总建筑面积的比例(%)				
			特大型	大型	大中型	中型	小型
历史类、艺术类(以古代艺术藏品为主)		陈列展览区	25~35	30~40	35~45	40~55	50~75
		藏品库区	20~25	18~25	12~20	10~15	≥8
艺术类(以现代艺术藏品为主)		陈列展览区	30~40	35~45	40~50	45~55	50~75
		藏品库区	15~20	15~20	12~18	10~15	≥8
科学与技术类	自然博物馆	陈列展览区	25~35	30~40	35~45	40~55	50~75
		藏品库区	20~25	18~25	12~20	10~15	≥8
	技术博物馆	按工艺设计要求确定					
	科技馆	展览教育区	55~60	60~65	65~70	65~75	—
		藏品库区	10~15	10~15	5~15	5~15	
综合类		陈列展览区	25~35	30~40	35~45	40~55	50~70
		藏品库区	20~25	18~25	15~20	10~15	≥10

注：科技馆通常将展览用房和教育用房合称为展览教育区，因此面积比例按展览教育区别出。

这就要求在进行博物馆设计前，先确定其类型属性，然后根据其所属类型、规模大小等方面的约束条件，初步确定博物馆的分区面积和房间构成，拟订设计任务书，接着就可以根据场地的具体情况和规划要求着手设计。

3. 公众区域设计要求

1)一般要求

博物馆公众区域设计应满足以下规范的要求。

■《博物馆建筑设计规范》JGJ 66—2015〖4.1.6〗

公众区域应符合下列规定。

(1)当有地下层时，地下层地面与出入口地坪的高差不宜大于 10 m。

(2)除工艺设计要求外，展厅与教育用房不宜穿插布置。

条文说明如下。展厅与教育用房的功能不同，并有有、无藏品的区别；在一般博物馆中，教育区杂音较大，展区要求安静；在科技馆中展区杂音较大，教育区相对安静，从使用和声学上考虑，两者不宜穿插布置。工艺要求穿插布置，不受此限，但需进行声学设计。

(3)贵宾接待室应与陈列展览区联系方便，且其布置宜避免贵宾与观众相互干扰。

(4)当综合大厅、报告厅、影视厅或临时展厅等兼具庆典、礼仪活动、新闻发布会或社会化商业活动等功能时，其空间尺寸、设施和设备容量、疏散安全等应满足使用要求，并宜有独立对外的出入口。

（5）为学龄前儿童专设的活动区、展厅等，应设置在首层、二层或三层，并应为独立区域，宜设于首层，且宜设置独立的安全出口，设于高层建筑内应设置独立的安全出口和疏散楼梯。

2）陈列展览区设置要求

博物馆陈列展览区设计应符合以下规定。

■《博物馆建筑设计规范》JGJ 66—2015〖4.2.1〗

陈列展览区的平面组合应符合下列规定：

（1）应满足陈列内容的系统性、顺序性和观众选择性参观的需要；

（2）观众流线的组织应避免重复、交叉、缺漏，其顺序宜按顺时针方向；

（3）除小型馆外，临时展厅应能独立开放、布展、撤展；当个别展厅封闭维护或布展调整时，其他展厅应能正常开放。

3）教育区设置要求

博物馆教育区设计应符合以下规定。

■《博物馆建筑设计规范》JGJ 66—2015〖4.3.1〗

教育区的教室、实验室，每间使用面积宜为 50~60 m²，并宜符合现行国家标准《中小学校设计规范》的有关规定。

4）观众入口处服务设施

博物馆观众入口处服务设计应符合以下规定。

■《博物馆建筑设计规范》JGJ 66—2015〖4.3.2〗

应在博物馆建筑的观众主入口处，设置售票室、门廊、门厅等，并应在其中或近旁合理安排售票、验票、安检、雨具存放、衣帽寄存、问询、语音导览及资料索取、轮椅及儿童车租用等为观众服务的功能空间。

5）公共厕所

博物馆公共厕所设计应符合以下规定。

■《博物馆建筑设计规范》JGJ 66—2015

〖4.1.9〗公众区域的厕所应符合下列规定。

（1）陈列展览区的使用人数应按展厅净面积 0.2 人/m² 计算；教育区使用人数应按教育用房设计容量的 80%计算。陈列展览区与教育区厕所卫生设施数量应符合表 6-7 的规定，并应按使用人数计算确定，且使用人数的男女比例均应按 1∶1 计。

（2）茶座、餐厅、商店等的厕所应符合相关建筑设计标准的规定。

（3）应符合现行国家标准《无障碍设计规范》的规定，并宜配置婴童搁板和喂养母乳座椅；特大型馆、大型馆应设无障碍厕所和无性别厕所。

（4）为儿童展厅服务的厕所的卫生设施宜有 50%适于儿童使用。

表 6-7　厕所卫生设施数量

设施	陈列展览区		教育区	
	男	女	男	女
大便器	每 60 人设 1 个	每 20 人设 1 个	每 40 人设 1 个	每 13 人设 1 个
小便器	每 30 人设 1 个	—	每 20 人设 1 个	—
洗手盆	每 60 人设 1 个	每 40 人设 1 个	每 40 人设 1 个	每 25 人设 1 个

〖4.1.10〗业务区域和行政区域的饮水点和厕所距最远工作点的距离不应大于 50 m；卫生设施的数量应符合现行行业标准《城市公共厕所设计标准》的规定，并应按工艺设计确定的工作人员数量计算确定。

4. 业务区域设计要求

业务区域包括藏品库区、藏品技术区、业务与研究用房，藏品库区又包括库前区和库房区。业务区域是一个在安全和功能上比较独立的区域。

1）相关概念

◣藏品库区：为藏品收藏及管理而专设的房间、通道等建筑空间的总称，由库前区和库房区组成。

◣库前区：藏品库区内接收、管理藏品的工作区域。

◣库房区：藏品库区内收藏藏品的区域，包括藏品库房及其走道。

◣库房区总门：库前区进入库房区的门。

◣暂存库：库前区内为暂时存放尚未清理、消毒的藏品而专设的房间。

◣周转库：为暂时存放已提陈出库待使用、外展，或是已使用、外展待入库的藏品而专设的房间。

◣缓冲间：为对温湿度敏感的藏品入库前或出库后适应温湿度变化而专设的房间。

2）藏品保存场所设计要求

博物馆藏品保存场所设计应符合以下规定。

■《博物馆建筑设计规范》JGJ 66—2015【4.1.5】

博物馆建筑的藏品保存场所应符合下列规定。

（1）饮水点、厕所、用水的机房等存在积水隐患的房间，不应布置在藏品保存场所的上层或同层贴邻位置。

（2）当用水消防的房间需设置在藏品库房、展厅的上层或同层贴邻位置时，应有防水构造措施和排除积水的设施。

（3）藏品保存场所的室内不应有与其无关的管线穿越。

3）库区入口设计

博物馆库区入口设计应符合以下规定。

■《博物馆建筑设计规范》JGJ 66—2015

〖4.1.7〗通向室外的藏品库区或展厅的货运出入口，应设置装卸平台或装卸间；装卸平台或装卸间应满足工艺设计要求，且应有防止污物、灰尘和水进入藏品库区或展厅的设施，并应有安全防范及监控设施。

〖4.1.8〗博物馆建筑内藏品、展品的运送通道应符合下列规定。

（1）通道应短捷、方便。

（2）通道内不应设置台阶、门槛；当通道为坡道时，坡道的坡度不应大于1:20。

（3）当藏品、展品需要垂直运送时应设专用货梯，专用货梯不应与观众、员工电梯或其他工作货梯合用，且应设置可关闭的候梯间。

（4）通道、门、洞、货梯轿厢及轿厢门等，其高度、宽度或深度尺寸、荷载等应满足藏品、展品及其运载工具通行和藏具、展具运送的要求。

（5）对温湿度敏感的藏品、展品的运送通道，不应为露天。

（6）应设置防止无关人员进入通道的技术防范和实体防护设施。

4）库区内部设计

博物馆库区内部设计应符合以下。

■《博物馆建筑设计规范》JGJ 66—2015

〖4.4.1〗藏品库区应由库前区和库房区组成，并应符合下列规定：

（1）建筑面积应满足现有藏品保管的需要，并应满足工艺确定的藏品增长预期的要求，或预留扩建的余地；

（2）当设置多层库房时，库前区宜设于地面层；体积较大或重量大于500 kg的藏品库房宜设于地面层；

（3）开间或柱网尺寸不宜小于6 m；

（4）当收藏对温湿度敏感的藏品时，应在库房区总门附近设置缓冲间。

注意：并不是每种类型的藏品库都需要设置缓冲间，也不是每个库房都要配一个缓冲间，只有当收藏品对温湿度敏感时，相应的库区或库房才需要设置缓冲间，具体做法要根据实际情况和需要而定。缓冲间可设于库前区，亦可设于库房区，但应临靠库房区总门，要通过缓冲区进入库房或库房区才行。

〖4.4.2〗库房内主通道净宽应满足藏品运送的要求，并不应小于 1.20 m。

〖4.4.3〗藏品技术区的各类用房应根据工艺要求进行设计，建筑空间与设备容量应适应工艺变化和设备更新的需要。藏品技术区的实验室每间面积宜为 20~30 m^2。

5）业务与研究用房设计

博物馆业务与研究用房设计应符合以下规定。

■《博物馆建筑设计规范》JGJ 66—2015

〖4.5.1〗摄影用房可包括摄影室、编辑室、冲放室、配药室、器材库等，并应符合下列规定：

（1）摄影用房宜靠近藏品库区设置，有工艺要求的大型馆、特大型馆可在库前区设置专用摄影室；

（2）摄影室面积、层高、门宽度和高度尺寸，以及灯光、吊轨等设施应满足摄影工艺要求；

（3）冲放室应严密避光，室内墙裙、地面和管道应采取防腐蚀材料，并应设置满足工艺要求的水质、水压、水温和水量，废液应按国家有关环境保护的要求进行处置。

〖4.5.2〗研究室、展陈设计室朝向宜为北向，并应有良好的自然采光、照明。

〖4.5.3〗需要从藏品库区提取藏品进行工作的研究室，应与库区连接方便，并宜设藏品存放室或保险柜。

〖4.5.4〗信息中心可由服务器机房、计算机房、电子信息接收室、电子文件采集室、数字化用房等组成，且服务器机房和计算机房的设计应符合国家现行有关标准的规定，并不应与藏品库及易燃易爆物存放场所毗邻。

〖4.5.5〗美工室、展品展具制作与维修用房应符合下列规定。

（1）应与展厅联系方便，且应靠近货运电梯设置，并应避免干扰公众区域和有安静环境要求的区域。

（2）净高不宜小于 4.5 m。

（3）通往展厅的垂直和水平通道，应满足展品、展具运输的要求。

（4）应采取隔声、吸声处理措施满足声学设计要求。

（5）应按工艺要求配置水、电等设备；使用油漆和易产生粉尘的工作区应设置排气、除尘等设施；当设有电焊等明火设施时，应符合国家现行有关标准的要求。

5. 行政区域设计要求

博物馆行政区域设计应符合以下规定。

■《博物馆建筑设计规范》JGJ 66—2015

〖4.6.1〗行政管理区的办公用房应符合现行行业标准《办公建筑设计标准》的有关规定。

〖4.6.2〗安全保卫用房应符合下列规定。

（1）安全保卫用房应根据博物馆防护级别的要求设置，并可包括安防监控中心或报警值班室、保卫人员办公室、宿舍（营房）、自卫器具储藏室、卫生间等。大型馆、特大型馆宜在重要部位设分区报警值班室。

（2）安防监控中心、报警值班室宜设在首层。

（3）安防监控中心不应与建筑设备监控室或计算机网络机房合用；当与消防控制室合用时，应同时满足消防与安全防范的要求。

（4）报警值班室、安防监控中心、自卫器具储藏室应安装防盗门窗。

（5）特大型馆、大型馆的安防监控中心出入口宜设置两道防盗门，门间通道长度不应小于 3.0 m；门、窗应满足防盗、防弹要求。

（6）保卫人员办公室、宿舍（营房）的使用面积应按定员数量确定；宿舍（营房）应有自然通风和采光，并应配备卫生间、自卫器具储藏室。

6. 展厅设计

1)展厅的平面设计

展厅的平面设计应符合以下规定。

■《博物馆建筑设计规范》JGJ 66—2015〖4.2.2〗

展厅的平面设计应符合下列规定：

(1)分间及面积应满足陈列内容(或展项)完整性、展品布置及展线长度的要求，并应满足展陈设计适度调整的需要；

(2)应满足观众观展、通行、休息和抄录、临摹的需要；

(3)展厅单跨时的跨度不宜小于 8 m，多跨时的柱距不宜小于 7 m。

2)展厅净高

博物馆展厅净高应符合以下规定。

■《博物馆建筑设计规范》JGJ 66—2015〖4.2.3〗

展厅净高应符合下列规定。

(1)展厅净高可按式(6-1)确定：

$$h \geqslant a+b+c \tag{6-1}$$

式中：h——净高(m)；

a——灯具的轨道及吊挂空间，宜取 0.4 m；

b——厅内空气流通需要的空间，宜取 0.7~0.8 m；

c——展厅内隔板或展品带高度，取值不宜小于 2.4 m。

(2)应满足展品展示、安装的要求，顶部灯光对展品入射角的要求，以及安全监控设备覆盖面的要求；顶部空调送风口边缘距藏品顶部直线距离不应少于 1.0 m。

3)展厅人数

博物馆展厅人数应符合以下规定。

■《博物馆建筑设计规范》JGJ 66—2015

〖4.2.5〗展厅容纳的观众人数，不宜大于其合理限值(M_1)，且不应大于其高峰限值(M_2)，M_1、M_2 应按式 6-2、6-3 计算：

$$M_1=e_1 \cdot S \tag{6-2}$$

$$M_2=e_2 \cdot S \tag{6-3}$$

式中：M_1——合理限值(人)；

M_2——高峰限值(人)；

e_1——展厅观众合理密度(人/m²)，可在表 6-8 中选取；

e_2——展厅观众高峰密度(人/m²)，可在表 6-8 中选取；

S——展厅净面积(m²)。

表 6-8　展厅观众合理密度 e_1 与展厅观众高峰密度 e_2

编号	展品特征	展览方式	展厅观众合理密度 e_1(人/m²)	展厅观众高峰密度 e_2(人/m²)
Ⅰ	设置玻璃橱、柜保护的展品	沿墙布置	0.18~0.20	0.34
Ⅱ		沿墙、岛式混合布置	0.14~0.16	0.28
Ⅲ	设置安全警戒线保护的展品	沿墙布置	0.15~0.17	0.25
Ⅳ		沿墙、岛式、隔板混合布置	0.14~0.16	0.23
Ⅴ	无需特殊保护或互动性的展品	展品沿墙布置	0.18~0.20	0.34
Ⅵ		展品沿墙、岛式、隔板混合布置	0.16~0.18	0.30

续表

编号	展品特征	展览方式	展厅观众合理密度 e_1（人/m²）	展厅观众高峰密度 e_2（人/m²）
Ⅶ	展品特征和展览方式不确定（临时展厅）		—	0.34
Ⅷ	展品展示空间与陈列展览区的交通空间无间隔（综合大厅）		—	0.34

注：1. 本表不适于展品占地率大于 40%的展厅。
2. 计算综合大厅高峰限值 M_2 时，展厅净面积 S 应按综合大厅中的展示区域面积计算。

〖4.2.6〗陈列展览区的合理观众人数应为其全部展厅合理限值之和，高峰时段最大容纳观众人数应为其全部展厅高峰限值之和。

〖7.2.4〗在进行疏散宽度和缓冲面积计算时，陈列展览区每个防火分区的疏散人数应按区内全部展厅的高峰限值之和计算确定。

4）展厅采光

博物馆展厅采光应符合以下规定。

■《博物馆建筑设计规范》JGJ 66—2015〖8.1.4〗

展厅应根据展品特征和展陈设计要求，优先采用天然光，且采光设计应符合下列规定。

（1）天然光产生的照度应符合博物馆建筑采光标准值的相关规定。

（2）展厅内不应有直射阳光，采光口应有减少紫外辐射、调节和限制天然光照度值和减少曝光时间的构造措施。

（3）应有防止产生直接眩光、反射眩光、映象和光幕反射等现象的措施。

（4）当需要补充人工照明时，人工照明光源宜选用接近天然光色温的高温光源，并应避免光源的热辐射损害展品。

（5）顶层展厅宜采用顶部采光，顶部采光时采光均匀度不宜小于 0.7。

条文说明如下。展厅内天然采光的方式可归纳为侧窗、高侧窗和顶部采光三种方式。顶部采光有利于灵活布置陈列，在避免直接眩光、反射眩光及不占用墙面等方面比侧窗采光优越，因此顶层宜采用顶部采光。

（6）对于需要识别颜色的展厅，宜采用不改变天然光光色的采光材料。

（7）光的方向性应根据展陈设计要求确定。

（8）对于照度低的展厅，其出入口应设置视觉适应过渡区域。

（9）展厅室内顶棚、地面、墙面应选择无反光的饰面材料。

7. 附属设施

博物馆附属设施的设计应符合以下规定。

■《博物馆建筑设计规范》JGJ 66—2015

〖4.1.11〗应在博物馆建筑内的适当的位置设清洁用水池、清洁工具储藏室、清洁工人休息间、垃圾间。

〖4.1.12〗锅炉房、冷冻机房、变电所、汽车库、冷却塔、餐厅、厨房、食品小卖部、垃圾间等可能危及藏品安全的建筑、用房或设施应远离藏品保存场所布置。

〖4.1.13〗当职工餐厅与观众餐厅合用时，应设置避免非工作人员进入业务区域或行政区域的安全设施。

〖4.3.3〗餐厅、茶座的设计应符合现行行业标准《饮食建筑设计规范》的要求，且产生的油烟、蒸汽、气味等不应污染藏品保存场所的环境，并应配置食品储藏间、垃圾间和通往室外的卸货区。

〖7.1.5〗食品加工区宜使用电能加热设备，当使用明火设施时，应远离藏品保存场所且应靠外墙设置，应用耐火极限不低于 2.00 h 的防火隔墙和甲级防火门与其他区域分隔，且应设置火灾报警和自动灭火装置。

四、历史类、艺术类、综合类博物馆设计

不同类型的博物馆有不同的空间和设施需求，即使是同类型的博物馆，也会因为规模和藏、展品内容的

差异而有所不同，面对具体的项目，既要照顾博物馆设计的共性要求，又要重视特定博物馆的个性问题。历史类、艺术类、综合类博物馆是最常见和最具代表性的博物馆类型，其设计内容和要求也有一定的代表性。

1. 展厅设计要求

博物馆展厅设计应符合以下规范的要求。

■《博物馆建筑设计规范》JGJ 66—2015〖5.1.1〗

展厅设计应符合下列规定。

（1）展示艺术品的单跨展厅，其跨度不宜小于艺术品高度或宽度最大尺寸的1.5~2.0倍。

（2）展示一般历史文物或古代艺术品的展厅，净高不宜小于3.5 m；展示一般现代艺术品的展厅，净高不宜小于4.0 m。

（3）临时展厅的分间面积不宜小于200 m^2，净高不宜小于4.5 m。

注意：临时展厅要有比较好的适应能力，分间面积因而有200 m^2 的底线要求。

2. 库前区设计要求

博物馆库前区设计应符合以下规范的要求。

■《博物馆建筑设计规范》JGJ 66—2015〖5.1.2〗

库前区应符合下列规定：

（1）保管员工作室可包含测量、摄影、编目、藏品检索、影像库及库前更衣间、风淋间等功能空间或用房；

（2）清洁区与不洁区应分区明确。

条文说明如下。入藏藏品经装卸平台（间）进入藏品库房，经拆箱、鉴选后放入暂存库，此时藏品尚未清洁消毒，工作区域属不洁区；藏品经清洁消毒后，再进入库前区进行入库前的测量、摄影、鉴赏、分类、分级、编目、建档等工作，此部分工作区域属清洁区。通过不同途径收集的文物、标本、艺术品存在各种污垢、微生物和虫卵等，对其本身和库内藏品都可能产生自然破坏，因而不洁区与清洁区应严格分开。

3. 库房区设计要求

博物馆库房区设计应符合以下规范的要求。

■《博物馆建筑设计规范》JGJ 66—2015

〖5.1.3〗库房区应符合下列规定。

（1）藏品应按材质类别分间储藏。每间应单独设门，且不应设套间。

（2）每间库房的面积不宜小于50 m^2；文物类、现代艺术类藏品库房宜为80~150 m^2；自然类藏品库房宜为200~400 m^2。

（3）文物类藏品库房净高宜为2.8~3.0 m；现代艺术类藏品、标本类藏品库房净高宜为3.5~4.0 m；特大体量藏品库房净高应根据工艺要求确定。

（4）重点保护的一级文物、标本等珍贵藏品应独立设置库房。

〖6.0.7〗当库房区因工艺要求设置通风外窗时，窗墙比不宜大于1:20，且不应采用跨层或跨间的窗户。

4. 技术区设计要求

博物馆技术区设计应符合以下规范的要求。

■《博物馆建筑设计规范》JGJ 66—2015〖5.1.4〗

藏品技术区的用房可包括清洁间、晾置间、干燥间、消毒（熏蒸、冷冻、低氧）室、书画装裱及修复用房、油画修复室、实物修复用房、实验室等，并应符合下列规定。

（1）清洁间应配置沉淀池；晾置间（或晾置场地）不应有直接日晒，并应通风良好。

（2）熏蒸室（釜）应密闭，并应设滤毒装置和独立机械通风系统；墙面、顶棚及楼地面应易于清洁。

（3）书画装裱及修复用房可包括修复室、装裱间、裱件暂存库、打浆室；修复室、装裱间不应有直接日晒，应采光充足、均匀，应有供吊挂、装裱书画的较大墙面，并宜设置空调设备。

（4）油画修复室的平面尺寸、净高、电源、通风系统和专业照明等应根据设备和工艺要求设计。

（5）实物修复用房可包括金石器、漆木器、陶瓷等修复用房及材料工具库。金石器修复用房可包括翻模翻砂浇铸室、烘烤间、操作室等；漆木器修复用房可包括家具、漆器修复室、阴干间等；陶瓷修复用房可包括陶瓷烧造室、操作室等。实物修复用房应符合下列规定：

①每间面积宜为 50~100 m^2，净高不应小于 3.0 m；

②应有良好自然通风、采光，且不应有直接日晒；

③应据工艺要求配备排气柜、污水处理等设施，设有明火设施时，应满足防火要求；

④漆器修复室宜配有晾晒场地。

五、博物馆建筑的防火疏散

博物馆建筑的防火疏散首先应符合《建筑设计防火规范》的相关规定，在此基础上还要满足《博物馆建筑设计规范》的相关要求。

1. 展厅的防火疏散要求

博物馆展厅的防火疏散除了满足《建筑设计防火规范》对于大空间疏散的相关规定，还应符合《人员密集场所消防安全管理》的相关要求。

■《人员密集场所消防安全管理》GB/T 40248—2021〖8.7.4〗

体育场馆、展览馆、博物馆的展厅等场所内的主要疏散通道应直通安全出口，其宽度不应小于 5.0 m，其他疏散通道的宽度不应小于 3.0 m。

2. 藏品库区的防火疏散要求

1）藏品库区的防火要求

藏品库区的防火设计应满足以下规范的要求。

■《博物馆建筑设计规范》JGJ 66—2015

〖7.2.8〗藏品库区的防火分区设计应符合下列规定：

（1）藏品库区每个防火分区的最大允许建筑面积应符合表 6-9 的规定；

（2）防火分区内一个库房的建筑面积，丙类液体藏品库房不应大于 300 m^2；丙类固体藏品库房不应大于 500 m^2；丁类藏品库房不应大于 1 000 m^2；戊类藏品库房不宜大于 2 000 m^2。

表 6-9　藏品库区每个防火分区的最大允许建筑面积

藏品火灾危险性类别		每个防火分区的允许最大建筑面积（m^2）			
		单层或多层建筑的首层	多层建筑	高层建筑	地下、半地下建筑（室）
丙	液体	1 000	700	—	—
	固体	1 500	1 200	1 000	500
丁		3 000	1 500	1 200	1 000
戊		4 000	2 000	1 500	1 000

注：1. 当藏品库区内全部设置自动灭火系统和火灾自动报警系统时，可按表内的规定增加 1.0 倍。

2. 库房内设置阁楼时，阁楼面积应计入防火分区面积。

〖7.2.9〗当藏品库区中同一防火分区内储藏不同火灾危险性藏品时，该防火分区最大允许建筑面积应按其中火灾危险性最大类别确定；当该防火分区内无甲、乙类或丙类液体藏品，且丙类固体藏品库房建筑面积之和不大于区内库房建筑面积之和的 1/3 时，该防火分区最大允许建筑面积可按规范规定的丁类藏品防火分区面积要求确定。

2）藏品库区的疏散要求

藏品库区的疏散设计应满足以下规范的要求。

■《博物馆建筑设计规范》JGJ 66—2015

〖7.2.10〗藏品库区内每个防火分区通向疏散走道、楼梯或室外的出口不应少于 2 个，当防火分区的建筑面积不大于 100 m^2 时，可设一个出口；每座藏品库房建筑的安全出口不应少于 2 个；当一座库房建筑的占地面积不大于 300 m^2 时，可设置 1 个安全出口。

〖7.2.11〗地下或半地下藏品库房的安全出口不应少于 2 个；当建筑面积不大于 100 m^2 时，可设 1 个安全出口。当地下或半地下藏品库房有多个防火分区相邻布置，且采用防火墙分隔时，每个防火分区可利用防火墙上通向相邻防火分区的甲级防火门作为第二安全出口，但每个防火分区至少应有一个直通室外的安全出口。

注意：博物馆的藏品库区不同于一般民用建筑内附属的资料室、储藏间、暂存库，是博物馆建筑的主要功能用房，它构成了一个以仓库为基本属性的功能分区和防火分区，其防火疏散要求也是根据《建筑设计防火规范》对仓库部分的相关要求制定的。由于藏品库内平时没人，需要进入时人员也很少，且均为熟悉环境的工作人员，因而根据仓库部分的防火疏散原则，只需考虑出入口的数量要求，不用考虑疏散距离问题，也不需要遵从一般民用建筑对于疏散距离的相关规定，其出入口数量只要能满足规范要求即可，多设无益，还容易降低藏品库区整体的安全性。

3. 防火门

博物馆的防火门设计应符合以下规定。

■《博物馆建筑设计规范》JGJ 66—2015〖7.2.1〗

防火分区、藏品库房和展厅的疏散门、库房区总门应设置为甲级防火门。

4. 楼梯

博物馆的楼梯设计应符合以下规定。

■《博物馆建筑设计规范》JGJ 66—2015〖7.2.2〗

藏品保存场所的安全疏散楼梯应采用封闭楼梯间或防烟楼梯间，电梯应设前室或防烟前室；藏品库区电梯和安全疏散楼梯不应设在库房区内。

藏品保存场所，是藏品库区、展厅和藏品技术区等有藏品的建筑空间的总称。藏品保存场所是博物馆建筑的空间主体，在公众区域、业务区域、行政区域这三个功能区域中，公众区域（包括陈列展览区和教育区）和业务区域（包括藏品库区、藏品技术区和业务与研究用房）均属于藏品保存场所。这意味着除行政区域（包括行政管理区和附属用房）外的其他部分的安全疏散楼梯均应采用封闭楼梯间或防烟楼梯间。

5. 电梯

博物馆的电梯设计应符合以下规定。

■《建筑设计防火规范》GB 50016—2014（2018 版）〖5.5.14〗

公共建筑内的客、货电梯宜设置电梯候梯厅，不宜直接设置在营业厅、展览厅、多功能厅等场所内。

■《博物馆建筑设计规范》JGJ 66—2015〖4.1.8〗

当藏品、展品需要垂直运送时应设专用货梯，专用货梯不应与观众、员工电梯或其他工作货梯合用，且应设置可关闭的候梯间。

条文说明如下。藏品馆内运送过程是藏品易受自然破坏和人为破坏的环节。藏品一般不应由保管员手持移动，应将其放置在有衬垫的台箱或运送车中运送。藏品运送过程中不应遭受风、雨、振动、污沾，更不能遭受抢、盗、人为破坏。因而，运送通道应短捷、方便，不应出现台阶、门槛，楼地面有高差时应设平缓的坡道连接，垂直运送时应设专用货梯（或升降平台）；应有防止无关人员进入的技术防范和实体防护设施；对温湿度敏感的藏品，运送过程应保持其在库房或展厅中的温湿度环境，因而其通道不应为露天。

注意：一般载货电梯载重量为 2 t，轿厢净宽为 2 m，进深净尺寸为 3 m。

第 7 篇

五分钟生活圈居住区规划篇

五分钟生活圈居住区规划属于详细规划，是建筑设计衔接城市规划的过渡环节，也是通过建筑设计使规划理念付诸实施的重要阶段。正因如此，建筑师经常会参与甚至主导五分钟生活圈居住区的规划工作，因而了解五分钟生活圈居住区规划的相关内容，提高五分钟生活圈居住区规划的设计能力，是建筑师的必修课。此外，五分钟生活圈居住区规划还是一个集场地设计内容之大成的重要专题，涉及住宅、公共建筑、城市道路、停车场库、环境景观等多方面的设计内容，能使建筑师的各种设计能力得到锻炼。

Ⅰ．基础知识与基本规定

一、设计依据

五分钟生活圈居住区规划设计的主要依据是《城市居住区规划设计标准》，其次是与设计内容密切相关的其他规范和标准。《城市居住区规划设计标准》适用于城市规划的编制以及城市居住区的规划设计，是城市总体规划选择居住用地、控制开发强度、预测居住人口规模、配套基础设施和公共设施，合理布局居住生活空间的依据；是控制性详细规划确定城市居住区建筑容量和人口规模，配置各项配套设施及公共绿地，有效管控居住用地建设的依据；是城市居住区规划设计（包括修建性详细规划以及住宅建设项目规划与设计）合理组织建筑空间、道路交通，设置配套设施，设计绿地等公共空间，保障居住生活环境安全、舒适的依据。它既是城市新区建设的标准，也是城市旧区改造完善的依据。

二、相关概念

◣城市总体规划：对一定时期内城市性质、发展目标、发展规模、土地利用、空间布局以及各项建设的综合部署和实施措施。

◣分区规划：在城市总体规划的基础上，对局部地区的土地利用、人口分布、公共设施、城市基础设施的配置等方面所做的进一步安排。

◣控制性详细规划：以城市总体规划或分区规划为依据，确定建设地区的土地使用性质和使用强度的控制指标、道路和工程管线控制性位置以及空间环境控制的规划要求。

◣修建性详细规划：以城市总体规划、分区规划或控制性详细规划为依据，制订用以指导各项建筑和工程设施的设计和施工的规划设计。

◣城市居住区：城市中住宅建筑相对集中布局的地区，简称居住区。

◣居住区规划：对城市居住区的住宅、公共设施、公共绿地、室外环境、道路交通和市政公用设施所进行的综合性具体安排。

◣生活圈：根据城市居民的出行能力、设施需求频率及其服务半径、服务水平的不同，划分出的不同的居民日常生活空间，并据此进行公共服务、公共资源（包括公共绿地等）的配置。生活圈通常不是一个具有明确空间边界的概念，圈内的用地功能是混合的，里面包括与居住功能并不直接相关的其他城市功能。

◣生活圈居住区：一定空间范围内，由城市道路或用地边界线所围合，住宅建筑相对集中的居住功能区域；通常根据居住人口规模、行政管理分区等情况可以划定明确的居住空间边界，界内与居住功能不直接相关或是服务范围远大于本居住区的各类设施用地不计入居住区用地。采用这个概念，既有利于落实或对接国家有关基本公共服务到基层的政策、措施及设施项目的建设，也可以用来评估旧区各项居住区配套设施及公共绿地的配套情况，如校核其服务半径或覆盖情况，并作为旧区改建时填缺补漏、逐步完善的依据。

◣十五分钟生活圈居住区：以居民步行十五分钟可满足其物质与生活文化需求为原则划分的居住区范围；一般由城市干路或用地边界线所围合，居住人口规模为 50 000~100 000 人（约 17 000~32 000 套住宅），配套设施完善的地区。十五分钟生活圈居住区的用地面积规模约为 130~200 hm^2。

◣十分钟生活圈居住区：以居民步行十分钟可满足其基本物质与生活文化需求为原则划分的居住区范围；一般由城市干路、支路或用地边界线所围合，居住人口规模为 15 000~25 000 人（约 5 000~8 000 套住宅），配套设施齐全的地区。十分钟生活圈居住区的用地面积规模约为 32~50 hm^2 。

◣五分钟生活圈居住区：以居民步行五分钟可满足其基本生活需求为原则划分的居住区范围；一般由支路及以上级城市道路或用地边界线所围合，居住人口规模为 5000~12 000 人（约 1 500~4 000 套住宅），配建社区服务设施的地区。五分钟生活圈居住区的用地面积规模约为 8~18 hm^2。

◣居住街坊：由支路等城市道路或用地边界线围合的住宅用地，是住宅建筑组合形成的居住基本单元；居住人口规模在 1 000~3 000 人（约 300~1 000 套住宅，用地面积 2~4 hm^2），并配建有便民服务设施。居住街坊尺度为 150~250 m，是居住的基本生活单元。围合居住街坊的道路皆应为城市道路，开放支路网系统，不可封闭管理。

◣住宅平均层数：一定用地范围内，住宅建筑总面积与住宅建筑基底总面积的比值所得的层数。

三、单位换算

1 公顷（1hm^2）=10 000 m^2

1 公顷=15 亩　　1 亩=60 平方丈　　1 丈=10 尺　　1 米=3 尺

1 亩 ≈ 666.67 m^2　　1 km^2=100 公顷=1 500 亩

四、居住区分级

居住区按照居民在合理的步行距离内满足基本生活需求的原则，可分为十五分钟生活圈居住区、十分钟生活圈居住区、五分钟生活圈居住区及居住街坊四级，其分级控制规模应符合表 7-1 的规定，其示意图见图 7-1。

表 7-1　居住区分级控制规模及配套设施

距离与规模	十五分钟生活圈居住区	十分钟生活圈居住区	五分钟生活圈居住区	居住街坊
步行距离（m）	800~1 000	500	300	—
居住人口（人）	50 000~100 000	15 000~25 000	5 000~12 000	1 000~3 000
住宅数量（套）	17 000~32 000	5 000~8 000	1 500~4 000	300~1 000
用地规模（hm^2）（亩）	130~200（1 950~3 000）	32~50（480~750）	8~18（120~270）	2~4（30~60）
边界尺度（m）	—	—	—	150~250
道路边界	城市干路	城市干路、支路	支路以上	支路
配套设施	配套设施	配套设施	社区服务设施	便民服务设施

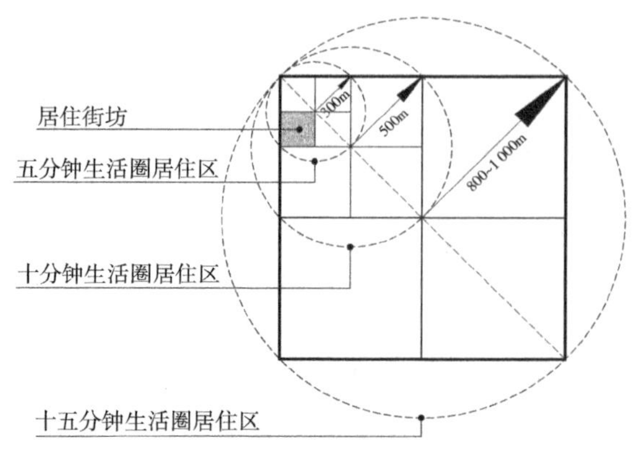

图 7-1　居住区尺度关系示意图

居住区分级兼顾了配套设施的合理服务半径及运行规模，有利于充分发挥其社会效益和经济效益。不同的开发建设强度，对应的居住人口规模可能会相差数倍。设施规模太小，可能造成配套设施运行不经济；规模太大，又会造成配套设施不堪重负甚至产生安全隐患。因此，配套设施要达到较好的服务效果，应具备两个基本条件：首先是在适宜的服务半径内步行即可达，以保障提供优质服务；其次是具有一定规模的居住人口即服务人口，以利于设置合理规模的设施，保障其运行效率。比如中学、小学、幼儿园的服务半径就要求分别不宜超过 1 000 m、500 m、300 m（此规划设计控制指标已沿用多年且受到居民的普遍认可），分别与十五分钟、十分钟、五分钟生活圈居住区相对应，其建设规模需根据生活圈居住区的居住人口规模进行配建。因此，居住人口规模与设施服务半径在规划设计中是双控指标，既要保证设施在合理的步行服务范围内，又要保证配套设施与居住人口规模相匹配。

居住街坊是组成各级生活圈居住区的基本单元。通常 3~4 个居住街坊可组成 1 个五分钟生活圈居住区，可对接社区服务；3~4 个五分钟生活圈居住区可组成 1 个十分钟生活圈居住区；3~4 个十分钟生活圈居住区可组成 1 个十五分钟生活圈居住区；1~2 个十五分钟生活圈居住区，可对接 1 个街道办事处。城市社区可根据社区的实际居住人口规模对应规划设计标准的居住区分级，实施管理与服务。

五、社会管理

居住区分级宜对接城市管理体制，以便于对接基层社会管理。实际运用中，居住区分级可结合城市各级管理服务机构的管辖范围进行划分，城市社区也可结合居住区规划分级划分的服务范围设置社区服务中心（站），这样既便于居民生活的组织和管理，又有利于各类设施的配套建设及提供管理和服务。如居委会的管辖范围，可对应 2 个居住街坊或 1 个五分钟生活圈居住区；街道办事处的管辖范围，可对应 1 个或 2 个十五分钟生活圈居住区；城市社区可根据其服务人口规模对应居住人口规模相同的生活圈居住区，配置各项配套设施。居住区与社会管理机构及公共服务设施的对应关系见图 7-2。

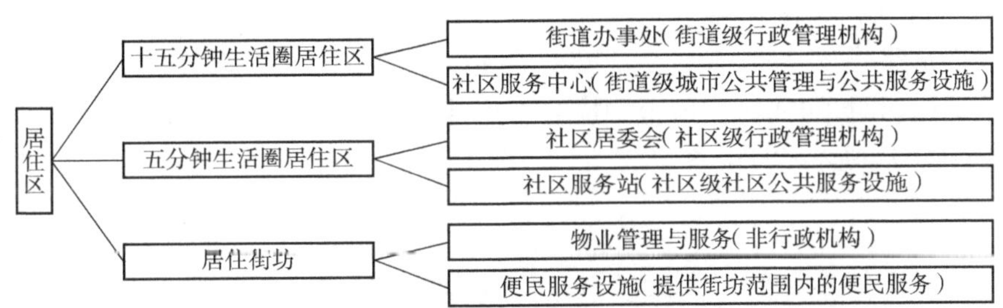

图 7-2　居住区与社会管理机构及公共服务设施的对应关系图

六、气候分区

为区分我国不同地区气候条件对建筑影响的差异性，明确各气候区的建筑基本要求，提供建筑气候参数，从总体上做到合理利用气候资源，防止气候对建筑造成不利影响，国家对各地进行了建筑气候划分。根据《建筑气候区划标准》，建筑气候区划系统分为一级区和二级区两级：一级区划分为 7 个区，用Ⅰ、Ⅱ、Ⅲ、Ⅳ、Ⅴ、Ⅵ、Ⅶ表示；二级区划分为 20 个区，在一级区后用 A、B、C、D 做区分。比如石家庄所属的建筑气候区为“ⅡA”区。

建筑气候分区对各地而言非常重要，其是建筑节能指标控制、居住区用地指标控制等方面的重要前提信息，不同的建筑气候分区，会有不同的控制指标。

Ⅱ. 用地性质与控制指标

一、用地性质

不同层级的生活圈居住区有不同的用地性质、用地内容和用地指标。

1. 生活圈用地

生活圈用地和生活圈居住区用地有所不同，生活圈用地可能包括与居住功能无关的用地，比如商务办公或一些城市级设施的用地；生活圈居住区用地则不包含这些设施及其用地，非直接为居住区生活服务的各项用地不计入生活圈居住区用地。

2. 居住区用地

居住区用地即生活圈居住区用地，其规划应符合以下规定。

■《城市居住区规划设计标准》GB 50180—2018〖附录 A.0.1〗

（1）居住区范围内与居住功能不相关的其他用地以及本居住区配套设施以外的其他公共服务设施用地，不应计入居住区用地。

（2）当周界为自然分界线时，居住区用地范围应算至用地边界。

（3）当周界为城市快速路或高速路时，居住区用地边界应算至道路红线或其防护绿地边界。快速路或高速路及其防护绿地不应计入居住区用地。

（4）当周界为城市干路或支路时，各级生活圈的居住区用地范围应算至道路中心线。

（5）当与其他用地相邻时，居住区用地范围应算至用地边界。

生活圈居住用地划定规则示意图见图 7-3。

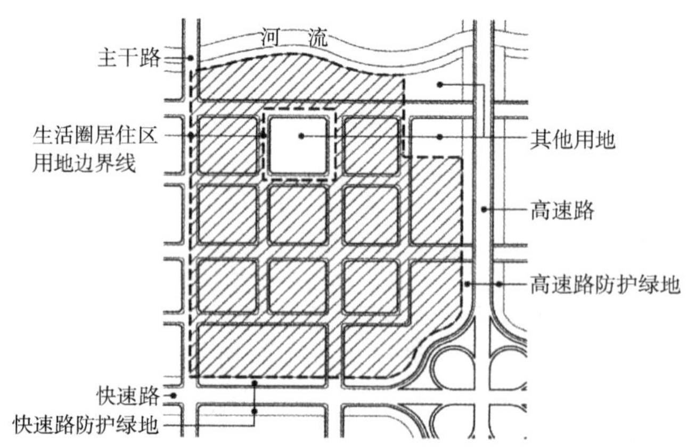

图 7-3　生活圈居住区用地范围划定规则示意图

3. 居住用地

居住用地，指住宅和相应服务设施所占用地。居住用地为五分钟生活圈居住区内的住宅用地（即居住街坊用地）和与之配套的社区服务设施用地之和。居住用地内包括托儿所、幼儿园，但不包括中小学。居住用地不是五分钟生活圈居住区的全部用地。

4. 住宅用地

住宅用地，指住宅建筑用地及其附属道路、停车场、小游园等用地。在《城市居住区规划设计标准》中，住宅用地即居住街坊用地，其中包括仅服务于本居住街坊的便民服务设施用地。居住街坊用地范围应算至周界道路红线且不含城市道路，其划定规划示意图见图 7-4。当居住街坊内建设了不属于本街坊的配套设施时，各自的用地面积应按住宅和配套设施的地上建筑面积所占比例分摊总用地面积。居住街坊的便民服务设施主要设置在室外，需要设置在室内的只有物业管理用房和便利店，这些便民服务设施一般设置在住宅建筑底层或地下。

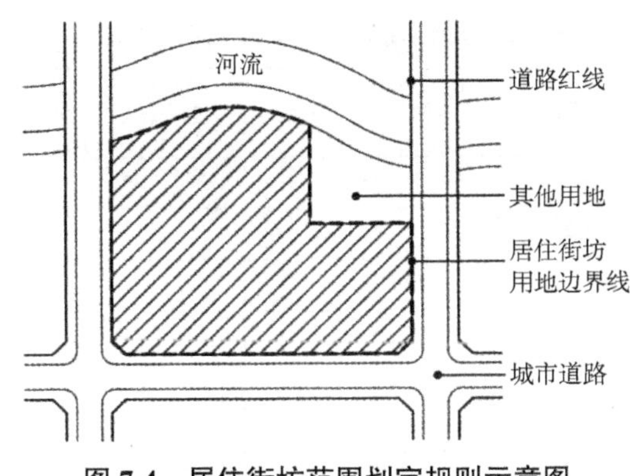

图 7-4　居住街坊范围划定规则示意图

二、用地与建筑控制指标

1. 五分钟生活圈居住区用地指标

五分钟生活圈居住区用地控制指标应符合表 7-2 的规定。

表 7-2　五分钟生活圈居住区用地控制指标

建筑气候区划	住宅建筑平均层数类别	人均居住区用地面积（m²/人）	居住区用地容积率	居住区用地构成（%）				
				住宅用地	配套设施用地	公共绿地	城市道路用地	合计
Ⅰ、Ⅶ	低层（1~3 层）	46~47	0.7~0.8	76~77	3~4	2~3	15~20	100
Ⅱ、Ⅵ		43~47	0.8~0.9					
Ⅲ、Ⅳ、Ⅴ		39~47	0.8~0.9					
Ⅰ、Ⅶ	多层Ⅰ类（4~6 层）	32~43	0.8~1.1	74~76	4~5	2~3	15~20	100
Ⅱ、Ⅵ		31~40	0.9~1.2					
Ⅲ、Ⅳ、Ⅴ		29~37	1.0~1.2					
Ⅰ、Ⅶ	多层Ⅱ类（7~9 层）	28~31	1.2~1.3	72~74	5~6	3~4	15~20	100
Ⅱ、Ⅵ		25~29	1.2~1.4					
Ⅲ、Ⅳ、Ⅴ		23~28	1.3~1.6					
Ⅰ、Ⅶ	高层Ⅰ类（10~18 层）	20~27	1.4~1.8	69~72	6~8	4~5	15~20	100
Ⅱ、Ⅵ		19~25	1.5~1.9					
Ⅲ、Ⅳ、Ⅴ		18~23	1.6~2.0					

注：1. 居住区用地容积率是生活圈内，住宅建筑及其配套设施地上建筑面积之和与居住区用地总面积的比值。
2. 处在交界处的平均层数的类别可以四舍五入后确定。

居住区规模和建筑气候区划是确定用地控制指标的前提。在同等日照标准条件下，当容积率相同时，高纬度地区的住宅建筑间距会大于低纬度地区，所以住宅用地的比例、人均居住区用地控制指标在高纬度地区偏向指标区间的高值，配套设施用地和公共绿地的比例偏向指标区间的低值，低纬度地区则正好相反。城市道路用地比例则只和居住区在城市中的区位有关，靠近城市中心的地区道路用地控制指标偏向指标区间的高值。

2. 居住街坊用地与建筑控制指标

居住街坊用地与建筑控制指标应符合表 7-3 的规定。

表 7-3　居住街坊用地与建筑控制指标

建筑气候区划	住宅建筑平均层数类别	住宅用地容积率	建筑密度最大值(%)	绿地率最小值(%)	住宅建筑高度控制最大值(m)	人均住宅用地面积最大值(m²/人)
Ⅰ、Ⅶ	低层(1~3 层)	1.0	35	30	18	36
	多层Ⅰ类(4~6 层)	1.1~1.4	28	30	27	32
	多层Ⅱ类(7~9 层)	1.5~1.7	25	30	36	22
	高层Ⅰ类(10~18 层)	1.8~2.4	20	35	54	19
	高层Ⅱ类(19~26 层)	2.5~2.8	20	35	80	13
Ⅱ、Ⅵ	低层(1~3 层)	1.0~1.1	40	28	18	36
	多层Ⅰ类(4~6 层)	1.2~1.5	30	30	27	30
	多层Ⅱ类(7~9 层)	1.6~1.9	28	30	36	21
	高层Ⅰ类(10~18 层)	2.0~2.6	20	35	54	17
	高层Ⅱ类(19~26 层)	2.7~2.9	20	35	80	13
Ⅲ、Ⅳ、Ⅴ	低层(1~3 层)	1.0~1.2	43	25	18	36
	多层Ⅰ类(4~6 层)	1.3~1.6	32	30	27	27
	多层Ⅱ类(7~9 层)	1.7~2.1	30	30	36	20
	高层Ⅰ类(10~18 层)	2.2~2.8	22	35	54	16
	高层Ⅱ类(19~26 层)	2.9~3.1	22	35	80	12

注：1. 住宅用地容积率是居住街坊内，住宅建筑及其便民服务设施地上建筑面积之和与住宅用地总面积的比值。
2. 建筑密度是居住街坊内，住宅建筑及其便民服务设施建筑基底面积与该居住街坊用地面积的比率(%)。
3. 绿地率是居住街坊内，绿地面积之和与该居住街坊用地面积的比率(%)。

注意：生活圈居住区只控制用地指标；居住街坊既控制用地指标，也控制建筑指标。

3. 控制指标间的内在关联

人均居住区用地面积、居住区用地容积率以及居住区用地构成之间彼此关联，并且与建筑气候区划以及住宅建筑平均层数紧密相关，因此国家现行有关标准将居住区用地的相关控制要素统一在相应的生活圈中，所有指标必须同时满足相关指标的规定。

居住街坊的容积率、人均住宅用地、建筑密度、绿地率及住宅建筑高度控制指标也是密切关联的。在相同的容积率控制条件下，对住宅建筑控制高度最大值进行控制，既能避免住宅建筑群比例失态的“高低配”现象出现，又能为合理设置高低错落的住宅建筑群留出空间。高层住宅建筑形成的居住街坊由于建筑密度低，应设置更多的绿地。

Ⅲ. 绿化用地

一、绿地内容及控制标准

1. 公共绿地

公共绿地，指为居住区配套建设、可供居民游憩或开展体育活动的公园绿地。公共绿地对应城市 G 类用地（绿地与广场用地）中的公园绿地（G1）及广场用地（G3），不包括城市级的大型公园绿地及广场用地，也不包括居住街坊内的绿地。新建各级生活圈居住区应配套规划建设公共绿地，并应集中设置具有一定规模，且能开展休闲、体育活动的居住区公园；公共绿地控制指标应符合表 7-4 的规定。

表 7-4　公共绿地控制指标

类别	人均公共绿地面积（m^2/人）	居住区公园		备注
		最小规模（hm^2）	最小宽度（m）	
十五分钟生活圈居住区	2.0	5.0	80	不含十分钟生活圈及以下级居住区的公共绿地指标
十分钟生活圈居住区	1.0	1.0	50	不含五分钟生活圈及以下级居住区的公共绿地指标
五分钟生活圈居住区	1.0	0.4	30	不含居住街坊的绿地指标

注：居住区公园中应设置 10%~15%的体育活动场地。

2. 居住街坊绿地

居住街坊绿地指街坊内设置的绿地，包括集中绿地和宅旁绿地，其规划建筑应符合以下规范的规定。

■《城市居住区规划设计标准》GB 50180—2018【4.0.7】

居住街坊内集中绿地的规划建设，应符合下列规定：

（1）新区建设不应低于 0.50m^2/人，旧区改建不应低于 0.35m^2/人；

（2）宽度不应小于 8 m；

（3）在标准的建筑日照阴影线范围之外的绿地面积不应少于 1/3，其中应设置老年人、儿童活动场地。

注意：各层级居住区和居住街坊的配套设施及绿化用地等为非包含关系。

二、居住街坊内绿地面积计算方法

居住街坊内绿地面积的计算应符合以下规范的规定。

■《城市居住区规划设计标准》GB 50180—2018〖附录 A.0.2〗

居住街坊内绿地面积的计算方法应符合下列规定。

（1）满足当地植树绿化覆土要求的屋顶绿地可计入绿地。绿地面积计算方法应符合所在城市绿地管理的有关规定。

条文说明如下。通常满足当地植树绿化覆土要求、方便居民出入的地下或半地下建筑的屋顶绿地应计入绿地，但不包括其他屋顶、晒台的人工绿地。

（2）当绿地边界与城市道路临接时，应算至道路红线；当与居住街坊附属道路临接时，应算至路面边缘；当与建筑物临接时，应算至距房屋墙脚 1.0 m 处；当与围墙、院墙临接时，应算至墙脚。

条文说明如下。散水宽度为 600~1 000 mm，所以绿地计算至距建筑物墙脚 1.0 m 处。

(3)当集中绿地与城市道路临接时，应算至道路红线；当与居住街坊附属道路临接时，应算至距路面边缘 1.0 m 处；当与建筑物临接时，应算至距房屋墙脚 1.5 m 处。

居住街坊内宅旁绿地及集中绿地的计算规则见图 7-5。

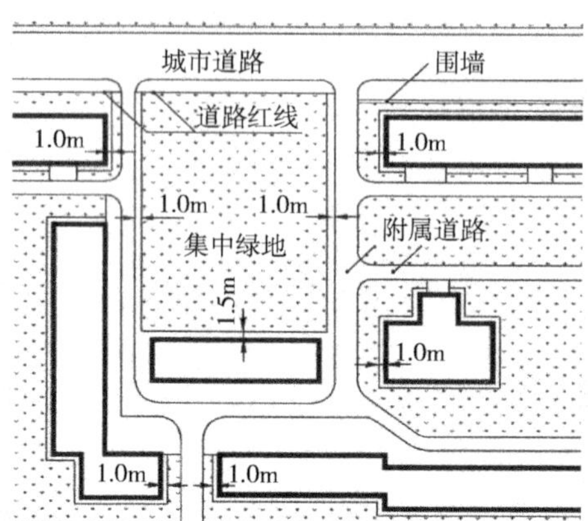

图 7-5　居住街坊内绿地的计算规则示意图

Ⅳ. 居住区道路

一、居住区路网设计

居住区路网设计应符合以下规范的规定。

■《城市居住区规划设计标准》GB 50180—2018〖6.0.2〗

居住区的路网系统应与城市道路交通系统有机衔接，并应符合下列规定。

(1)居住区应采取“小街区、密路网”的交通组织方式，路网密度不应小于 8 km/km²；城市道路间距不应超过 300 m，宜为 150~250 m，并应与居住街坊的布局相结合。

注意：道路间距要求和居住街坊 150~250 m 的尺度限制要求是一致的。

(2)居住区内的步行系统应连续、安全、符合无障碍要求，并应便捷连接公共交通站点。

(3)在适宜自行车骑行的地区，应构建连续的非机动车道。

(4)旧区改建，应保留和利用有历史文化价值的街道、延续原有的城市肌理。

二、居住区道路技术设计

居住区道路技术设计应符合以下规范的规定。

■《城市居住区规划设计标准》GB 50180—2018〖6.0.3〗

居住区内各级城市道路应突出居住使用功能特征与要求，并应符合下列规定。

(1)两侧集中布局了配套设施的道路，应形成尺度宜人的生活性街道；道路两侧建筑退线距离应与街道尺度相协调。

(2)支路的红线宽度，宜为 14~20 m。

(3)道路断面形式应满足适宜步行及自行车骑行的要求，人行道宽度不应小于 2.5 m。

(4)支路应采取交通稳静化措施，适当控制机动车行驶速度。

条文说明如下。交通稳静化措施包括减速丘、路段瓶颈化、小交叉口转弯半径、路面铺装、视觉障碍等道路设计和管理措施。

三、居住街坊内附属道路设计

1. 道路层级

居住街坊内的附属道路根据其路面宽度和通行车辆类型的不同，分为主要附属道路和其他附属道路。主要附属道路一般指居住街坊内与城市道路相连的车行道；其他附属道路为进出住宅的最末一级道路，以自行车及人行交通为主。

居住街坊内的附属道路按宽度和功能差异可分为三个层级：第一个层级是 2.5~3 m 的宅前路，用于多层住宅的交通疏散以及高层住宅出入口连接消防车道，属于其他附属道路；第二个层级是 4 m 宽的消防车道，可供消防车单向行驶，用于高层住宅和街坊内部的消防与交通，属于主要附属道路的范畴；第三个层级是 5~7 m 宽的主要附属道路，可供汽车双向行驶，7 m 宽时还可供消防车双向行驶，宽幅附属道路以 6 m 宽为多见。建筑高度小于 27 m 的多层住宅并没有沿建筑设消防车道的规定，设置能连通消防车道的 2.5~3 m 宽的其他附属道路即可。

2. 设计要求

居住街坊内附属道路设计应满足以下规范的要求。

■《城市居住区规划设计标准》GB 50180—2018〖6.0.4〗

居住街坊内附属道路的规划设计应满足消防、救护、搬家等车辆的通达要求，并应符合下列规定。

（1）主要附属道路至少应有两个车行出入口连接城市道路，其路面宽度不应小于 4.0 m；其他附属道路的路面宽度不宜小于 2.5 m。

条文说明如下。两个出入口可以是两个方向，也可以在同一个方向与外部连接。主要附属道路一般按一条自行车道（1 m 宽）和一条人行带（0.9 m 宽）双向计算，路面宽度为 4.0 m，同时也能满足现行国家标准《建筑设计防火规范》对消防车道的净宽度要求。其他附属道路为进出住宅的最末一级道路，这一级道路平时主要供居民出入，基本是自行车及人行交通为主，并要满足清运垃圾、救护和搬运家具等需要，按照居住区内部有关车辆低速缓行的通行宽度要求，轮距宽度为 2.0~2.5 m，其路面宽度一般为 2.5~3.0 m。为兼顾必要时大货车、消防车的通行，其他附属道路路面两边应各留出宽度不小于 1 m 的路肩。

（2）人行出入口间距不宜超过 200 m。

条文说明如下。《中共中央国务院关于进一步加强城市规划建设管理工作的若干意见》中明确要求“我国新建住宅要推广街区制，原则上不再建设封闭住宅小区”。对人行出入口间距的规定是为了提升住宅小区的开放性，强调住区与城市的联系，同时也是为了保证人行出入的便捷，以及紧急情况发生时的疏散要求。如果居住街坊实施独立管理，也应按规定设置出入口，供应急时使用。

（3）最小纵坡不应小于 0.3%，最大纵坡应符合表 7-5 的规定；机动车与非机动车混行的道路，其纵坡宜按照或分段按照非机动车道要求进行设计。

条文说明如下。设计道路最小纵坡是为了满足路面排水的要求。

表 7-5　附属道路最大纵坡控制指标（%）

道路类别及其控制内容	一般地区	积雪或冰冻地区
机动车道	8.0	6.0
非机动车道	3.0	2.0
步行道	8.0	4.0

3. 转弯半径

居住街坊内附属道路转弯半径的设计要求，详见本书第 5 篇的“城市道路”一节的相关论述。供汽车通行的道路的转弯半径不应小于 3 m；对于 4 m 宽的消防车道，供普通消防车通行时，转弯半径不应小于 9 m，登高车不小于 12 m，特种消防车辆为 16~20 m。对于能双向行驶的宽于 4 m 的消防车道，最小转弯半径不一定是 9 m，因为消防车可以沿道路外侧行驶通过，这时可以在转弯处虚拟一个能满足消防车转弯要求的 4 m 宽消防车道，以判断消防车的通过能力，确定能满足消防需求的最小道路转弯半径。

对于居住街坊的出入口，由于车辆进出需要，道路宽度通常较大，出入口的路缘石转弯半径也不一定要达到 9 m 或 12 m 才能满足消防车辆的出入和转弯需要，路缘石转弯半径做到 6 m 通常就够用了。能满足消防车右转通行尺度要求的街坊出入口，也能满足消防车的左转通行需要。

4. 人车分流

为了形成居住街坊内部安静、安全的居住环境，应尽量做到人车分流，限制汽车在街坊内部附属道路上的不必要巡行，这需要采取一定的技术措施。

1）在街坊外围设消防车道

利用建筑退道路红线和退地界的空间设置消防车道，把消防车道设置在街坊外围，能减少机动车对街坊核心部位的干扰，避免集中绿地及合并设置的其他场地被车行道所分割，有利于形成安逸、安全、舒适的街坊内部生活环境。

2）汽车从街坊边缘进地下车库

居住街坊地下车库的出入口或与街坊出入口合并设置，或设置在进入街坊后的就近位置，使汽车从街坊边缘部位进入地下车库，这样既便于管理，也减少了汽车对街坊内部空间造成的不必要的干扰。地上道路主要满足搬家、临时来访和消防等方面的需要。

3）高差隔离

有条件的街坊，可以在集中绿地、活动场地等步行环境与消防车道之间设置一定的高差，通过高差，形成步行区域与机动车道的自然界限，保障步行环境的安全和安宁。

4）人、车出入口分设

将街坊主要出入口设定为步行出入口，无法进出机动车，或有进出机动车的条件，但平时处于限制状态，这样就可以将出入口与集中绿化区域用景观步道联系起来，便于组织景观，创造美好的街坊环境；次入口则可结合地下车库出入口设置。

5. 尽端回车

居住街坊内尽端回车道路的规划建设应符合以下规范的规定。

■《民用建筑设计统一标准》GB 50352—2019〖5.2.2〗

尽端式道路长度大于 120 m 时，应在尽端设置不小于 12 m × 12 m 的汽车回车场地。

■《建筑设计防火规范》GB 50016—2014（2018 版）〖7.1.9〗

尽头式消防车道应设置回车道或回车场，回车场的面积不应小于 12 m × 12 m；对于高层建筑，不宜小于 15 m × 15 m；供重型消防车使用时，不宜小于 18 m × 18 m。

■《建筑防火通用规范》GB 55037—2022【3.4.5】

长度大于 40 m 的尽头式消防车道应设置满足消防车回转要求的场地或道路。

注意：小于 40 m 可不设。

四、道路与建筑

对于道路边缘至建(筑物的最小距离要求,《住宅建筑规范》和《城市居住区规划设计标准》分别作出了规定,在进行居住区规划设计时应当了解这些规定,作出恰当的选择。

1.《住宅建筑规范》的要求

为维护住宅建筑底层住户的私密性,保障过往行人和车辆的安全(不碰头、不被上部坠落物砸伤等),并利于工程管线的铺设,住宅建筑应遵守至道路边缘最小距离的规定。宽度大于 9 m 的道路一般为城市道路,车流量较大,为此不允许住宅面向道路开设出入口。住宅至道路边缘的最小距离应符合表 7-6 的规定。

表 7-6　住宅至道路边缘最小距离

单位:m

路面宽度 与住宅距离			<6 m	6~9 m	>9 m
住宅面向道路	无出入口	高层	2.0	3	5
		多层	2.0	3	3
	有出入口		2.5	5	—
住宅山墙面向道路		高层	1.5	2	4
		多层	1.5	2	2

注:1. 当道路设有人行便道时,其道路边缘指便道边线。
2. 其中"—"表示住宅不应向路面宽度大于 9 m 的道路开设出入口。

2.《城市居住区规划设计标准》的规定

居住区道路边缘至建筑物、构筑物的最小距离应符合表 7-7 的规定。

表 7-7　居住区道路边缘至建筑物、构筑物最小距离

单位:m

与建、构筑物关系		城市道路	附属道路
建筑物面向道路	无出入口	3.0	2.0
	有出入口	5.0	2.5
建筑物山墙面向道路		2.0	1.5
围墙面向道路		1.5	1.5

注:道路边缘对于城市道路是指道路红线。附属道路分两种情况:道路断面设有人行道时,指人行道的外边线;道路断面未设人行道时,指路面边线。

可以看出,《住宅建筑规范》不允许住宅面向城市道路开设出入口,《城市居住区规划设计标准》则允许住宅面向城市道路开设出入口,《城市居住区规划设计标准》是新发行的标准,代表了国家倡导的方向。面向城市道路开设了出入口的住宅建筑应保持相对较宽的间距,从而使居民进出建筑物时有缓冲地段,并可在门口临时停放车辆以保障道路的正常交通。

V. 配套设施的概念

一、配套设施

配套设施，指对应居住区分级配套规划建设，并与居住人口规模或住宅建筑面积规模相匹配的生活服务设施；主要包括基层公共管理与公共服务设施、商业服务业设施、市政公用设施、交通场站及社区服务设施、便民服务设施。社区服务设施一般专指五分钟生活圈居住区的配套设施；便民服务设施则专指居住街坊的配套设施。以下为不同层级的居住区和居住街坊配套设施举例。

十五分钟生活圈居住区配套设施：中学、商业服务、医疗卫生、文体活动、养老助残等。

十分钟生活圈居住区配套设施：小学、商业服务等。

五分钟生活圈居住区社区服务设施：幼儿园、社区服务站等，属居住用地。

居住街坊便民服务设施：物业管理、便利店等，属住宅用地。

二、服务半径

居住区分级以能够在居民步行范围内满足其基本生活需求为基本划分原则。结合居民的出行规律，在步行五分钟、十分钟、十五分钟可分别满足其日常生活的基本需求，因此形成了居住街坊及三个等级的生活圈居住区；根据步行出行规律，三个生活圈居住区可分别对应在 300 m、500 m、1 000 m 的空间范围内，该空间范围同时也是主要配套设施的服务半径。

三、社区服务设施

社区服务设施，指五分钟生活圈居住区内，对应居住人口规模配套建设的生活服务设施，主要包括托儿所幼儿园、社区服务及文体活动、卫生服务、养老助残、商业服务等设施。简单说，社区服务设施就是五分钟生活圈居住区的配套设施，社区对应的就是五分钟生活圈居住区，社区服务设施用地为居住用地。

1. 设施内容

五分钟生活圈居住区配套设施应符合表 7-8 的设置规定。

表 7-8　五分钟生活圈居住区配套设施设置规定

类别	序号	项目	配建要求	备注
社区服务设施	1	社区服务站（含居委会、治安联防站、残疾人康复室）	▲	可联合建设
	2	社区食堂	△	可联合建设
	3	文化活动站（含青少年活动站、老年活动站）	▲	可联合建设
	4	小型多功能运动（球类）场地	▲	宜独立占地
	5	室外综合健身场地（含老年户外活动场地）	▲	宜独立占地
	6	幼儿园	▲	宜独立占地
	7	托儿所	△	可联合建设
	8	老年人日间照料中心（托老所）	▲	可联合建设

续表

类别	序号	项目	配建要求	备注
	9	社区卫生服务站	△	可联合建设
	10	社区商业网点（超市、药店、洗衣店、美发店等）	▲	可联合建设
	11	再生资源回收点	▲	可联合设置
	12	生活垃圾收集站	▲	宜独立设置
	13	公共厕所	▲	可联合建设
	14	公交车站	△	宜独立设置
	15	非机动车停车场（库）	△	可联合建设
	16	机动车停车场（库）	△	可联合建设
	17	其他	△	可联合建设

注：1. ▲为应配建的项目；△为根据实际情况按需配建的项目。
2. 在国家确定的一、二类人防重点城市，应按人防有关规定配建防空地下室。
3. "应独立占地"表示不应与其他设施混合使用建设用地，即应独立设置；"宜独立占地"表示应尽可能保障该类设施的独立用地；"宜独立设置"表示尽量独立设置；"可联合设置"表示可与其他功能设施相邻布置；"可联合建设"表示可与其他不相互干扰或抵触的功能设施合建在同一座建筑内。

2. 建设要求

社区服务设施建设应满足以下规范的要求。

■《城市居住区规划设计标准》GB 50180—2018〖5.0.1〗

五分钟生活圈居住区配套设施中，社区服务站、文化活动站（含青少年、老年活动站）、老年人日间照料中心（托老所）、社区卫生服务站、社区商业网点等服务设施，宜集中布局、联合建设，并形成社区综合服务中心，其用地面积不宜小于 0.3hm²。

在居住区土地使用性质相容的情况下，将功能相近、服务人群相近的配套设施统筹布局或联合建设，能方便居民的使用并提高土地利用效率。如将老年人日间照料中心（托老所）与社区卫生服务站集中布局，能方便老年人使用；将体育活动场地与公共绿地贴邻布置，能提高土地的使用效率。独立占地的社区综合服务中心用地应包括同级别的体育活动场地。室外综合健身场地（含老年户外活动场地）宜独立占地，但可结合五分钟生活圈居住区公园进行建设，并应满足居住区公园体育活动场地的占地比例要求。

另外，还应提高社区配套设施功能的综合性，如社区服务站应承担老年人服务中心的功能，应为老年人提供家政服务、旅游服务、金融服务、代理服务、法律咨询等。

五分钟生活圈居住区配套设施规划建设应符合表 7-9 的规定。

表 7-9　五分钟生活圈居住区配套设施规划建设要求

设施名称	单项规模		服务内容	设置要求
	建筑面积（m²）	用地面积（m²）		
社区服务站	600~1 000	500~800	社区服务站含社区服务大厅、警务室、社区居委会办公室、居民活动用房，活动室、阅览室、残疾人康复室	（1）服务半径不宜大于 300 m； （2）建筑面积不得低于 600 m²
社区食堂	—	—	为社区居民尤其是老年人提供助餐服务	宜结合社区服务站、文化活动站等设置
文化活动站	250~1 200	—	书报阅览、书画、文娱、健身、音乐欣赏、茶座等，可供青少年和老年人活动的场所	（1）宜结合或靠近公共绿地设置； （2）服务半径不宜大于 500 m

续表

设施名称	单项规模		服务内容	设置要求
	建筑面积（m^2）	用地面积（m^2）		
小型多功能运动（球类）场地	—	770~1 310	小型多功能运动场地或同等规模的球类场地	（1）服务半径不宜大于 300 m； （2）用地面积不宜小于 800 m^2； （3）宜配置半场篮球场 1 个、门球场地 1 个、乒乓球场地 2 个； （4）门球活动场地应提供休憩服务和安全防护措施
室外综合健身场地（含老年户外活动场地）	—	150~750	健身场所，含广场舞场地	（1）服务半径不宜大于 300 m； （2）用地面积不宜小于 150 m^2； （3）老年人户外活动场地应设置休憩设施，附近宜设置公共厕所； （4）广场舞等活动场地的设置应避免噪声扰民
幼儿园*	3 150~4 550	5 240~7 580	保教 3~6 周岁的学龄前儿童	见本节“幼儿园设置要求”部分
托儿所	—	—	服务 0~3 周岁的婴幼儿	不要求接近公共绿地，托儿所规模宜根据适龄儿童人口确定，其他同幼儿园的设置要求
老年人日间照料中心*（托老所）	350~750	—	老年人日托服务，包括餐饮、文娱、健身、医疗保健等	服务半径不宜大于 300 m
社区卫生服务站*	120~270	—	预防、医疗、计生等服务	（1）在人口较多、服务半径较大、社区卫生服务中心难以覆盖的社区，宜设置社区卫生站加以补充； （2）服务半径不宜大于 300 m； （3）建筑面积不得低于 120 m^2； （4）社区卫生服务站应安排在建筑首层并应有专用出入口
小超市	—		居民日常生活用品销售	服务半径不宜大于 300 m
再生资源回收点*	—	6~10	居民可再生物资回收	（1）1 000~3 000 人设置 1 处； （2）用地面积不宜小于 6 m^2，其选址应满足卫生、防疫及居住环境等要求
生活垃圾收集站*	—	120~200	居民生活垃圾收集	（1）居住人口规模大于 5 000 人的居住区及规模较大的商业综合体可单独设置收集站； （2）采用人力收集的，服务半径宜为 400 m，最大不宜超过 1 km； （3）采用小型机动车收集的，服务半径不宜超过 2 km
公共厕所*	30~80	60~120	—	（1）宜设置于人流集中处； （2）宜结合配套设施及室外综合健身场地（含老年户外活动场地）设置
非机动车停车场（库）	—	—	—	（1）宜就近设置在自行车（含共享单车）与公共交通换乘接驳地区； （2）宜设置在轨道交通站点周边非机动车车程 15 min 范围内的居住街坊出入口处，停车面积不应小于 30m^2
机动车停车场（库）	—	—	—	根据所在地城市规划有关规定配置

注：1. 加*的配套设施，其建筑面积与用地面积规模应满足国家相关规划和建设标准的有关规定；
2. 承担应急避难功能的配套设施，应满足国家有关应急避难场所的规定。

注意：生活垃圾收集点不是建筑，提供场地和收集设施即可；再生资源回收点也不一定是建筑，提供场地并安置再生资源回收箱即可；五分钟生活圈居住区要设置的生活垃圾收集站是建筑，要提供场地和配套设施，宜与公共厕所合建；十分钟、十五分钟生活圈居住区要设置的垃圾转运站是建筑。

3. 幼儿园设置要求

新建幼儿园宜独立占地，不应与不利于幼儿身心健康以及危及幼儿安全的场所毗邻。五分钟生活圈居住区居住人口规模下限宜配置 1 所 12 班幼儿园，每班 20 人；居住人口规模上限宜配置 1 所 6 班幼儿园和 1 所 12 班幼儿园，每班 35 人。幼儿园的建筑面积规模和用地规模应符合《幼儿园建设标准》的控制要求，其设置应满足以下规范的要求。幼儿园建设规模分类见表 7-10。

■《城市居住区规划设计标准》GB 50180—2018〖附录 C.0.2〗

幼儿园设置要求如下。

（1）应设于阳光充足、接近公共绿地、便于家长接送的地段；其生活用房应满足冬至日底层满窗日照不少于 3 h 的日照标准；宜设置于可遮挡冬季寒风的建筑物背风面。

（2）服务半径不宜大于 300 m。

（3）幼儿园规模应根据适龄儿童人口确定，办园规模不宜超过 12 班，每班座位数宜为 20~35 座；建筑层数不宜超过 3 层。

（4）活动场地应有不少于 1/2 的活动面积在标准的建筑日照阴影线之外。

表 7-10　幼儿园建设规模分类表

分类	服务人口（人）
3 班（90 人）	3 000
6 班（180 人）	3 001~6 000
9 班（270 人）	6 001~9 000
12 班（360 人）	9 001~12 000

注：幼儿园办园规模不宜超过 12 班。城镇幼儿园办园规模不宜少于 6 班。农村幼儿园宜按照行政村或自然村设置，办园规模不宜少于 3 班。服务人口不足 3 000 人的，宜按 3 班规模人均指标设办园点。

四、便民服务设施

便民服务设施，指居住街坊内住宅建筑配套建设的基本生活服务设施，主要包括物业管理、便利店、活动场地、生活垃圾收集点、停车场（库）等设施。便民服务设施用地为住宅用地。需要设置在室内空间的居住街坊配套设施有物业管理与服务用房和便利店，它们一般不需要集中设置在独立的建筑内，与住宅结合设置即可。

1. 设施内容

居住街坊配套设施应符合表 7-11 的设置规定。

表 7-11　居住街坊配套设施设置规定

类别	序号	项目	配建要求	备注
便民服务设施	1	物业管理与服务	▲	可联合建设
	2	儿童、老年人活动场地	▲	宜独立占地
	3	室外健身器械	▲	可联合设置
	4	便利店（菜店、日杂等）	▲	可联合建设
	5	邮件和快递送达设施	▲	可联合设置
	6	生活垃圾收集点	▲	宜独立设置

续表

类别	序号	项目	配建要求	备注
	7	居民非机动车停车场(库)	▲	可联合建设
	8	居民机动车停车场(库)	▲	可联合建设
	9	其他	△	可联合建设

注:1. ▲为应配建的项目;△为根据实际情况按需配建的项目;
2. 在国家确定的一、二类人防重点城市,应按人防有关规定配建防空地下室。

2. 建设要求

居住街坊配套设施规划建设应符合表 7-12 的规定。

表 7-12　居住街配套设施规划建设要求

设施名称	单项模型		服务内容	设置要求
	建筑面积(m^2)	用地面积(m^2)		
物业管理与服务	—	—	物业管理服务	宜按照不低于物业总建筑面积的 2‰ 配置物业管理用房
儿童、老年人活动场地	—	170~450	儿童活动及老年人休憩设施	(1)宜结合集中绿地设置,并宜设置休憩设施; (2)用地面积不应小于 170 m^2
室外健身器械	—	—	器械健身和其他简单运动设施	(1)宜结合绿地设置; (2)宜在居住街坊范围内设置
便利店	50~100	—	居民日常生活用品销售	1 000~3 000 人设置 1 处
邮件和快件送达设施	—	—	智能快件箱、智能信包箱等可接收邮件和快件的设施或场所	应结合物业管理设施或在居住街坊内设置
生活垃圾收集点*	—	—	居民生活垃圾投放	(1)服务半径不应大于 70 m,生活垃圾收集点应采用分类收集,宜采用密闭方式; (2)生活垃圾收集点可采用放置垃圾容器或建造垃圾容器间的方式; (3)采用混合收集垃圾容器间时,建筑面积不宜小于 5 m^2; (3)采用分类收集垃圾容器间时,建筑面积不宜小于 10 m^2
非机动车停车场(库)	—	—	—	(1)宜设置于居住街坊出入口附近;并按照每套住宅配建 1~2 辆配置; (2)停车场面积按照 0.8~1.2 m^2/辆配置,停车库面积按照 1.5~1.8 m^2/辆配置; (3)电动自行车较多的城市,新建居住街坊宜集中设置电动自行车停车场,并宜配置充电控制设施
机动车停车场(库)	—	—	—	根据所在地城市规划有关规定配置,服务半径不宜大于 150 m

注:加*的配套设施,其建筑面积与用地面积规模应满足国家相关规划标准有关规定。

物业管理用房具体配置比例由各省市人民政府根据本地区实际情况确定。直接为住户服务的物业管理办公用房和棋牌室、健身房等活动场所,可以按住宅属性对待,可以设置在住宅建筑内,可以与住宅共用楼梯,多设置在住宅的低层部分。

便利店主要经营居民日常用品,可以设置在住宅首层,但与住宅之间应采取防火分隔措施。经营、存放和使用火灾危险性为甲、乙类物品的商店、作坊和储藏间,严禁附设在住宅建筑中。

五、配套设施的用地性质

居住区配套设施用地性质不尽相同。十五分钟、十分钟两级生活圈居住区配套设施的用地类别为 A、S、B，即公共管理与公共服务设施用地、道路与交通设施用地、商业服务业设施用地；五分钟生活圈居住区的配套设施（社区服务设施）属于居住用地（R），用地类别为 R12、R22、R32，属于居住用地中的服务设施用地；居住街坊的便民服务设施属于住宅用地可兼容的配套设施，用地类别为 R11、R21、R31，属于居住用地（R）中的住宅用地。

六、配套设施控制指标

配套设施用地及建筑面积控制指标，应按照居住区分级对应的居住人口规模进行控制，并应符合表 7-13 的规定。

表 7-13　配套设施控制指标　　单位：m²/千人

类别	十五分钟生活圈居住区		十分钟生活圈居住区		五分钟生活圈居住区		居住街坊	
	用地面积	建筑面积	用地面积	建筑面积	用地面积	建筑面积	用地面积	建筑面积
总指标	1 600~2 910	1 450~1 830	1 980~2 660	1 050~1 270	1 710~2 210	1 070~1 820	50~150	80~90

注：1. 十五分钟生活圈居住区指标不含十分钟生活圈居住区指标，十分钟生活圈居住区指标不含五分钟生活圈居住区指标，五分钟生活圈居住区指标不含居住街坊指标。
2. 配套设施用地应含与居住区分级对应的居民室外活动场所用地；未含高中用地、市政公用设施用地，市政公用设施应根据专业规划确定。

配套设施千人指标下限值只包括应配建设施，未含宜配建设施；用地指标中包括与居住区各级配套设施对应的多功能运动场地、室外综合健身场地（含老年户外活动场地），未含市政设施用地。便民服务设施指标即居住街坊指标，不含居民机动车停车场（库）、居民非机动车停车场（库）指标。

Ⅵ. 停车场库

一、停车位指标

停车场（库）属于静态交通设施，汽车停车可参考《城市停车规划规范》提供的建筑物配建停车位指标。汽车停车位指标与社会发展程度和汽车拥有量的情况息息相关，因而是动态的，会随时代发展不断变动，设计时应以当下、当地的规定为准，并宜根据社会发展的预期进行前瞻性布局。另外，汽车停车位指标还和建筑的功能属性有关，由于建筑的功能将来有可能变化，同一功能的建筑其停车位需要情况也可能发生变化，在设置汽车停车位时要综合、统筹考虑这些因素。

二、五分钟生活圈居住区停车

五分钟生活圈居住区的停车场（库），一方面要满足城市公共场所的停车需要，另一方面要满足本居住区配套服务设施的停车需要。五分钟生活圈居住区的机动车、非机动车停车场（库）均可根据实际情况按需配建，它们主要服务于城市而不是居住街坊，停车位置和车位数量应根据实际需要和上位规划的要求来确定。规划标准中没有规定具体的配建指标，只有配套设施的停车位指标是有明确要求的，要求如下。

■《城市居住区规划设计标准》GB 50180—2018〖5.0.5〗

居住区相对集中设置且人流较多的配套设施应配建停车场(库),并应符合下列规定:

(1)停车场(库)的停车位控制指标,不宜低于表 7-14 的规定;

(2)商场、街道综合服务中心机动车停车场(库)宜采用地下停车、停车楼或机械式停车设施;

(3)配建的机动车停车场(库)应具备公共充电设施安装条件。

条文说明如下。非机动车配建指标宜考虑共享单车的发展,标准设定的控制指标未包括共享单车的停车指标,在居住区人流较多地区、居住街坊入口处宜提高配建标准,并预留共享单车停放区域。

表 7-14　配建停车场(库)的停车位控制指标　　单位:车位/100 m² 建筑面积

名称	非机动车	机动车
商场	≥7.5	≥0.45
菜市场	≥7.5	≥0.30
街道综合服务中心	≥7.5	≥0.45
社区卫生服务中心(社区医院)	≥1.5	≥0.45

三、居住街坊停车

居住街坊非机动车、机动车停车场(库)均是应配建项目,这意味着居住街坊的停车场(库)都必须设置在街坊内,这些停车场(库)也是直接服务于本街坊居民的。居住街坊既可以设置独立的地下停车库,也可以跨街坊对地下空间进行统一规划和管理,具体做法应符合规范标准的相关规定和当地规划部门的具体要求,同时也要考虑未来的生活需要和发展趋势。

四、设置要求

居住区停车场库设置应满足以下规范的要求。

■《城市居住区规划设计标准》GB 50180—2018〖5.0.6〗

居住区应配套设置居民机动车和非机动车停车场(库),并应符合下列规定。

(1)机动车停车应根据当地机动化发展水平、居住区所处区位、用地及公共交通条件综合确定,并应符合所在地城市规划的有关规定。

条文说明如下。:城市郊区用地条件往往较中心区宽松,可配建更多停车场(库);城市中心区的轨道站点周围,可以结合城市规划相关要求,适度减少停车配置。

(2)地上停车位应优先考虑设置多层停车库或机械式停车设施,地面停车位数量不宜超过住宅总套数的 10%。

条文说明如下。对地面停车率进行控制的目的是保护居住环境,在采用多层停车库或机械式停车设施时,地面停车位数量应以标准层或单层停车数量进行计算。

(3)机动车停车场(库)应设置无障碍机动车位,并应为老年人、残疾人专用车等新型交通工具和辅助工具留有必要的发展余地。

条文说明如下。无障碍停车位应靠近建筑物出入口,方便轮椅使用者到达目的地。

(4)非机动车停车场(库)应设置在方便居民使用的位置。

条文说明如下。非机动车停车场(库)的布局应考虑使用方便,以靠近居住街坊出入口为宜。当城市使用电车自行车的居民较多时,鼓励新建居住区根据实际需要,在室外安全且不干扰居民生活的区域,集中设置电动自行车停车场;有条件的宜配置充电控制设施,集中管理。

（5）居住街坊应配置临时停车位。

条文说明如下。在居住街坊出入口外应安排访客临时车位，为访客、出租车和公共自行车等提供停放位置，维持居住区内部的安全及安宁。

（6）新建居住区配建机动车停车位应具备充电基础设施安装条件。

Ⅶ. 建筑日照

一、相关概念

◣日照标准日：用来测定和衡量建筑日照时数的特定日期。

◣有效日照时间带：根据日照标准日的太阳方位角与高度角、太阳辐射强度和室内日照状况等条件确定的时间区段，用真太阳时表示。

◣日照时间计算起点：为规范建筑日照时间计算所规定的建筑物（场地）上的计算位置。日照时间计算起点是一个空间位置，不是时间起点。根据《建筑日照计算参数标准》，日照时间的计算起点应符合下列规定。

（1）落地窗、凸窗和落地凸窗应以虚拟的窗台面位置为计算起点（见图 7-6）。

（2）直角转角窗和弧形转角窗应以窗洞口所在的虚拟窗台面位置为计算起点（见图 7-7）。

（3）异型外墙和异型窗体可为简单的几何包络体。

（4）宽度小于等于 1.80 m 的窗户，应按实际宽度计算；宽度大于 1.80 m 的窗户，可选取日照有利的 1.80 m 宽度计算。

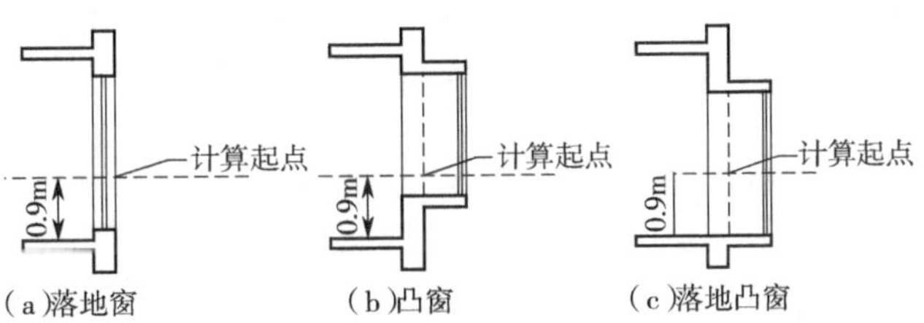

图 7-6　落地窗和凸窗的计算起点

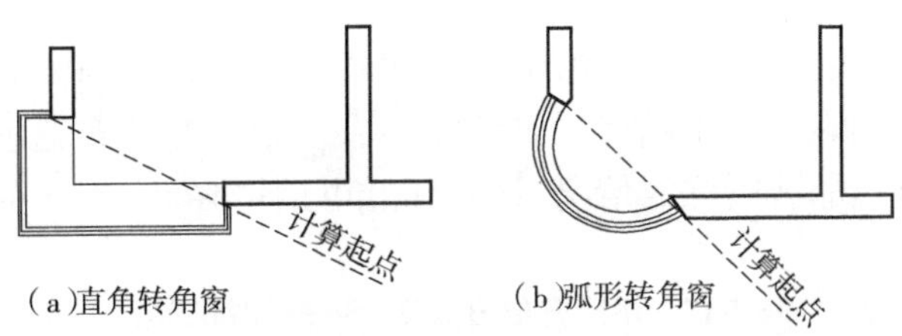

图 7-7　直角转角窗和弧形转角窗的计算起点

◣日照时数：在有效日照时间带内，建筑物（场地）计算起点位置获得日照的连续时间值或各时间段的累加值。

◣建筑日照标准：根据建筑物（场地）所处的气候区、城市规模和建筑物（场地）的使用性质，在日照标准日的有效日照时间带内阳光应直接照射到建筑物（场地）上的最低日照时数。

◣日照间距：满足一定日照标准所需要的建筑间距。

◣日照间距系数：日照间距与遮挡建筑计算高度的比值。

◣正午影长率：垂直树立的杆子，在正午时的影长与高度的比值。

二、日照标准

建筑日照标准应符合以下规范的规定。

■《城市居住区规划设计标准》GB 50180—2018【4.0.9】

住宅建筑的间距应符合表 7-15 的规定；对特定情况，还应符合下列规定。

（1）老年人居住建筑日照标准不应低于冬至日日照时数 2 h。

条文说明如下。在执行本条规定时不附带任何条件。

（2）在原设计建筑外增加任何设施不应使相邻住宅原有日照标准降低，既有住宅建筑进行无障碍改造加装电梯除外。

（3）旧区改建项目内新建住宅建筑日照标准不应低于大寒日日照时数 1 h。

表 7-15　住宅建筑日照标准

建筑气候区划	Ⅰ、Ⅱ、Ⅲ、Ⅶ气候区		Ⅳ气候区		Ⅴ、Ⅵ气候区
城区常住人口（万人）	≥50	<50	≥50	<50	无限定
日照标准日	大寒日			冬至日	
日照时数（h）	≥2	≥3		≥1	
有效日照时间带（当地真太阳时）	8~16 时			9~15 时	
计算起点	底层窗台面				

注：底层窗台面是指距室内地坪 0.9 m 高的外墙位置。

符合标准的日照间距系数可以查阅“全国主要城市日照标准的间距系数”表，见《城市居住区规划设计标准 4.0.9 条文说明》表 1。以石家庄为例，表 7-16 是其在不同日照标准下的间距系数。

表 7-16　石家庄地区在不同日照标准下的间距系数

城市名称	纬度（北纬）	冬至日		大寒日			
		正午影长率	日照 1 h	正午影长率	日照 1 h	日照 2 h	日照 3 h
石家庄	38° 04′	1.84	1.72	1.62	1.51	1.55	1.61

当住宅不是正南正北布置，而是有一定偏角的时候，可以对日照间距系数进行折减，表 7-17 是不同方位日照间距折减换算系数的情况列表。对于精确的日照间距和复杂的建筑布置形式须另做测算。栽植树木和对既有住宅建筑进行无障碍改造加装电梯的情况，日照标准可酌情降低。

表 7-17　不同方位日照间距折减换算系数

方位	0~15°（含）	15~30°（含）	30~45°（含）	45~60°（含）	>60°
折减系数值	1.00L	0.90L	0.80L	0.90L	0.95L

注：1. 表中方位为正南向（0°）偏东、偏西的方位角。
2. L 为当地正南向住宅的标准日照间距（m）。
3. 本表指标仅适用于无其他日照遮挡的平行布置的条式住宅建筑。

除了国家标准的推荐指标，各个地方和城市还会制定自己的日照标准，而且一般标准要求会高于国家标准，设计中应遵从国家和地方标准中要求高的那个。

三、日照分析

对于正南正北布置或只有小偏角的多层条式住宅，建筑间距只要符合日照间距系数要求，就可以认为其符合日照标准要求。但对于高层住宅，或形状多变、布局复杂的住宅群体，就需要用日照分析软件进行验证，应调整住宅间距和布局方式直到完全符合日照标准要求为止。

Ⅷ. 设计策略

五分钟生活圈居住区规划设计不能盲目进行，要讲科学、讲策略，要有步骤地逐渐深入，要从战略的、宏观的经营逐渐走向战术的、细节的完善。

一、规划宏观结构

这一阶段的工作要承接上位规划的布局和规定，确立五分钟生活圈居住区路网的骨干结构，完成重要设施和场地的布局。

五分钟生活圈居住区的骨干道路作为居住区和居住街坊边界的城市道路，既有由上位规划所确立的城市主、次干道，也有可在本居住区规划设计中确立的城市支路。城市支路的位置和走向应承袭上位规划的约束，合理融入城市路网，和周边道路有恰当的呼应和连接，还应简洁通畅，不能太过曲折，避免错位的道路交叉，符合安全、高效双重要求。道路布局还要使居住街坊有合理的尺度和形状，边长在 150~250 m 之间，用地规模在 $2\sim4hm^2$ 之间，边长和用地规模要双控制，避免形成过于窄长的街坊形式。

在这个阶段还要完成规模较大的社区服务设施和场地的布局，这些设施和场地要和居住区路网一起谋划、综合考虑。与五分钟生活圈居住区配套的关键设施和场地有：社区服务站或合并了文化活动站等多种设施和功能的社区级服务中心、幼儿园、居住区公园、多功能运动场地等，它们是居住区结构中的关键内容和重要节点。

在规划上述内容时，还要统筹考虑对于各个街坊的出入口设置、集中绿地的布局等方面。通过这个阶段的设计内容，确立五分钟生活圈居住区的基本宏观架构，为后续工作的展开奠定良好基础。这个阶段不必过多考虑住宅和附属建筑的单体设计等细节问题。

二、确定人口规模

这一阶段根据所在地建筑气候分区和预估、预设的住宅建筑平均层数，在五分钟生活圈居住区用地控制指标表中查出人均居住区用地面积的允许范围。如Ⅱ区高层Ⅰ类，标准允许的人均居住区用地面积范围为 $19\sim25\ m^2$/人，据此可以计算出整个居住区人口规模的允许范围。各个街坊按面积比例分摊这些人口，就可以得出各个居住街坊的人口数量范围。

在居住街坊用地与建筑控制指标表中，根据气候分区和预设的住宅建筑平均层数，查出人均住宅用地面积的最大值，如Ⅱ区高层Ⅰ类对应的人均住宅用地面积最大值为 $17\ m^2$/人，这样可以计算出各个街坊的最少允许人数。比较这个人数和从五分钟生活圈居住区分摊到各街坊的人数范围，通过权衡确定出各个街坊能够被允许或比较适当的人口数量。开发商一般会倾向于取各个街坊分配人数的最大值，这样可以使土地开发的利益最大化。五分钟生活圈居住区公园的占地面积、居住街坊集中绿地面积等指标都需要通过可靠的居住人数来进行计算和预估，因此确定人口规模的工作很重要。

各个街坊的居住人数确定后，可以按当地规定的户均人口数标准计算出住房套数。在居住街坊用地与建筑控制指标表中查出住宅用地容积率规定值，据此计算出各个街坊住宅建筑面积的允许范围。用住宅面积除以住宅套数，就可以计算出每户的平均面积，然后大体确定几种恰当的户型面积和各自占比，进而规划出几种不同户型组成的住宅单元。根据居住街坊的用地和建筑密度的最大值规定，确定出本街坊住宅建筑基底面积的最大值。在以上参数的提示和约束下，大体确定居住街坊能够布置的单元数、楼栋数、楼层数，这些数据也是下一阶段进行住宅单体设计的依据。

户型面积除了用上述方法推算，还可通过国家主张的人均住房建筑面积标准确定。《城市居住区规划设计标准》中各级生活圈居住区用地控制指标及居住街坊用地与建筑控制指标均按小康社会城镇人均住房建筑面积 $35m^2$ 的标准进行计算。因此，前面正常推算的结果和人均面积标准应当是大体吻合的。按每户 3 人计算，国家倡议的基准套型（户型）面积为 105 m^2。当街坊内设置了一定数量的大户型时，就需要有一定数量的小户型进行平衡，否则就会出现不符合标准规定的指标。

三、布置建筑

根据上一阶段估算的数据，初步对住宅建筑的位置和组织方式进行布局，布局方案基本确定后，即可着手住宅建筑单体设计。根据附属设施的建筑面积标准以及希望的功能组合方式，确定附属设施建筑的数量、规模和位置，接着进行附属公建的单体设计工作。在这个过程中，要根据建筑防火、日照间距等方面的限制要求不断进行方案调整和深化，附属道路、绿化、场地等方面的规划设计工作也要同步协调进行。

四、细化设计

在这个阶段，要统筹协调各种设计内容，不断深入和细化规划和建筑单体设计等各个方面的内容，认真细致地化解规划设计过程中出现的各种矛盾和问题，符合实际地安排好居民的每项生活内容。

五、指标校核

规划设计工作基本完成后，还要反算一下各项技术经济指标，确认各项用地和建筑指标符合标准要求。如果严格按照前面的程序进行工作，最后结果不会有太大出入，小的出入可以通过设计调整至符合标准的相关规定。

注：满足消防车通行要求的道路转弯半径，场地出入口消防车通行的尺度要求，居住街坊内部地下车库出入口设置，居住街坊出入口设计 1，居住街坊出入口设计 2，居住街坊出入口设计 3，居住街坊出入口设计 4，居住街坊出入口设计 5，登高场地、消防车道与尽端回车场见附录图页 71—79（P283—P291）。

附　录

图页1 建筑面积计算图示

注：本附录部分图中除特殊标记长度单位均为毫米（mm）。

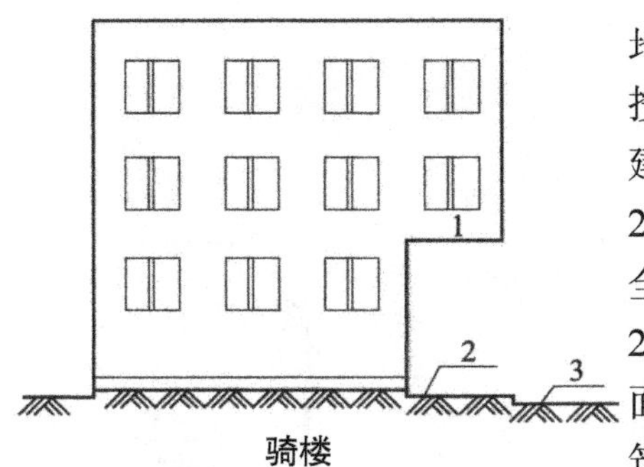

骑楼

1—骑楼；2—人行道；3—街道

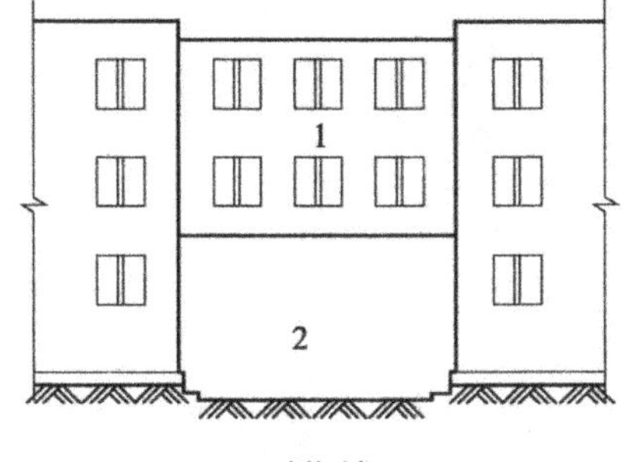

过街楼

1—过街楼；2—建筑物通道

骑楼、过街楼底层的开放公共空间和建筑物通道不算建筑面积。

建筑物架空层及坡地建筑物吊脚架空层，应按其顶板水平投影计算建筑面积。结构层高在2.20m及以上的，应计算全面积；结构层高在2.20m以下的，应计算1/2面积。住宅、教学楼等建筑的底层或楼层架空部分应按上述规定计算建筑面积。

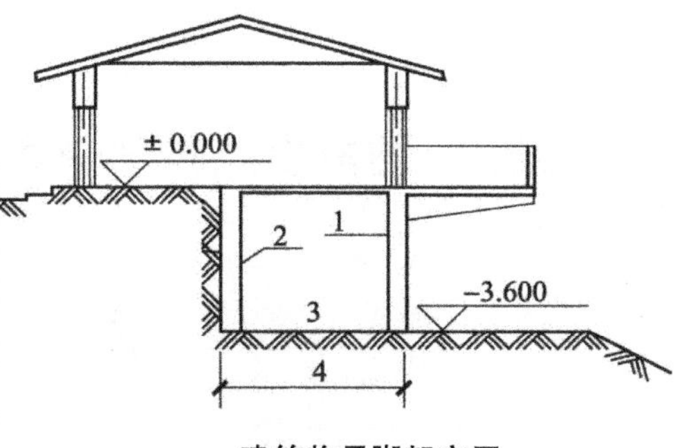

建筑物吊脚架空层

1—柱；2—墙；3—吊脚架空层；4—计算建筑面积部位

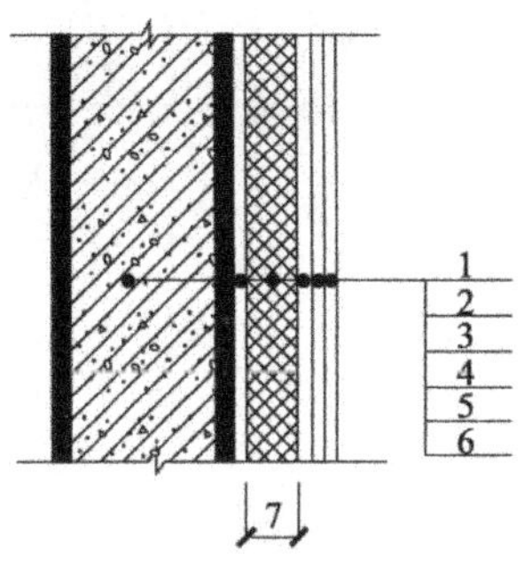

建筑外墙外保温

1—墙体；2—黏结胶浆；3—保温材料；4—标准网；5—加强网；6—抹面胶浆；7—计算建筑面积部位

建筑面积只计算外墙保温材料厚度部分的水平投影面积。

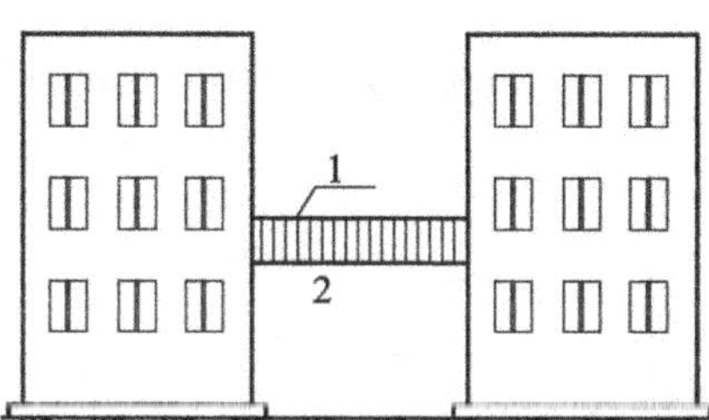

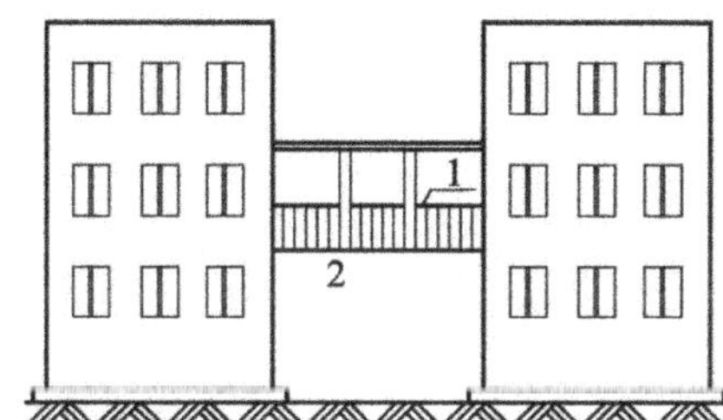

无围护结构的架空走廊

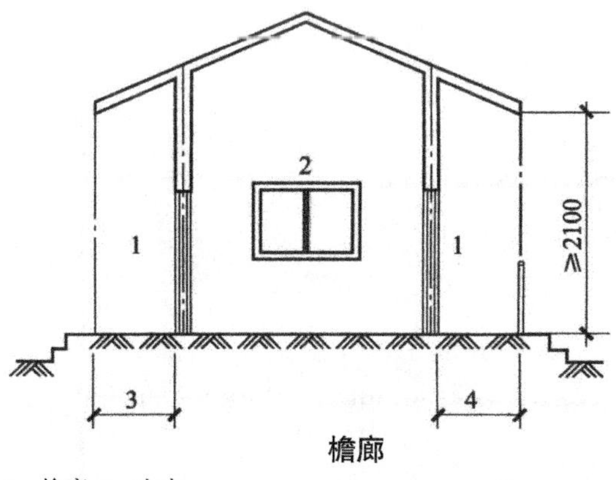

檐廊

1—檐廊；2—室内；
3—不计算建筑面积部位；4—计算1/2建筑面积部位

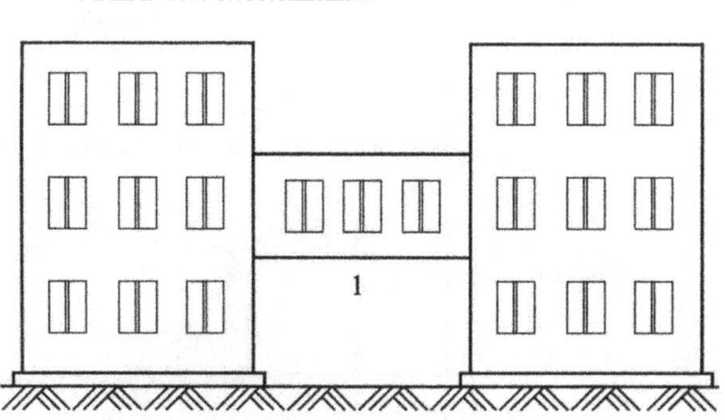

有围护结构的架空走廊

1—栏杆；2—架空走廊

有围护设施的室外走廊（挑廊），应按其结构底板水平投影面积计算1/2面积；有围护设施（或柱）的檐廊，应按其围护设施（或柱）外围水平面积计算1/2面积。

建筑物间有顶盖和围护设施的架空走廊，应按其围护结构外围水平面积计算全面积；无围护结构、有围护设施的，应按其结构底板水平投影面积计算1/2面积。

注：本页资料摘自《建筑工程建筑面积计算规范》GB/T 50353-2013。

图页2 城市道路断面形式

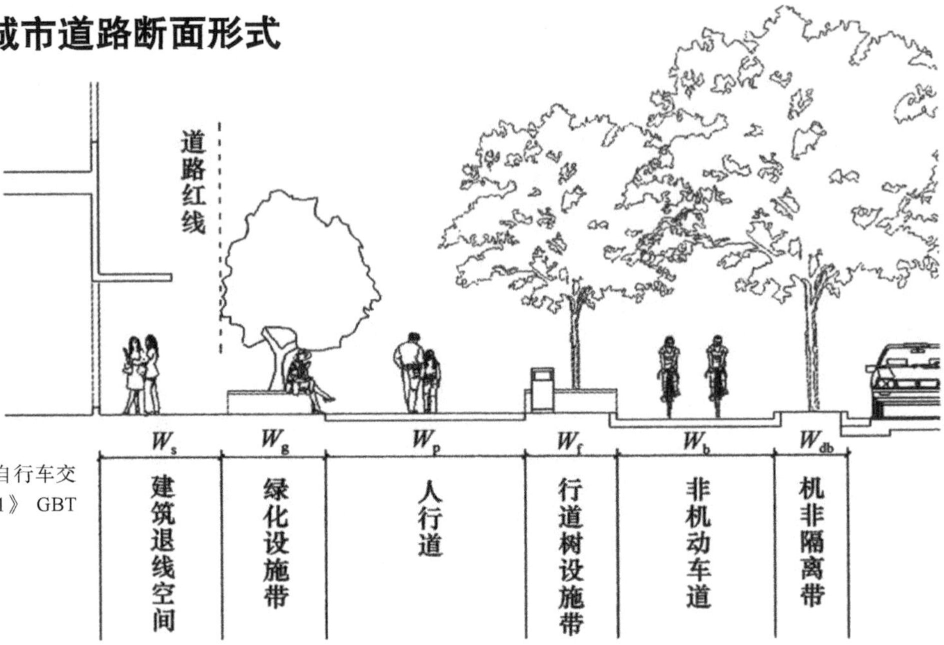

注:摘自《城市步行和自行车交通系统规划标 5.3.1》 GBT 51439-2021。

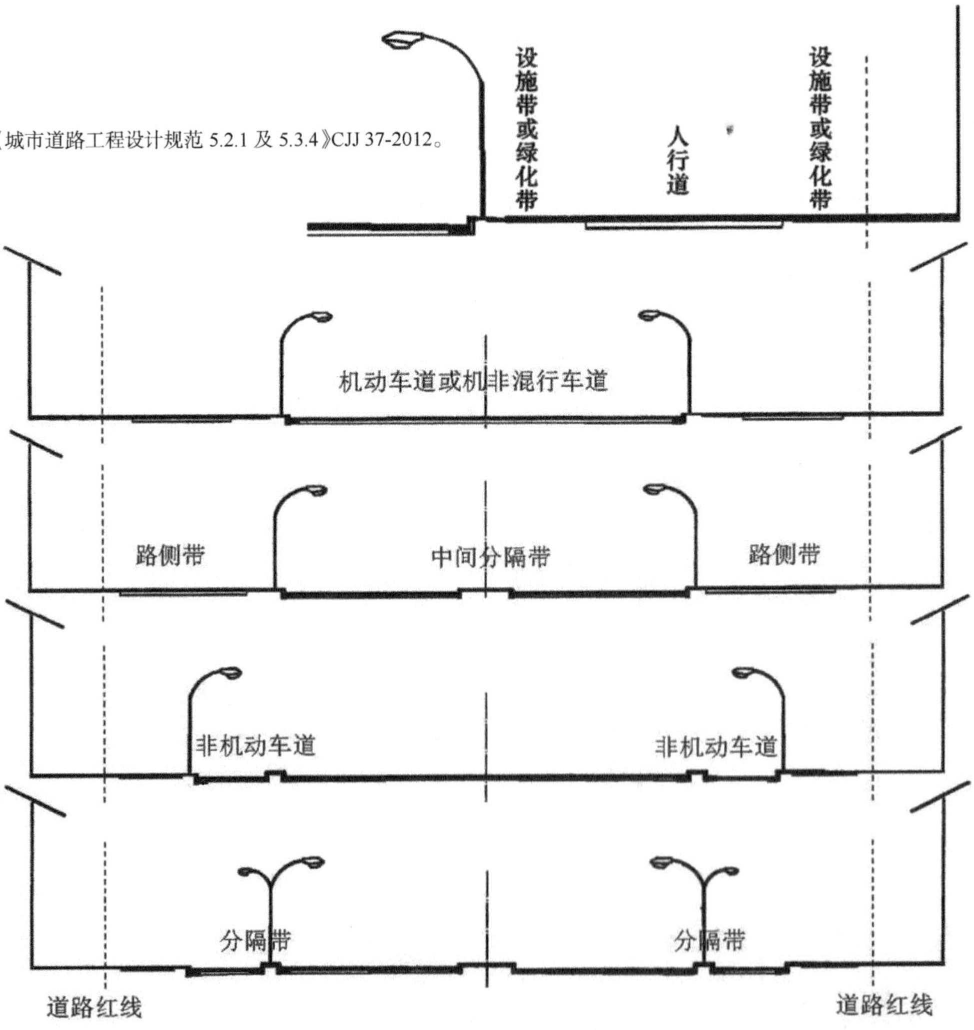

注:摘自《城市道路工程设计规范 5.2.1 及 5.3.4》CJJ 37-2012。

单幅路

两幅路

三幅路

四幅路

图页3　汽车转弯参数和道路转弯半径

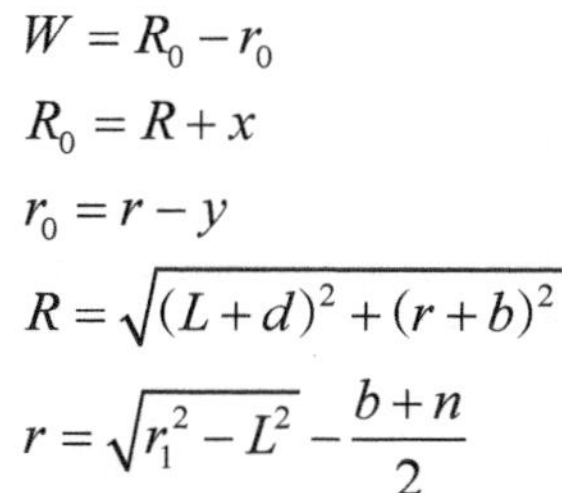

$$W = R_0 - r_0$$

$$R_0 = R + x$$

$$r_0 = r - y$$

$$R = \sqrt{(L+d)^2 + (r+b)^2}$$

$$r = \sqrt{r_1^2 - L^2} - \frac{b+n}{2}$$

a—机动车长度；b—机动车宽度；
d—前悬尺寸；　e—后悬尺寸；
L—轴距；　　　m—后轮距；
n—前轮距；　　R—汽车环行外半径；
R_0—环形车道外半径；　　r_0—环形车道内半径；
r—汽车环行内半径；　　　r_1—汽车最小转弯半径；
W—环形车道最小净宽；
x—汽车环行时最外点至环道外边的安全距离；
y—汽车环行时最外点至环道外边的安全距离；
x、y 宜 ≥250mm；
x、y 当两侧为连续障碍物时宜 ≥ 500mm。

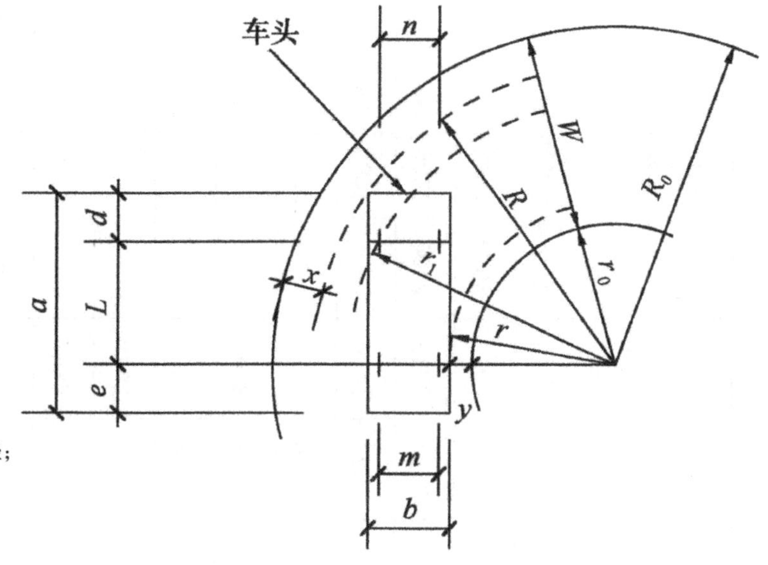

机动车环形车道平面图

注：摘自《车库建筑设计规范 4.1.4》JGJ 100-2015。

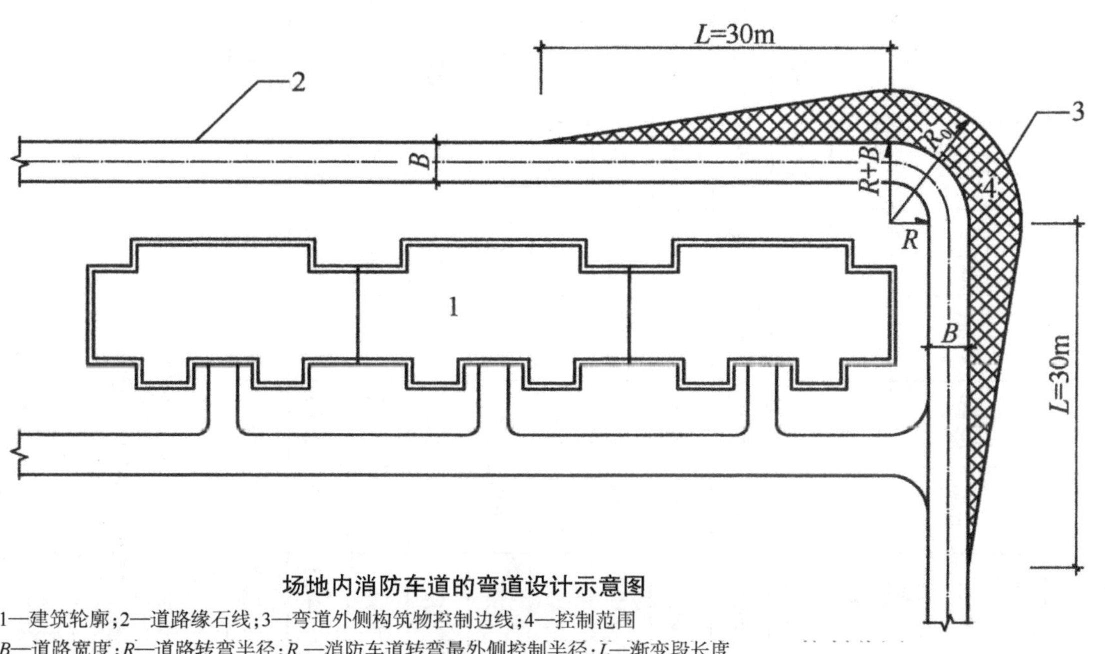

场地内消防车道的弯道设计示意图

1—建筑轮廓；2—道路缘石线；3—弯道外侧构筑物控制边线；4—控制范围
B—道路宽度；*R*—道路转弯半径；R_0—消防车道转弯最外侧控制半径；*L*—渐变段长度

注：1. 小型车的最小转弯半径 r_1 约为 6.0m，消防车一般分为轻、中、重三种系列，车辆最小转弯半径 r_1 分别为 7m 、8.5m、12m，弯道外侧需保留一定的空间，以保证消防车紧急通行时不会碰到障碍物，其控制范围为弯道处外侧宽度，通过计算，其转弯最外侧控制半径 R_0 分别为 8.5m、11.5m、14.5m。由于场地内道路转弯半径通常较小，小型车道内侧转弯半径 r_0 不应小于 3.5m，此时，可采用上图示意的做法控制保留空间，控制范围内部不允许修建任何地面构筑物，不应布置重要管线、种植灌木和乔木，道路缘石高度应不大于 12cm。提醒：两图中 R 的含义不同，R_0 含义相同。

2. 摘自《车库建筑设计规范 3.2.6 条文说明》JGJ100-2015。

图页4　部分机动车环形车道最小内、外半径列表

汽车类型及标志尺寸	具体车型	汽车参数（mm）												不同道路宽度下的环形车道内半径 r_0（mm）（低速时的道路转弯半径）			
		最小转弯半径	车长	车宽	前悬	后悬	轴距	前轮距	环行内半径	环行外半径	环道外半径	最小环道宽度	环道内半径				
		r_1	a	b	d	e	L	n	r	R	R_0	W	r_0	3000	4000	5500	7000
微型车 3.8m×1.6m	奥拓	4800	3300	1405	555	570	2175	1215	2969	5156	5406	2687	2719	2406	1406	—	—
	奇瑞	5000	3550	1495	700	510	2340	1295	3024	5446	5696	2922	2774	2696	1696	196	—
小型车 4.8m×1.8m	富康	5250	4071	1688	849	682	2540	1414	3044	5820	6070	3276	2794	*	2070	570	—
	奥迪	5800	4792	1814	1016	1089	2687	1476	3495	6473	6723	3478	3245	*	2723	1223	—
轻型车 7m×2.25m	依维柯	6050	5755	2140	960	1485	3310	1683	3153	6801	7051	4148	2903	*	*	1551	51
	东风	7000	6600	2200	1185	2115	3300	1750	4198	7814	8064	4116	3948	*	*	2564	1064
中型车 9m×2.5m	东风	8000	7010	2470	1055	2005	3950	1810	4817	8840	9090	4523	4567	*	*	3590	2090
	金南	9000	8040	2350	1790	2450	3800	1830	6068	10105	10355	4537	5818	*	*	4855	3355
大型客车 12m×2.5m	黄海	11000	10400	2495	2075	3025	5300	1940	7421	12358	12608	5437	7171	*	*	7108	5608
	中大	12000	11980	2540	2330	3450	6200	2020	7994	13555	13805	6061	7744	*	*	*	6805

注：1. 本表的汽车参数均依据《车库建筑设计规范 4.1.3 条文说明-表2》JGJ 100-2015。

2. 机动车环行时最外点至环道外边安全距离 x 和最内点至环道内边的安全距离 y 均取值 250mm。

3. 表中的“*”代表环形车道宽度不够；“—”表示不需要转弯半径，道路内转角为直角也可以满足汽车通行需要。

4. 当环形车道宽度不够时，可以通过增加转弯半径的方式解决车辆的转弯通过问题。如上表中的奥迪，在最小转弯半径时环道宽度为 3478mm，超过3m，如果在3m 宽的道路上转弯，道路的环道内半径（即道路的转弯半径）宽不小于4792mm，上表的轻型东风在3m 宽路面上转弯，道路的转弯半径需要15562mm，其它情况的道理是一样的。本表只列出了各种汽车在几种典型道路宽度下道路转弯半径的最小值。

图页5　道路平面交叉口示意

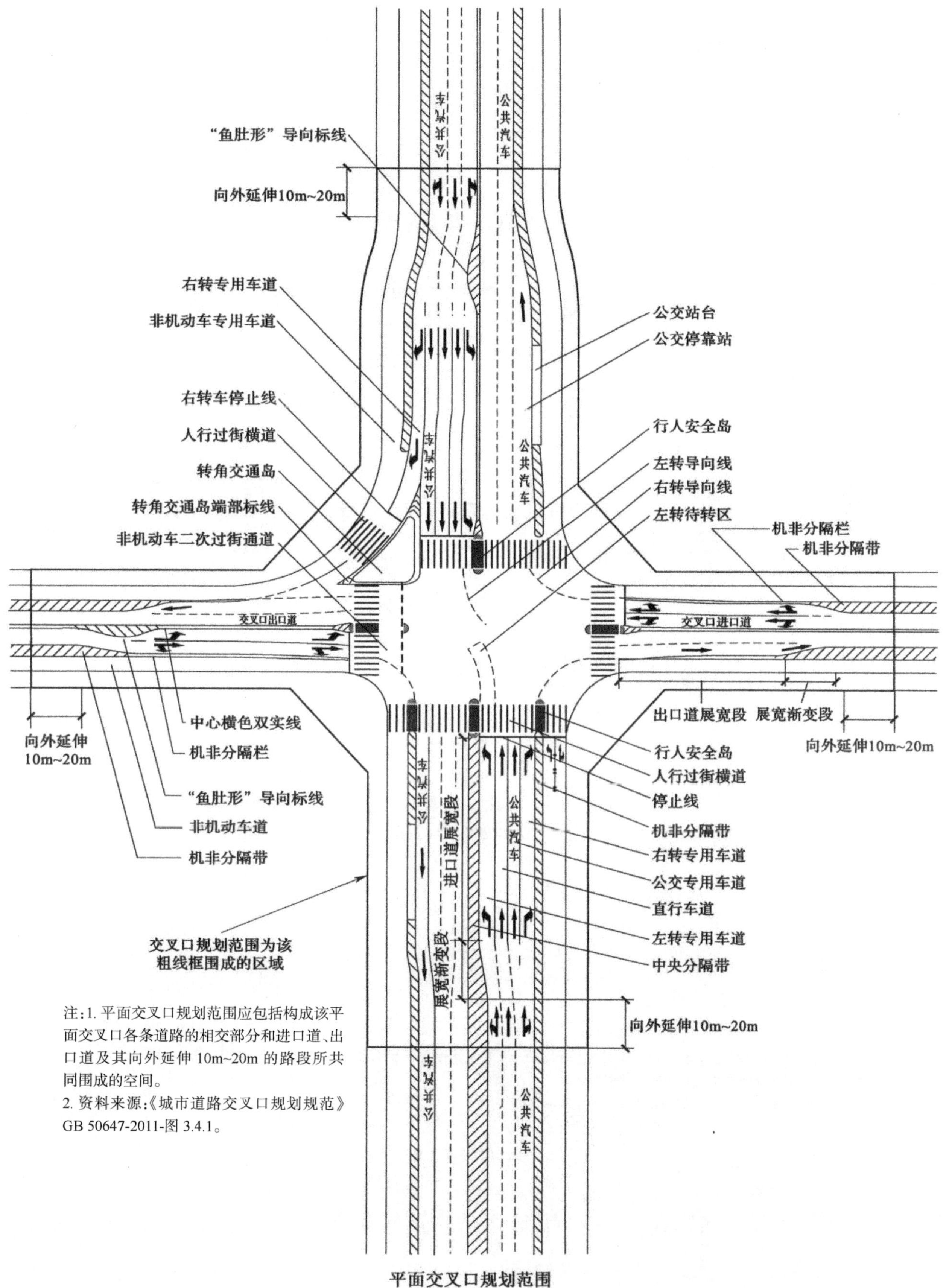

注：1. 平面交叉口规划范围应包括构成该平面交叉口各条道路的相交部分和进口道、出口道及其向外延伸 10m~20m 的路段所共同围成的空间。

2. 资料来源：《城市道路交叉口规划规范》GB 50647-2011-图 3.4.1。

平面交叉口规划范围

图页6 道路立体交叉口示意

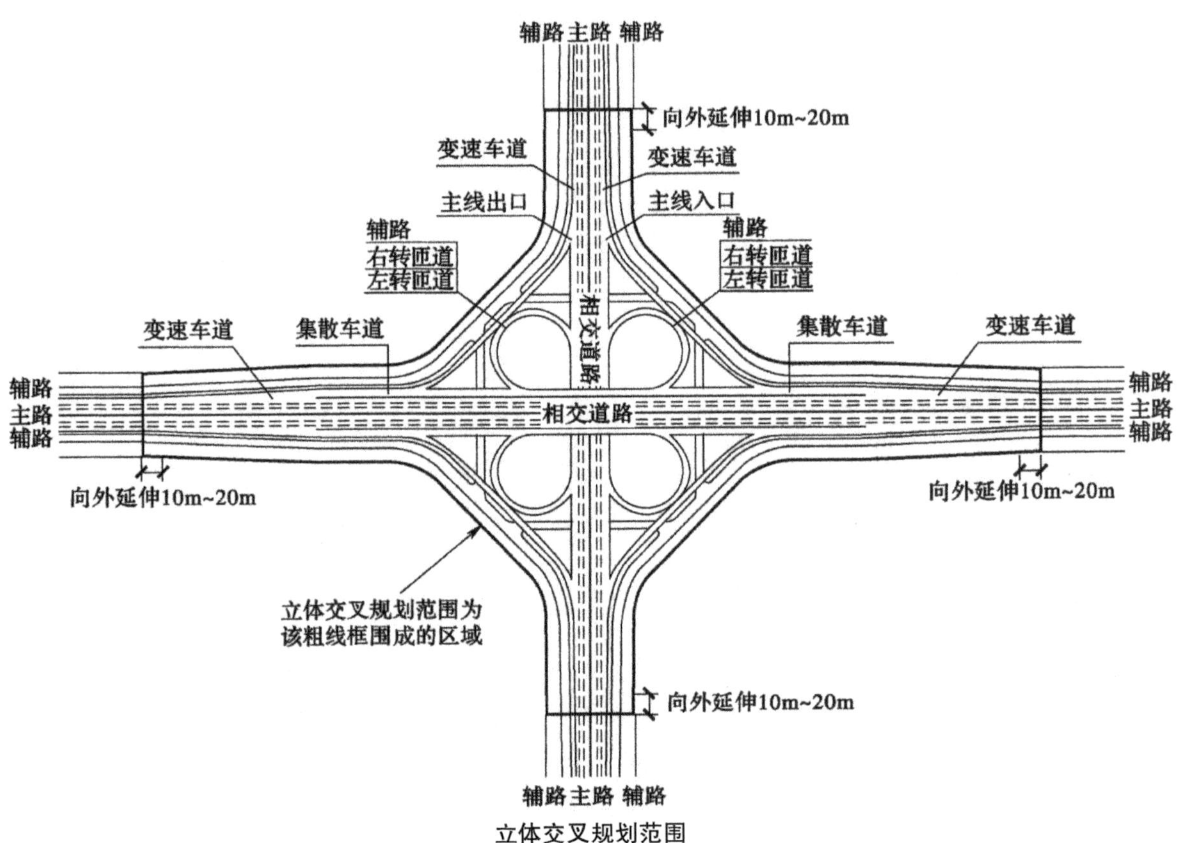

立体交叉规划范围

注:1. 立体交叉规划范围包括相交道路中线投影平面交点至相交道路各进出口变速车道渐变段及其向外延伸10m~20m 的主线路段间所共同围成的空间。

2. 资料来源:《城市道路交叉口规划规范》GB 50647-2011-图 3.4.3。

图页7 汽车停车位尺寸与排列

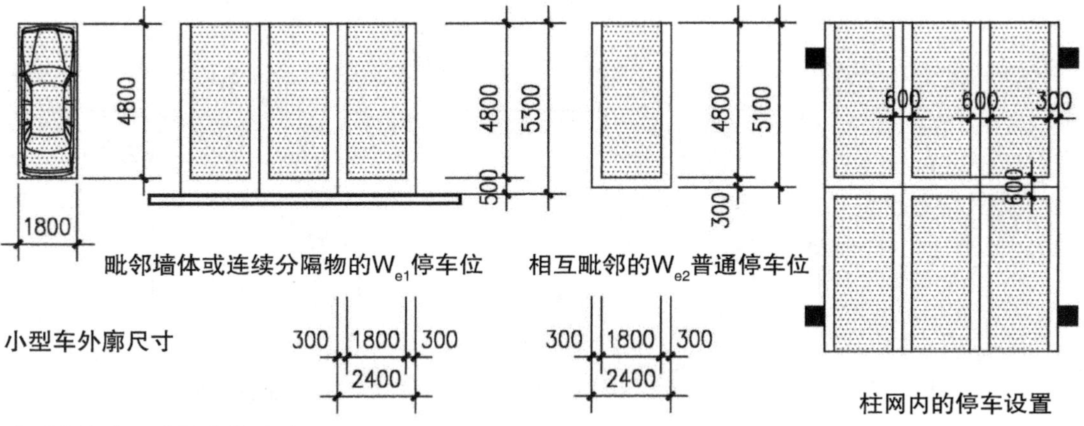

小型车外廓尺寸及车位尺寸

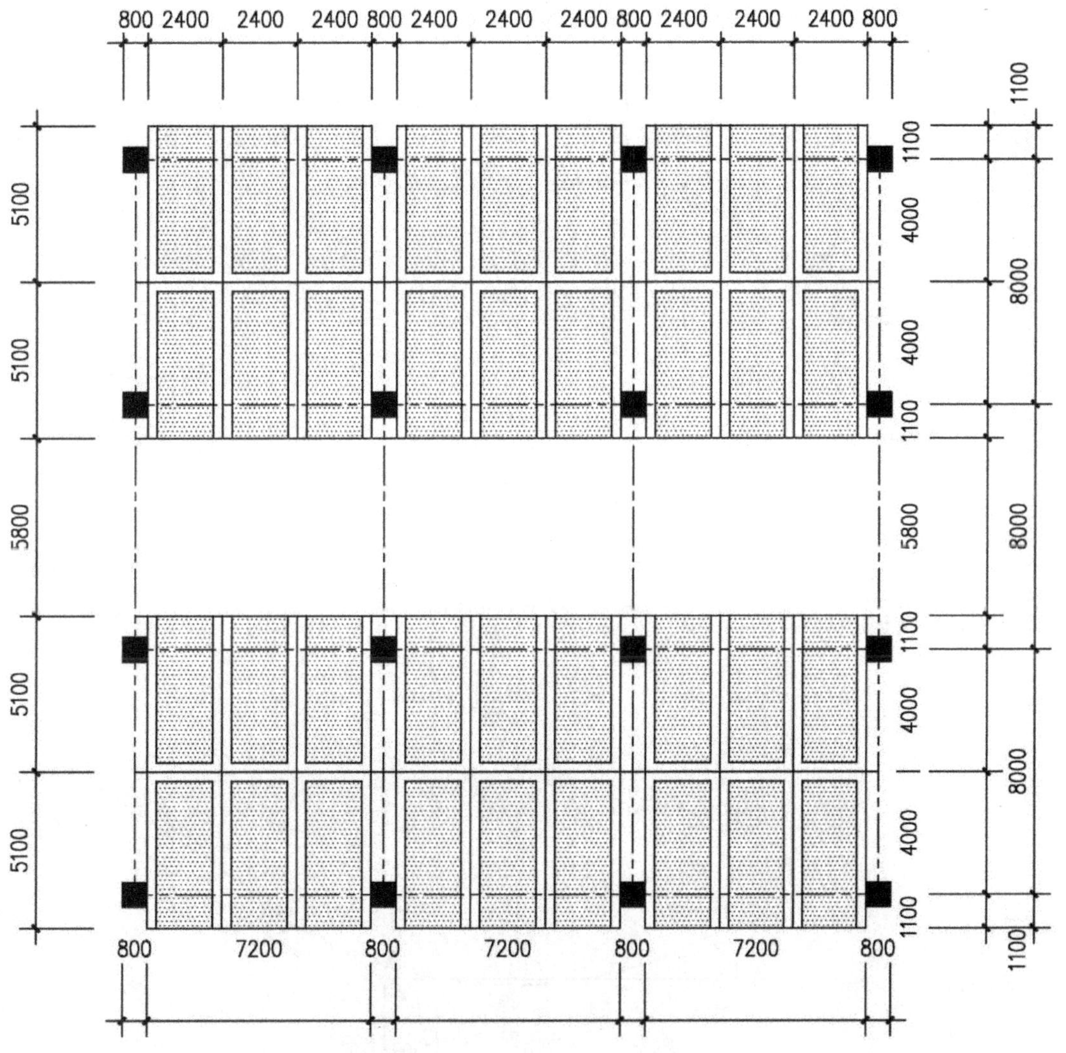

框架柱网与停车位关系图（以 **8m** 柱网为例）

注：根据上图可以推算，能满足通道宽度 5500mm，同时两个柱间放三辆车的最小柱网尺寸是 7800mm，框架柱的最大允许装修面尺寸为 600 × 600mm。小于 7800mm 的柱网，柱间就不能放三部车了，存放车辆 的效率会显著降低。

图页8　汽车坡道设计

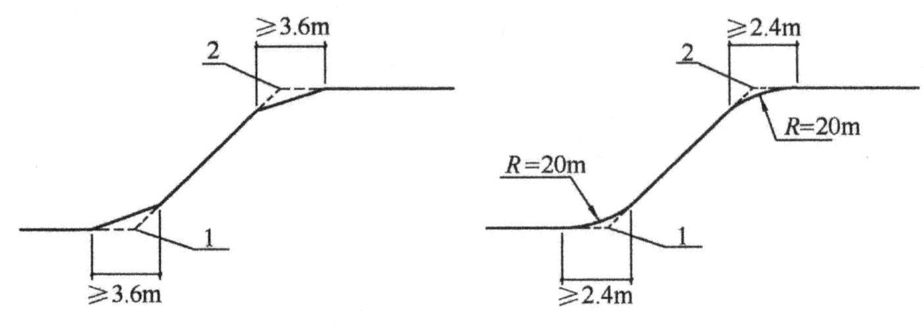

直线缓坡图　　　　曲线缓坡图

1. 为坡道起点；2. 为坡道止点。
2. 摘自《车库建筑设计规范》JGJ 100-2015-图 4.2.10。

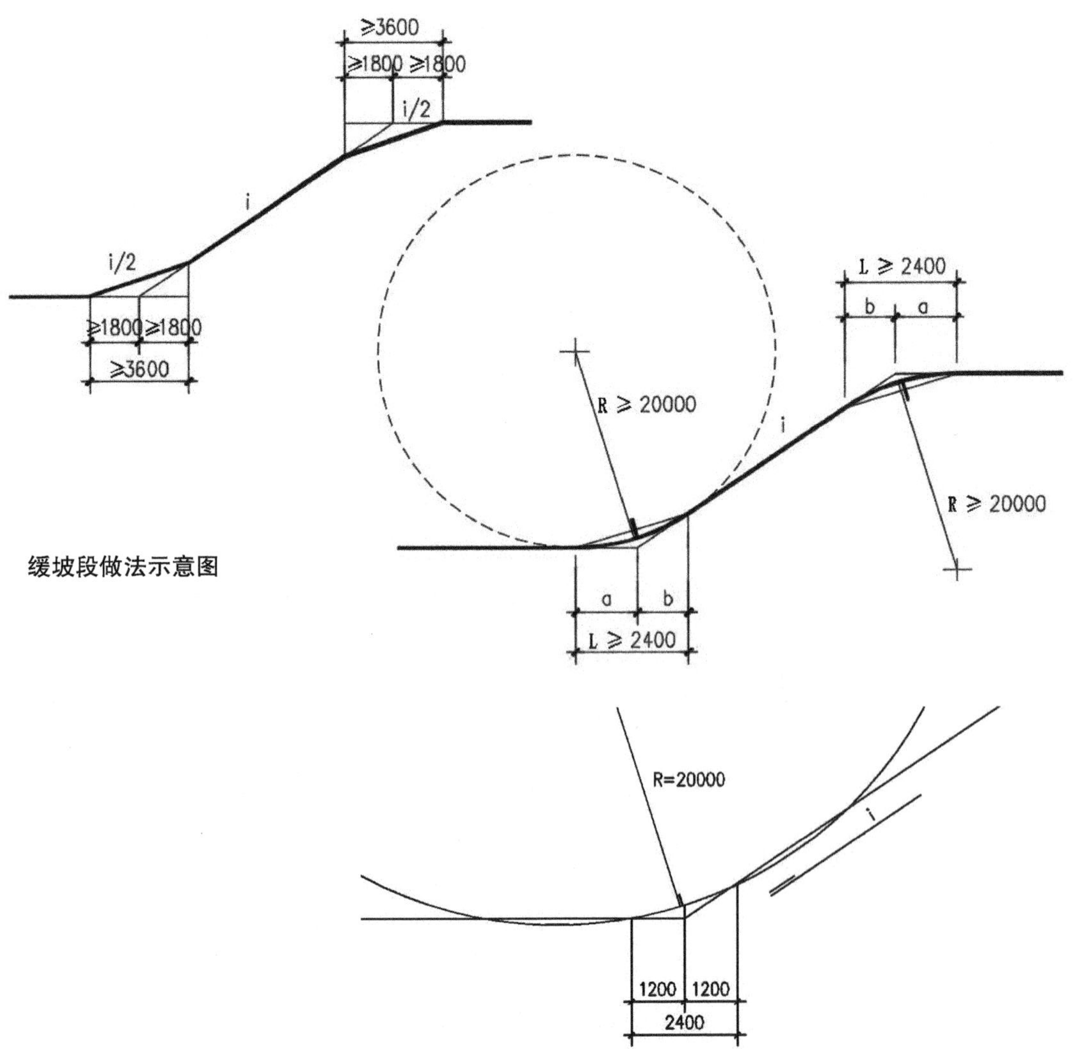

缓坡段做法示意图

坡度超过 **12%** 的坡道，缓坡段维持水平长度 **2400mm**、曲率半径 **20m** 的情况示意图

图页9 地下车库坡道设计

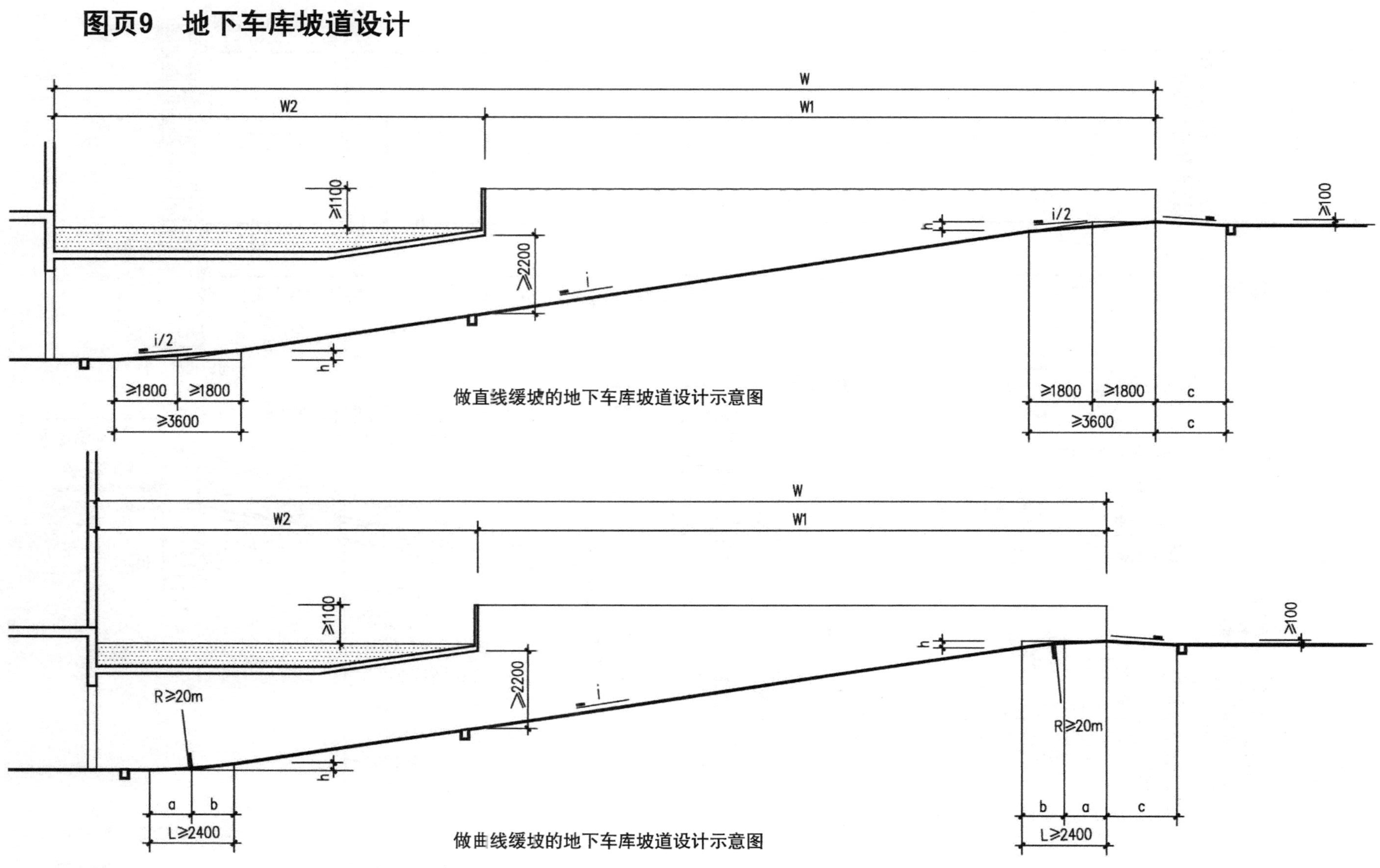

做直线缓坡的地下车库坡道设计示意图

做曲线缓坡的地下车库坡道设计示意图

图页10　地下车库坡道设计详图

注：摘自《河北省12系列建筑标准设计图集》12J9-1-P98。

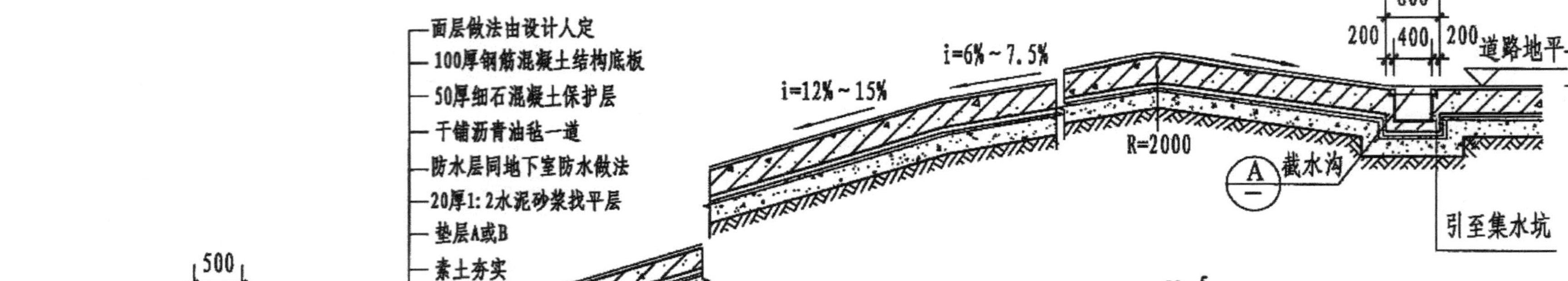

面层做法由设计人定
100厚钢筋混凝土结构底板
50厚细石混凝土保护层
干铺沥青油毡一道
防水层同地下室防水做法
20厚1:2水泥砂浆找平层
垫层A或B
素土夯实

车库地坪　50　500　400　50　i=6%~7.5%　引至集水坑
i=12%~15%　i=6%~7.5%　R=2000　Ⓐ 截水沟
800　200　400　200　道路地平　100　引至集水坑

坡道剖面图

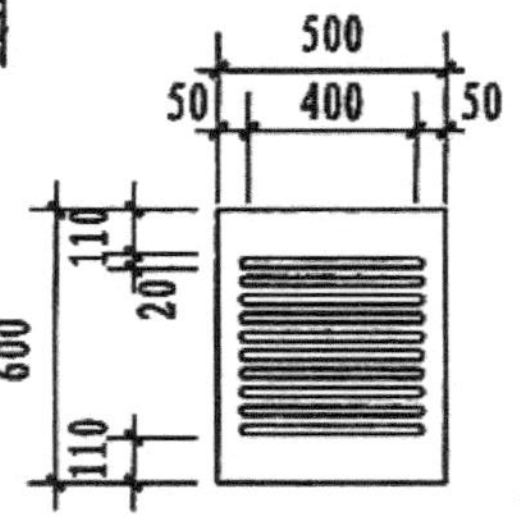

500　50　400　50　600　110　20　110

铸铁盖板

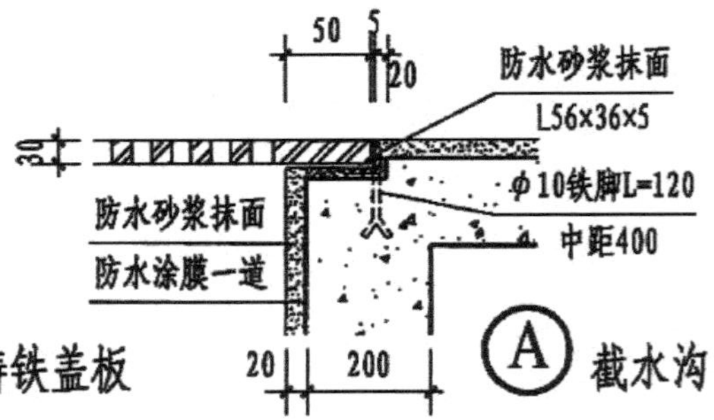

50　5　20　30　防水砂浆抹面　L56x36x5　ϕ10铁脚L=120　中距400　防水砂浆抹面　防水涂膜一道　20　200

Ⓐ 截水沟

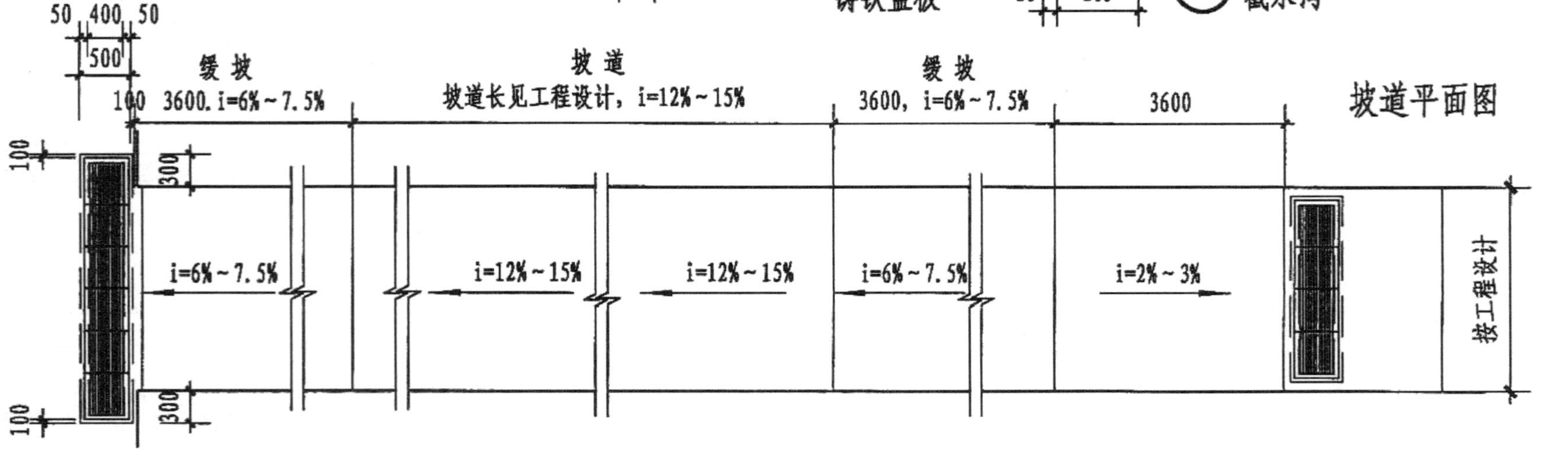

50　400　50　500　100　100　300　300
缓坡 3600. i=6%~7.5%
坡道 坡道长见工程设计，i=12%~15%
缓坡 3600，i=6%~7.5%
3600
i=6%~7.5%　i=12%~15%　i=12%~15%　i=6%~7.5%　i=2%~3%
按工程设计

坡道平面图

图页11　地下车库坡道工程范例

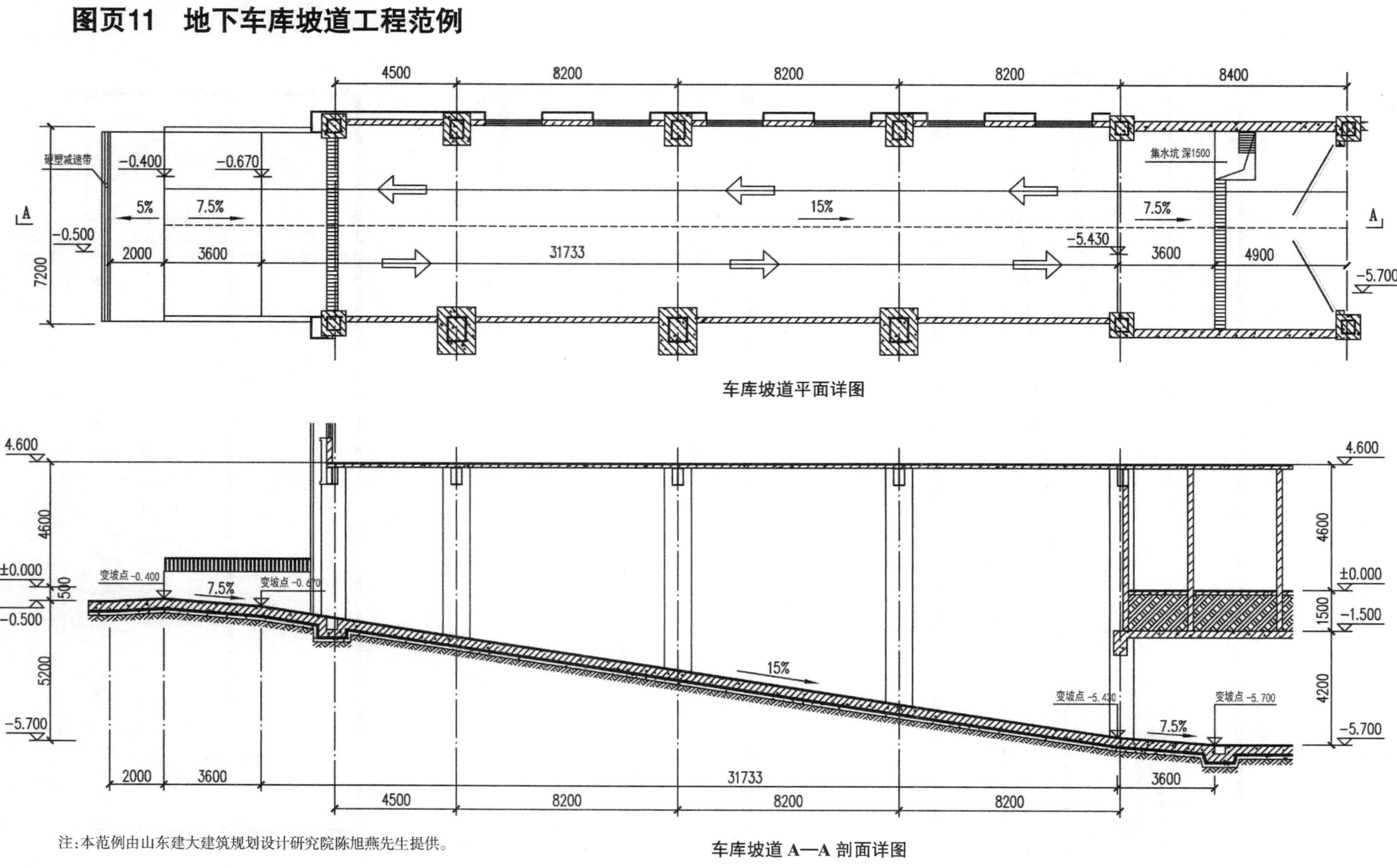

车库坡道平面详图

车库坡道 A—A 剖面详图

注：本范例由山东建大建筑规划设计研究院陈旭燕先生提供。

图页12　地下车库工程范例

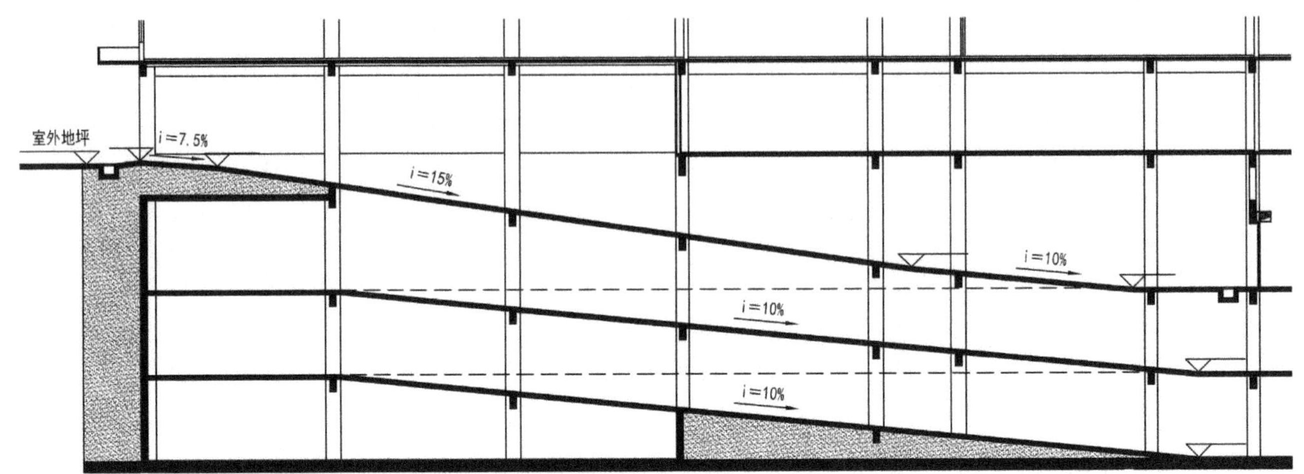

A—A 剖面图

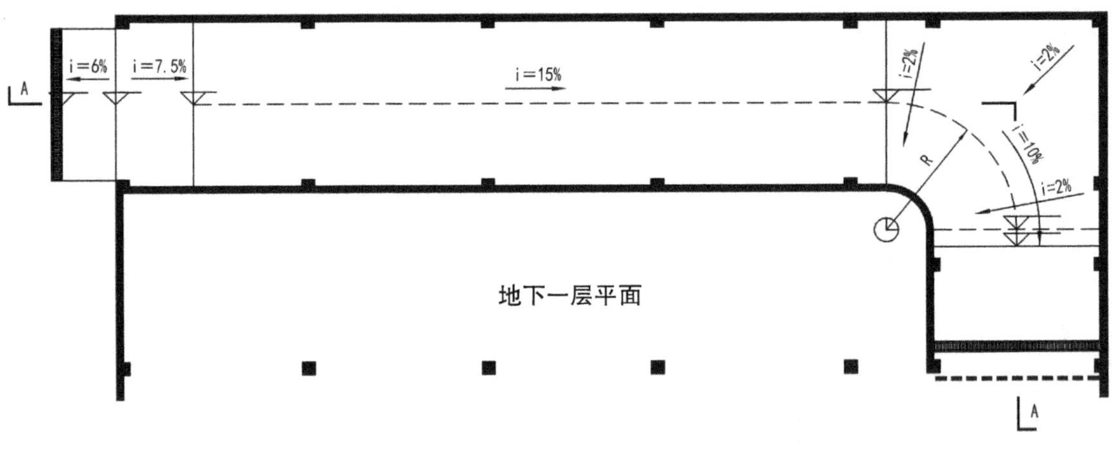

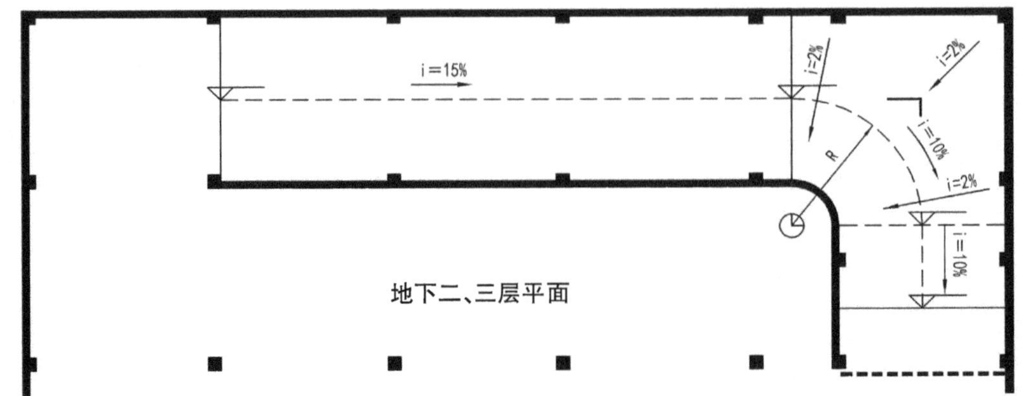

图页13　停车位、停车库及借用楼梯疏散做法图

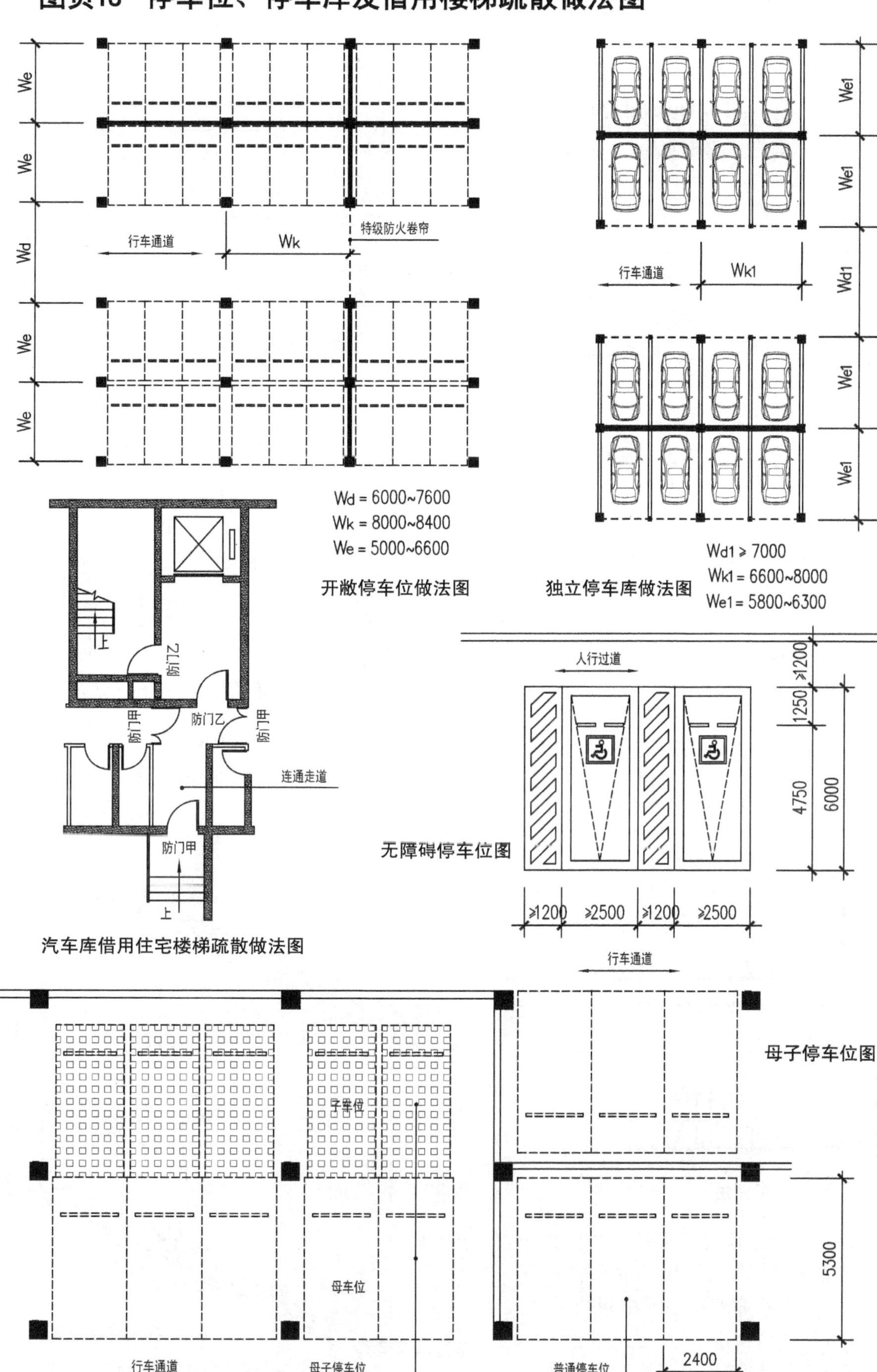

图页14　楼梯的设计与表达

双分平行楼梯梯段、平台、梯井

注：摘自《民用建筑设计统一标准 6.8.6 条文说明》。

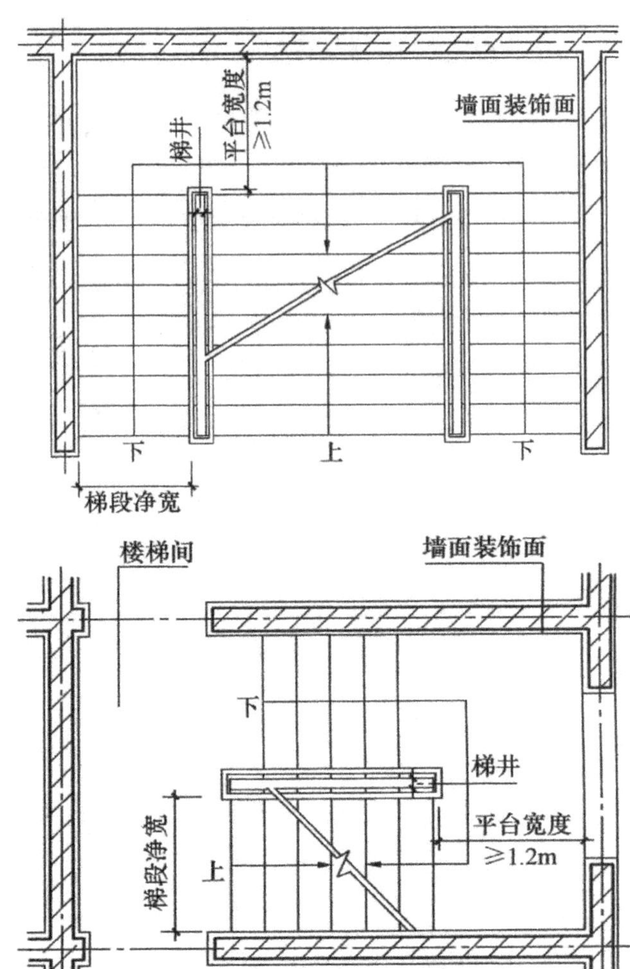

楼梯梯段、平台、梯井

注：摘自《民用建筑设计统一标准 6.8.4 条文说明》。

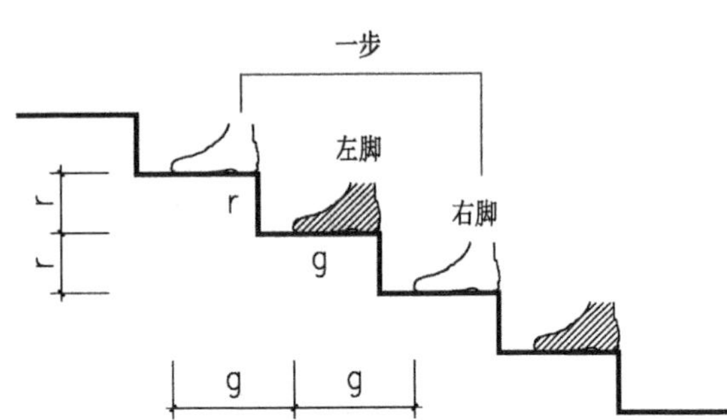

上台阶时，人每迈一步，会向前迈出一个踏步宽，过程中比平步多了抬升两个踏步高的动作。

注：1. 楼梯的步距 L=2r+g，一般在 560mm~630mm 之间，少年儿童在 560mm 左右，成人平均在 600mm 左右。
2. 摘自《民用建筑设计统一标准 6.8.10 条文说明》。

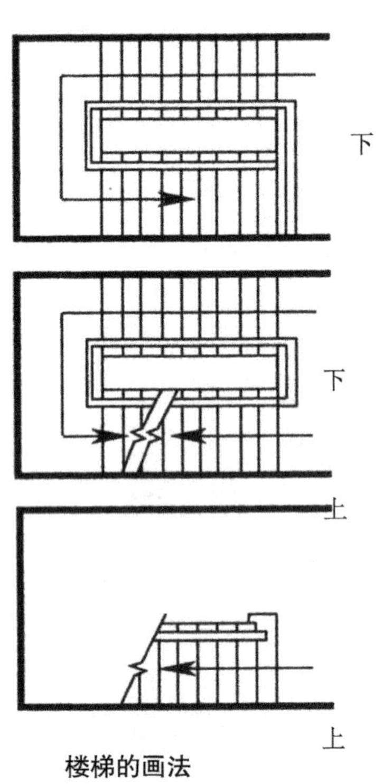

楼梯的画法

上图为顶层楼梯平面，中图为中间层楼梯平面，下图为底层楼梯平面；需设置靠墙扶手或中间扶手时，应在图中表示。

注：摘自《民用建筑设计统一标准 6.8.4 条文说明》。

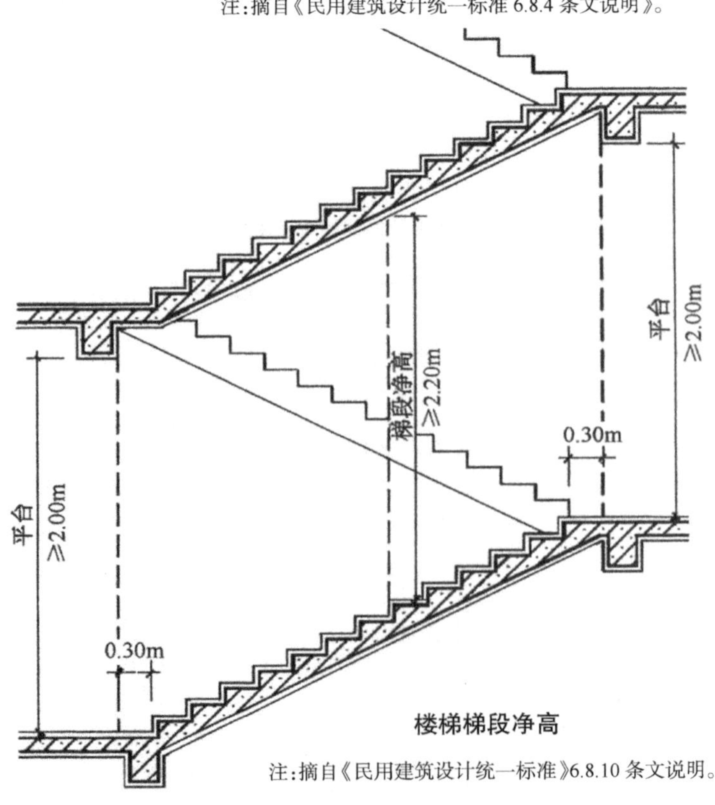

楼梯梯段净高

注：摘自《民用建筑设计统一标准》6.8.10 条文说明。

图页15 楼梯形式1

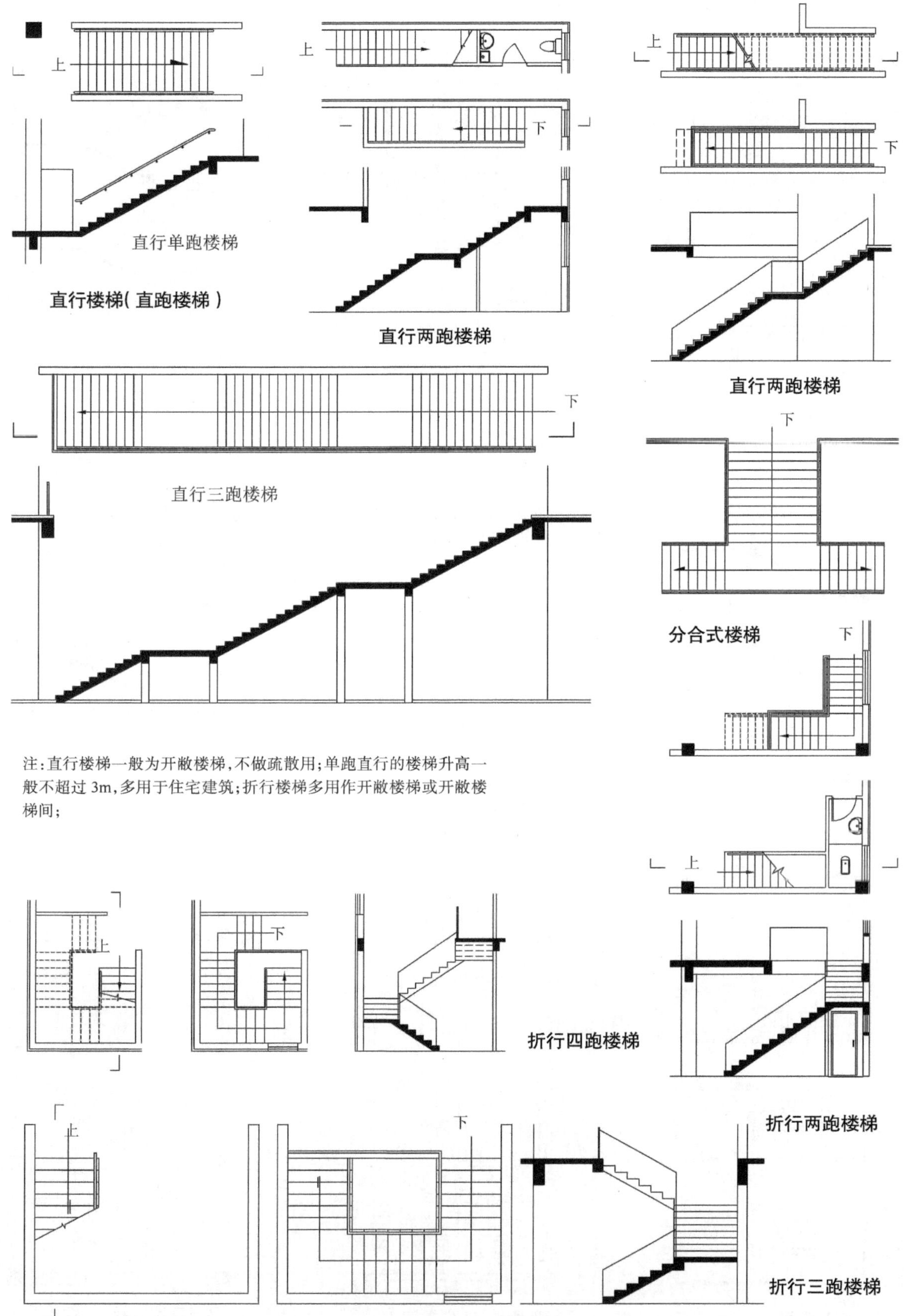

注:直行楼梯一般为开敞楼梯,不做疏散用;单跑直行的楼梯升高一般不超过 3m,多用于住宅建筑;折行楼梯多用作开敞楼梯或开敞楼梯间;

图页16 楼梯形式2

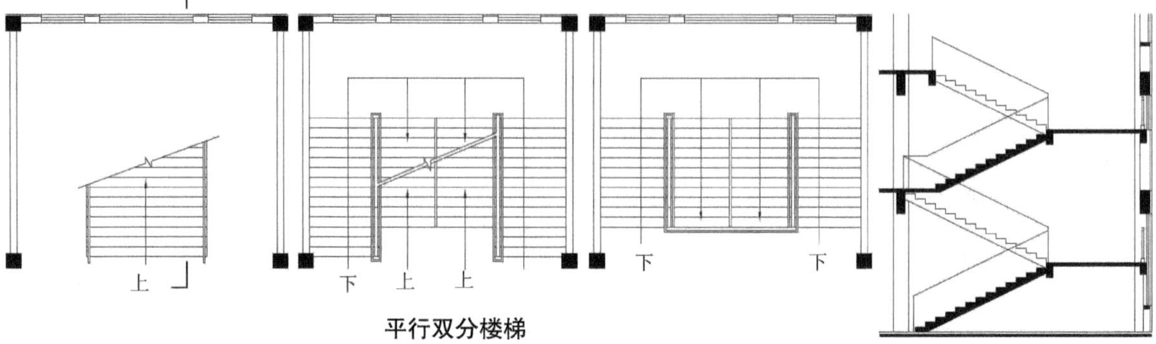

平行双分楼梯

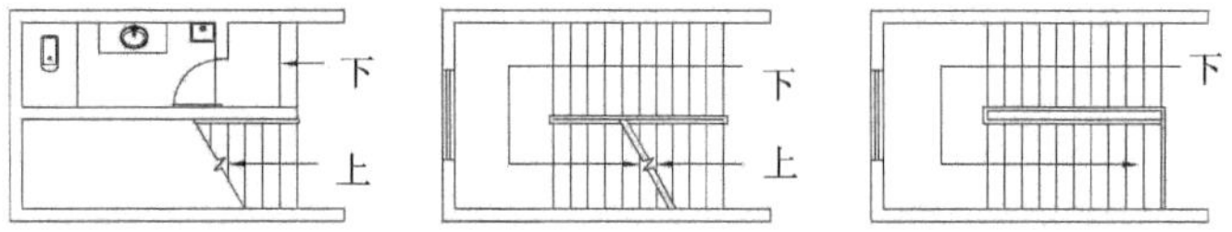

平行双跑楼梯

注：平行三跑楼梯的偶数层在一侧出入，奇数层在对侧出入；平行多跑楼梯可不画夹层平面，信息在剖面上体现；室外楼梯的防火性能与防烟楼梯间；楼段宽度超过1800mm宜设中间栏杆；楼梯首层下部空间应合理利用。

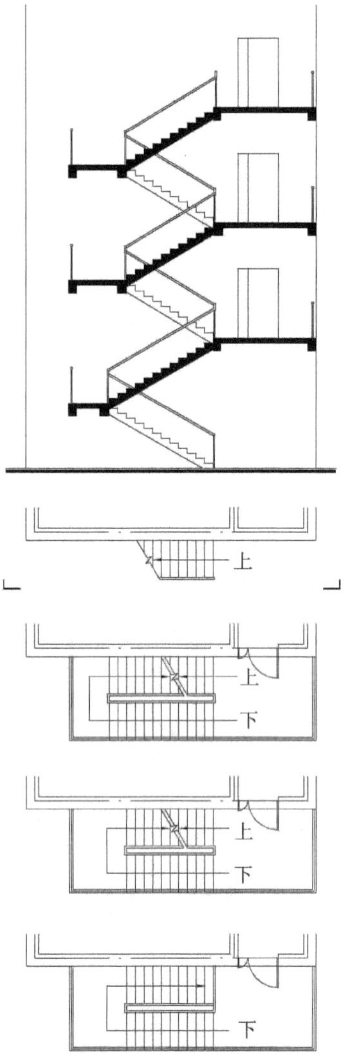

室外楼梯

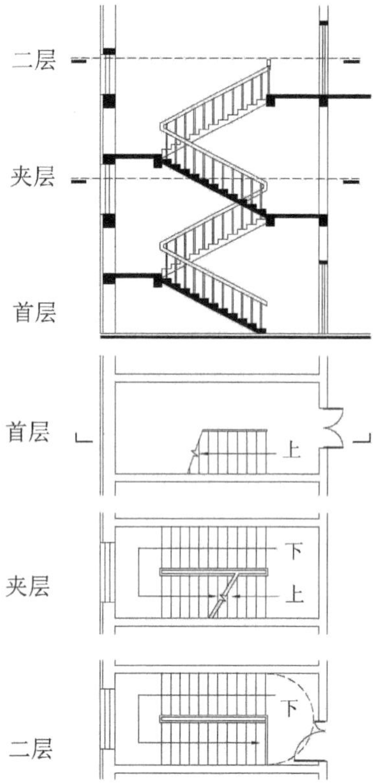

平行四跑楼梯（偶数跑）

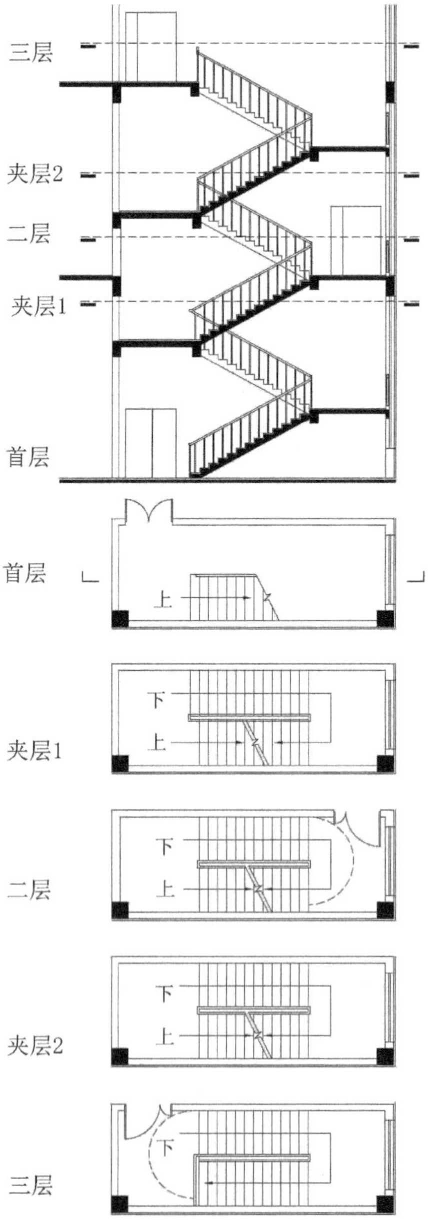

平行三跑楼梯（奇数跑）

图页17 楼梯形式3

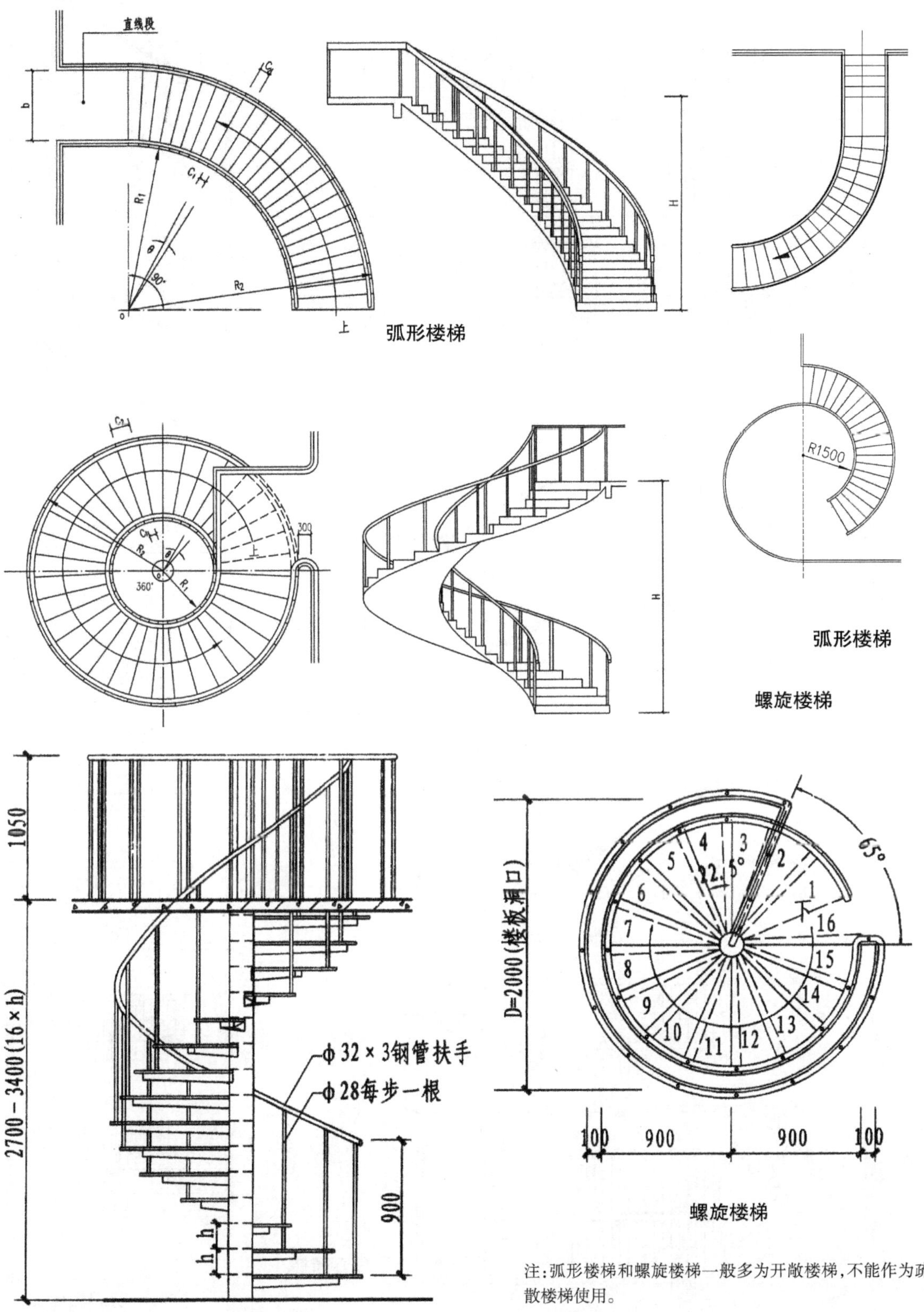

注：弧形楼梯和螺旋楼梯一般多为开敞楼梯，不能作为疏散楼梯使用。

注：摘自《河北省建筑标准设计图集》12J8。

图页18 楼梯形式4

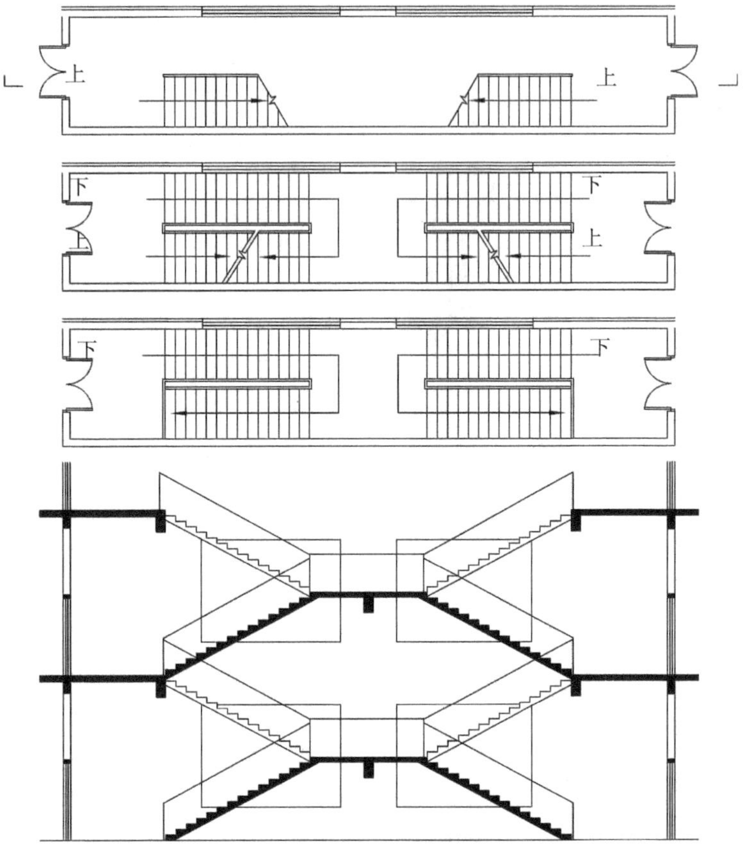

剪刀楼梯 1

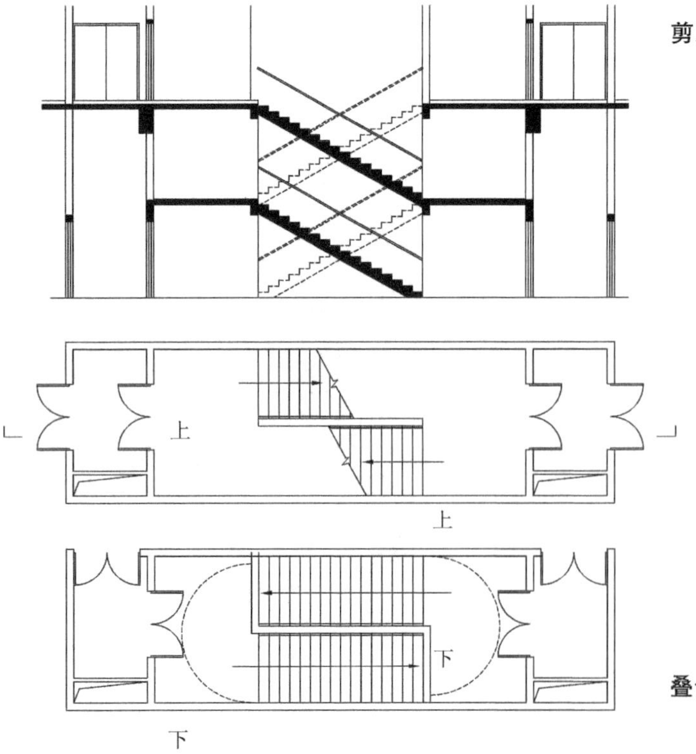

叠合楼梯

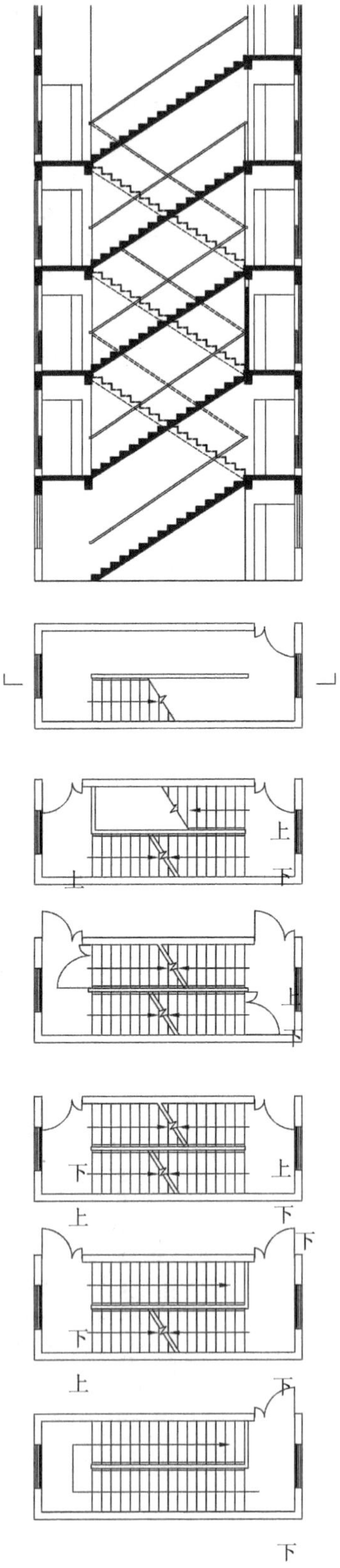

剪刀楼梯 2

注:平行双跑叠合楼梯在剖面图中很像两个剪刀梯上下重叠而成,理论上还有其他不像剪刀梯的叠合形式,但以平行双跑叠合楼梯最为高效和常见。

图页19　楼梯的疏散宽度认知

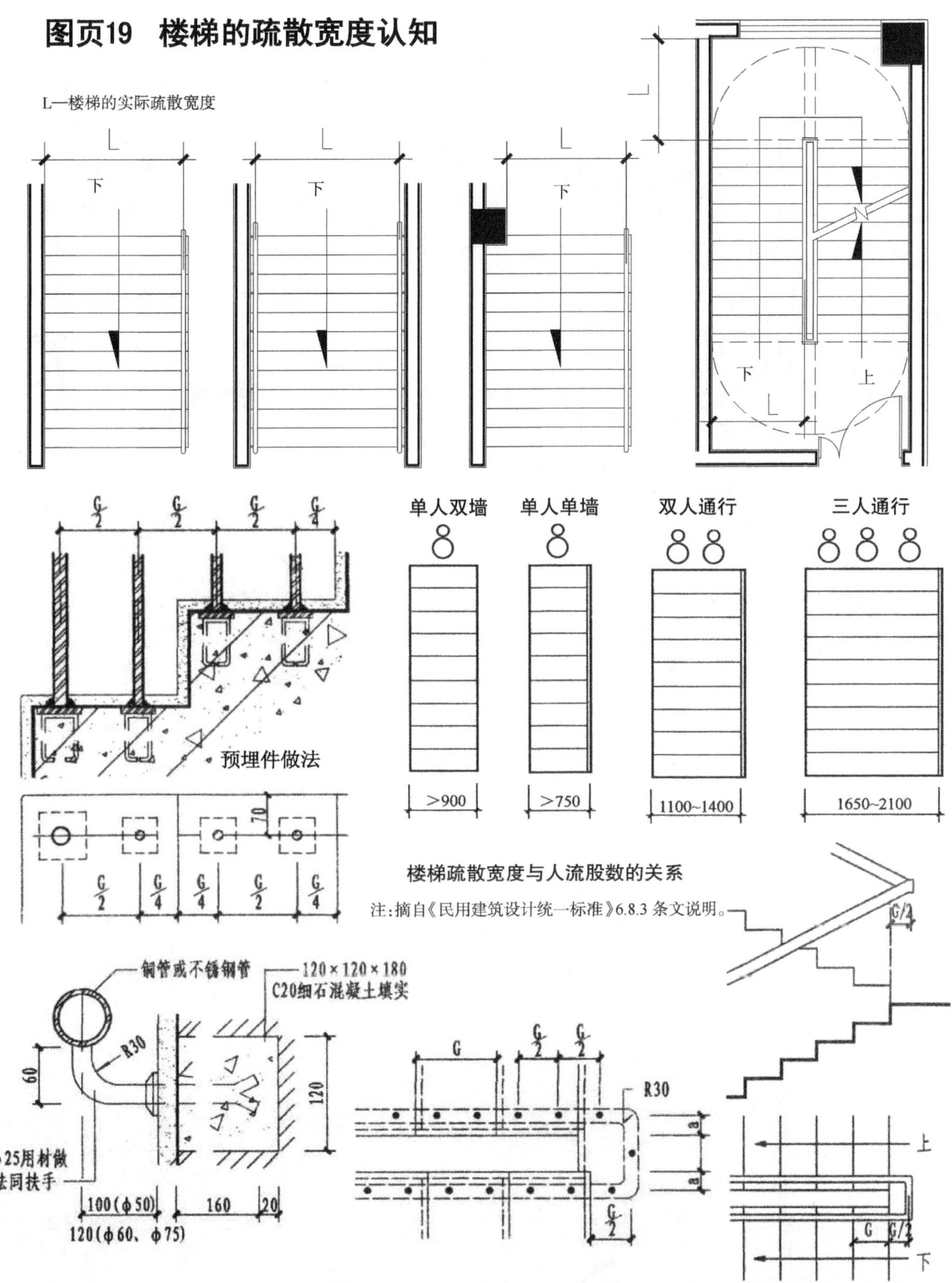

楼梯疏散宽度与人流股数的关系

注：摘自《民用建筑设计统一标准》6.8.3 条文说明。

注：1. 如果楼梯梯段或楼梯转弯平台的标注宽度为 L，墙面抹灰厚度为 15mm，台阶踏面宽度为 300mm，单侧设栏杆时净宽为：L-85(70+15)mm；两侧设栏杆时净宽为 L-140(70+70)mm；墙侧设扶手时梯段净宽为：L-185(70+100+15)mm；楼梯平台净宽为：L/G/2-15=L-165mm。方案设计时，楼梯梯段和楼梯转弯平台宽度大体按净宽规定+100mm 考虑即可。

2. 摘自《河北省建筑标准设计图集》12J8。

图页20 栏杆设在梯井的住宅楼梯

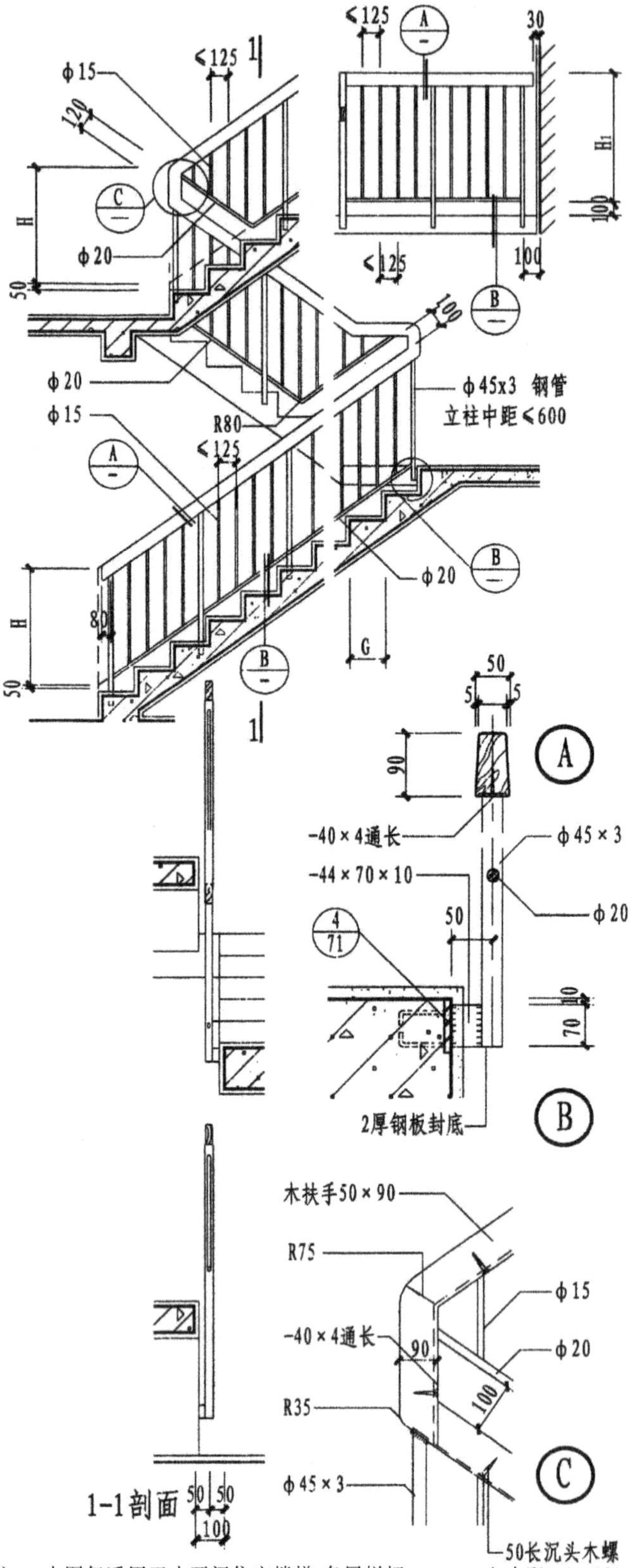

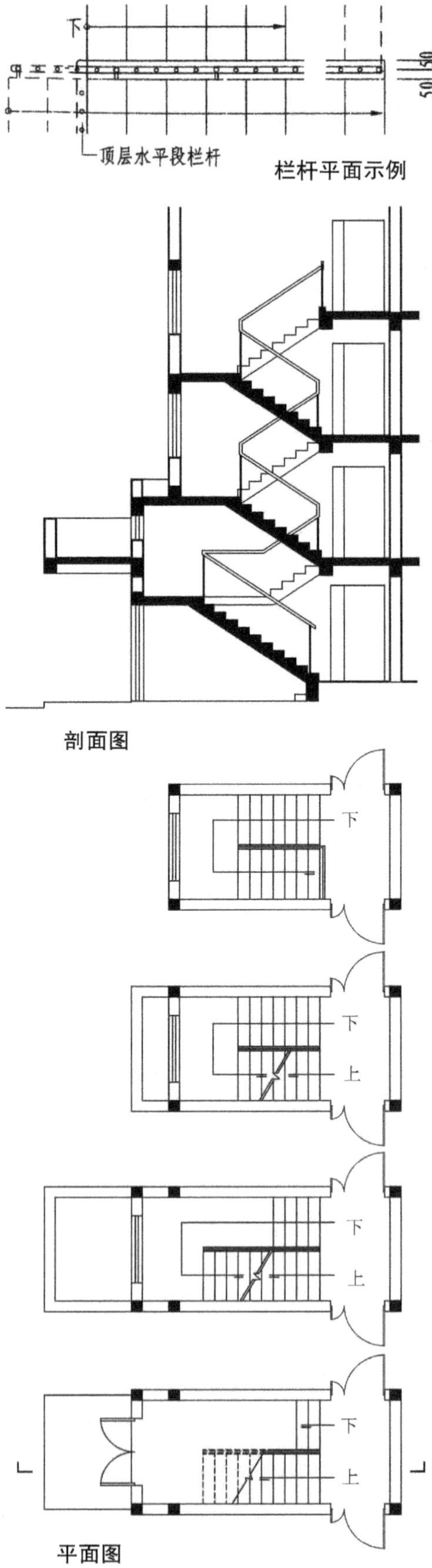

注：1. 本图仅适用于小开间住宅楼梯，各层栏杆在同一垂直面内，不占用平台及楼段宽度。

2. 栏杆宽度 H、H_1 见单体工程设计。

3. 摘自《河北省建筑标准设计图集 12J8》。

图页21　住宅户内楼梯平台区设置踏步做法

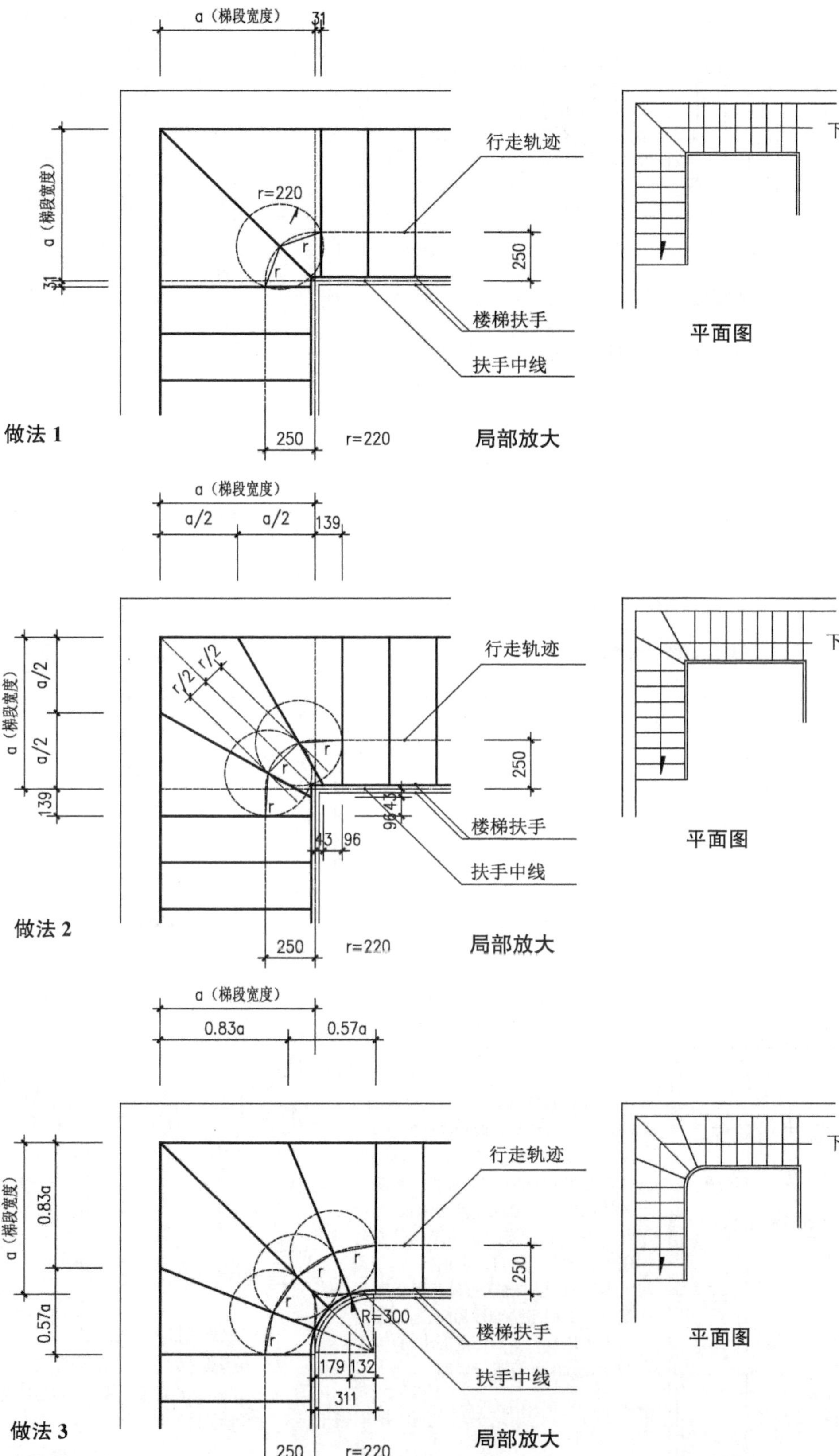

注：住宅内折行楼梯平台增加踏步，事实上形成扇形踏步，应符合弧形楼梯和扇形踏步的相关要求。

图页22　封闭楼梯间示例

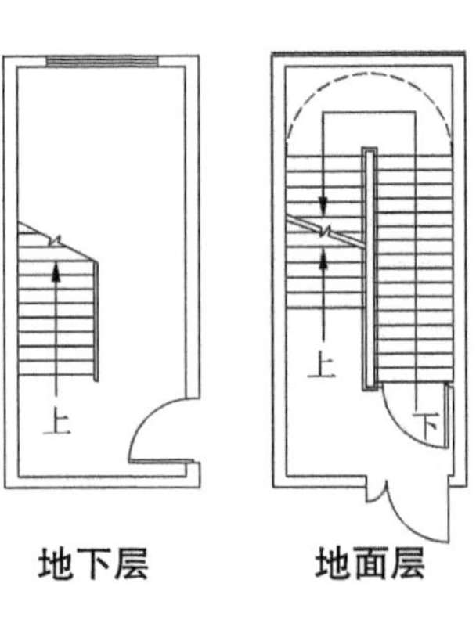

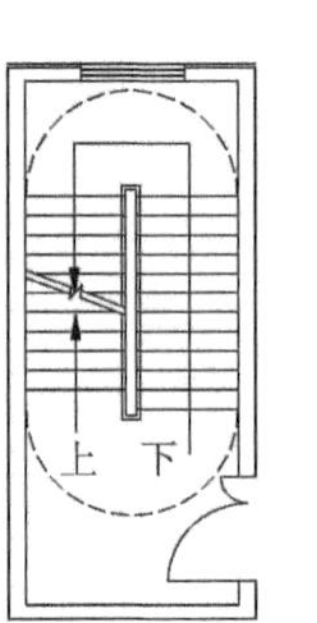

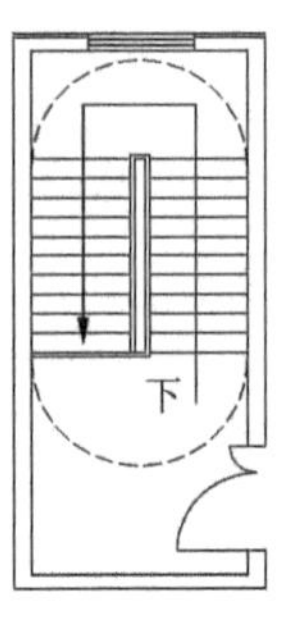

地下层　地面层　标准层　顶层

封闭楼梯间的常见形式

首层扩大封闭楼梯间做法

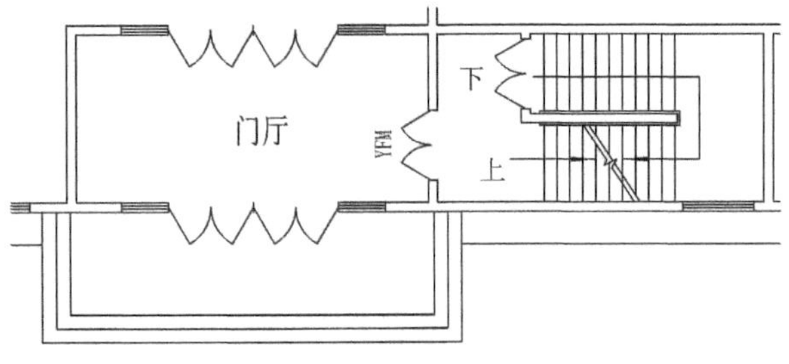

封闭楼梯间首层做法示例

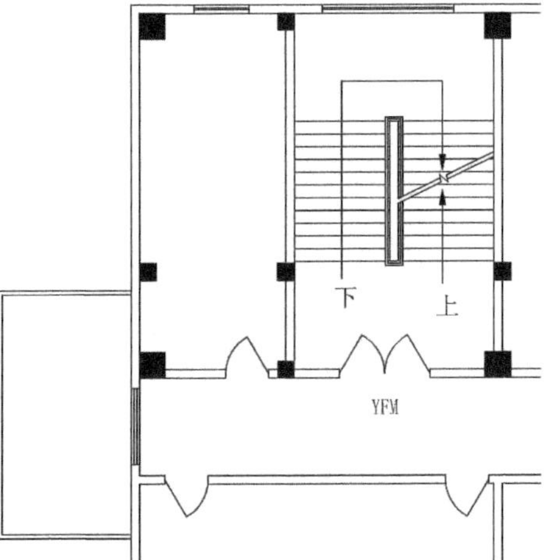

封闭楼梯间标准层

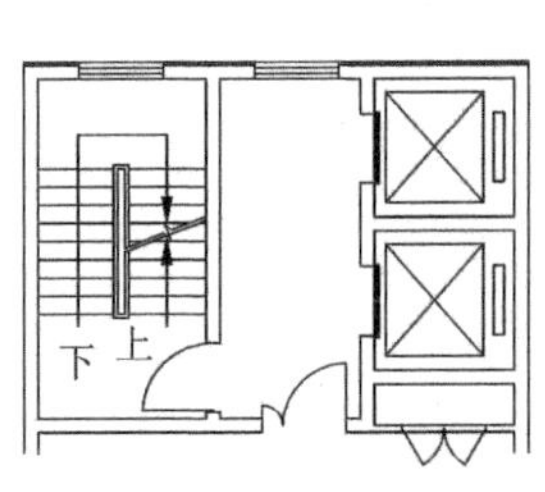

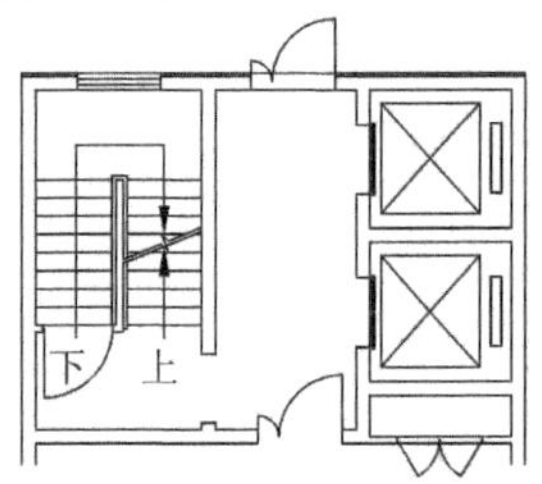

与电梯共用前室的封闭楼梯间

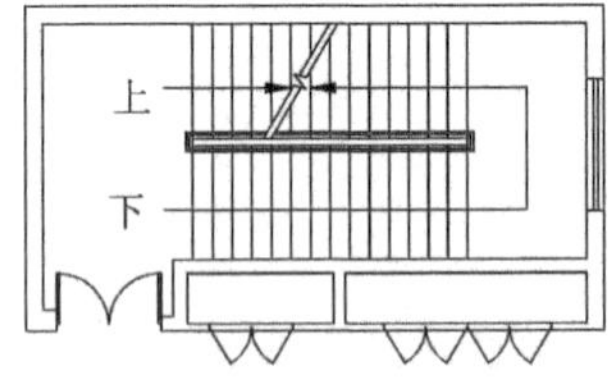

封闭楼梯间疏散门做法

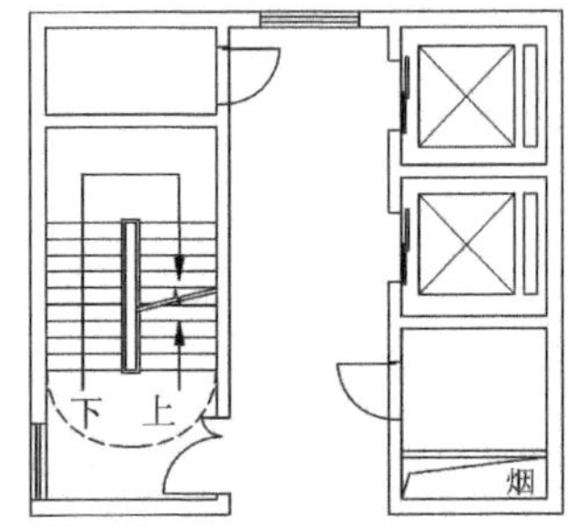

与电梯毗邻的封闭楼梯间

注：1. 多层住宅楼的电梯组合做法不能应用于高层住宅和公共建筑，这时的楼梯间也不是封闭楼梯间，这一点必须注意。

2. 封闭楼梯间疏散门全打开时不应影响楼梯的正常疏散和疏散宽度。

3. 封闭楼梯间在首层应直接对外，当无法直接对外时，应通过扩大封闭楼梯间的方式疏散到室外，开向扩大封闭楼梯间的楼梯门在不影响其他功能实现的前提下可以取消。

4. 与电梯共用前室的封闭楼梯间在形式上类似于防烟楼梯间，但它不用考虑加压送风等方面的要求，只需按封闭楼梯间的要求设置即可。

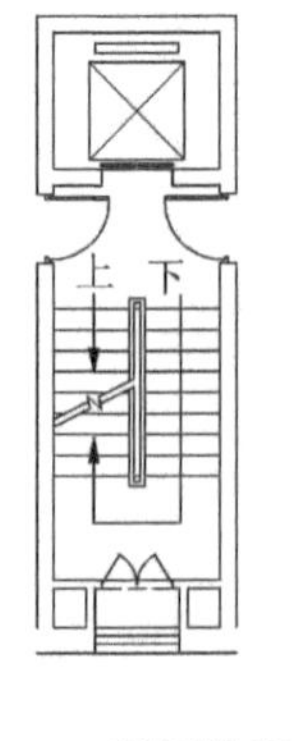

多层住宅楼
电梯组合做法
（这种楼梯间不是封闭楼梯间）

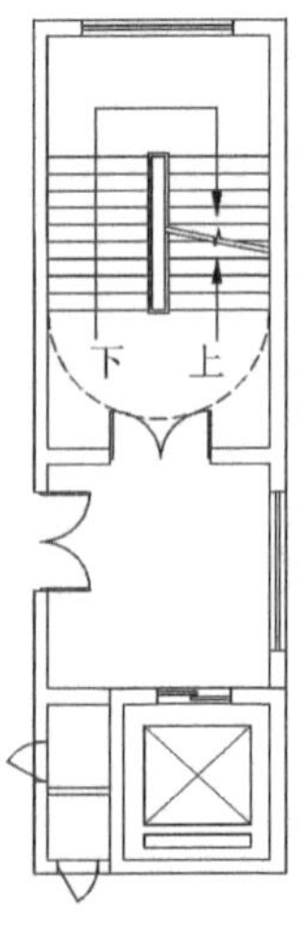

封闭楼梯间
与电梯的组合做法

图页23　封闭楼梯间首层直通室外做法

封闭楼梯间在首层要求直通室外，具体做法有两种：一种是楼梯间直通室外；另一种是将走道和门厅等包括在楼梯间内形成扩大的封闭楼梯间再通室外，扩大封闭楼梯间要用乙级防火门与其他走道或房间分开，其中的管道井可以用丙级防火门，配电间等设备用房则应按规范要求设置为甲级防火门。采用扩大封闭楼梯间时，封闭楼梯间的门可以取消。封闭楼梯间设置的基本原则是紧邻或靠近出入口，否则就会带来直通室外的困难和麻烦。

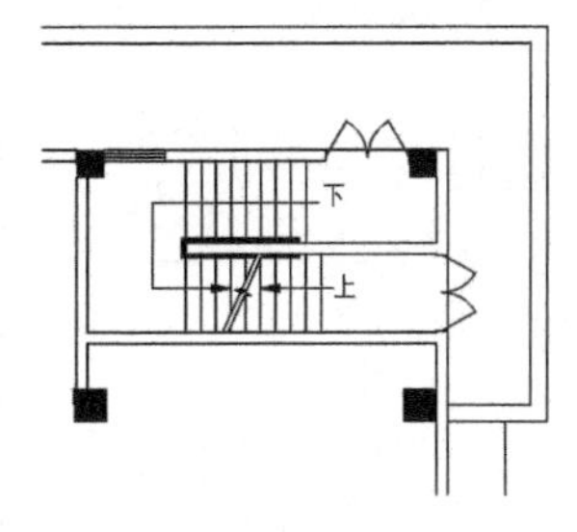

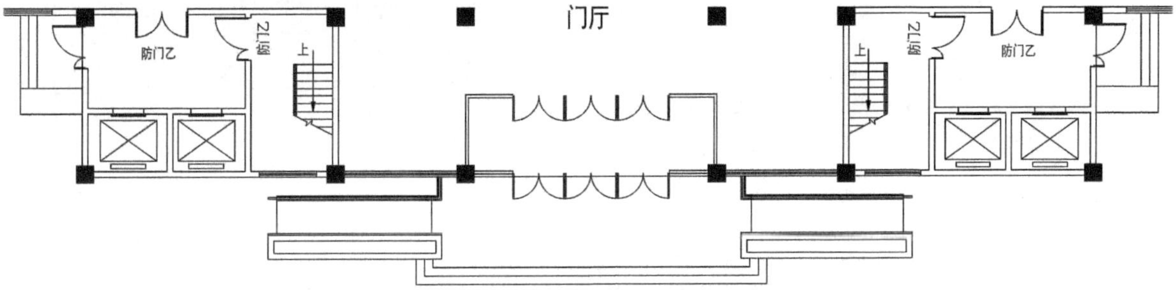

门厅

从电梯间进入的封闭楼梯间和完全自然通风的防烟楼梯间在形式上没有区别，只是对电梯厅门的防火要求上有所不同。

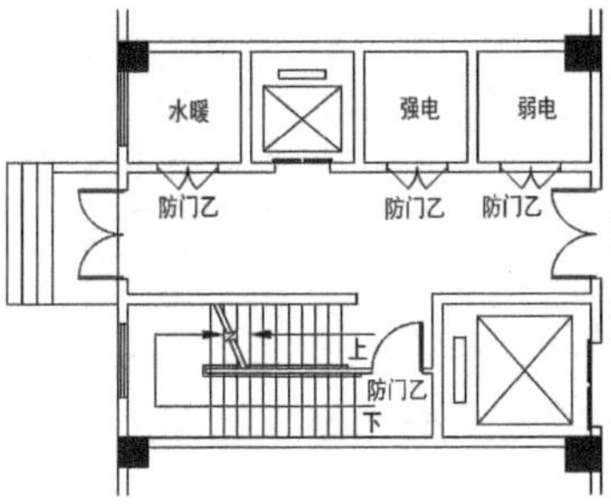

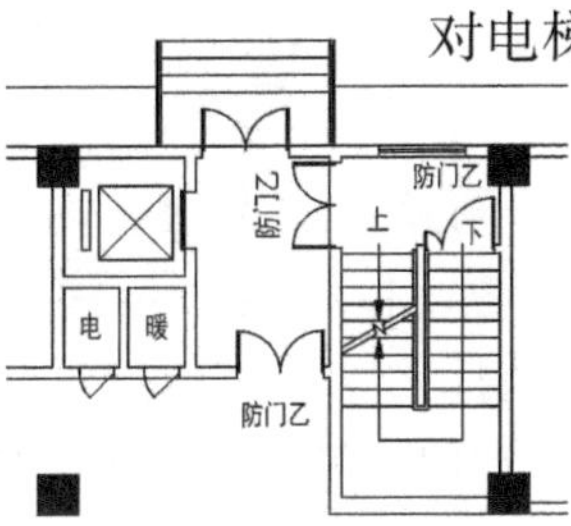

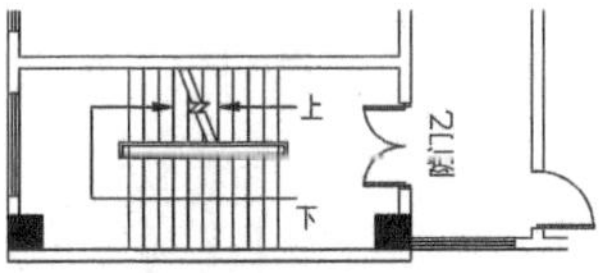

标准层

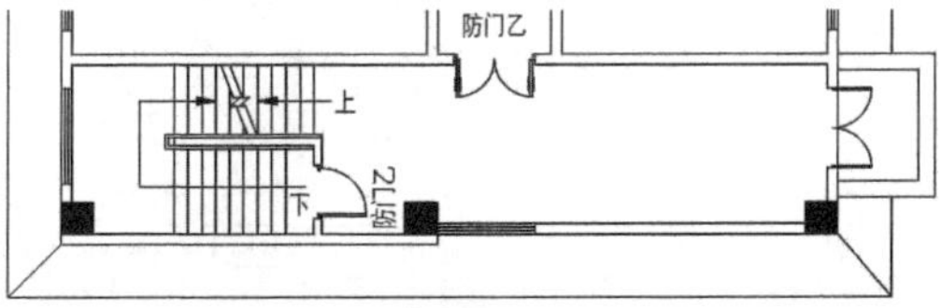

首层

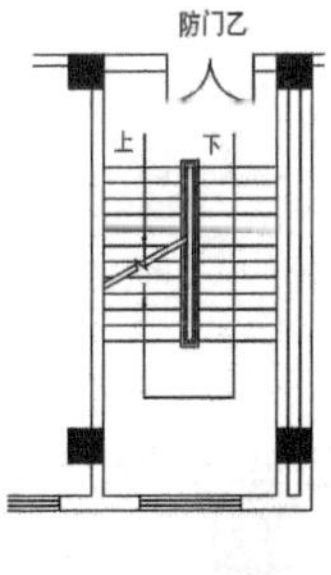

标准层

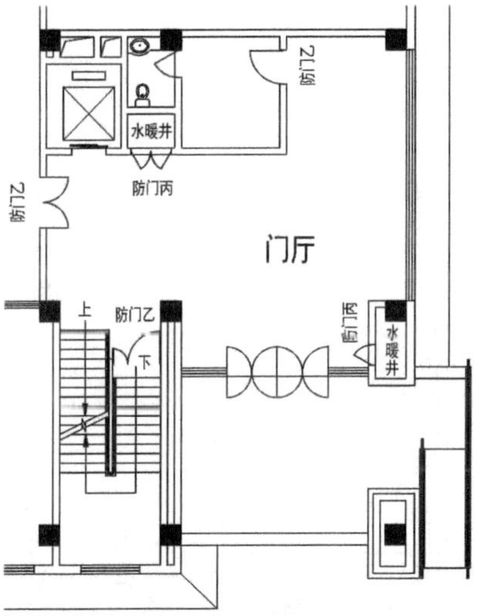

首层

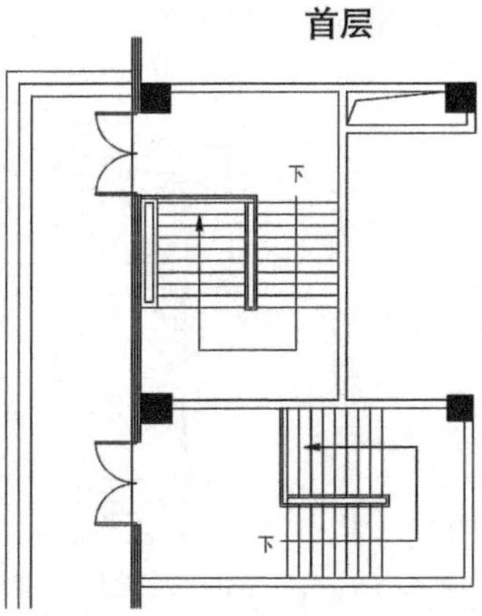

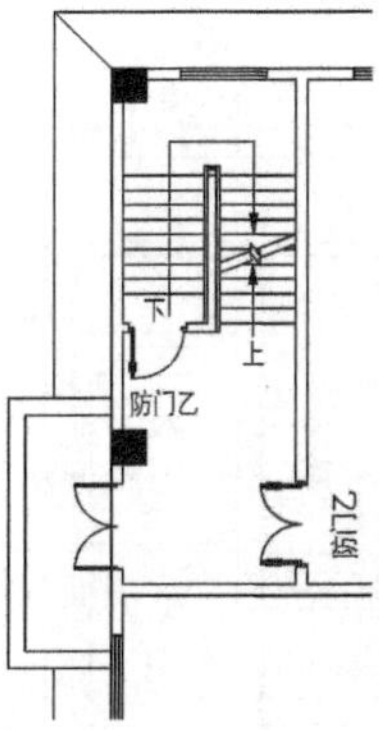

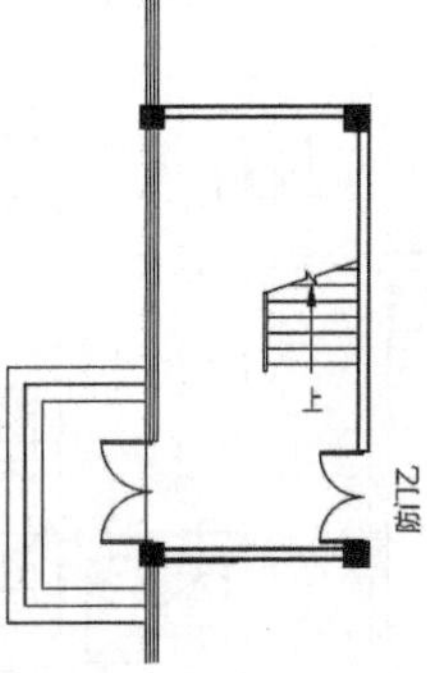

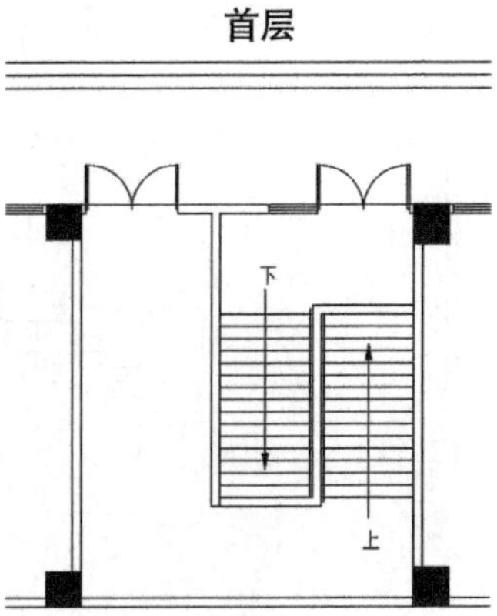

图页24 防烟楼梯间示例

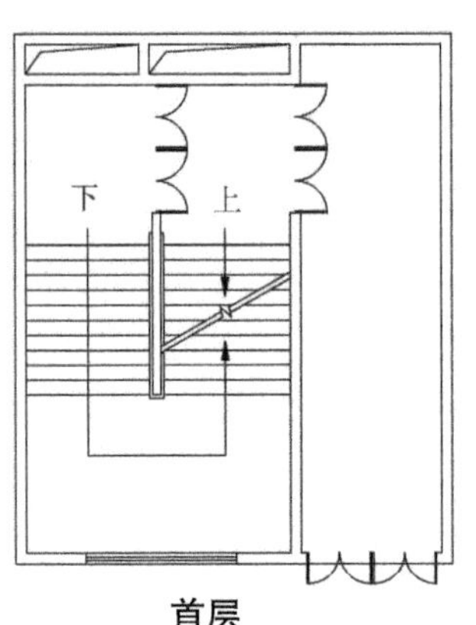

首层

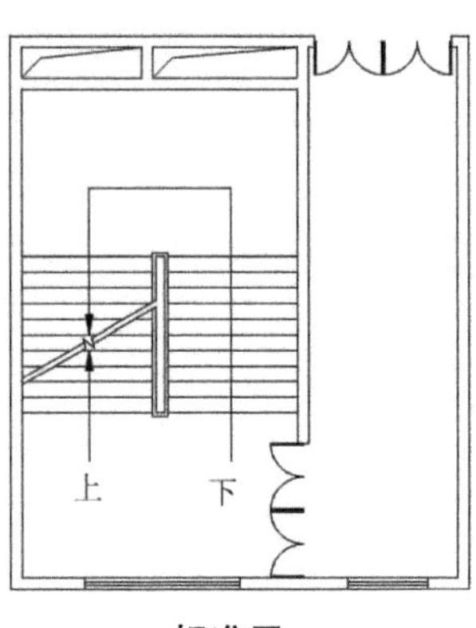

标准层

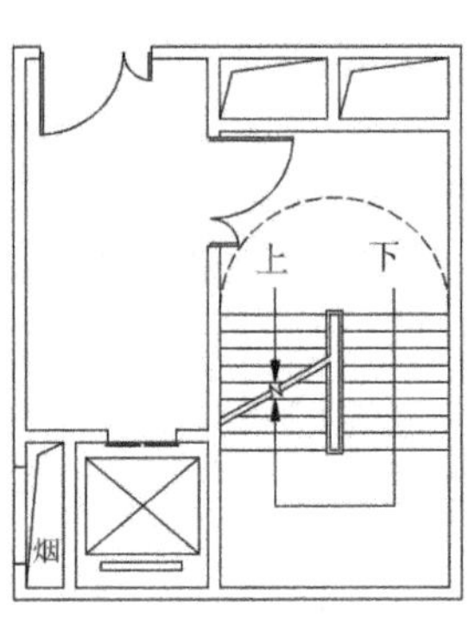

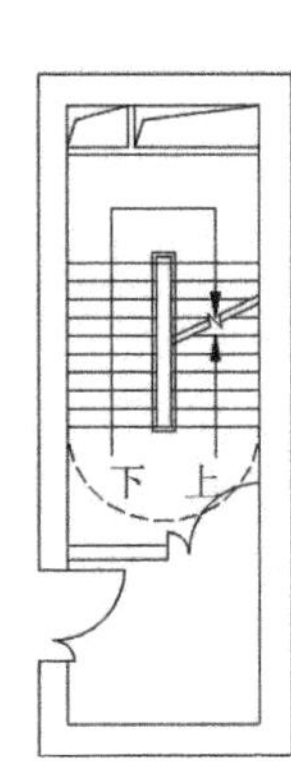

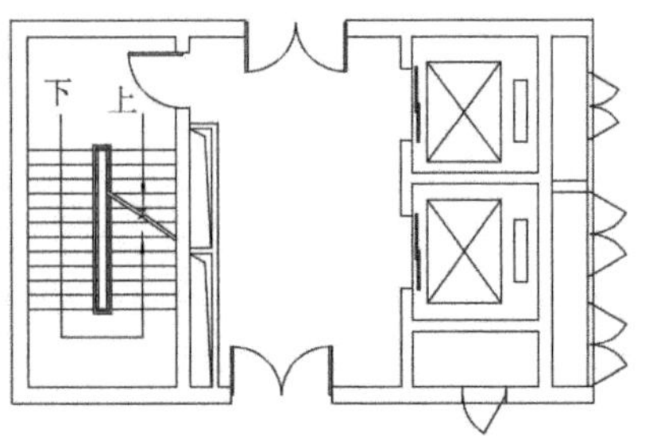

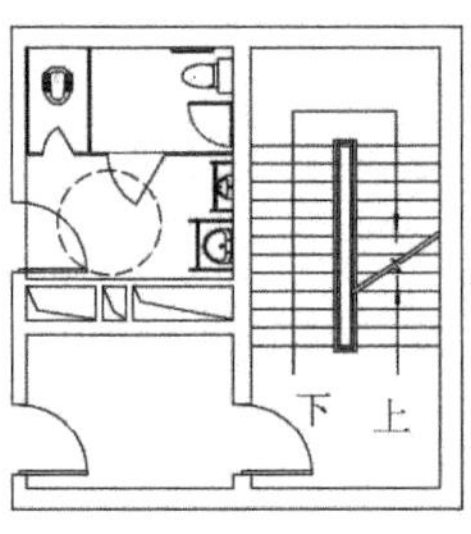

交通枢纽

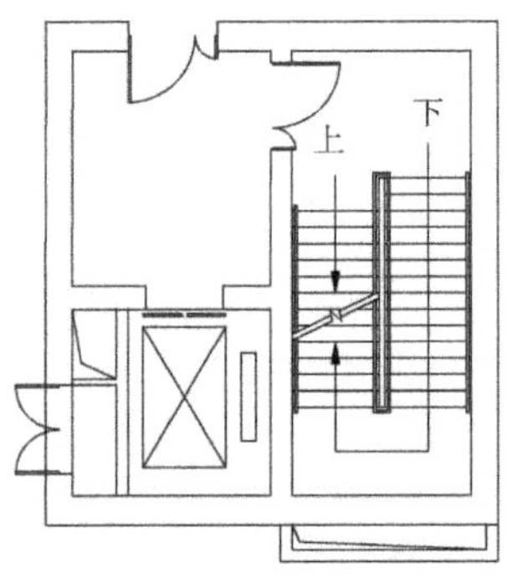

标准层

防烟楼梯间及其前室通常均应设加压送风竖井，以便在楼梯间和前室内形成空气正压，阻挡烟、火侵入。但排烟竖井不是防烟楼梯间自身的配置，而是为解决周围区域排烟问题而设的，常贴邻防烟楼梯间布置而已。

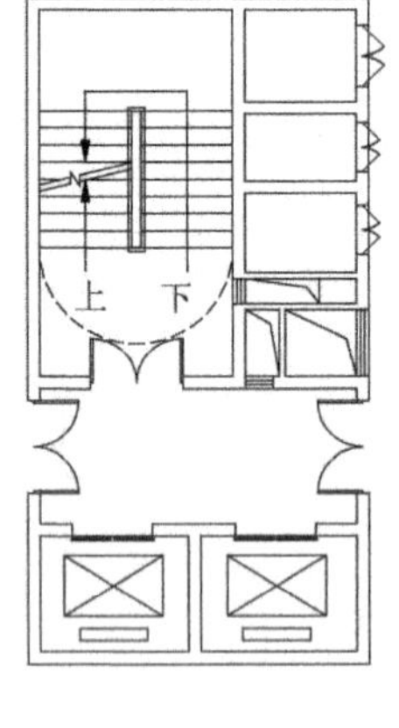

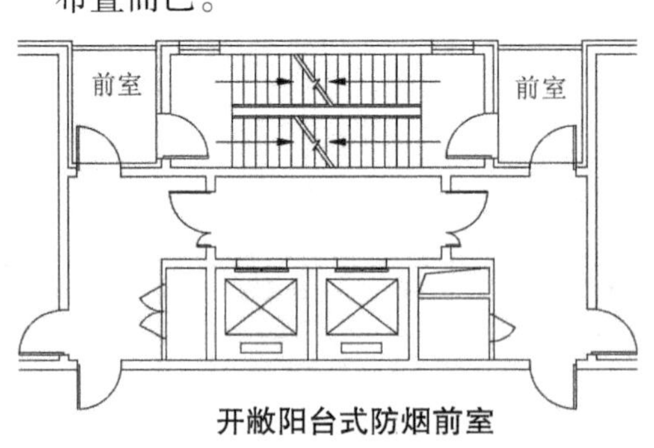

开敞阳台式防烟前室

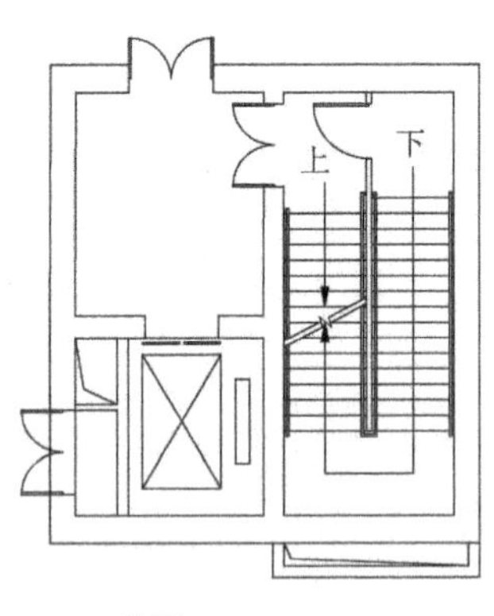

首层

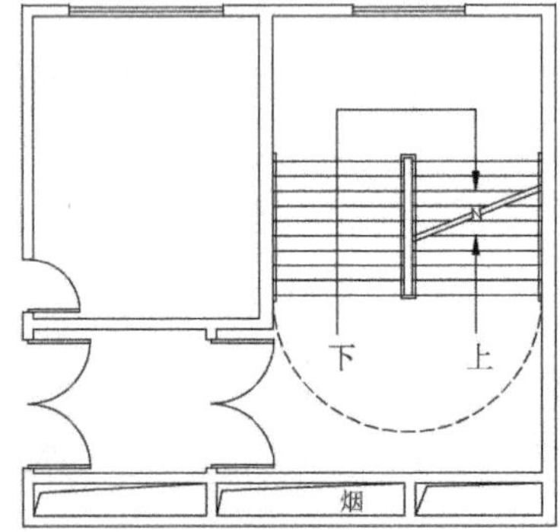

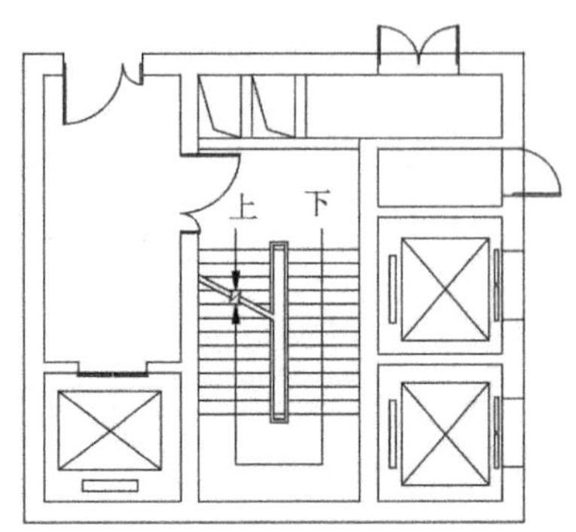

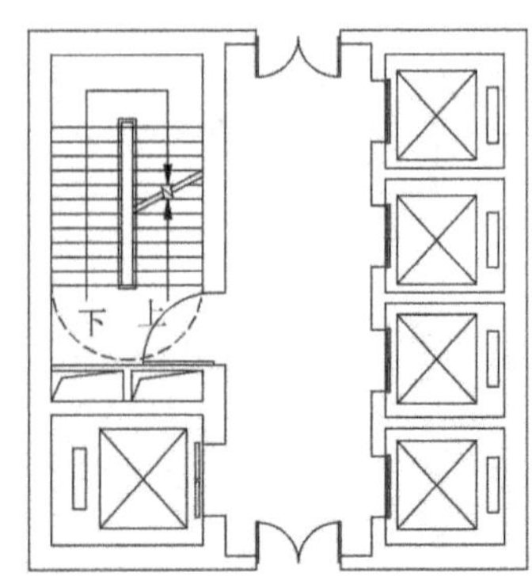

图页25 防烟楼梯间首层做法1

防烟楼梯间或其防烟前室不能直通室外时，可以通过符合规范要求的扩大前室疏散到室外，开向扩大前室的房间或走道门至少应设为乙级防火门。从楼梯间出口到室外出口的距离不宜超过 15m，一般最多不超过 30m，或应符合国家和地方的相关规定。设置扩大前室时，楼梯的前室门可以取消。

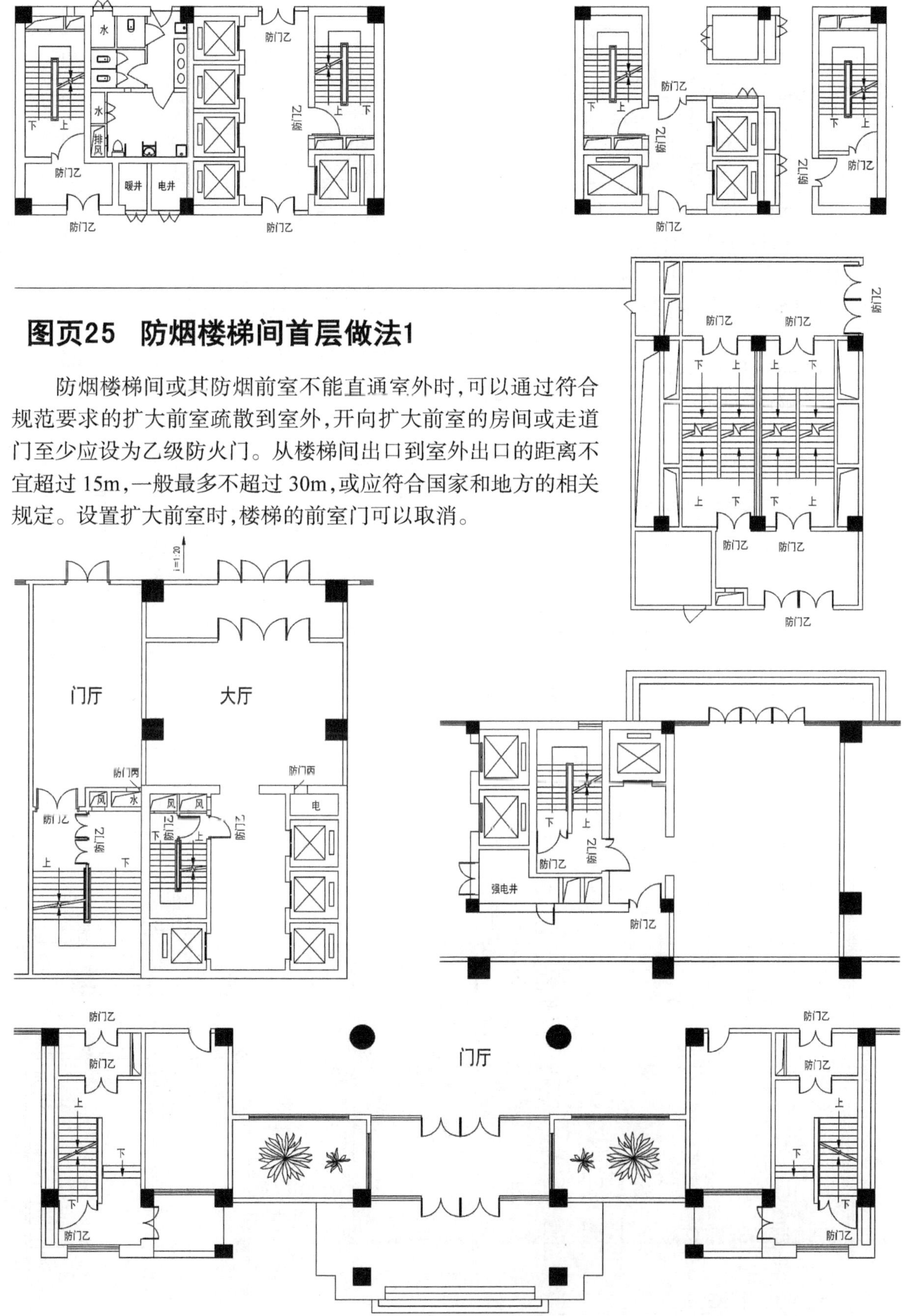

图页26　防烟楼梯间首层做法2

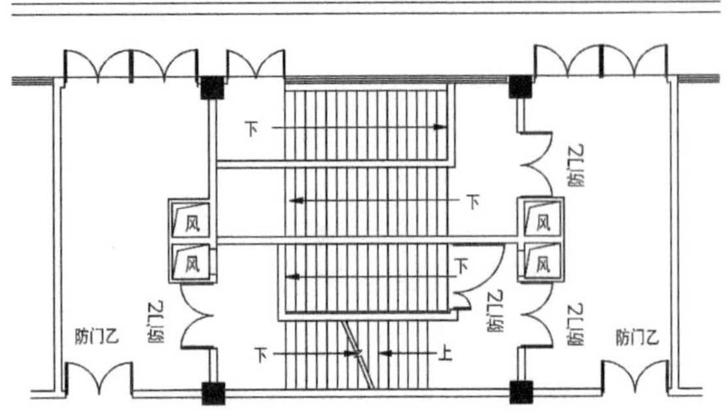

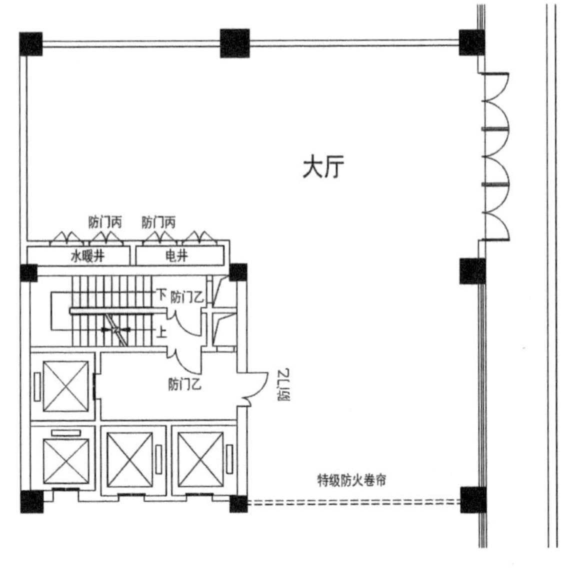

不符合自然通风条件的防烟楼梯间及其前室均须设置加压送风井。高度≤50m的公共建筑、工业建筑和建筑高度≤100m的住宅，当采用独立前室且其仅有一个门与走道或房间相通时，可仅在楼梯间设加压送风井；当独立前室有多个门时，楼梯间、独立前室应分别独立设置机械加压送风系统。

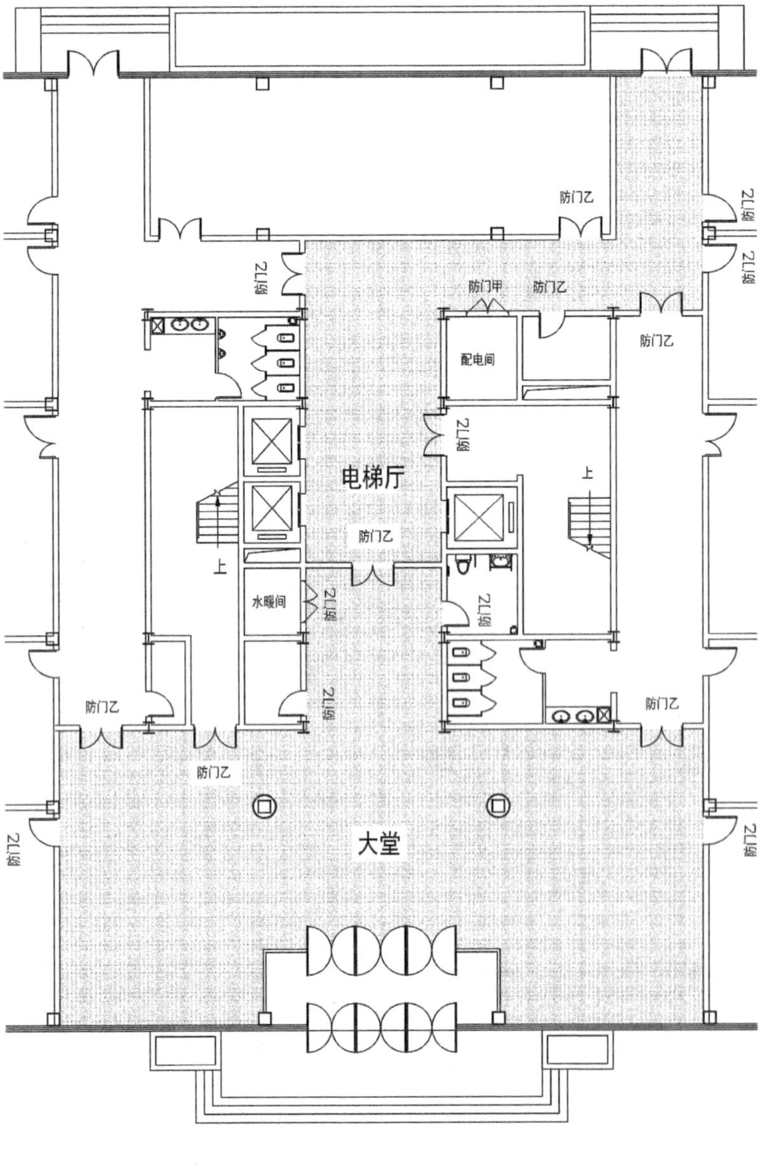

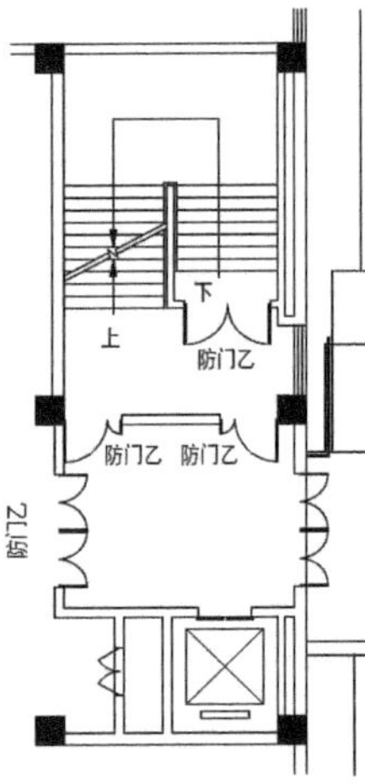

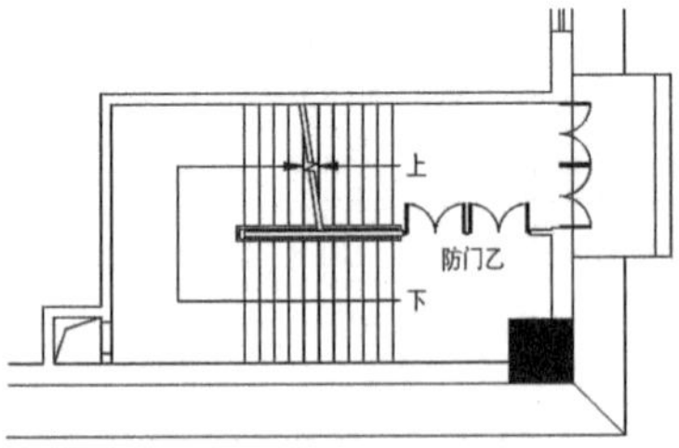

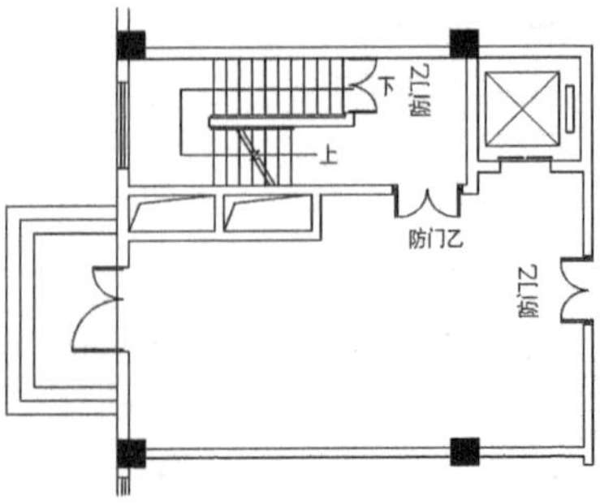

图页27 防烟楼梯间首层做法3

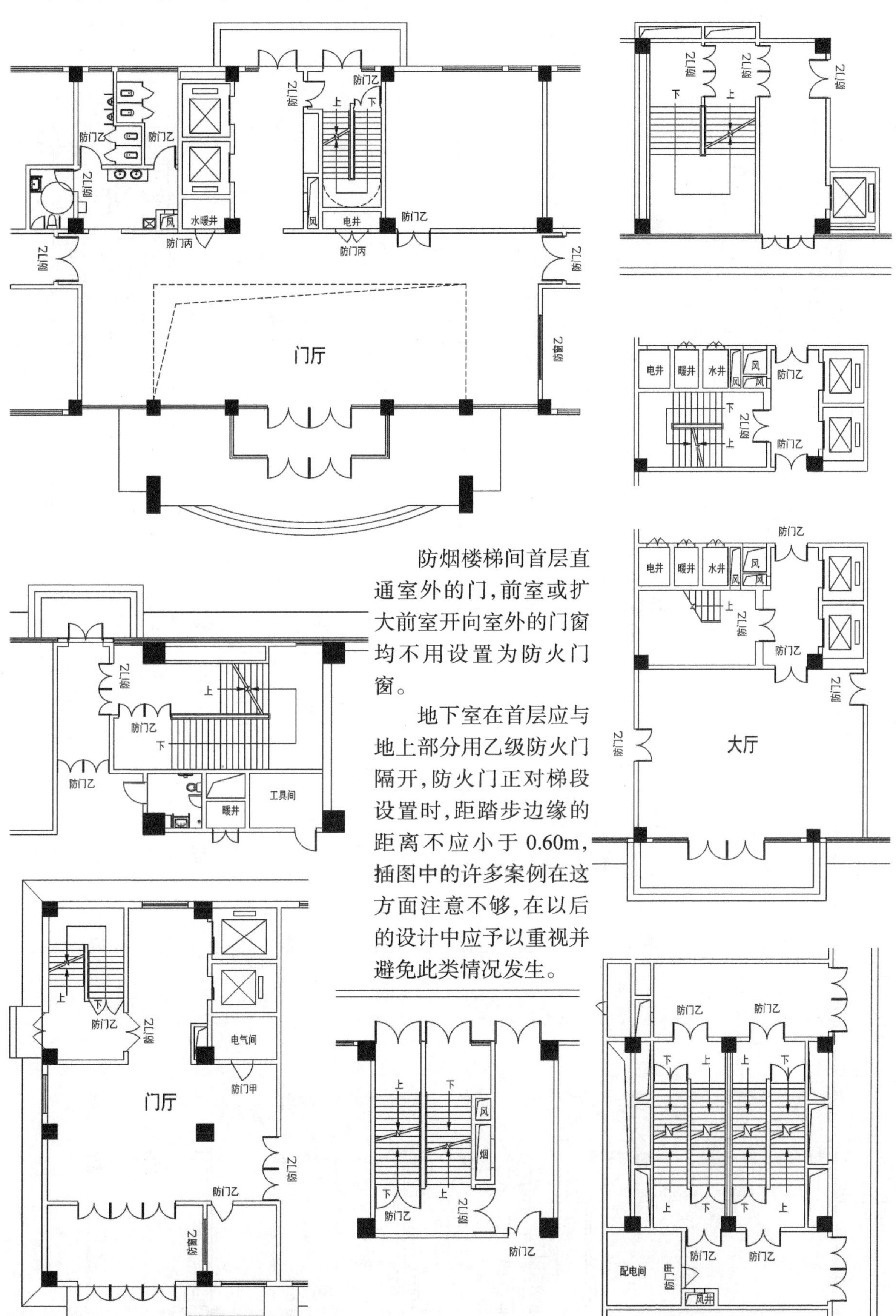

防烟楼梯间首层直通室外的门，前室或扩大前室开向室外的门窗均不用设置为防火门窗。

地下室在首层应与地上部分用乙级防火门隔开，防火门正对梯段设置时，距踏步边缘的距离不应小于 0.60m，插图中的许多案例在这方面注意不够，在以后的设计中应予以重视并避免此类情况发生。

图页28 防烟楼梯间首层做法4

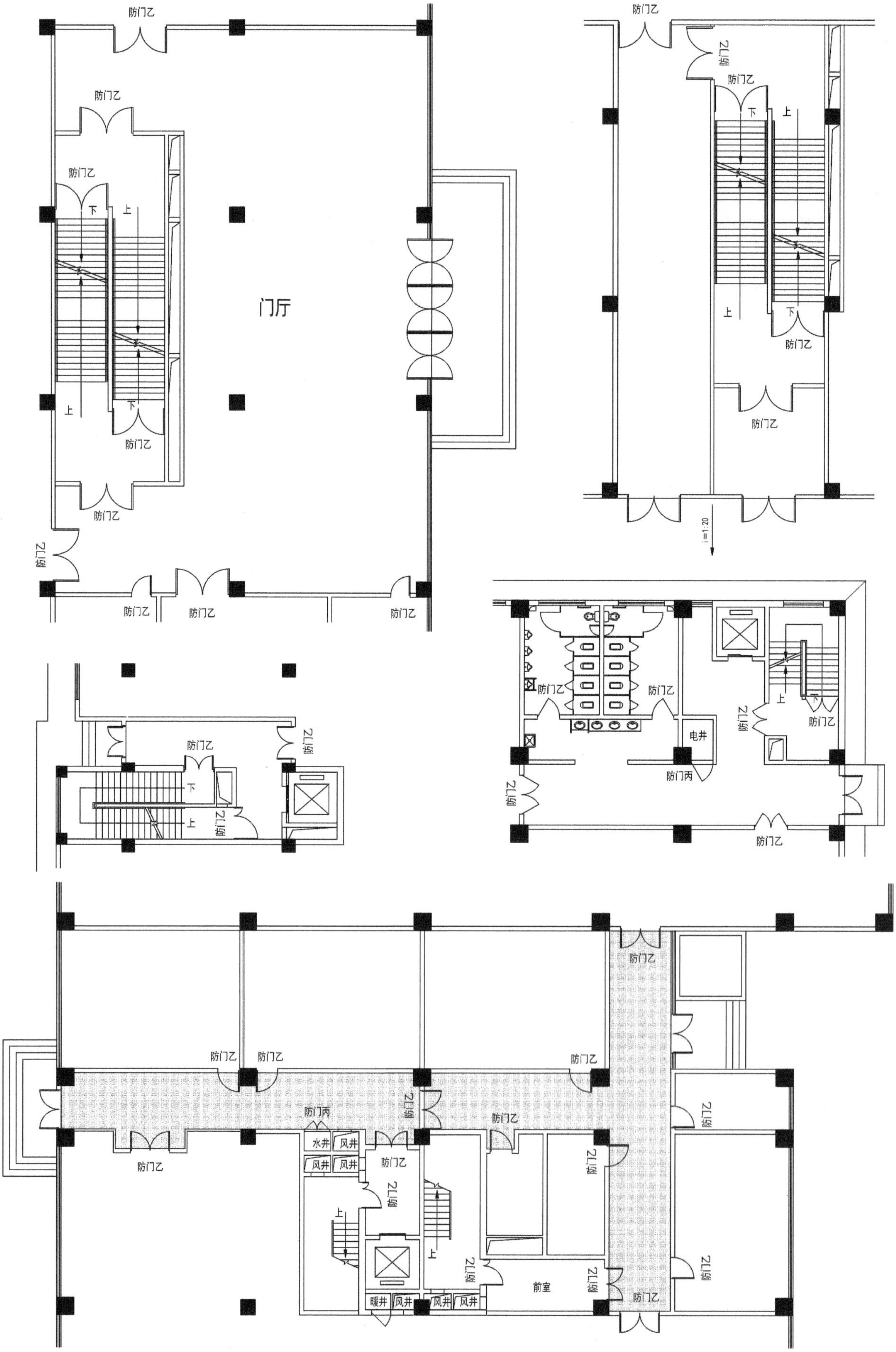

图页29　电梯轿厢及机房示意

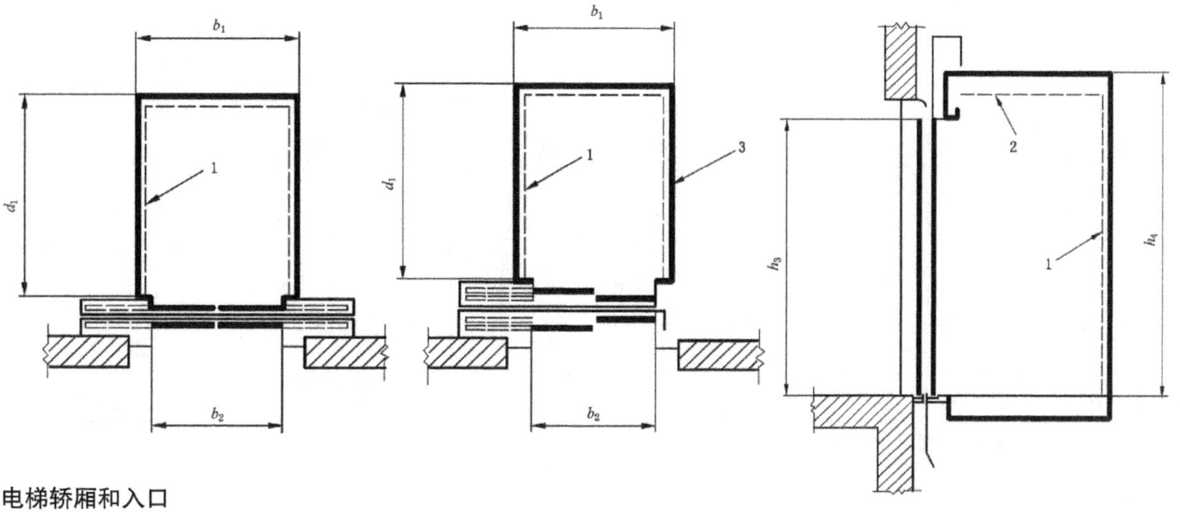

电梯轿厢和入口

1—装饰面板或保护板；
2—吊顶；
3—轿壁；
b1—轿厢宽度；
b2—入口宽度；
d1—轿厢深度；
h3—入口高度；
h4—轿厢高度。

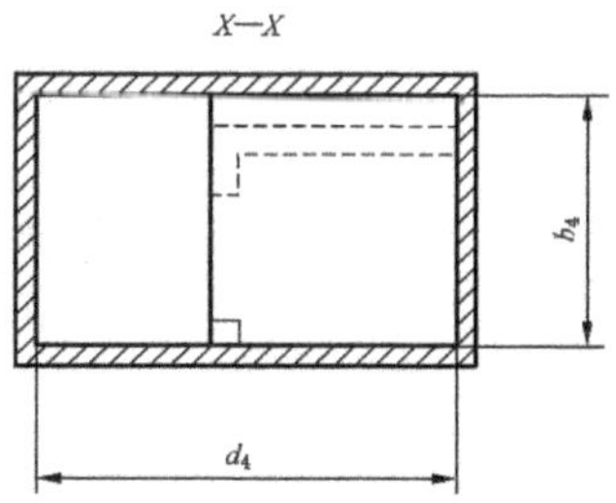

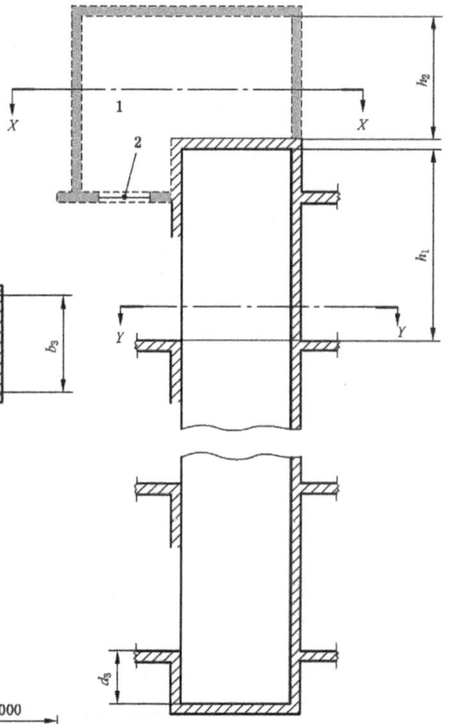

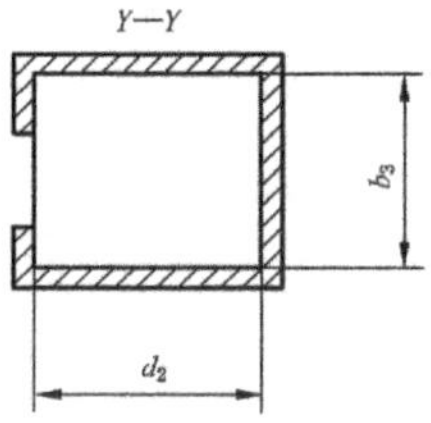

电力驱动电梯机房

1—机房；
2—活板门；
b3—井道宽度；
b4—机房宽度；
d2—井道深度；
d3—底坑深度；
d4—机房深度；
h1—顶层高度；
h2—机房高度。

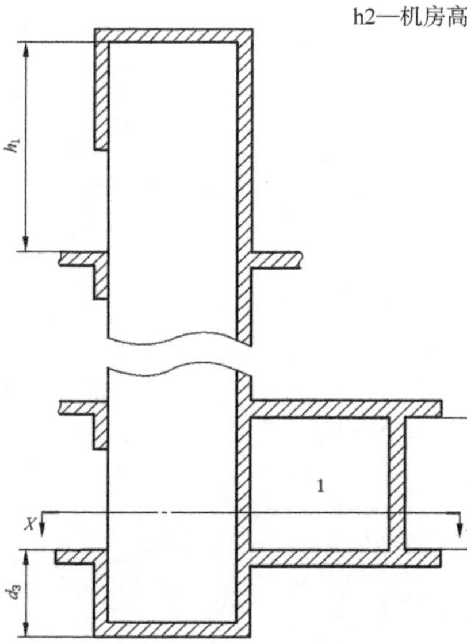

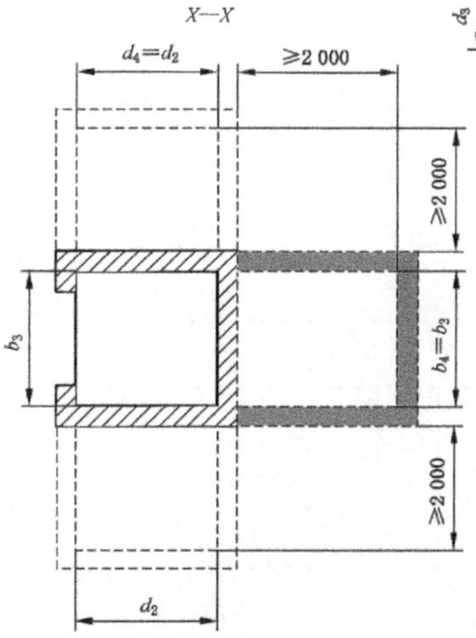

液压电梯机房

1—机房；
b3—井道宽度；
b4—机房宽度；
d2—井道深度；
d3—底坑深度；
d4—机房深度；
h1—顶层高度；
h2—机房高度。

注：摘自《电梯主参数及轿厢、井道、机房的型式与尺寸》GB/T 7025.1—2023-图 1、图 3、图 4。

图页30　Ⅰ、Ⅱ和Ⅵ类电梯——顶层高度、底坑深度、轿厢高度和开门高度等尺寸

（单位：毫米）

<table>
<tr><td colspan="2" rowspan="3">参数</td><td colspan="4">住宅电梯</td><td colspan="4">一般用途电梯</td><td colspan="5">频繁使用电梯</td></tr>
<tr><td colspan="13">额定载重量
kg</td></tr>
<tr><td>320</td><td>400/
450</td><td>600/
630</td><td>900/
1 000/
1 050</td><td>600/
630</td><td>750/
800/
825</td><td>1 000/
1 050/
1 150/
1 275</td><td>1 350</td><td>1 275</td><td>1 350</td><td>1 600</td><td>1 800</td><td>2 000</td></tr>
<tr><td colspan="2">轿厢高度(h_4)</td><td colspan="6">2 200</td><td colspan="2">2 300</td><td colspan="5">2 400</td></tr>
<tr><td colspan="2">轿门和层门高度(h_3)</td><td>2 000</td><td colspan="12">2 100</td></tr>
<tr><td rowspan="16">底坑深度
(d_3)[a]</td><td>额定速度
(v_n)
m/s</td><td colspan="4" rowspan="2">1 400</td><td colspan="9" rowspan="2">[c]</td></tr>
<tr><td>0.40[b]</td></tr>
<tr><td>0.50</td><td colspan="8" rowspan="4">1 400</td><td colspan="5" rowspan="8">[c]</td></tr>
<tr><td>0.63</td></tr>
<tr><td>0.75</td></tr>
<tr><td>1.00</td></tr>
<tr><td>1.50</td><td rowspan="3">[c]</td><td colspan="7" rowspan="3">1 600</td></tr>
<tr><td>1.60</td></tr>
<tr><td>1.75</td></tr>
<tr><td>2.00</td><td colspan="2">[c]</td><td colspan="2">1 750</td><td>[c]</td><td colspan="3">1 750</td></tr>
<tr><td>2.50</td><td colspan="2">[c]</td><td colspan="2">2 200</td><td>[c]</td><td colspan="8">2 200</td></tr>
<tr><td>3.00</td><td colspan="8" rowspan="5">[c]</td><td colspan="5">3 200</td></tr>
<tr><td>3.50</td><td colspan="5">3 400</td></tr>
<tr><td>4.00[d]</td><td colspan="5">3 800</td></tr>
<tr><td>5.00[d]</td><td colspan="5">3 800</td></tr>
<tr><td>6.00[d]</td><td colspan="5">4 000</td></tr>
<tr><td rowspan="9">顶层高度
(h_1)[a]</td><td>0.40[b]</td><td colspan="4">3 600</td><td colspan="9">[c]</td></tr>
<tr><td>0.50</td><td colspan="4" rowspan="3">3 600</td><td colspan="2" rowspan="4">3 800</td><td colspan="2" rowspan="4">4 200</td><td colspan="5" rowspan="8">[c]</td></tr>
<tr><td>0.63</td></tr>
<tr><td>0.75</td></tr>
<tr><td>1.00</td><td colspan="4">3 700</td></tr>
<tr><td>1.50</td><td rowspan="3">[c]</td><td colspan="3" rowspan="3">3 800</td><td colspan="2" rowspan="3">4 000</td><td colspan="2" rowspan="3">4 200</td></tr>
<tr><td>1.60</td></tr>
<tr><td>1.75</td></tr>
<tr><td>2.00</td><td colspan="2">[c]</td><td colspan="2">4 300</td><td>[c]</td><td colspan="3">4 400</td></tr>
</table>

注：摘自《电梯主参数及轿厢、井道、机房的型式与尺寸》GB/T 7025.1-2023-表 2。

图页31 Ⅰ、Ⅱ和Ⅵ类电梯——顶层高度、底坑深度、轿厢高度和开门高度等尺寸(续)

(单位:毫米)

<table>
<tr><th colspan="2" rowspan="3">参数</th><th colspan="4">住宅电梯</th><th colspan="4">一般用途电梯</th><th colspan="5">频繁使用电梯</th></tr>
<tr><th colspan="13">额定载重量
kg</th></tr>
<tr><th>320</th><th>400/
450</th><th>600/
630</th><th>900/
1 000/
1 050</th><th>600/
630</th><th>750/
800/
825</th><th>1 000/
1 050/
1 150/
1 275</th><th>1 350</th><th>1 275</th><th>1 350</th><th>1 600</th><th>1 800</th><th>2 000</th></tr>
<tr><td rowspan="6">顶层高度
(h_1)[a]</td><td>2.50</td><td colspan="2">[c]</td><td colspan="2">5 000</td><td>[c]</td><td>5 000</td><td colspan="2">5 200</td><td colspan="5">5 500</td></tr>
<tr><td>3.00</td><td colspan="8">[c]</td><td colspan="5">5 500</td></tr>
<tr><td>3.50</td><td colspan="8" rowspan="4">[c]</td><td colspan="5">5 700</td></tr>
<tr><td>4.00[d]</td><td colspan="5">5 700</td></tr>
<tr><td>5.00[d]</td><td colspan="5">5 700</td></tr>
<tr><td>6.00[d]</td><td colspan="5">6 200</td></tr>
</table>

[a] 顶层高度 h_1 和底坑深度 d_3 由于电梯结构原因允许有所变动,并应符合相关的国家标准的规定。
[b] 常用于液压电梯。
[c] 非标准电梯,应咨询电梯制造单位。
[d] 假设使用减行程缓冲器。

Ⅰ、Ⅱ和Ⅵ类电梯——机房尺寸

(单位:毫米)

<table>
<tr><th rowspan="2">参数</th><th rowspan="2">额定速度(v_n)
m/s</th><th colspan="4">额定载重量
kg</th></tr>
<tr><th>320～630
$b_4 \times d_4$</th><th>750～1 050
$b_4 \times d_4$</th><th>1 150～1 600
$b_4 \times d_4$</th><th>1 800～2 000
$b_4 \times d_4$</th></tr>
<tr><td rowspan="3">电力驱动电梯机房
(如果有)</td><td>0.63～1.75</td><td>2 500×3 700</td><td>3 200×4 900</td><td>3 200×4 900</td><td>3 000×5 000</td></tr>
<tr><td>2.0～3.0</td><td>[c]</td><td>2 700×5 100</td><td>3 000×5 300</td><td>3 300×5 700</td></tr>
<tr><td>3.5～6.0</td><td>[c]</td><td>3 000×5 700</td><td>3 000×5 700</td><td>3 300×5 700</td></tr>
<tr><td>液压驱动电梯的相邻
机房(如果有)[a,b]</td><td>0.4～1.0</td><td colspan="4">住宅电梯:井道宽度或深度×2 000</td></tr>
</table>

[a] 由于现场条件和地点的原因,机房尺寸(b_4、d_4、h_2)允许有所变动。
[b] 对于其他机房位置,以及规定远程机房的位置时,买方和/或建筑施工单位应就机房尺寸与电梯制造单位联系。
[c] 对于此类机房尺寸,咨询电梯制造单位。

注:摘自《电梯主参数及轿厢、井道、机房的型式与尺寸》GB/T 7025.1-2023-表2、表3。

图页32 Ⅲ类电梯(医用电梯)——设计尺寸

(单位:毫米)

<table>
<tr><td colspan="3" rowspan="2">参数</td><td colspan="4">额定载重量
kg</td></tr>
<tr><td>1 275</td><td>1 600</td><td>2 000</td><td>2 500</td></tr>
<tr><td colspan="2">轿厢</td><td>高(h_4)</td><td colspan="4">2 300</td></tr>
<tr><td colspan="2">轿门和层门</td><td>高(h_3)</td><td colspan="4">2 100</td></tr>
<tr><td rowspan="6">底坑深度
(d_3)</td><td>额定速度
(v_n)
m/s</td><td colspan="5">—</td></tr>
<tr><td>0.63</td><td>—</td><td colspan="3">1 600</td><td>1 800</td></tr>
<tr><td>1.00</td><td>—</td><td colspan="3">1 700</td><td>1 900</td></tr>
<tr><td>1.60</td><td>—</td><td colspan="3">1 900</td><td>2 100</td></tr>
<tr><td>2.00</td><td>—</td><td colspan="3">2 100</td><td>2 300</td></tr>
<tr><td>2.50</td><td>—</td><td colspan="4">2 500</td></tr>
<tr><td rowspan="5">顶层高度
(h_1)</td><td>0.63</td><td>—</td><td colspan="3">4 400</td><td>4 600</td></tr>
<tr><td>1.00</td><td>—</td><td colspan="3">4 400</td><td>4 600</td></tr>
<tr><td>1.60</td><td>—</td><td colspan="3">4 400</td><td>4 600</td></tr>
<tr><td>2.00</td><td>—</td><td colspan="3">4 600</td><td>4 800</td></tr>
<tr><td>2.50</td><td>—</td><td colspan="3">5 400</td><td>5 600</td></tr>
<tr><td rowspan="3">机房[a]
(如果有)</td><td rowspan="3">0.63～2.50</td><td>面积(A)
m^2</td><td colspan="2">25</td><td>27</td><td>29</td></tr>
<tr><td>宽度(b_4)[b]</td><td colspan="3">3 200</td><td>3 500</td></tr>
<tr><td>深度(d_4)[b]</td><td colspan="2">5 500</td><td colspan="2">5 800</td></tr>
<tr><td colspan="7">**注**:非标准配置用于一般用途电梯或频繁使用电梯。</td></tr>
<tr><td colspan="7">[a]—由于现场条件的原因,机房尺寸(b_4、d_4、h_2)有所变动。
[b]—b_4 和 d_4 为最小值,实际尺寸应能提供不小于 A 的地面面积。</td></tr>
</table>

注:摘自《电梯主参数及轿厢、井道、机房的型式与尺寸》GB/T 7025.1-2023-表 4。

图页33 电梯轿厢1

I 类——住宅和一般用途电梯(对重侧置)

（单位:毫米）

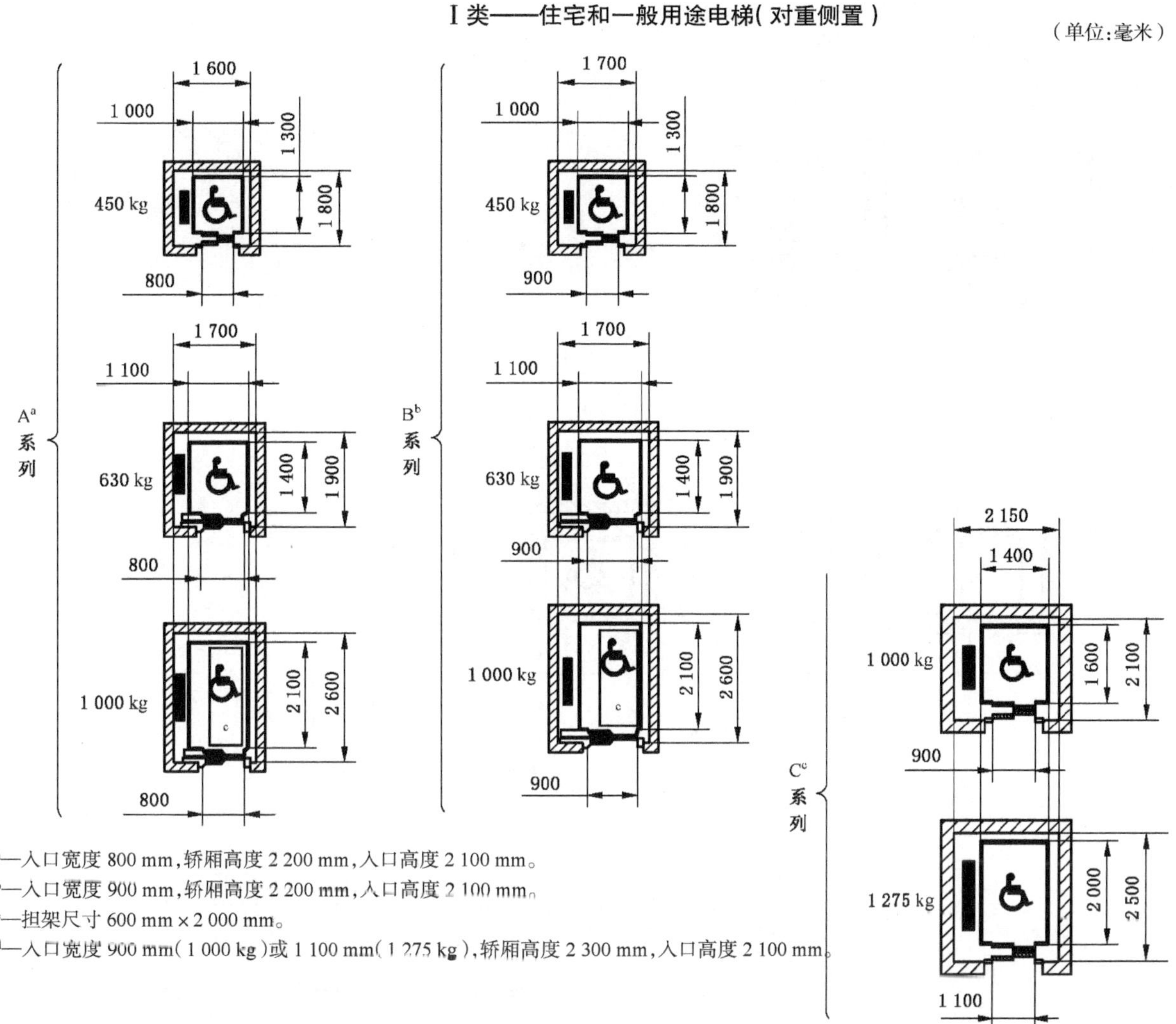

a—入口宽度 800 mm,轿厢高度 2 200 mm,入口高度 2 100 mm。

b—入口宽度 900 mm,轿厢高度 2 200 mm,入口高度 2 100 mm。

c—担架尺寸 600 mm × 2 000 mm。

d—入口宽度 900 mm(1 000 kg)或 1 100 mm(1 275 kg),轿厢高度 2 300 mm,入口高度 2 100 mm。

注:1. 适用于速度不超过 2.5 m/s 的电梯。

2. 新项目首选入口宽度为 900 mm(B 系列全部和 C 系列部分,1 000 kg)和 1 100 mm(C 系列部分,1 275 kg)。

3. A、B 和 C 系列符合轮椅用户无障碍使用的要求,应带有♿图形符号。

4. 尽管图中给出了对重,但尺寸适用于所有电梯,不受电梯驱动系统的影响,当为无机房电梯时,井道宽度尺寸增加 100 mm。

5. 450 kg 及以下规格不宜用于新建筑中。

6. 摘自《电梯主参数及轿厢、井道、机房的型式与尺寸-图 9》GB/T 7025.1-2023-图 5。

图页34　电梯轿厢2

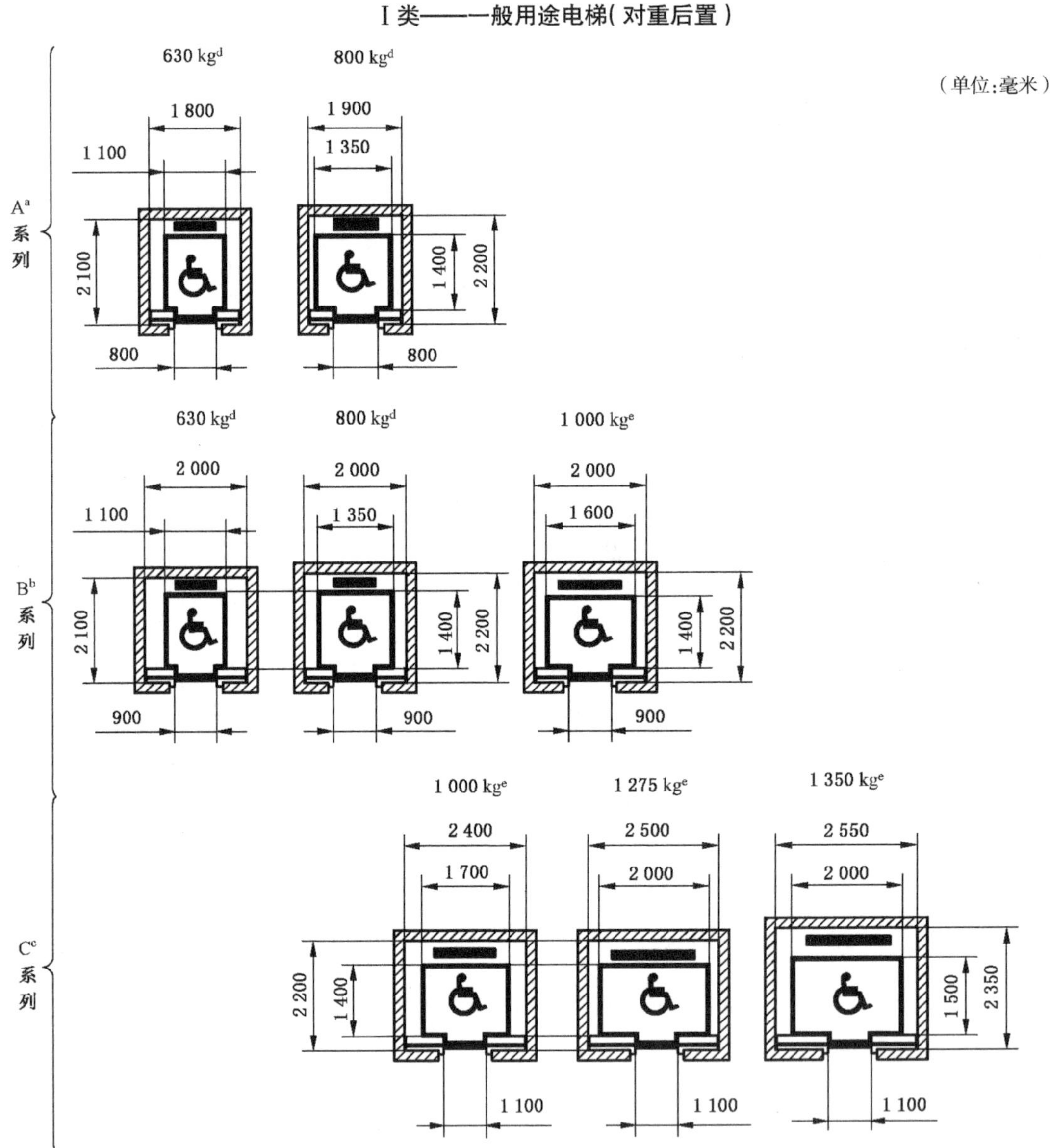

a—入口宽度 800 mm。
b—入口宽度 900 mm。
c—入口宽度 1 100 mm。
d—轿厢高度 2 200 mm,入口高度 2 100 mm。
e—轿厢高度 2 300 mm,入口高度 2 100 mm。

注:1. 适用于速度不超过 2.5 m/s 的电梯(当速度超过 2.5 m/s 时,井道宽度和井道深度增加 100 mm)。
2. 根据市场需求或安装位置选择 A、B 或 C 系列。
3. A、B 和 C 系列符合无障碍使用要求,应带有♿图形符号。但是,入口宽度 800 mm 或 900 mm 的选择取决于安装位置
4. C 系列中 1 275 kg 和 1 350 kg 标有♿的电梯允许轮椅自由回转。
5. 摘自《电梯主参数及轿厢、井道、机房的型式与尺寸-图 9》GB/T 7025.1-2023-图 6。

图页35　电梯轿厢3

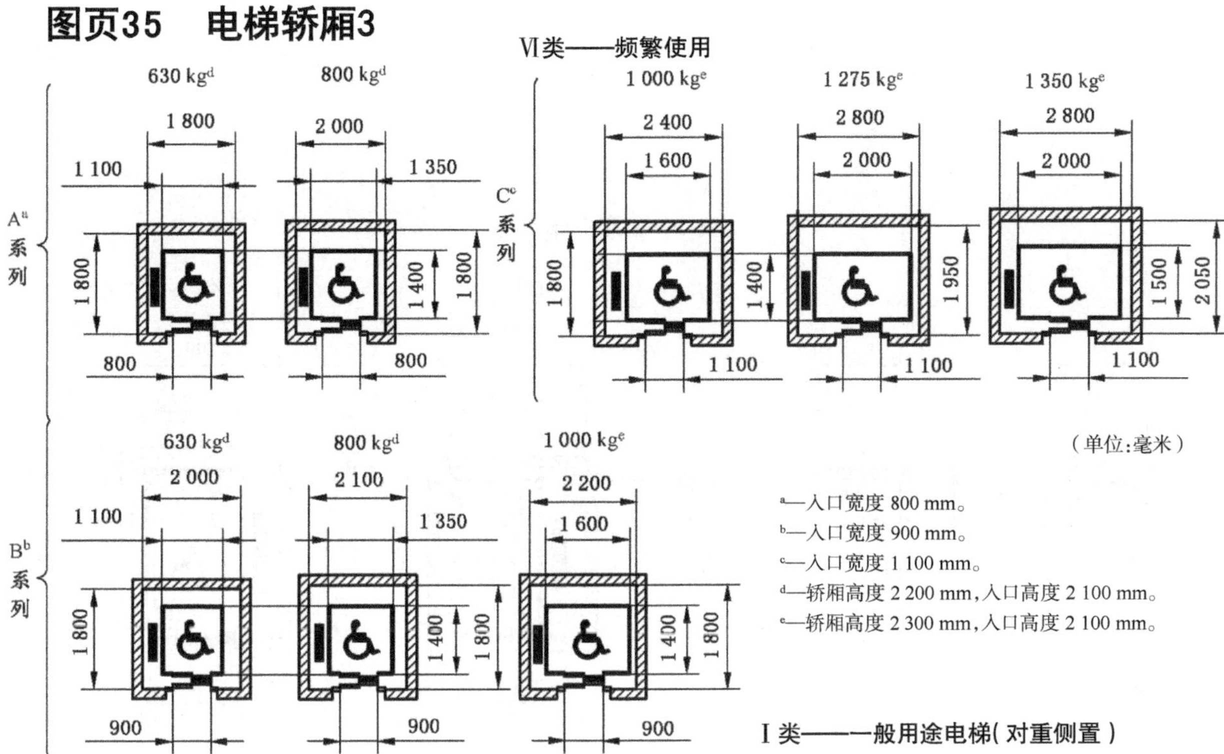

a—入口宽度 800 mm。
b—入口宽度 900 mm。
c—入口宽度 1 100 mm。
d—轿厢高度 2 200 mm,入口高度 2 100 mm。
e—轿厢高度 2 300 mm,入口高度 2 100 mm。

注:1. 适用于速度不超过 2.5 m/s 的电梯(当速度超过 2.5 m/s 时,井道宽度和井道深度增加 100 mm)。
2. 当为无机房电梯时,井道宽度尺寸增加 100 mm。
3. 根据市场需求或安装位置选择 A、B 或 C 系列。
4. A、B 和 C 系列符合无障碍使用要求,应带有♿图形符号。但是,入口宽度 800 mm 或 900 mm 的选择取决于安装位置。
5. C 系列中 1 275 kg 和 1 350 kg 标有♿的电梯允许轮椅自由回转。
6. 图示电梯井道尺寸,可使用中分门。

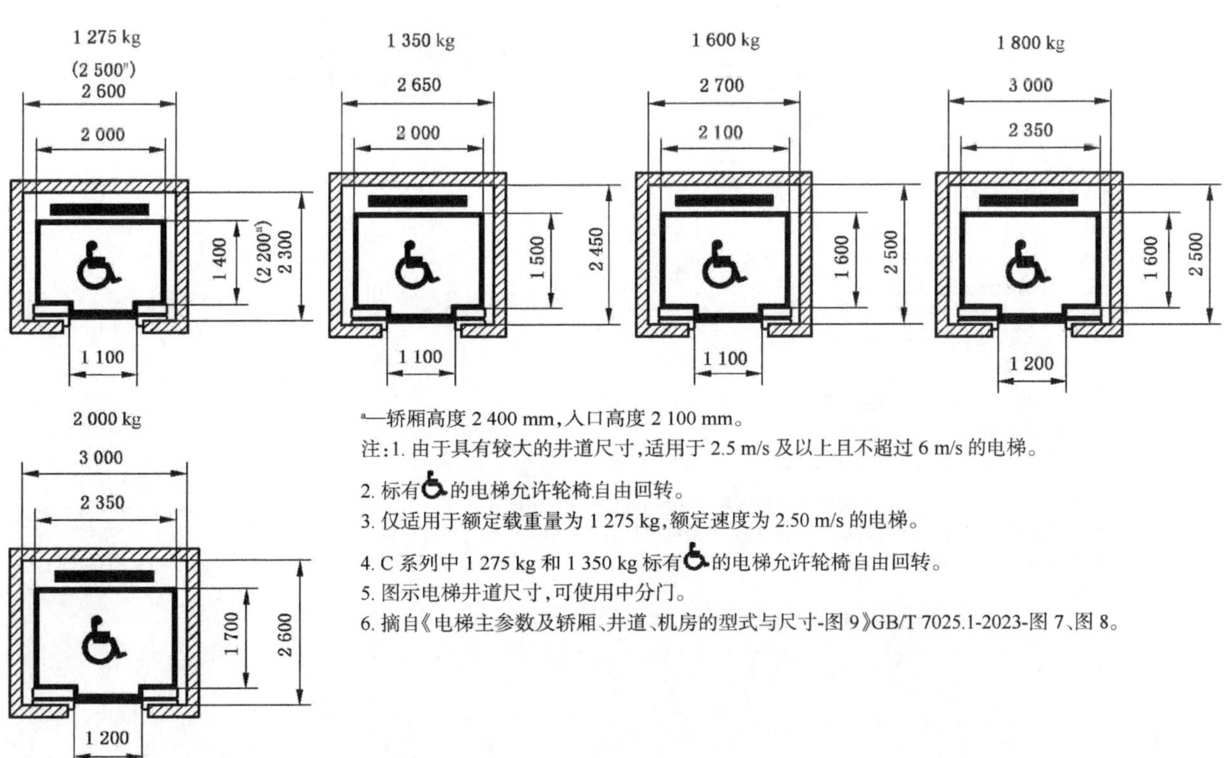

a—轿厢高度 2 400 mm,入口高度 2 100 mm。

注:1. 由于具有较大的井道尺寸,适用于 2.5 m/s 及以上且不超过 6 m/s 的电梯。
2. 标有♿的电梯允许轮椅自由回转。
3. 仅适用于额定载重量为 1 275 kg,额定速度为 2.50 m/s 的电梯。
4. C 系列中 1 275 kg 和 1 350 kg 标有♿的电梯允许轮椅自由回转。
5. 图示电梯井道尺寸,可使用中分门。
6. 摘自《电梯主参数及轿厢、井道、机房的型式与尺寸-图 9》GB/T 7025.1-2023-图 7、图 8。

图页36　电梯轿厢4

Ⅲ类——医用电梯

（单位:毫米）

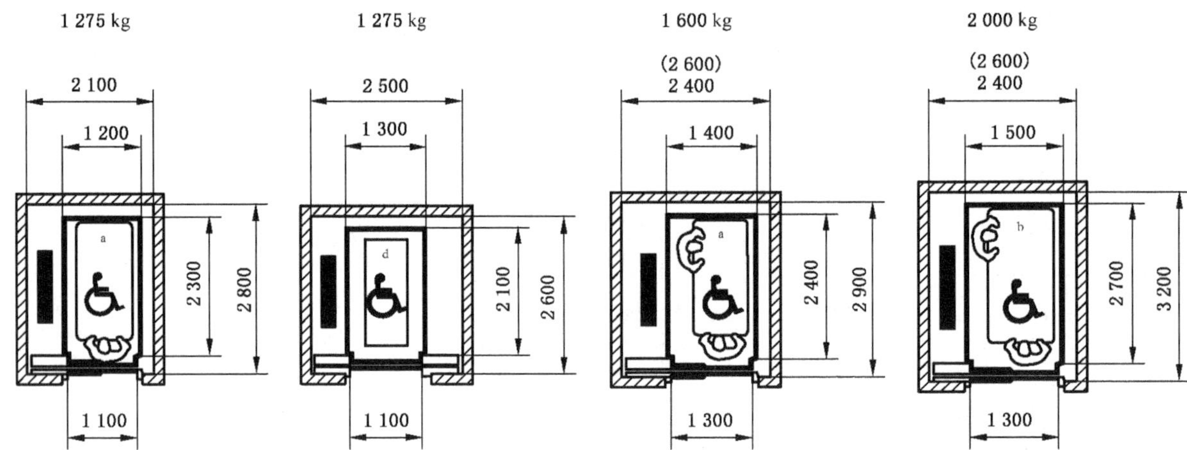

2 500 kg

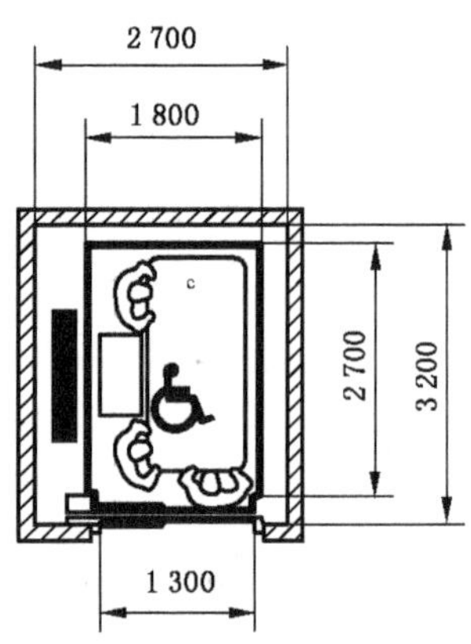

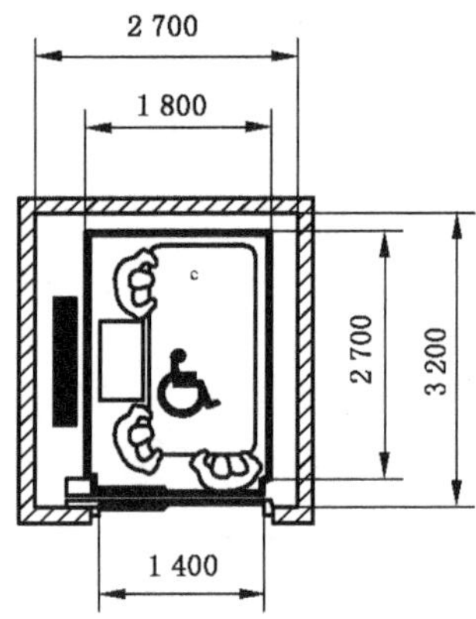

a—病床尺寸为 900 mm × 2 000 mm。

b—病床尺寸为 1 000 mm × 2 300 mm。

c—病床尺寸为 1 000 mm × 2 300 mm，可附带其他器械。

d—担架尺寸为 600 mm × 2 000 mm。

注：1. 轿厢高度 2 300 mm，入口高度 2 100 mm。

2. 适用于速度不超过 2.5 m/s 的电梯。

3. 括号内的井道尺寸对于侧置液压电梯有效。

4. 载重量为 1 600 kg、2 000 kg 和 2 500 kg 标有♿的电梯，允许轮椅自由回转。

5. 尽管图中给出了对重，但尺寸适用于所有电梯，不受电梯驱动系统以及电梯是否有机房的影响。

6. 载重量为 1 275 kg 的中分门电梯常与有相似门设计的其他轿厢设置在同一群组中，允许容纳一个尺寸为 600 mm × 2 000 mm 的担架。

7. 摘自《电梯主参数及轿厢、井道、机房的型式与尺寸-图 9》GB/T 7025.1-2023-图 9。

图页37　小型货梯及杂物梯轿厢和井道尺寸

Ⅳ类：货梯——系列 A：水平滑动门（单开门或双开门，型式 1 和 2）　　（单位：毫米）

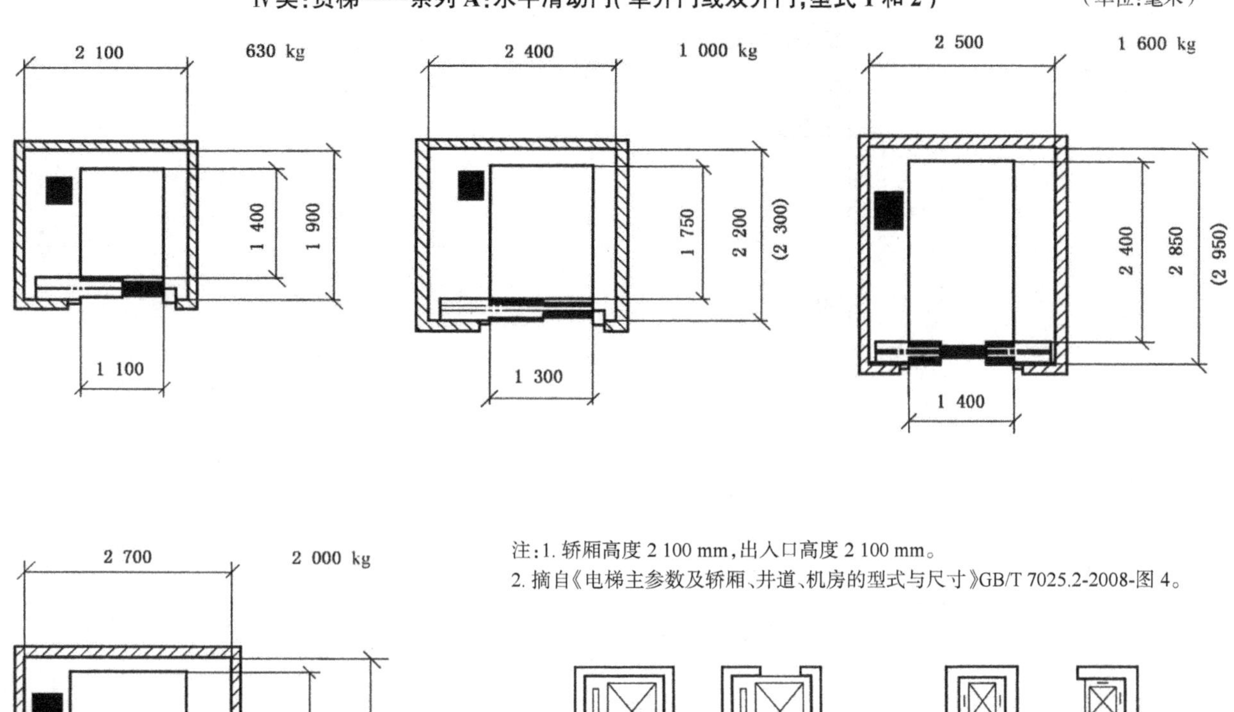

注：1. 轿厢高度 2 100 mm，出入口高度 2 100 mm。
2. 摘自《电梯主参数及轿厢、井道、机房的型式与尺寸》GB/T 7025.2-2008-图 4。

电梯和杂物梯的制图表达

注：1. 平衡锤、导轨、开门的位置与方式按实际绘制即可。
2. 摘自《建筑制图标准 3.0.2》GB/T 50104-2010。

Ⅴ类电梯（杂物电梯）的参数、尺寸

额定载重量，kg		40	100	250
轿厢	宽度 A，mm	600	800	1 000
	深度 B，mm	600	800	1 000
	高度，mm	800	800	1 200
井道	宽度 C，mm	900	1 100	1 500
	深度 D，mm	800	1 000	1 200

注：摘自《电梯主参数及轿厢、井道、机房的型式与尺寸-表 1》GB/T 7025.3-1997。

杂物电梯的额定载重量一般为 40 kg、100 kg、250 kg，额定速度一般为 0.25 m/s、0.40 m/s。为使人员不能进入轿厢，轿厢尺寸应符合下列规定：底面积不得超过 1.0 m²；深度不得超过 1.0 m；高度不得超过 1.2 m。

注：摘自《电梯主参数及轿厢、井道、机房的型式与尺寸 4.2》GB/T 7025.3-1997。

图页38　自动扶梯1

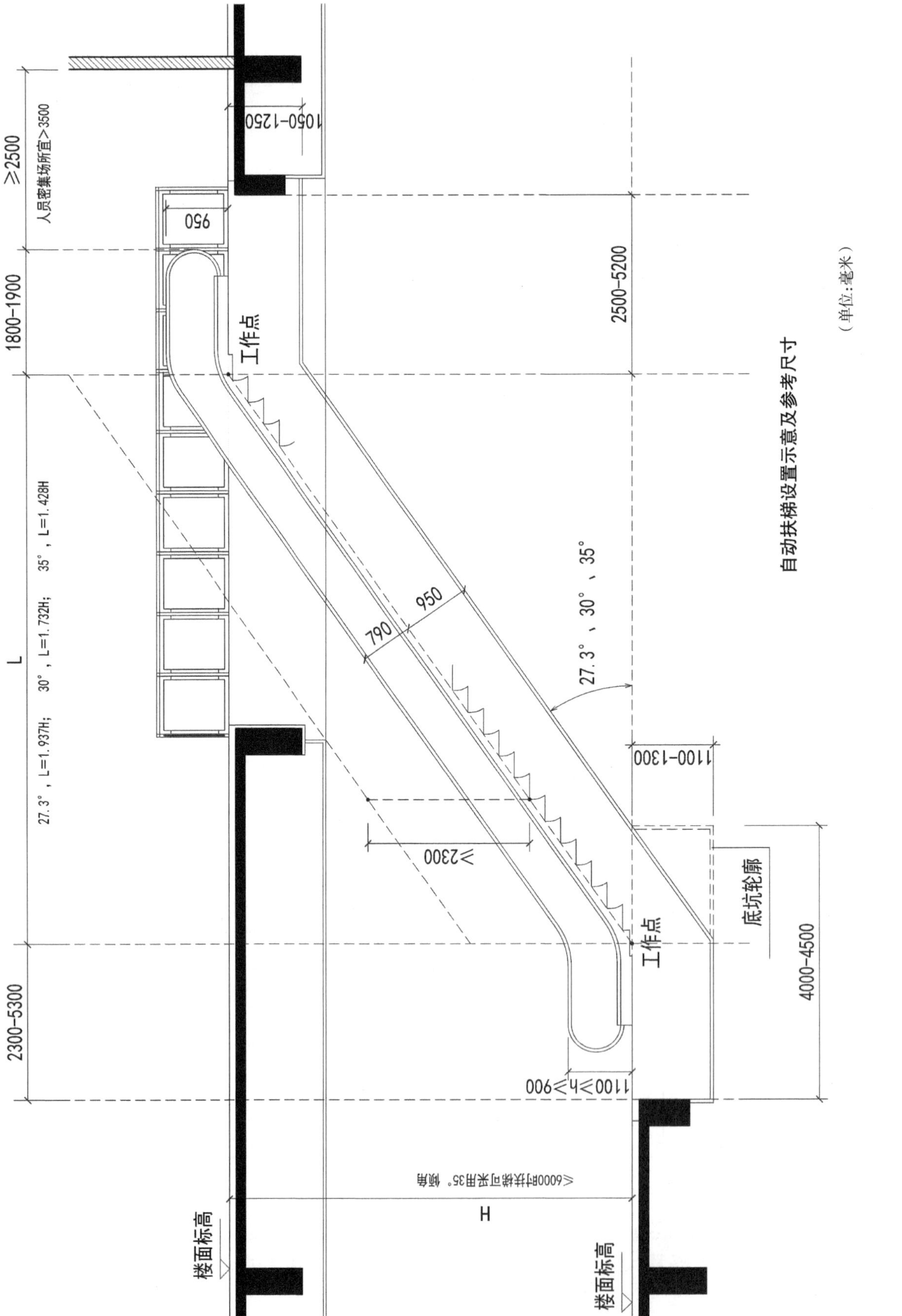

≥2500
人员密集场所宜＞3500
1800-1900
L
27.3°，L=1.937H；　30°，L=1.732H；　35°，L=1.428H
2300-5300
1050-1250
950
工作点
790
950
≥2300
2500-5200
27.3°，30°，35°
1100-1300
底坑轮廓
4000-4500
1100≥h≥900
≤6000时扶梯可采用35°倾角
H
楼面标高
楼面标高

自动扶梯设置示意及参考尺寸

（单位：毫米）

图页39　自动扶梯2

≥500
下
下
≥500
≥500
≥500
自动扶梯平行同向设置
自动扶梯平行交叉设置
≥500
下
≥500
下
≥500
≥500
≥500
≥500
W+600
W+310
W
W=600、800、1000、1200
上
自动扶梯1
上
下
自动扶梯2
上
自动人行坡道
自动人行道

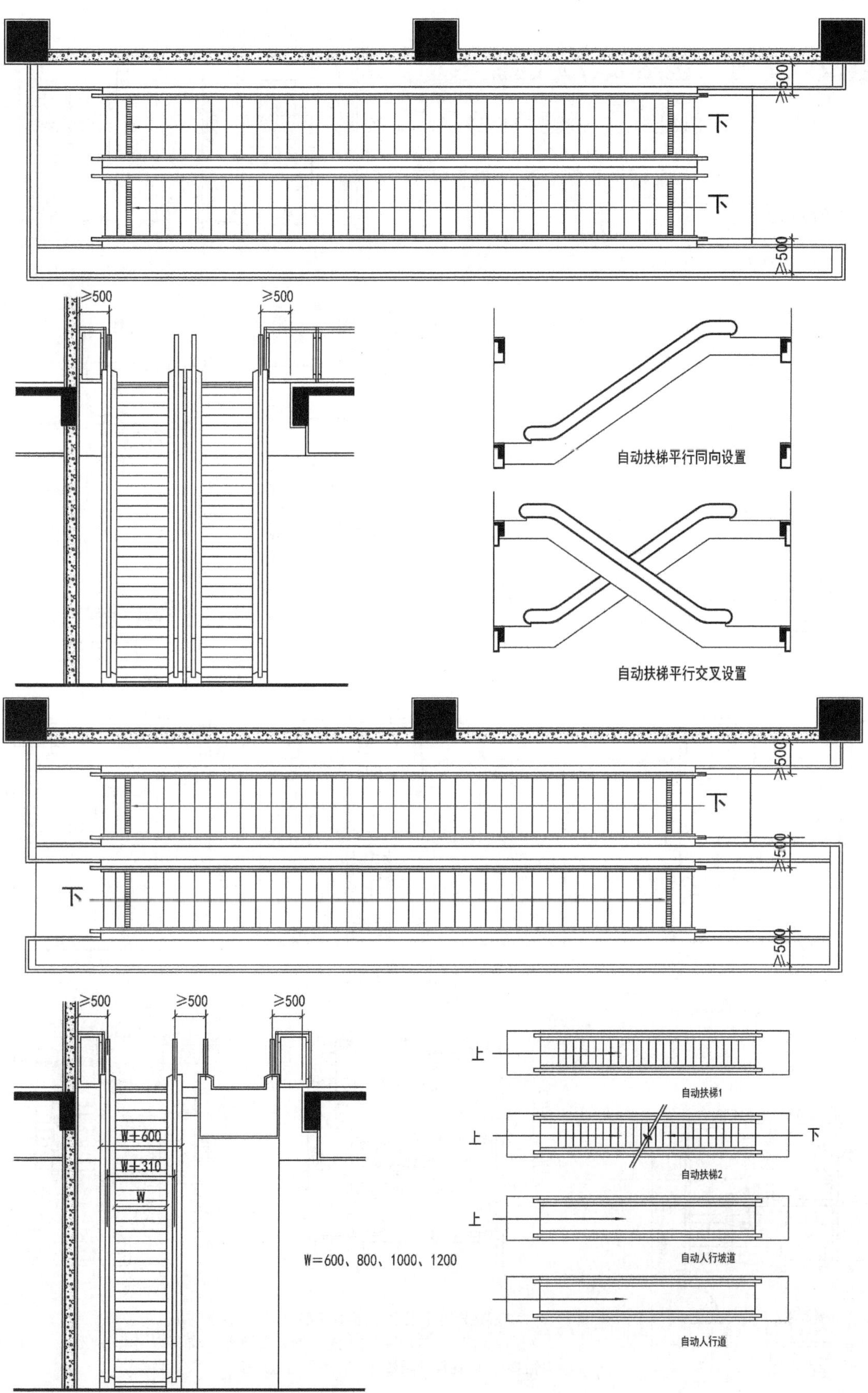

图页40

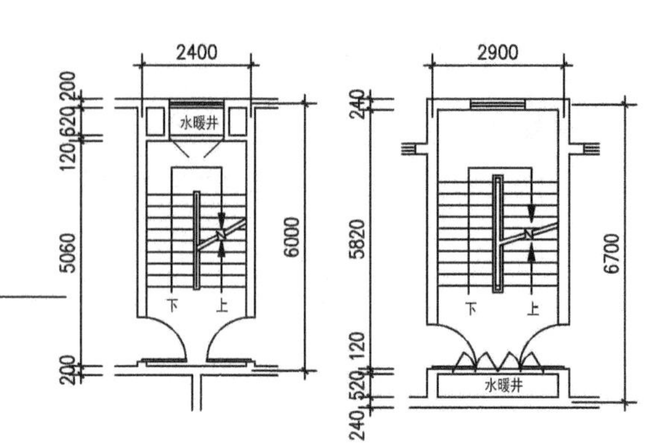

6层及以下层（包括6跃7）的住宅

特征：开敞楼梯间；不设电梯；设水暖井；不设电井。

7～11层住宅-1

特征：开敞楼梯间；1部电梯；设水暖电井。

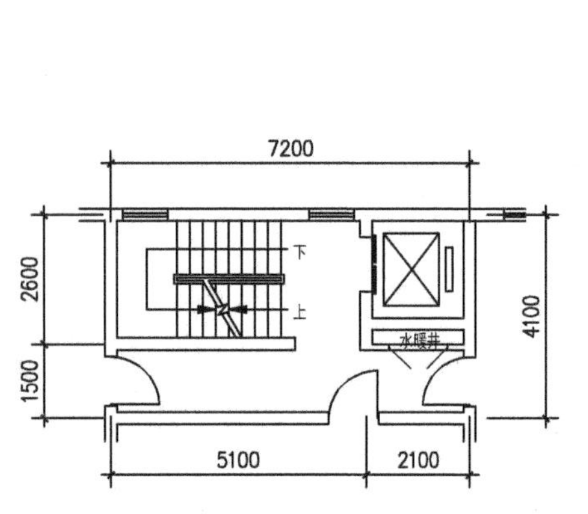

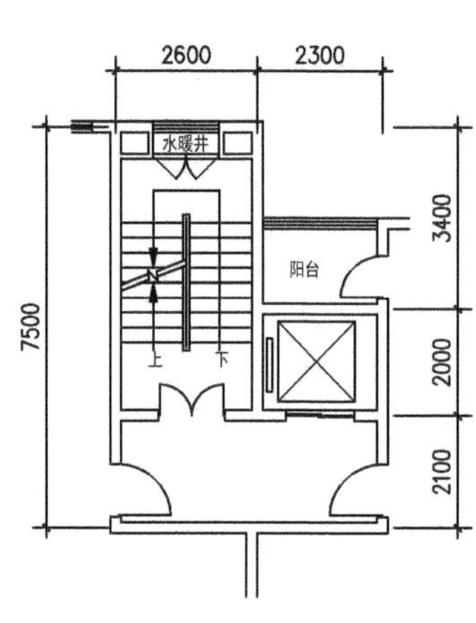

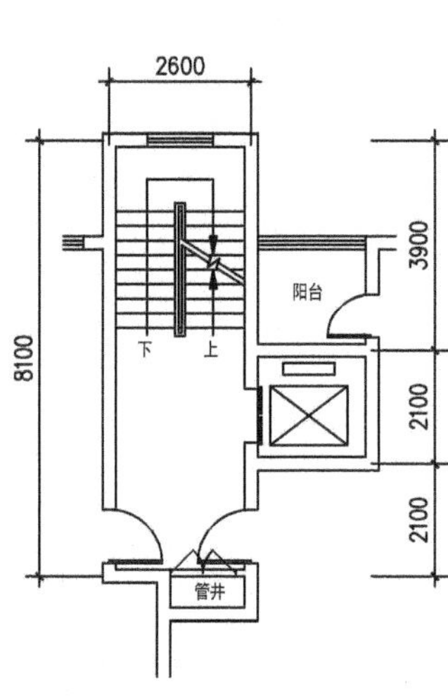

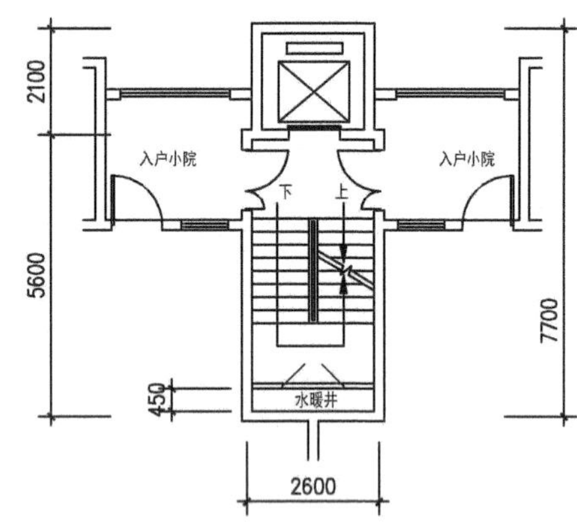

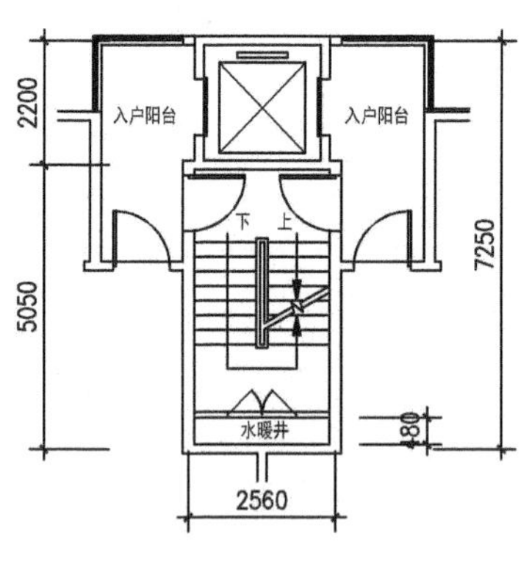

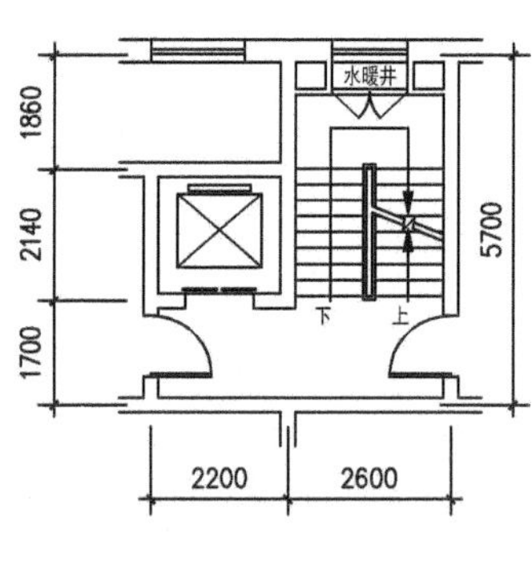

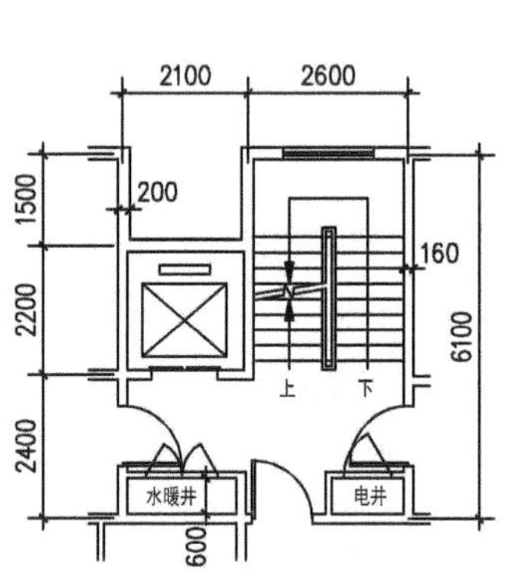

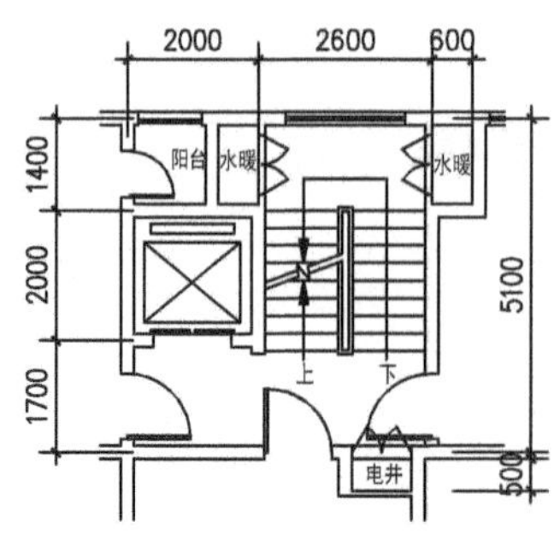

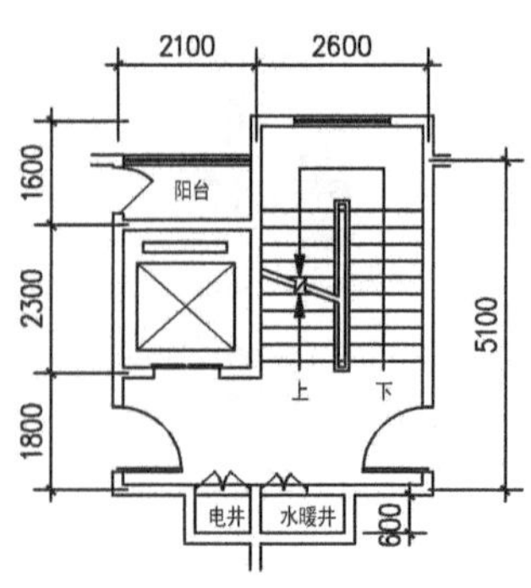

注：1. 7层住宅可不设电井，设置更好，11层一般设电井。
2. 7层以上但小于11层的住宅应设封闭楼梯间，但如果户门采用乙级防火门也可以采用开敞楼梯间，这样开敞楼梯间有条件地适用于7-11层的住宅。

图页41　7～11层住宅-2

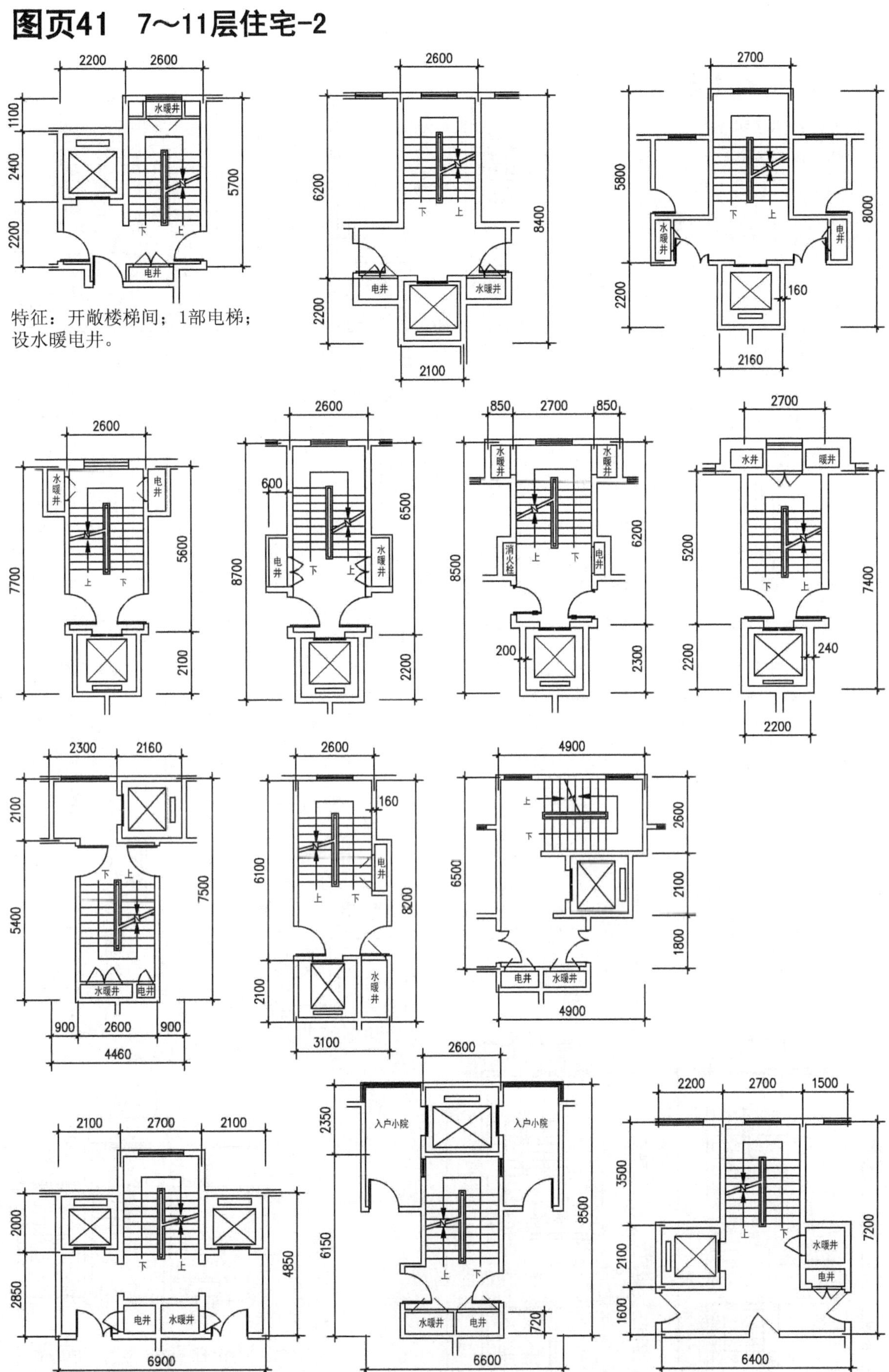

图页42

7～11层的住宅-3

特征：封闭楼梯间；1部电梯；设水暖电井。

注：本页范例为7~11层住宅设封闭楼梯间的情况。有些做法形式上与自然通风的防烟楼梯间无异，如果窗口面积达到防烟楼梯间及前室自然通风的标准要求，在实质上也无异。对于封闭楼梯间，即便暗前室也不用设加压送风井。

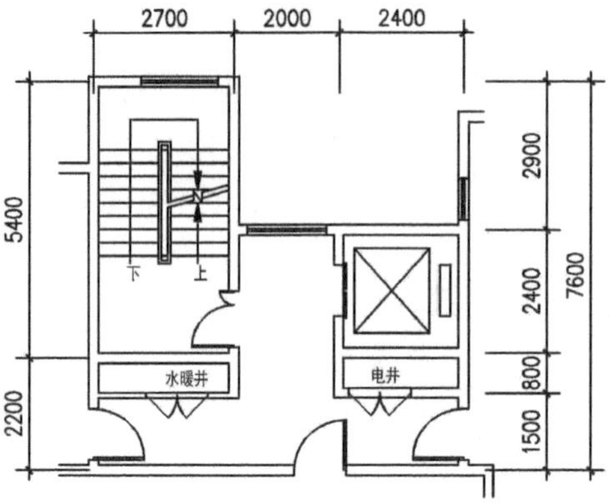

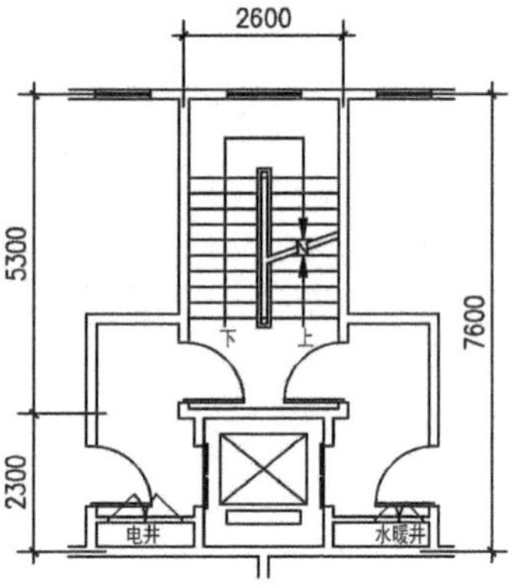

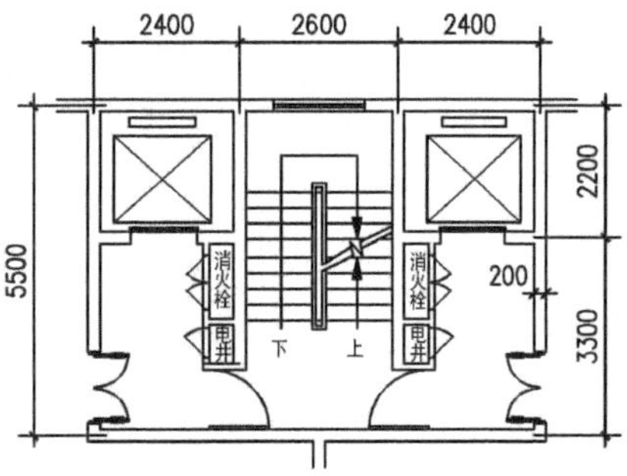

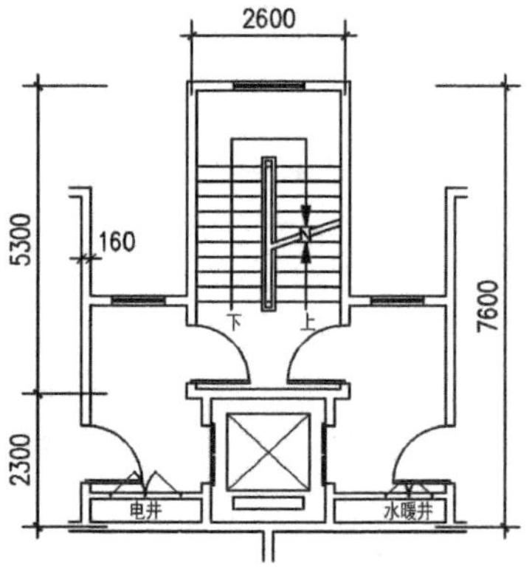

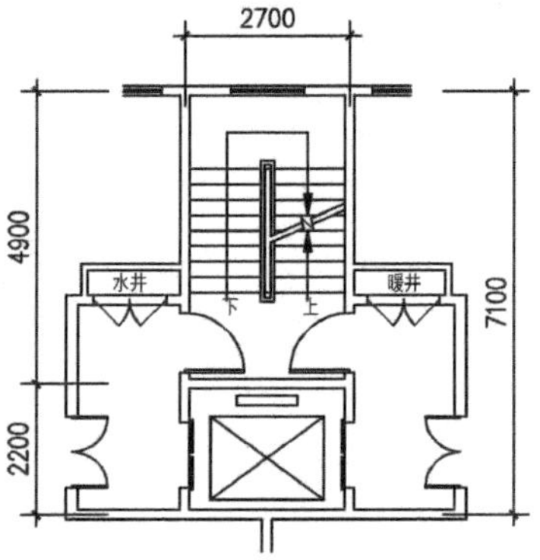

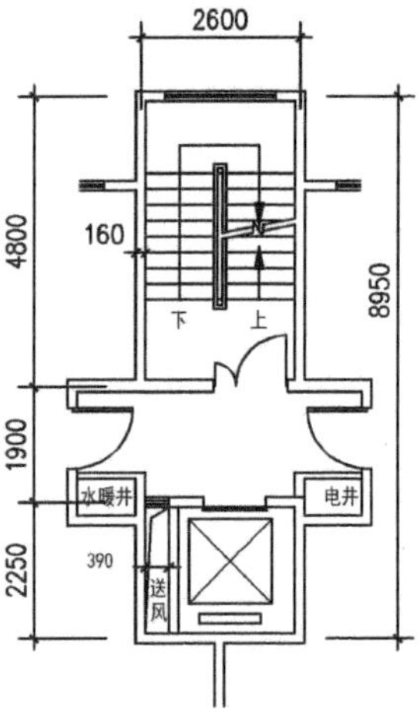

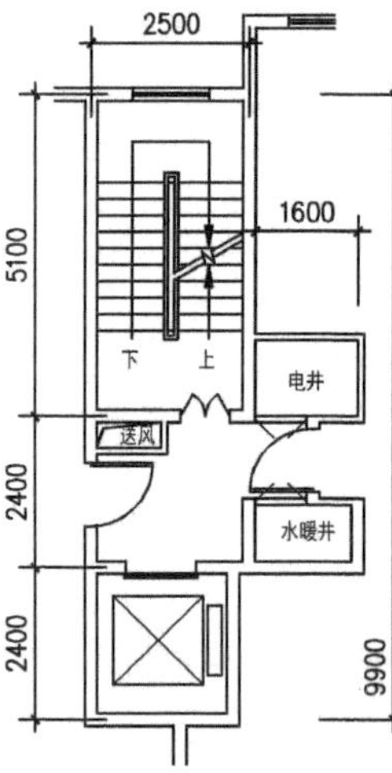

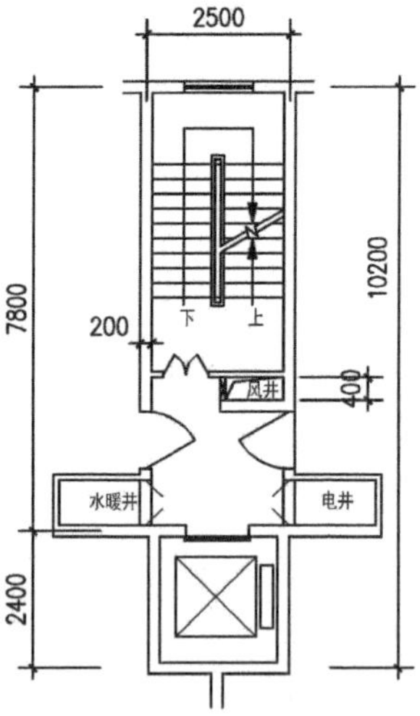

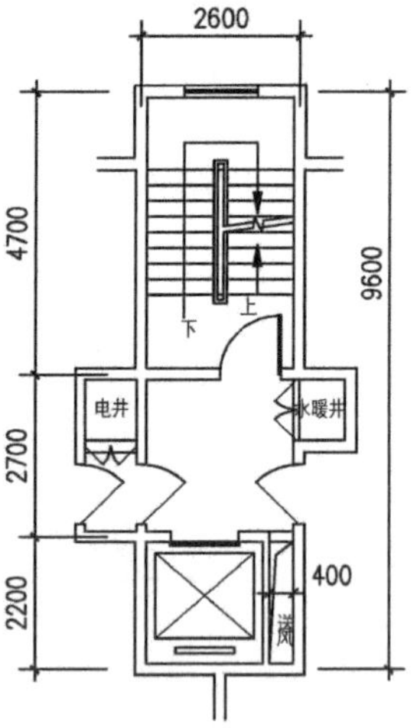

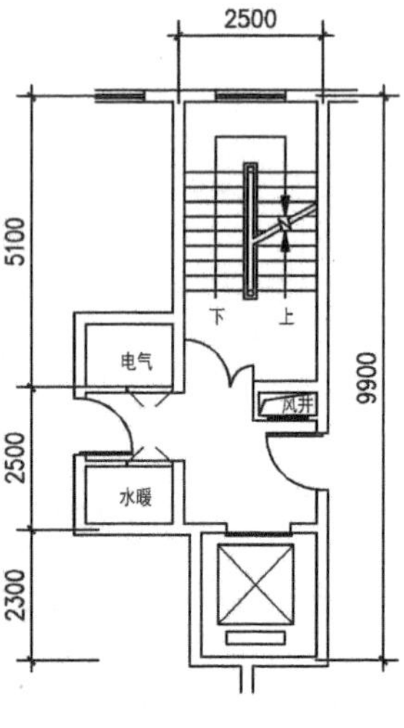

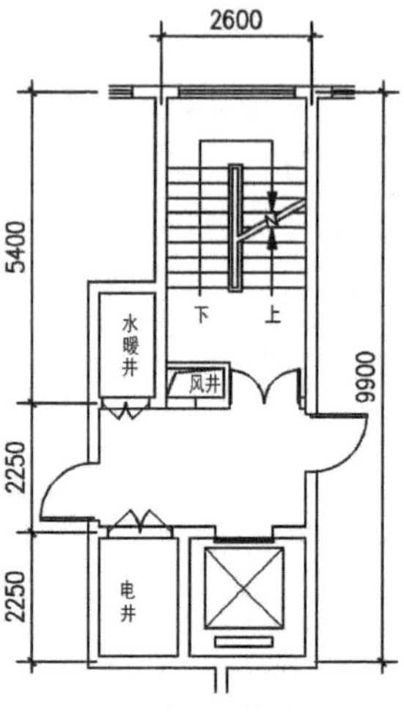

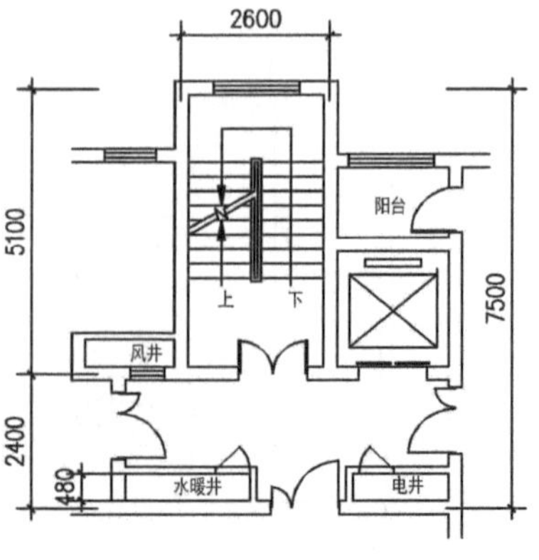

图页43

12～18层的住宅-1

特征：防烟楼梯间；1部电梯；设水暖电井。

注：自然通风的防烟楼梯间，开窗面积要符合相关的面积标准规定，暗前室要设置加压送风井。本做法适用于区间内层数少的住宅建筑。

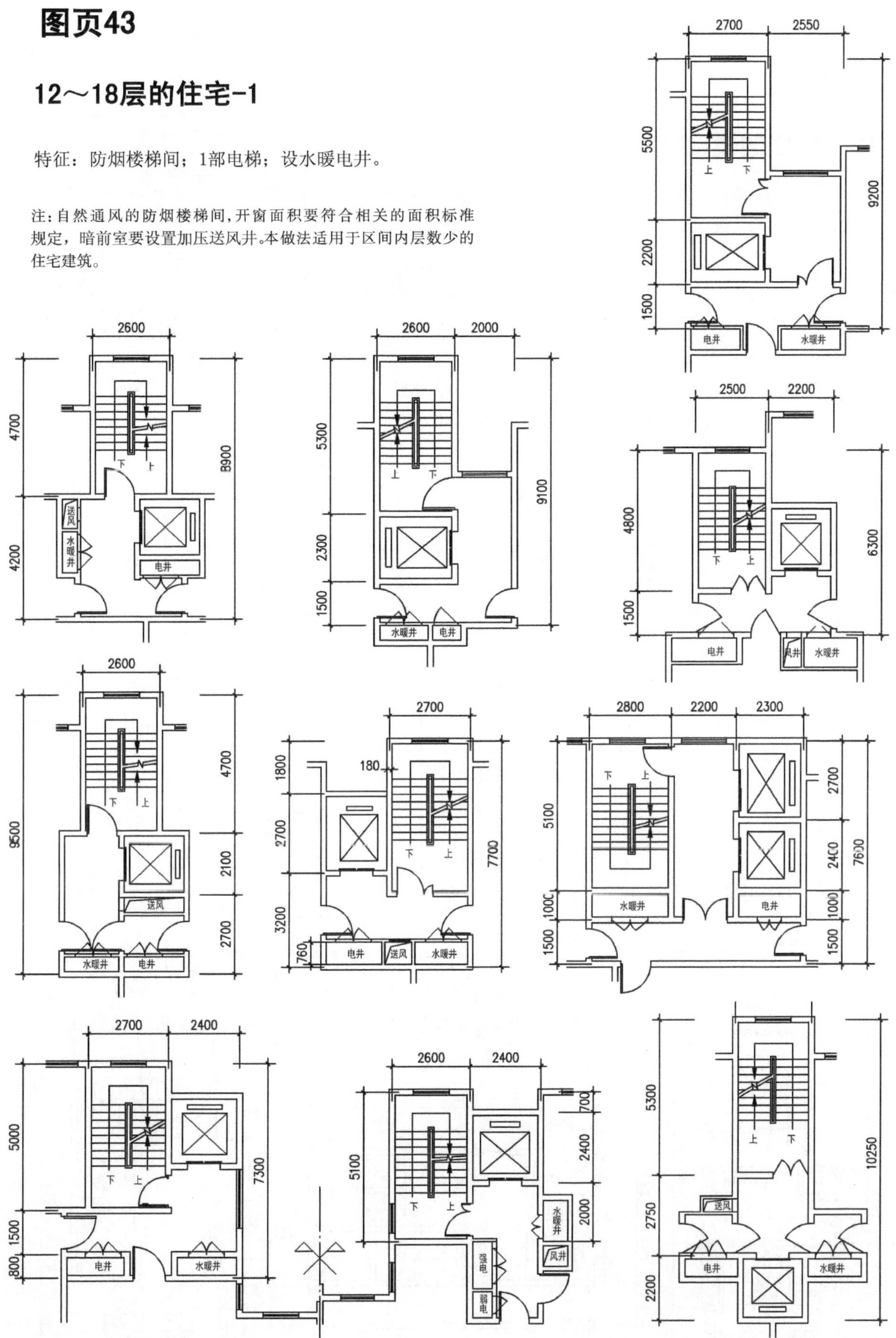

图页44

12～18层的住宅-2

特征：防烟楼梯间；2部电梯；设消防电梯；设水暖电风井。

注：本做法适用于区间内较高的楼层。

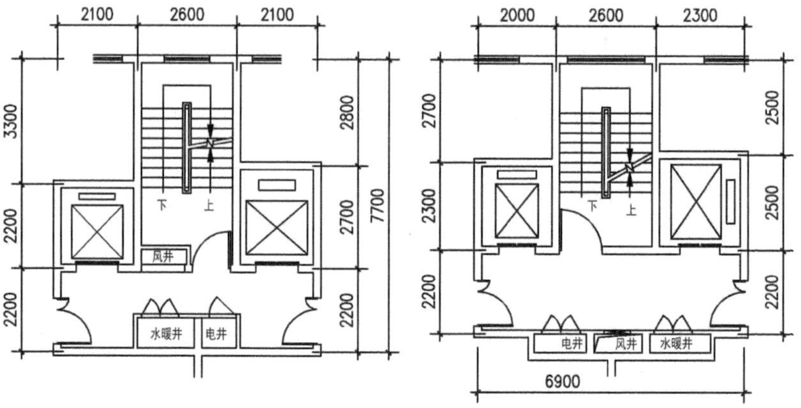

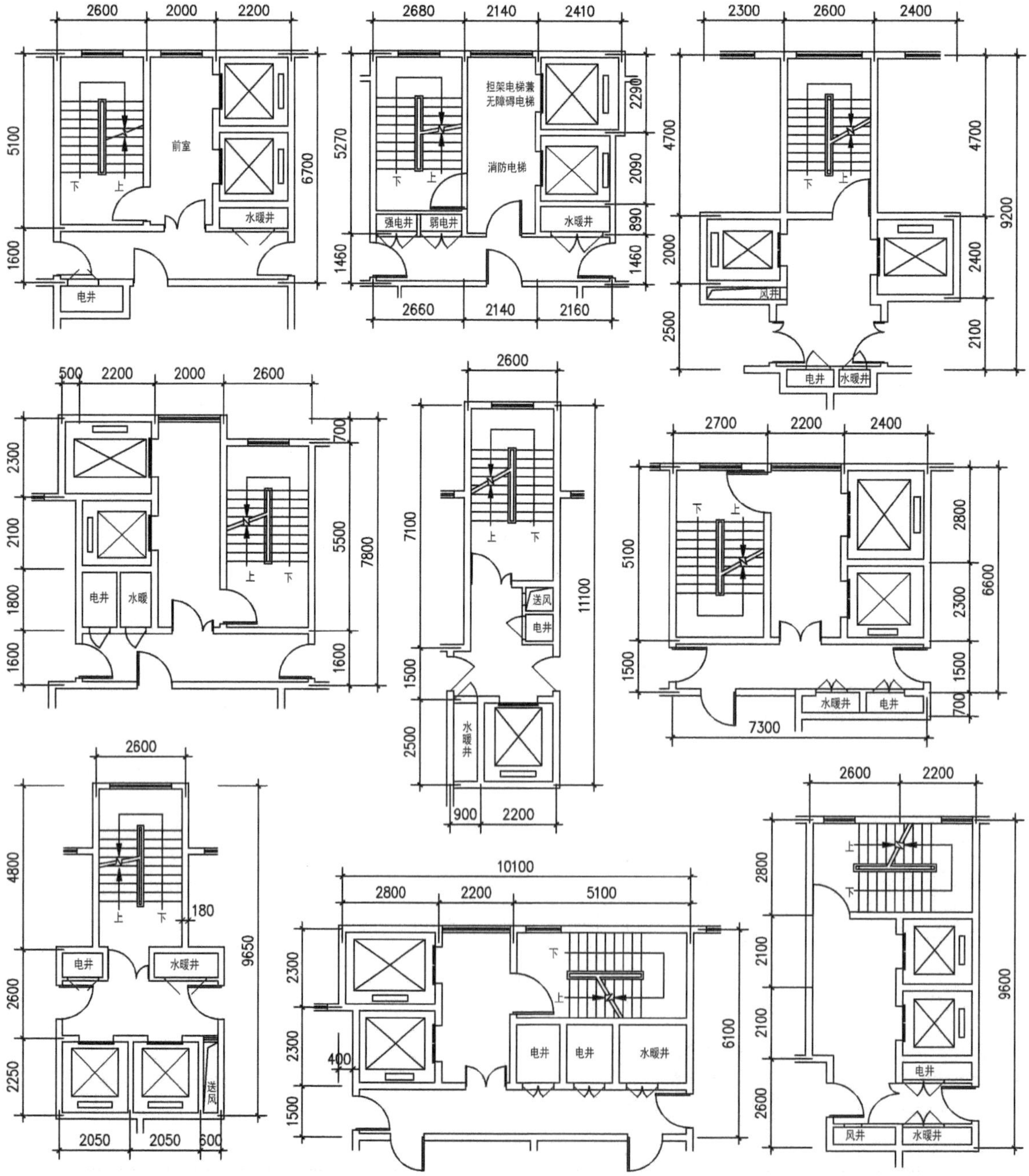

图页45

19～34层住宅-1

特征：防烟楼梯间；2部楼梯；2部电梯；设消防电梯；设水暖电风井。

注:由于两部楼梯设置为剪刀梯的形式更高效,更节省面积,因此19层以上的高层住宅多设剪刀楼梯。剪刀楼梯不能自然通风的一侧以及不能自然通风的前室或合用前室,均需设通风井,以便火灾发生时能进行正压送风。

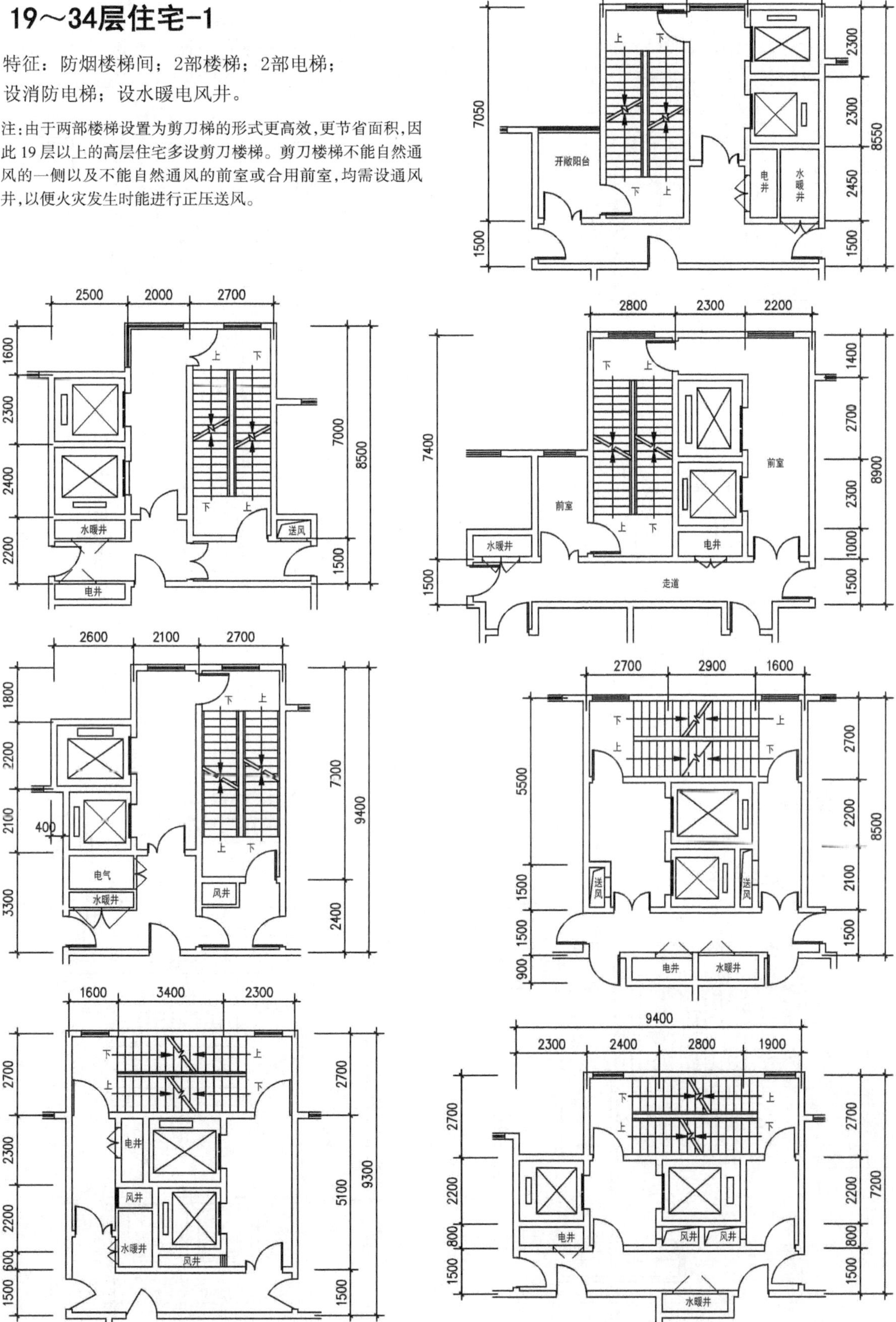

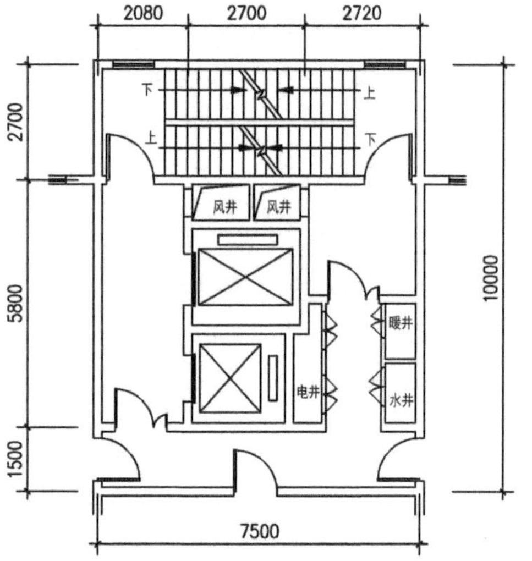

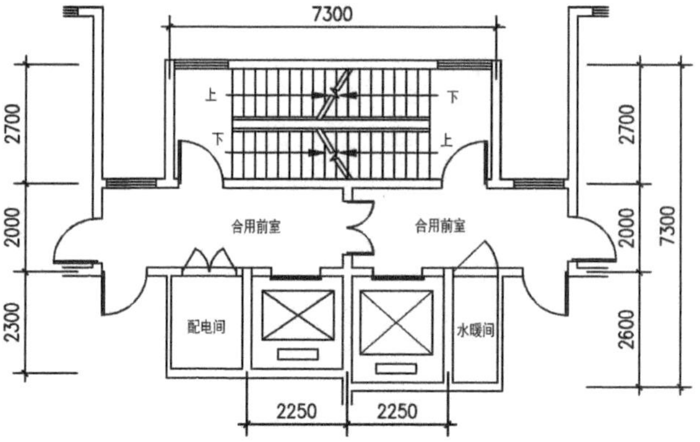

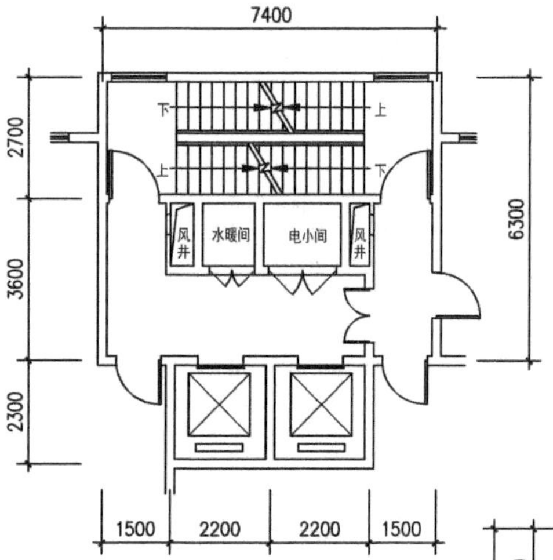

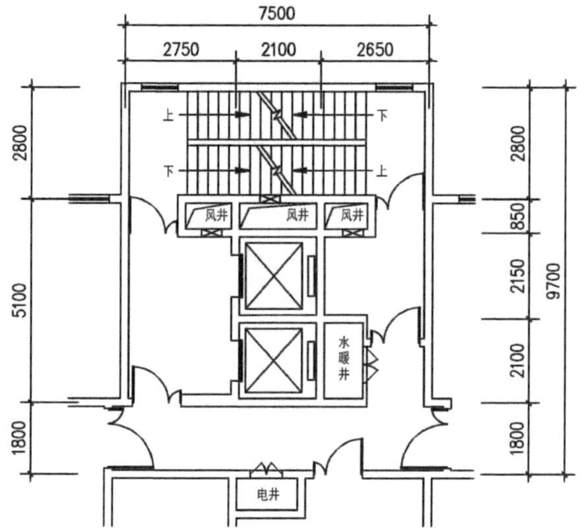

图页46

19～34层住宅-2

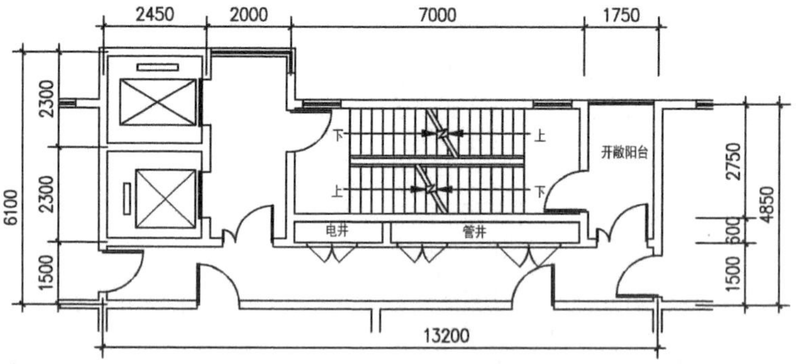

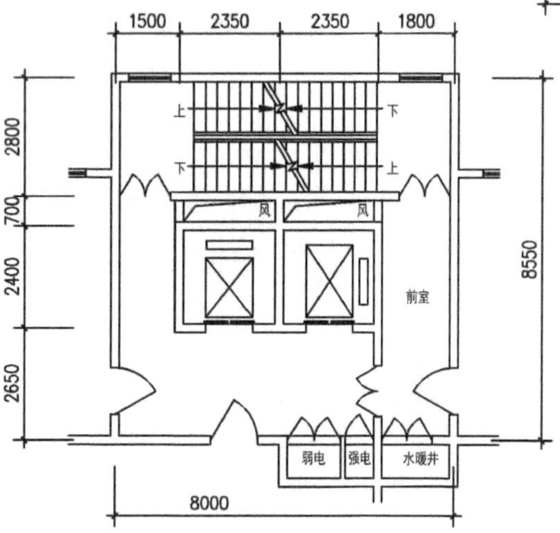

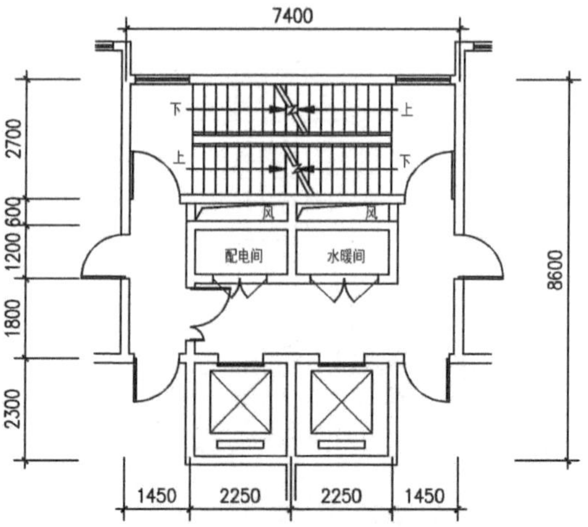

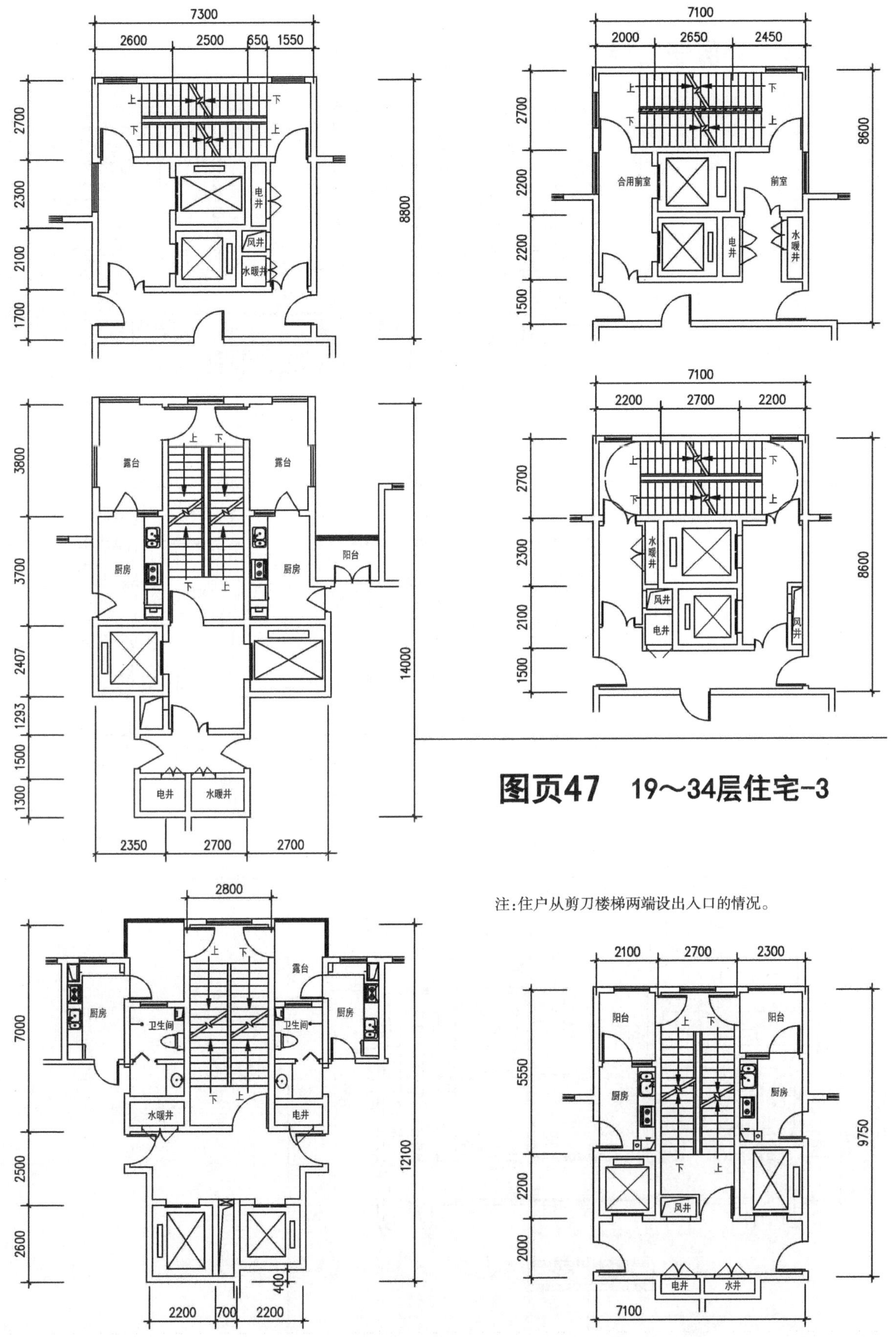

图页47 19～34层住宅-3

注:住户从剪刀楼梯两端设出入口的情况。

图页48　19～34层住宅-4

注:设两个独立楼梯的做法。

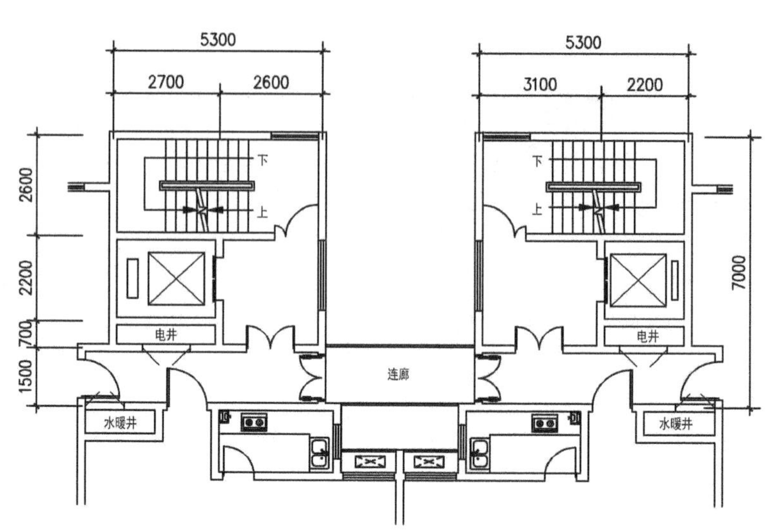

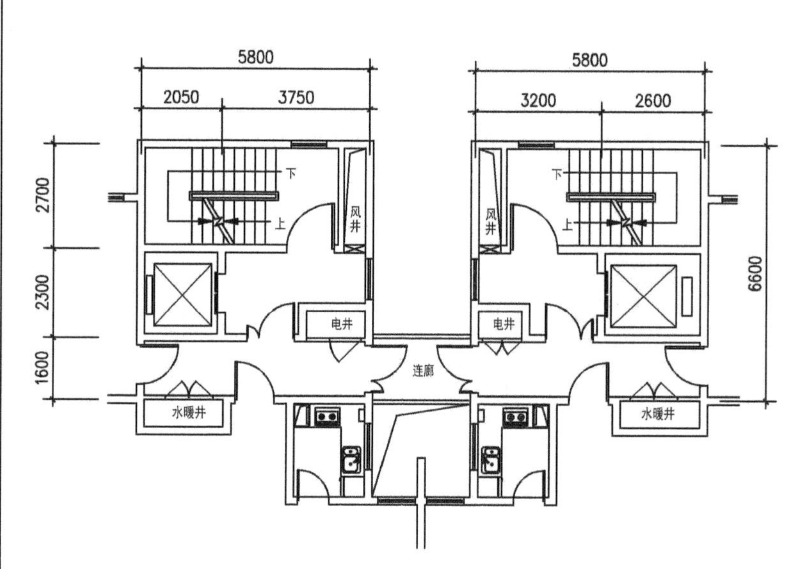

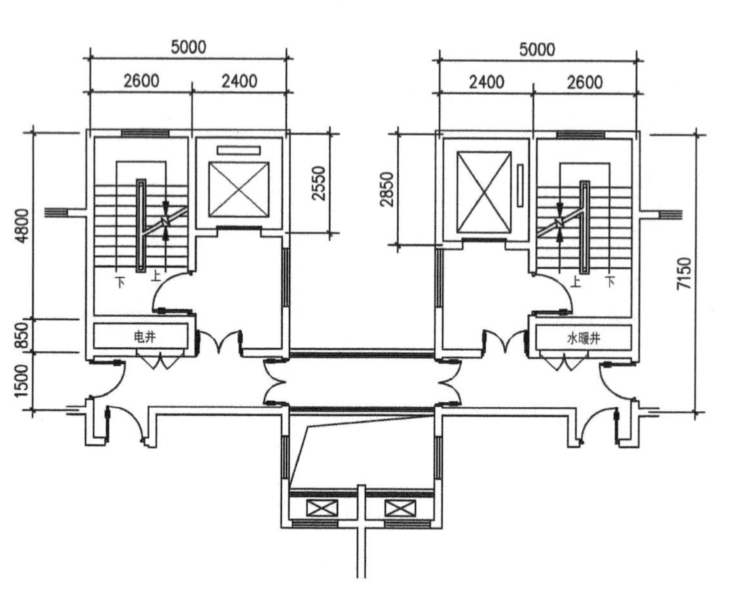

图页49 住宅卫生间典型平面布置示例1

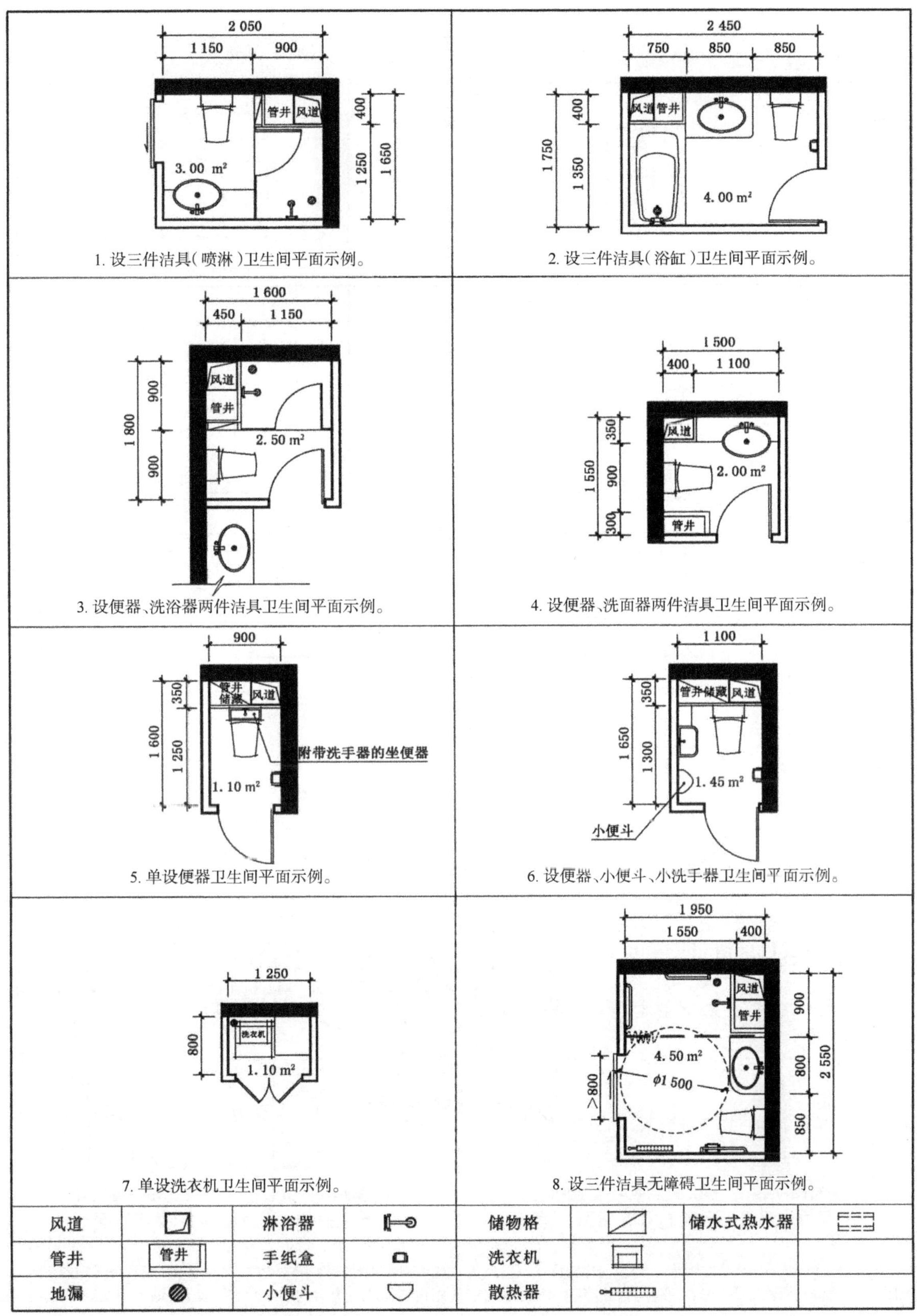

1. 设三件洁具（喷淋）卫生间平面示例。

2. 设三件洁具（浴缸）卫生间平面示例。

3. 设便器、洗浴器两件洁具卫生间平面示例。

4. 设便器、洗面器两件洁具卫生间平面示例。

5. 单设便器卫生间平面示例。

6. 设便器、小便斗、小洗手器卫生间平面示例。

7. 单设洗衣机卫生间平面示例。

8. 设三件洁具无障碍卫生间平面示例。

风道	◱	淋浴器	⊫⊖	储物格	◺	储水式热水器	☰
管井	管井	手纸盒	▭	洗衣机	⊟		
地漏	●	小便斗	▽	散热器	▭▭		

注：摘自《住宅卫生间功能及尺寸系列》GB/T 11977-2008-附录C。

图页50 住宅卫生间典型平面布置示例 2

类 型	图示及平面净尺寸	类 型	图示及平面净尺寸
1. 设便器卫生间平面示例。	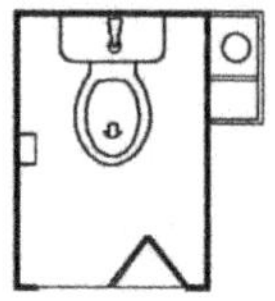 1500×900	5. 设便器、洗面器、淋浴器、洗衣机卫生间平面示例。	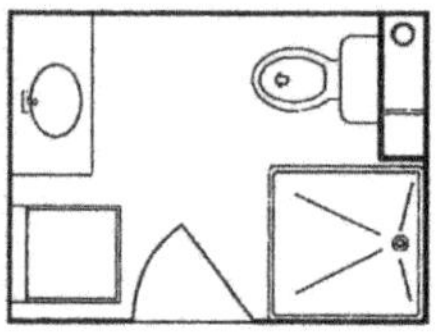 2400×1800
2. 设便器、洗面器卫生间平面示例。	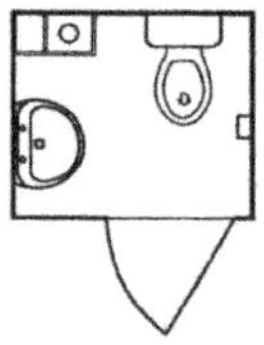 1500×1300	6. 设便器、洗面器、浴盆卫生间平面示例。	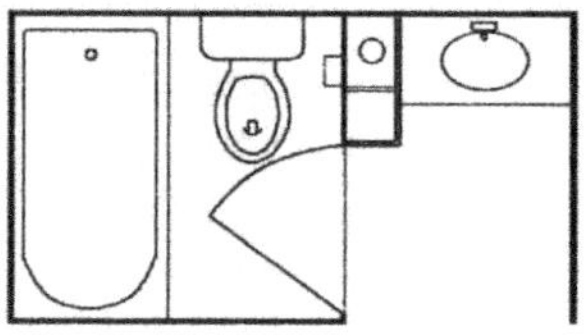 2700×1500
3. 设便器、洗面器、淋浴器卫生间平面示例。	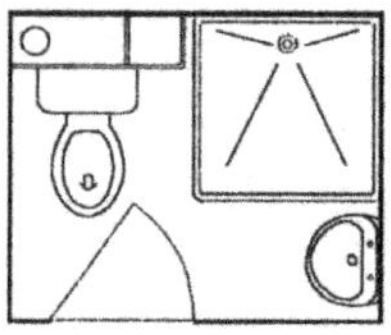 1800×1500	7. 设便器、洗面器、浴盆、洗衣机卫生间平面示例。	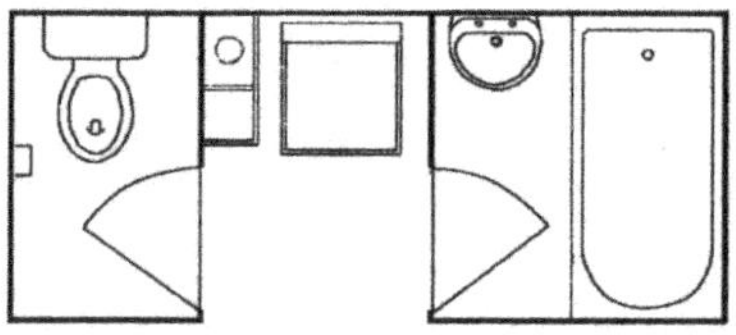 3400×1500
4. 设便器、洗面器、浴盆器卫生间平面示例。	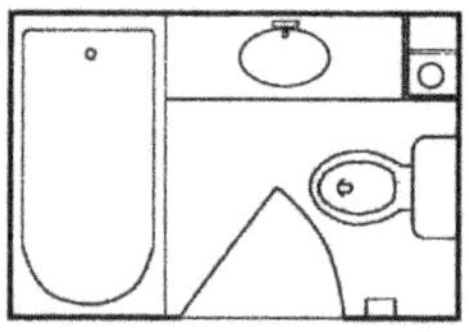 2100×1500		

注：摘自《住宅卫生间模数协调标准 3.0.1 及条文说明》JGJ/T 263-2012。

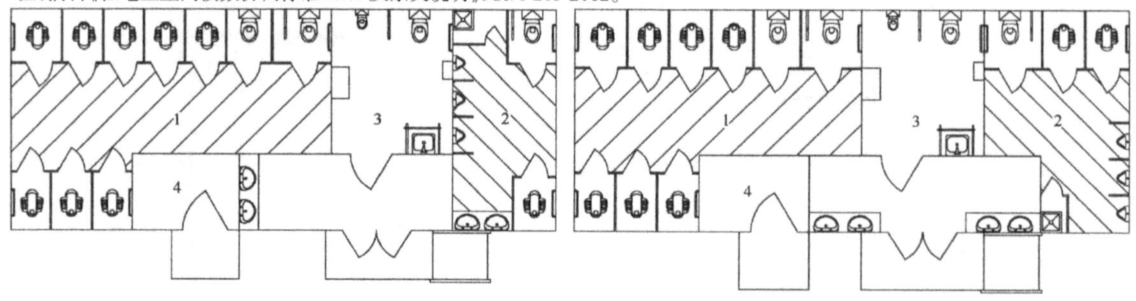

1—女厕；2—男厕；3—第三卫生间；4—管理间

女厕位与男厕位比例 2∶1 示意图

1—女厕；2—男厕；3—第三卫生间；4—管理间

女厕位与男厕位比例 3∶2 示意图

注：建筑面积为 70m² 的城市公共厕所，女厕位与男厕位比例宜为 2∶1，厕位面积指标宜为 4.67m²/位，女厕占用面积宜为男厕的 2.39 倍；女厕位与男厕位比例不应小于 3∶2，厕位面积指标宜为 4.67m²/位，女厕占用面积宜为男厕的 1.77 倍。摘自《城市公共厕所设计标准 4.1.5、6》CJJ 14-2016。

图页51　公共卫生间设计范例 1

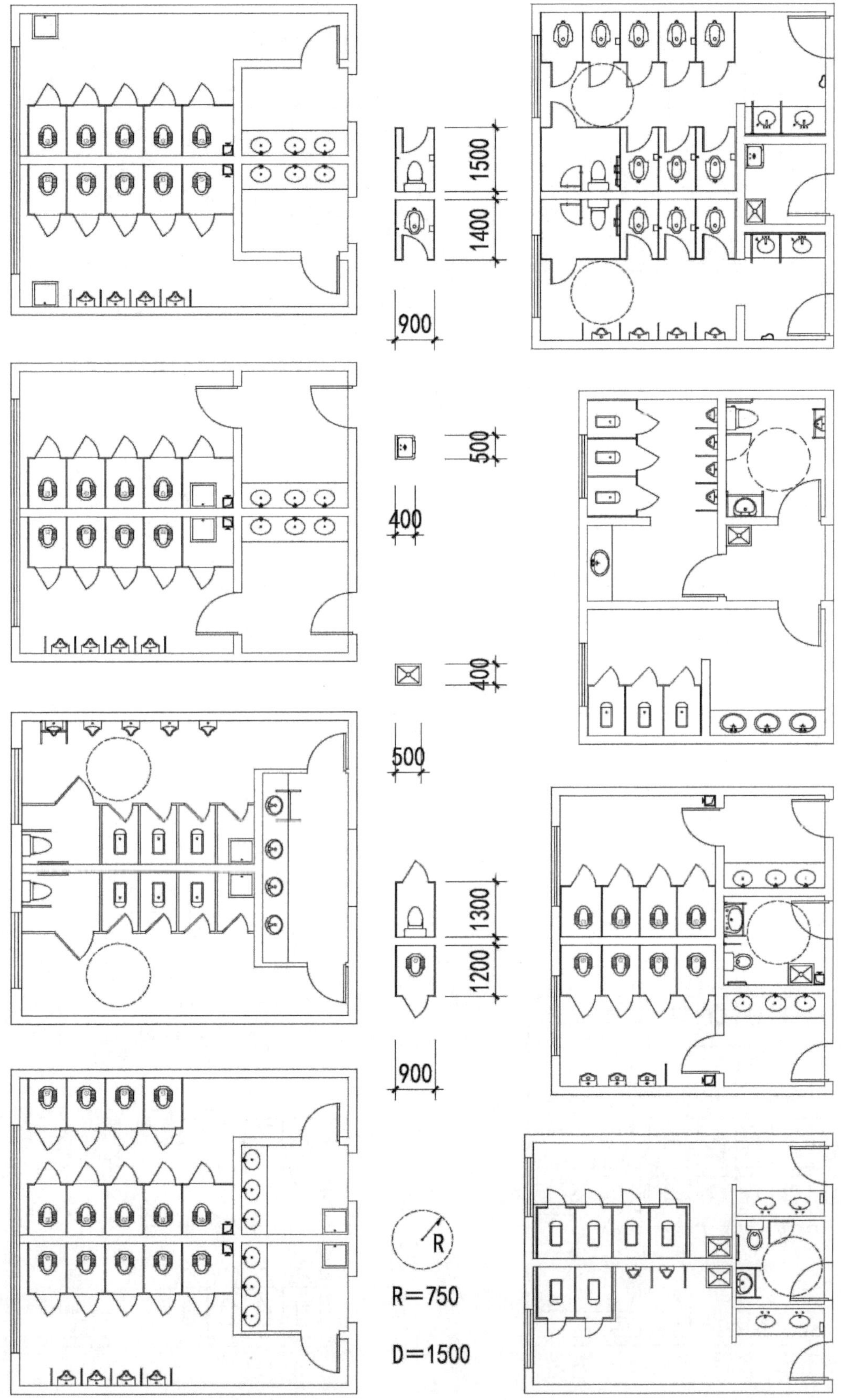

图页52 公共卫生间设计范例 2

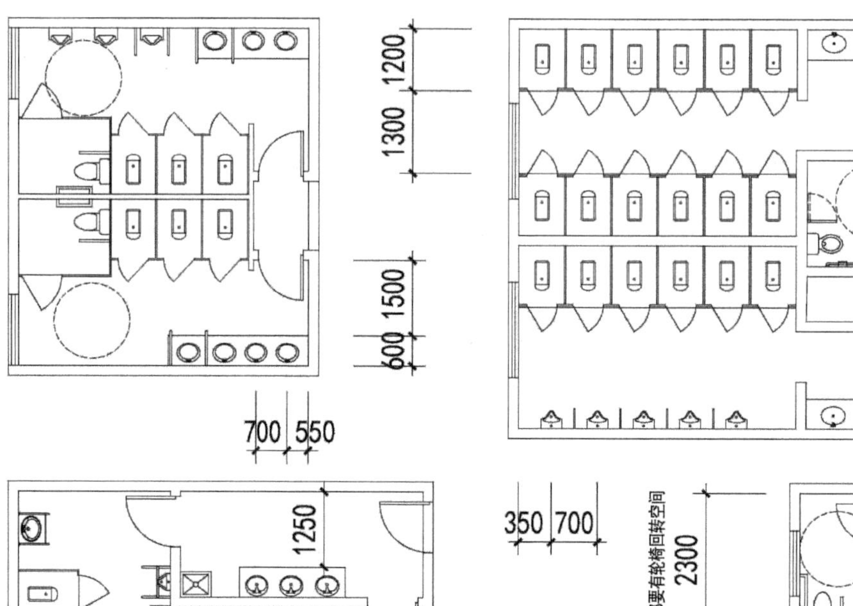

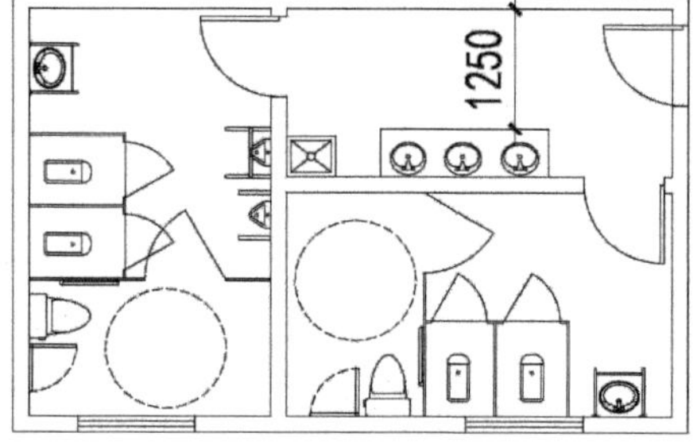

注：1. 公共卫生间标注单位均为“mm”。

2. 如果公共卫生间未设集中空调，无论是否开窗，均应设竖向通风管道。

3. 男女卫生间如果只设一个拖布池，且未置于公共空间，一般设在女卫生间。

4. 通行轮椅的无障碍卫生间、轮椅进入的无障碍厕位、设置无障碍厕位的公共卫生间，过道门净宽均不应小于800mm，标注宽度不应小于900mm。

5. 设计示例所标尺寸均为最小值。

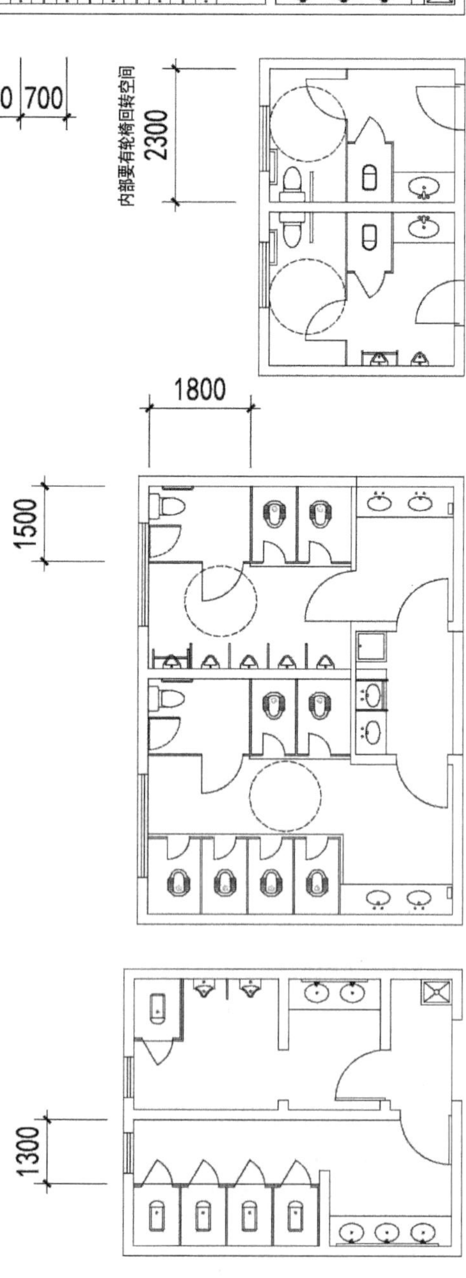

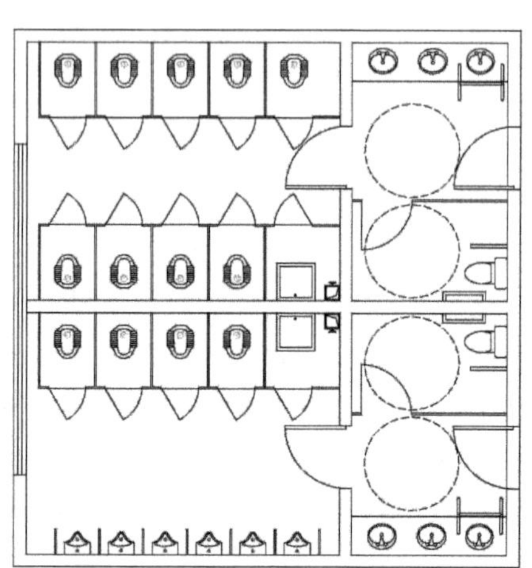

图页53　公共卫生间设计范例 3

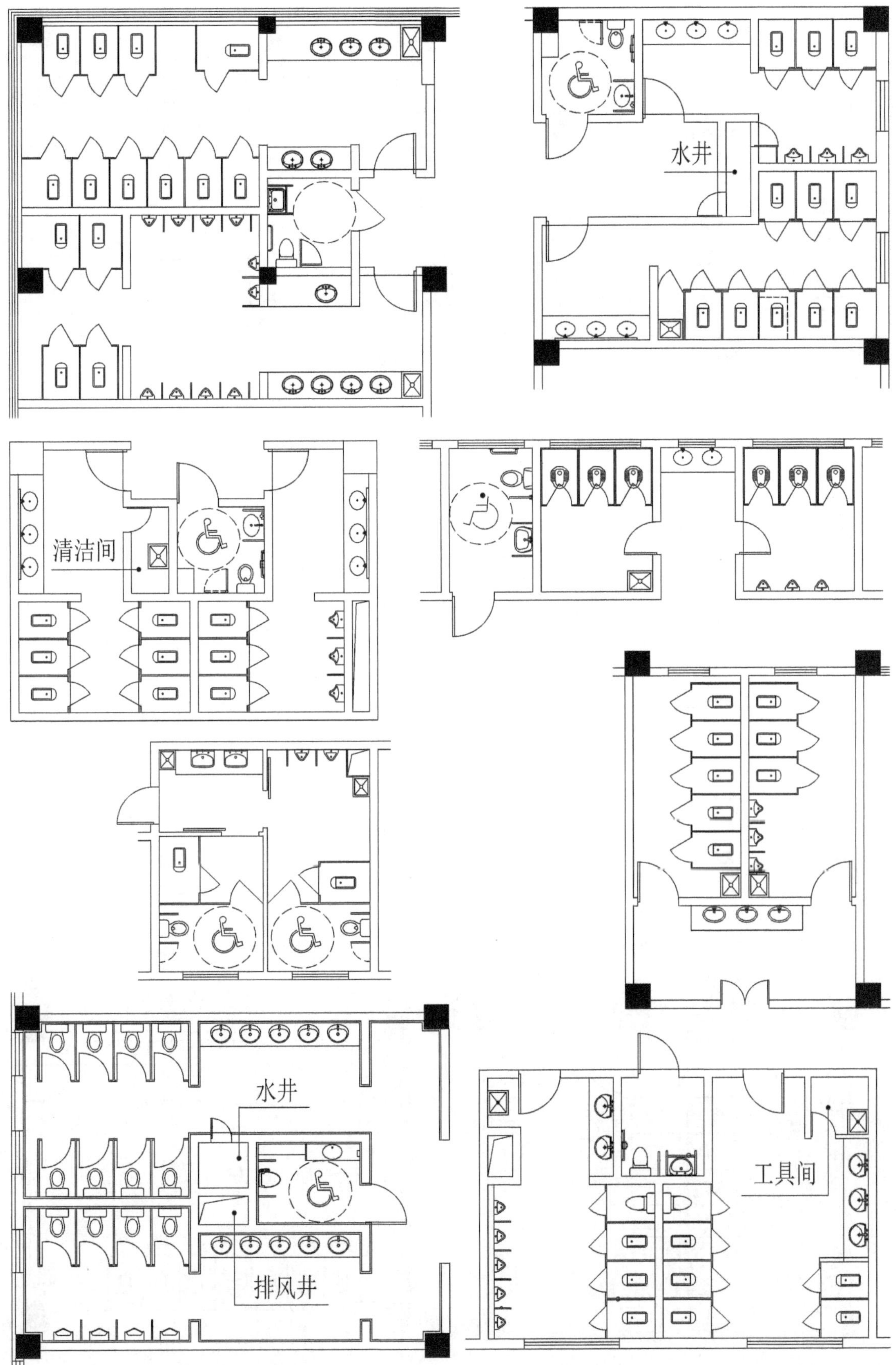

图页54　公共卫生间设计范例 4

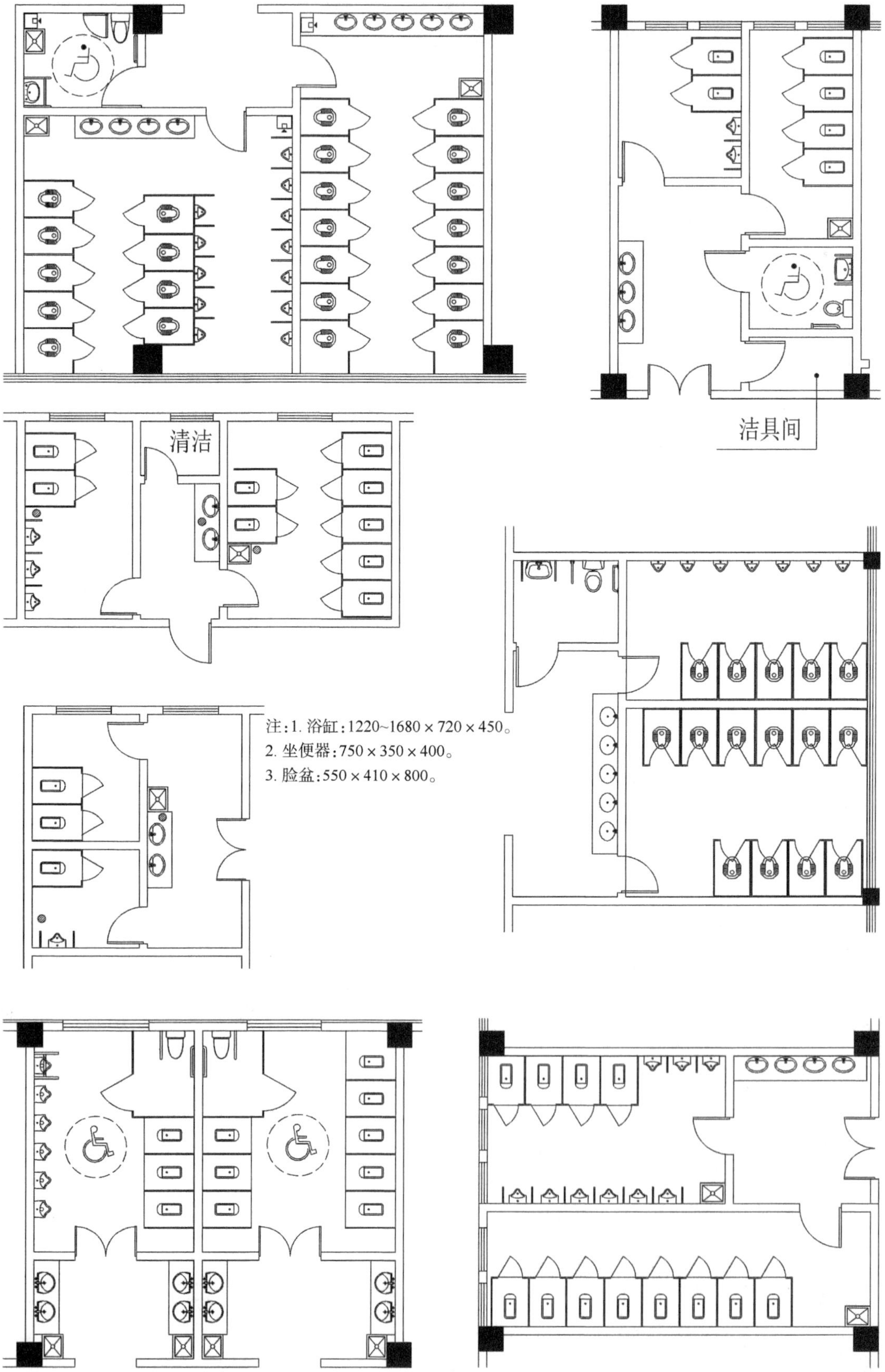

注：1. 浴缸：1220~1680 × 720 × 450。
2. 坐便器：750 × 350 × 400。
3. 脸盆：550 × 410 × 800。

图页55 住宅厨房典型平面布置示例1

单位为毫米

注：摘自《住宅厨房及相关设备基本参数 A.1》JG/T 11228-2008。

图页56 住宅厨房典型平面布置示例 2

类 型	图示及平面净尺寸	类 型	图示及平面净尺寸
1. 设单排布置厨房（无冰箱）住宅厨房平面示例。	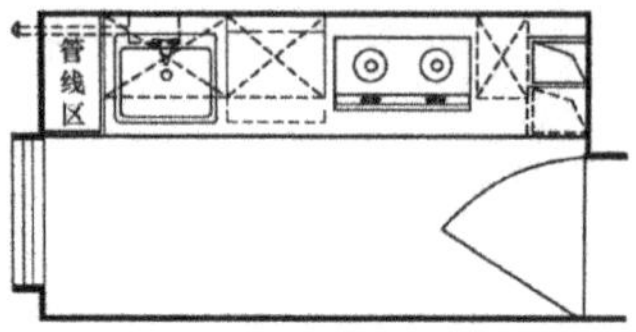 管线区 1500×2700	6. L 型布置厨房（有冰箱）住宅厨房平面示例。	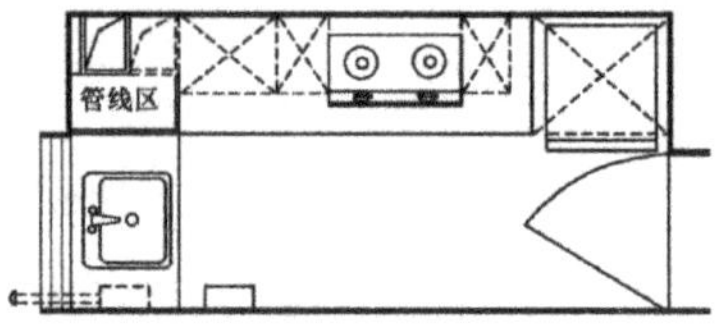 管线区 1700×3000
2. 设单排布置厨房（有冰箱）住宅厨房平面示例。	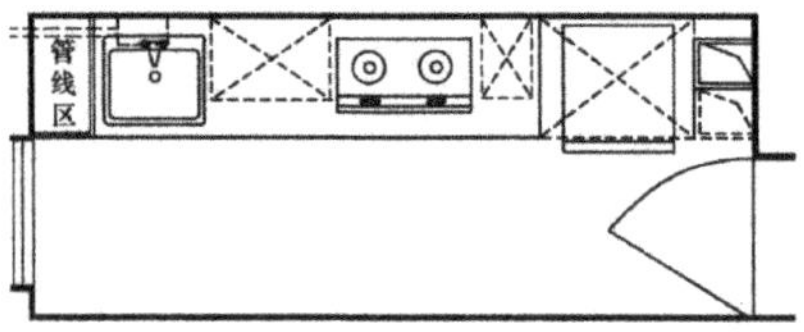 管线区 1500×3300	7. 设 U 型布置厨房（无冰箱）住宅厨房平面示例。	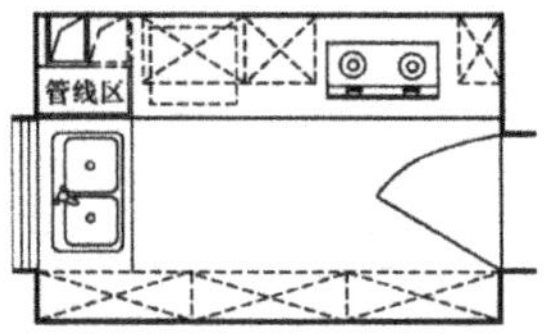 管线区 1800×2700
3. 设双排布置厨房（无冰箱）住宅厨房平面示例。	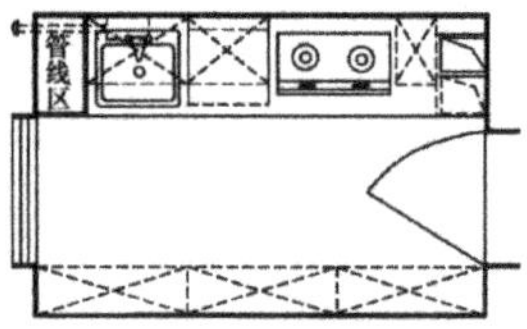 管线区 1800×3000	8. 设 U 型布置厨房（有冰箱）住宅厨房平面示例。	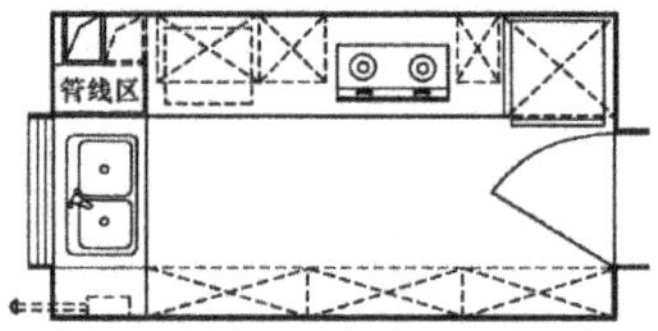 管线区 1800×3300
4. 设双排布置厨房（有冰箱）住宅厨房平面示例。	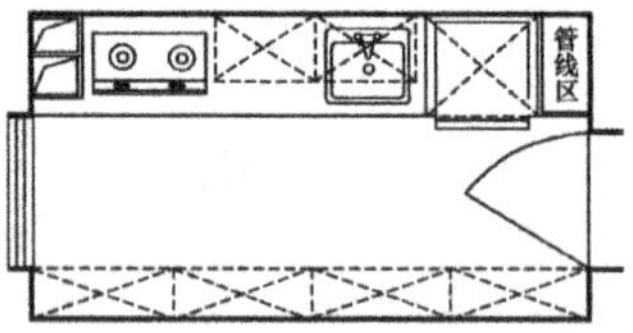 管线区 1800×3300	9. 设 U 型布置厨房（有冰箱）住宅厨房平面示例，该厨房满足乘坐轮椅的特殊人群的使用要求。	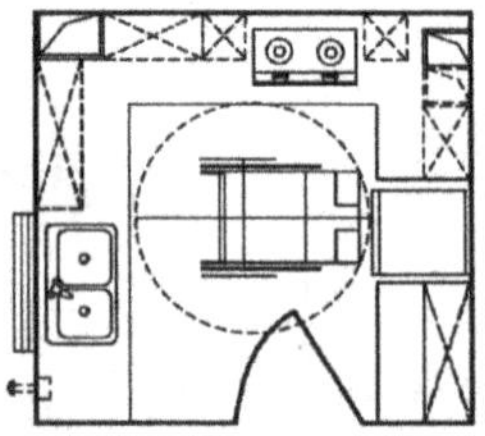 2800×2700
5. 设 L 型排布置厨房（无冰箱）住宅厨房平面示例。	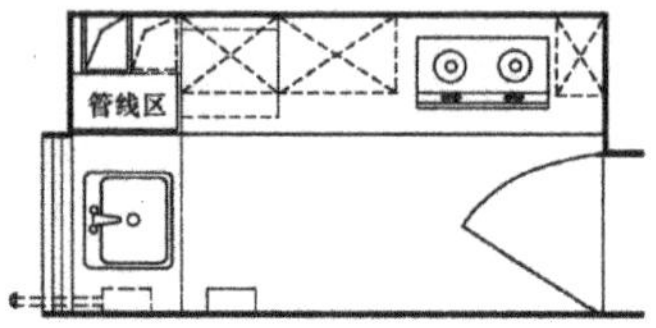 管线区 1700×2700		

注：摘自《住宅厨房模数协调标准 3.0.1 及条文说明》JGJ/T 262-2012。

图页57　住宅厨房及相关设备

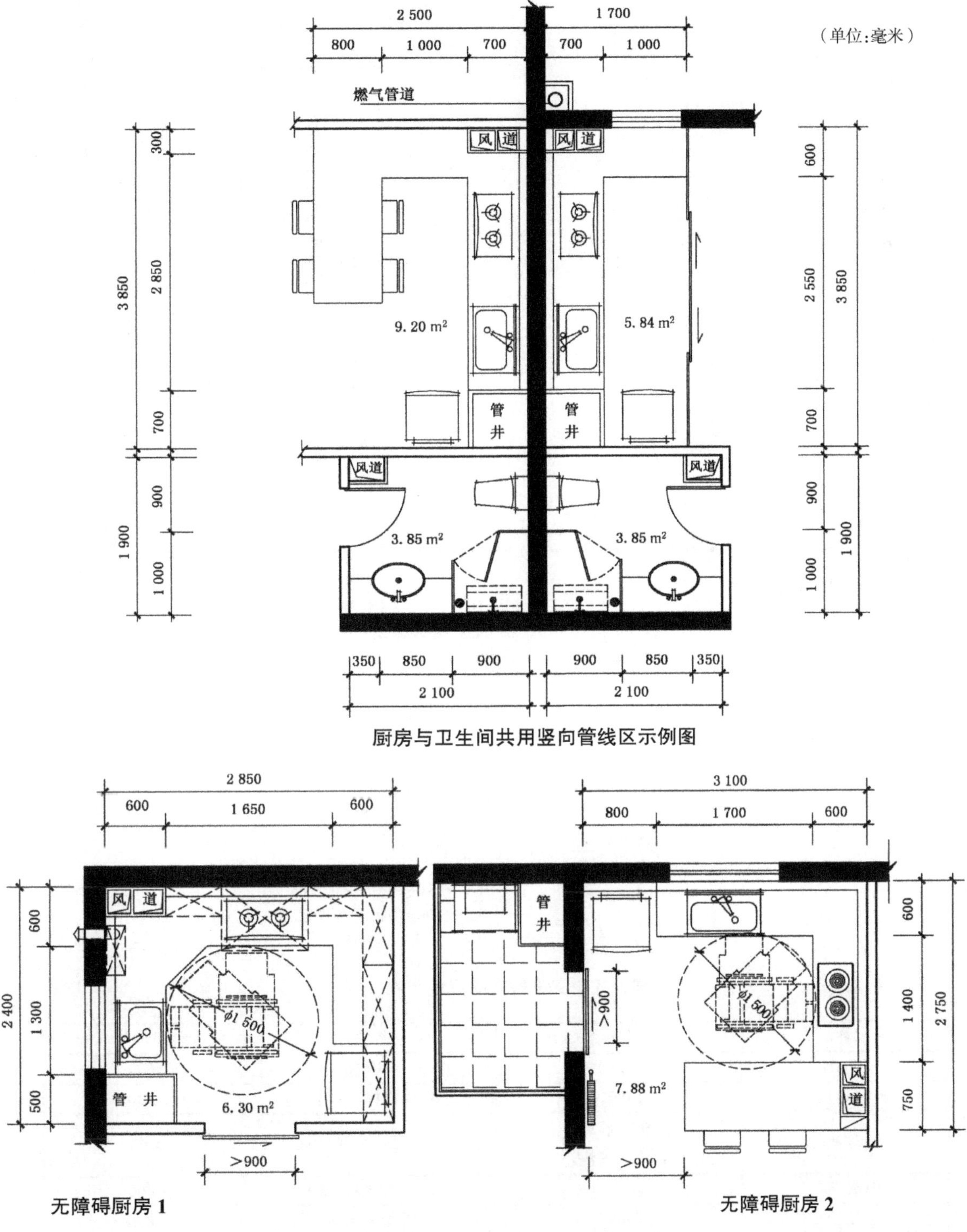

厨房与卫生间共用竖向管线区示例图

无障碍厨房 1

无障碍厨房 2

注:1. 图中面积计算均为不含管井及风道所占用平面的净使用面积。

2. 摘自《住宅厨房及相关设备基本参数 A.1》JG/T 11228-2008。

图页58 住宅厨房家具及设备尺寸

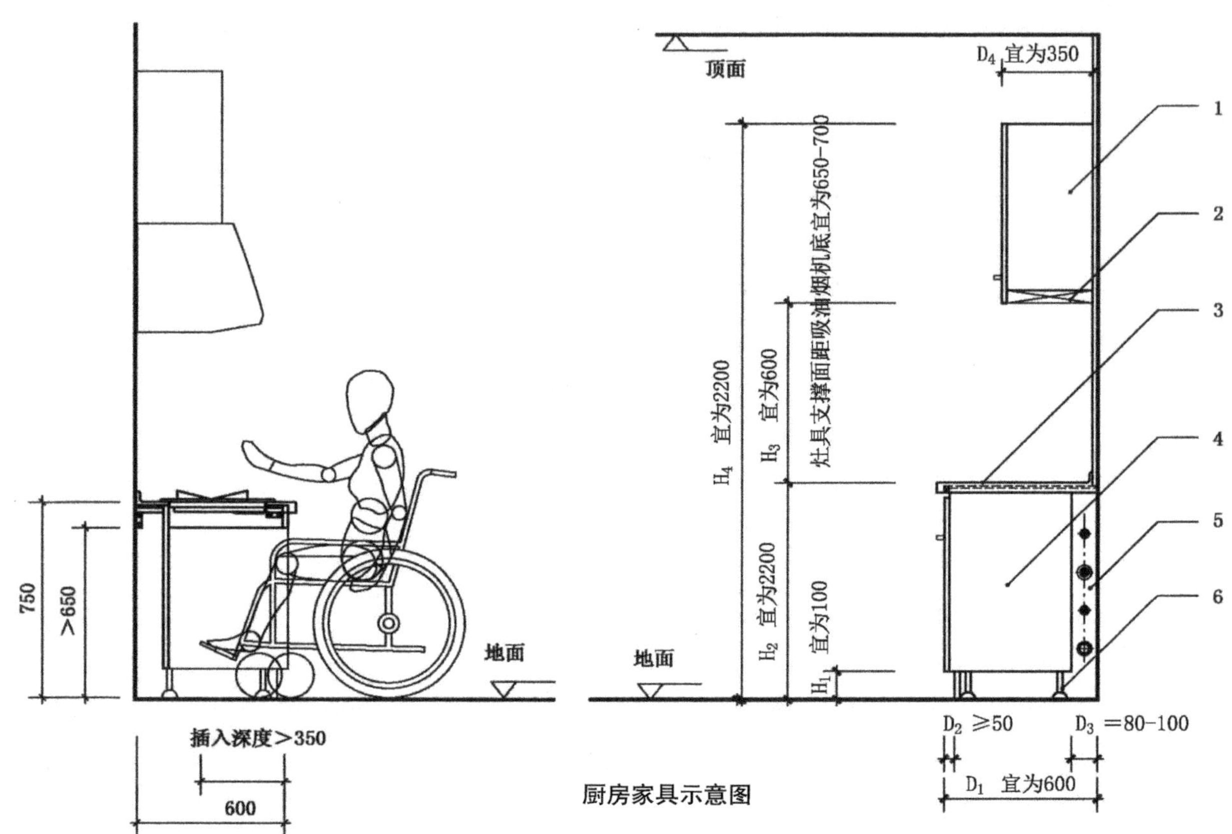

无障碍厨房家具

厨房家具示意图

1—吊柜；
2—推荐照明空间；
3—地柜台面；
4—地柜；
5—水平管线区；
6—调整脚或底座；

D_1—地柜深度，包括洗涤台深度；
D_2—地柜底座深度；
D_3—水平管线区；
D_4—吊柜深度；
H_1—地柜底座高度；
H_2—地柜高度，包括灶具表面和洗涤台面高度；
H_3—地柜台面至吊柜底面净高；
H_4—地面至吊柜顶面高度。

嵌入式厨房设备空间宽度尺寸

名称	宽度空间尺寸/mm	名称	宽度空间尺寸/mm
燃气灶	≥750	洗碗机	≥600
吸油烟机	≥900	电冰箱（单开门）	≥700
洗涤池	≥600（单池） ≥900（双池）	电冰箱（双开门）	≥1 000
电烤箱	≥600	电冰箱（嵌入式）	≥600
微波炉	≥600	燃气热水器	≥600
消毒柜	≥600		
注：当壁柜型厨房采用 3 M 电气灶具时，其宽度空间尺寸可适当减小。			

注：摘自《住宅厨房及相关设备基本参数 5.1-5》JG/T 11228-2008。

图页59　住宅厨房设计案例

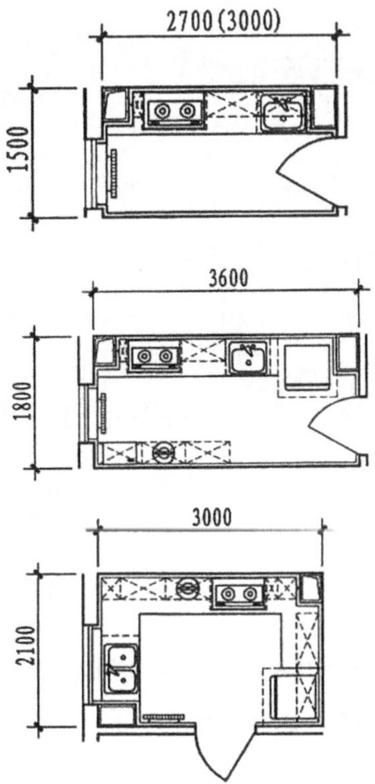

住宅厨房设备尺寸与图例

名称	代号	设备标志尺寸	图例
燃气灶台	Q	750(900)×600	
吸油烟机	J	750(900)×600	
操作台柜	C	600(900)×600	
调料柜	T	150×600	
吊柜	D	600(900)×300	
洗涤池台	X	750(900)×600	
电冰箱位	B	800×800	
微波炉	WB	500×300	
电饭锅	DF	ϕ300	
消毒柜	XD	600(900)×300	
烤箱	K	600×600	
电热水器	DS	150×200×60	
燃气热水器	QS	550×350×150	
燃气表	R	100×200	
散热器	S	设计计算确定	
分集水器	F	设计计算确定	

注：摘自12J15-1《天津市建筑标准设计图集》(2012版)住宅厨房DBJT29-18-2013-P06。

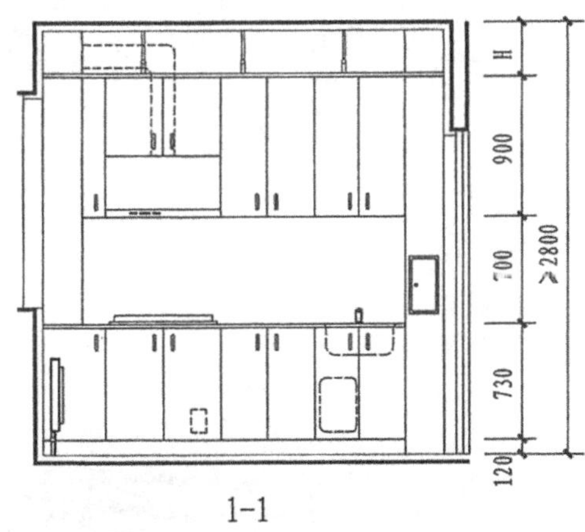

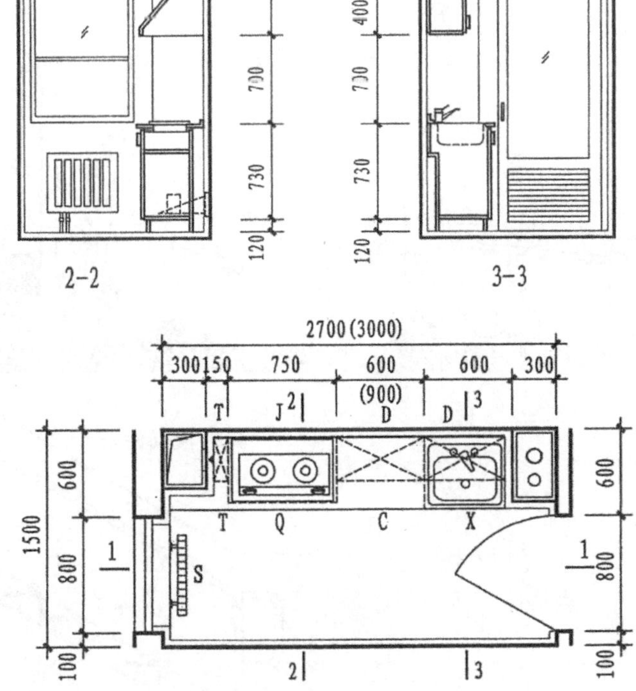

厨房立面

注：摘自12J15-1《天津市建筑标准设计图集》(2012版)住宅厨房DBJT29-18-2013-J6。

图页60 无障碍设施 1

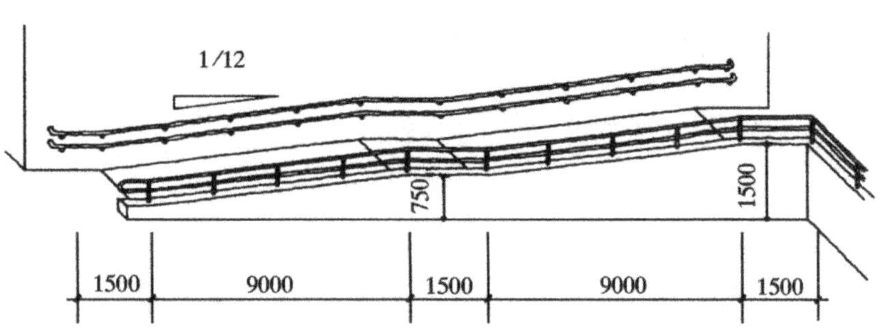

1∶12 坡道高度和水平长度

注：摘自《城市道路和建筑物无障碍设计规范 7.2.5》JGJ50-2001。

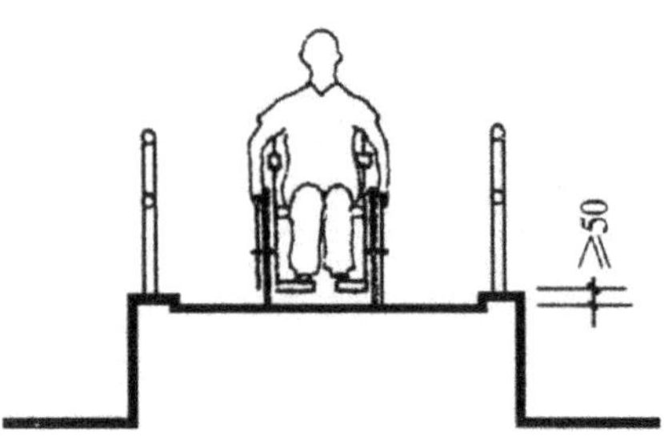

坡道安全挡台

注：摘自《城市道路和建筑物无障碍设计规范 7.2.3》JGJ50-2001。

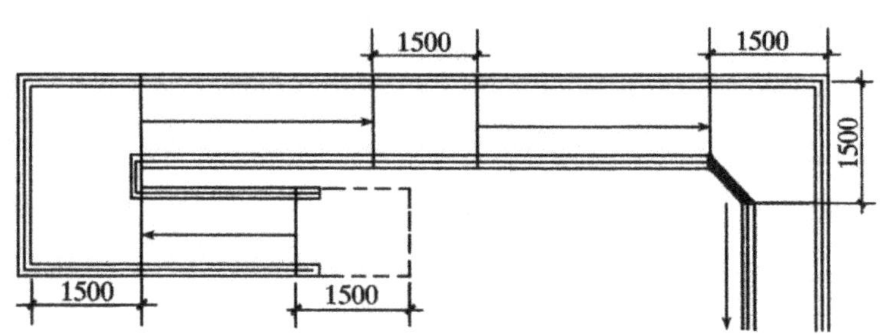

坡道起点、终点和休息平台水平长度(mm)

注：摘自《城市道路和建筑物无障碍设计规范 7.2.8》JGJ50-2001。

升降平台

注：摘自《城市道路和建筑物无障碍设计规范 7.7.5》JGJ50-2001。

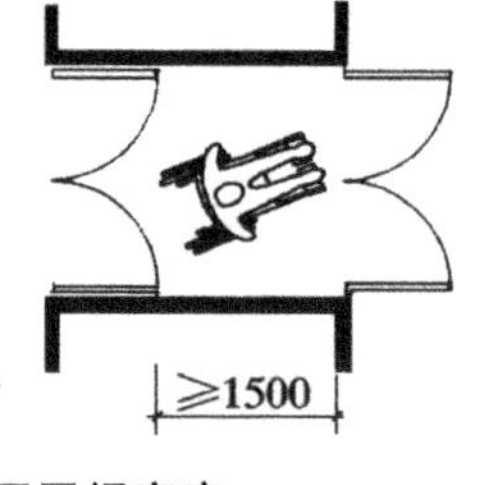

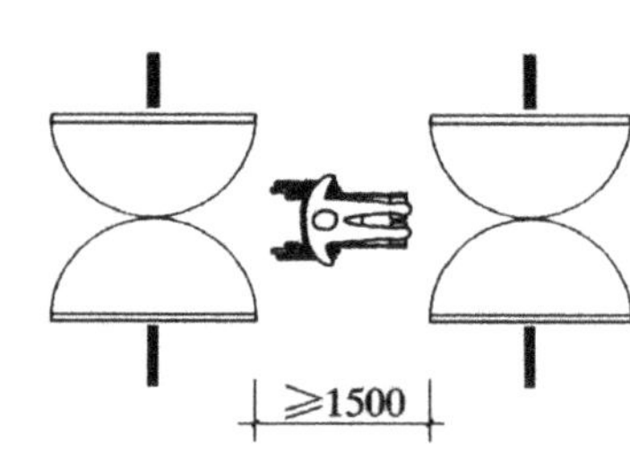

双层门宽度

注：摘自《城市道路和建筑物无障碍设计规范 7.1.5》JGJ50-2001。

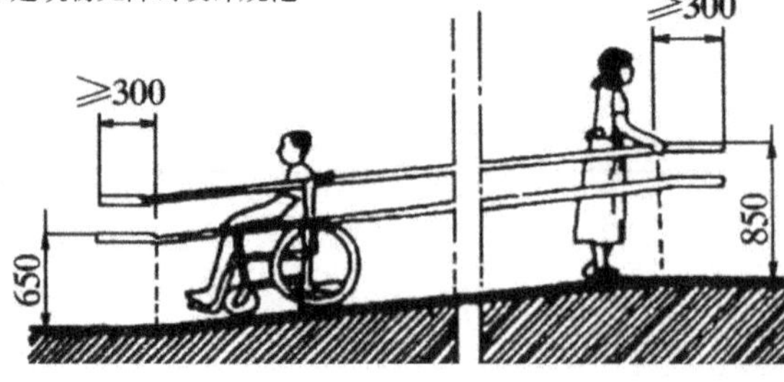

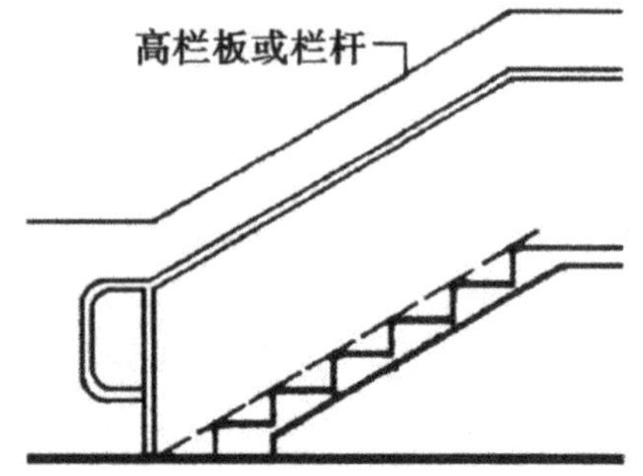

扶手高度、扶手拐到墙面或向下

注：摘自《城市道路和建筑物无障碍设计规范 7.6.1》JGJ50-2001。

图页61　无障碍设施 2

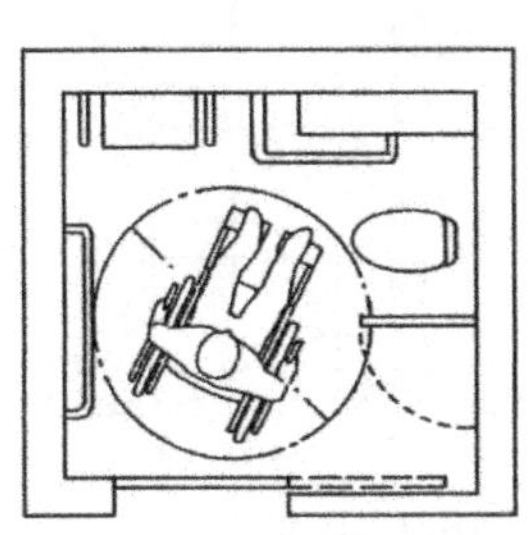

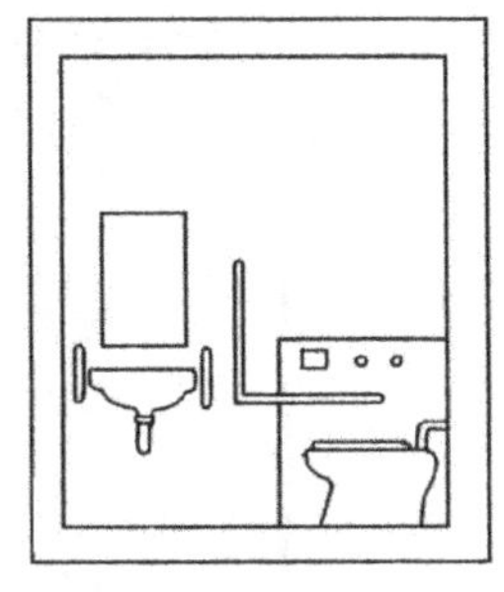

专用厕所（2.00m×2.00m）

无障碍专用厕所

注：摘自《城市道路和建筑物无障碍设计规范 7.8.2》。

门把手一侧墙面宽度

注：摘自《城市道路和建筑物无障碍设计规范 7.4.1-1》。

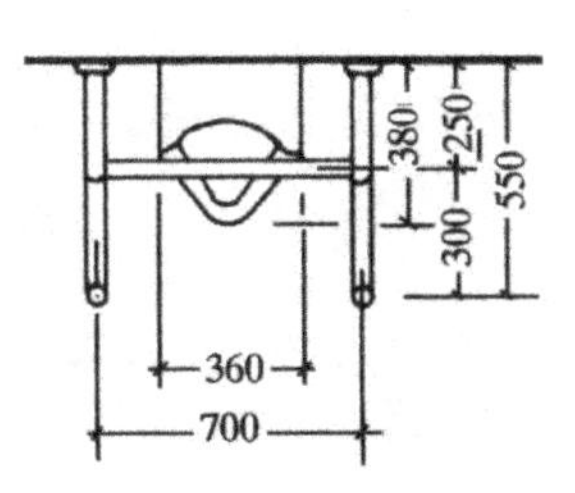

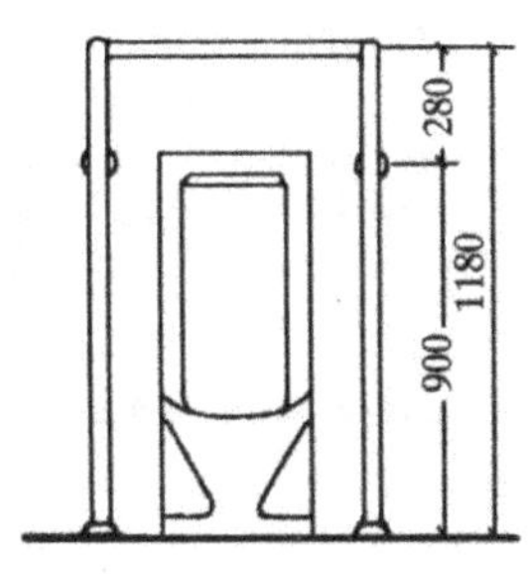

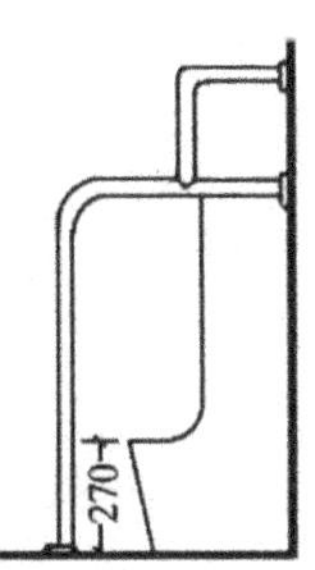

落地式小便器安全抓杆

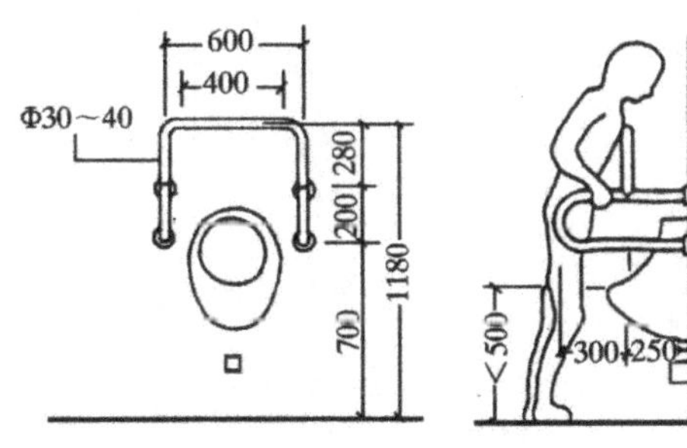

悬臂式小便器安全抓杆

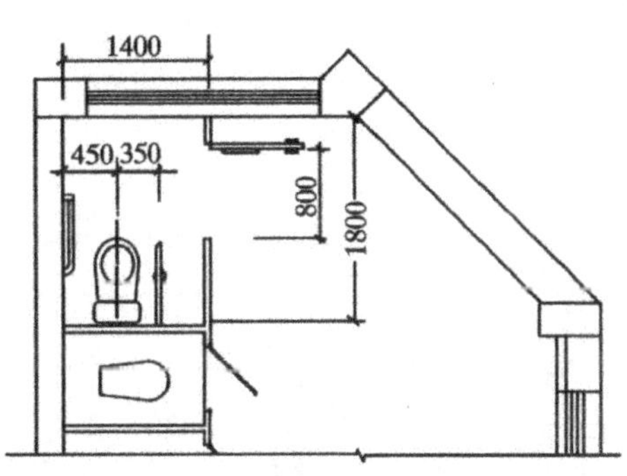

新建无障碍厕位

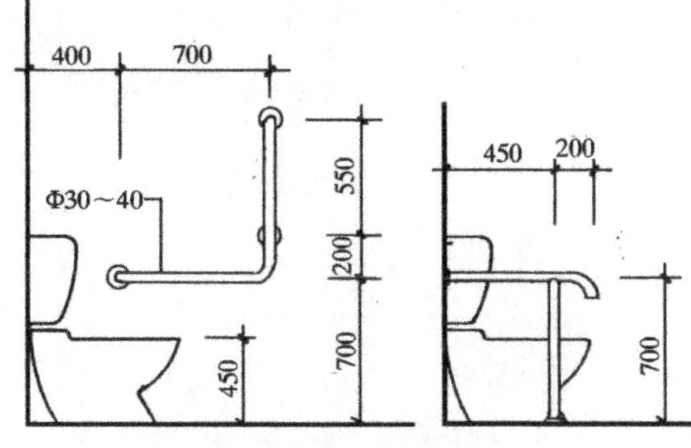

坐便器两侧固定式安全抓杆

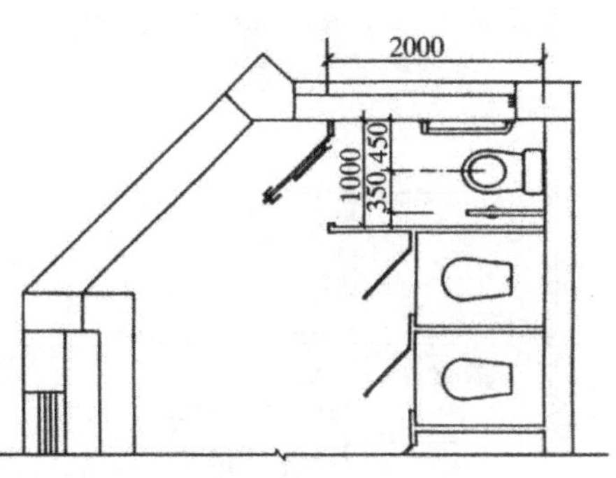

改建无障碍厕位

注：摘自《城市道路和建筑物无障碍设计规范 7.8.1》JGJ50-2001。

图页62 无障碍设施 3

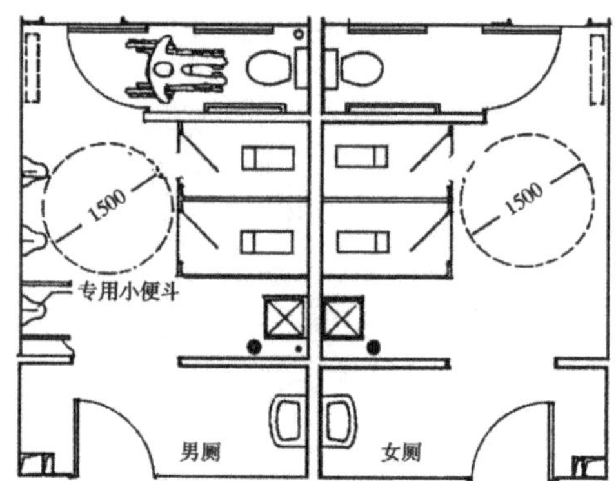

轮椅可进入的厕位(mm)

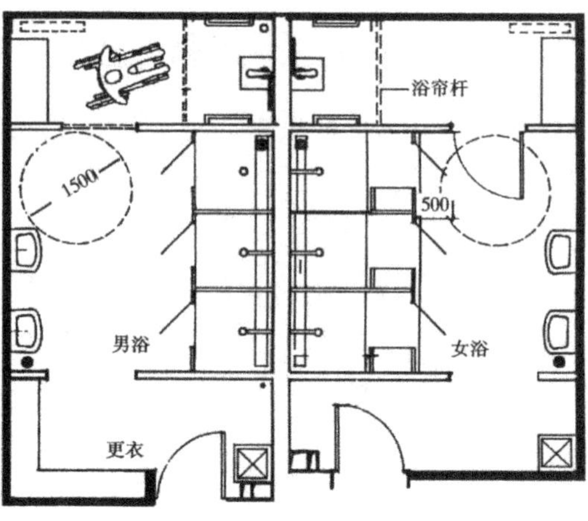

残疾人使用的淋浴间(mm)

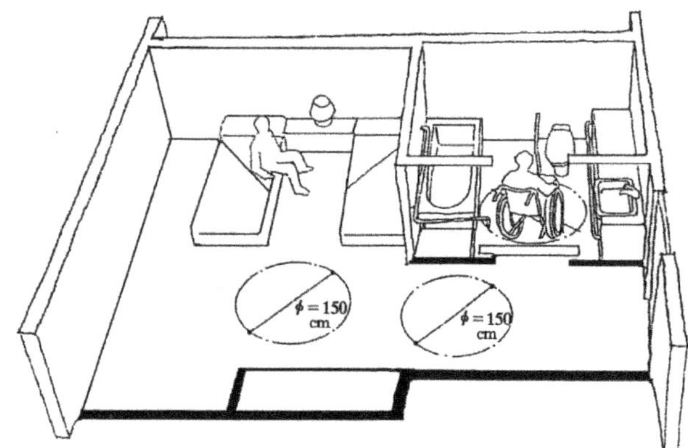

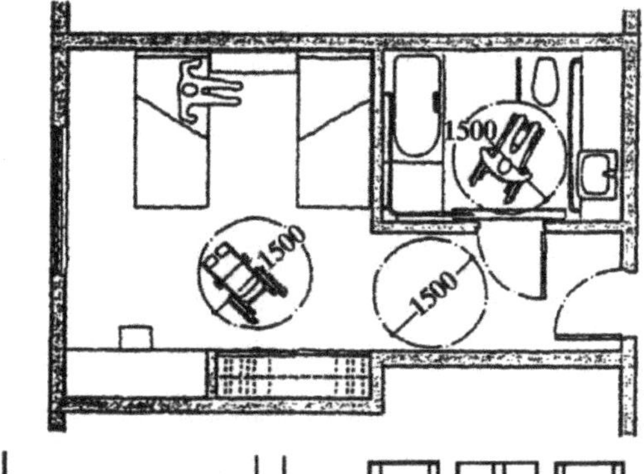

无障碍侧位、淋浴间、残疾人客房

注:摘自《城市道路和建筑物无障碍设计规范 7.8.1、7.8.3、7.10.1 条文说明》JGJ50-2001。

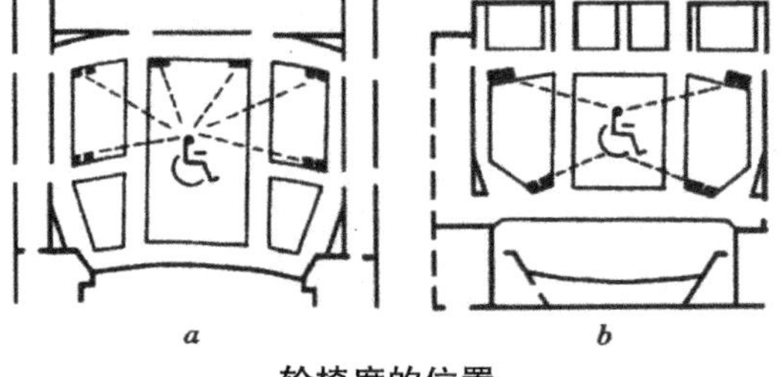

轮椅席的位置

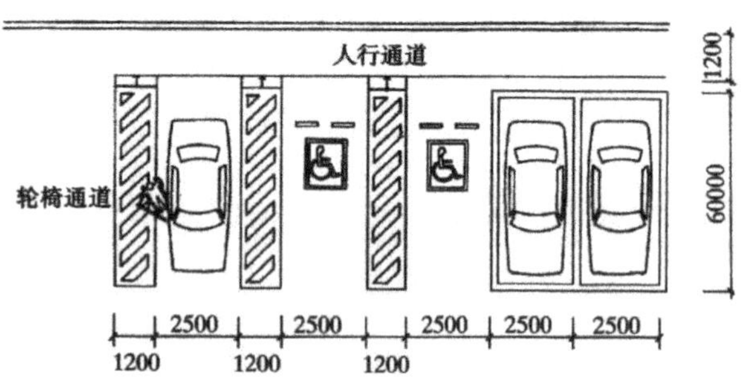

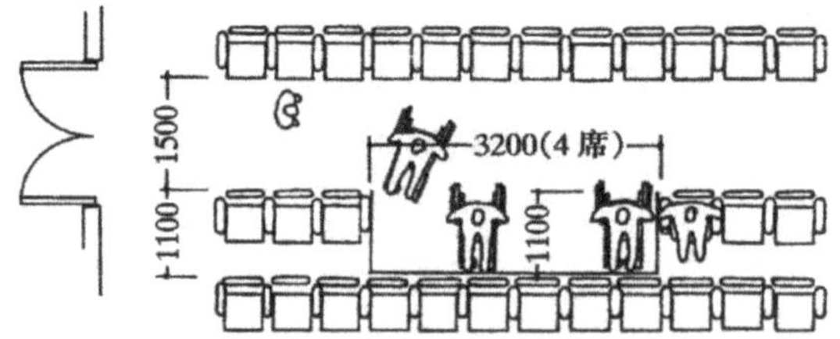

轮椅席的面积(mm)

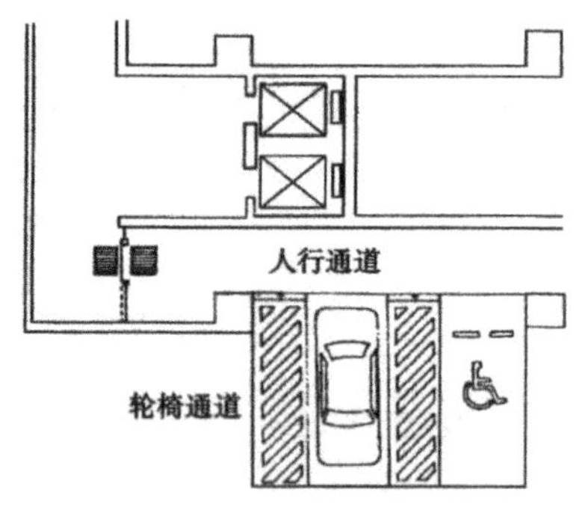

停车车位及轮椅通道

注:摘自《城市道路和建筑物无障碍设计规范 7.11.3》。

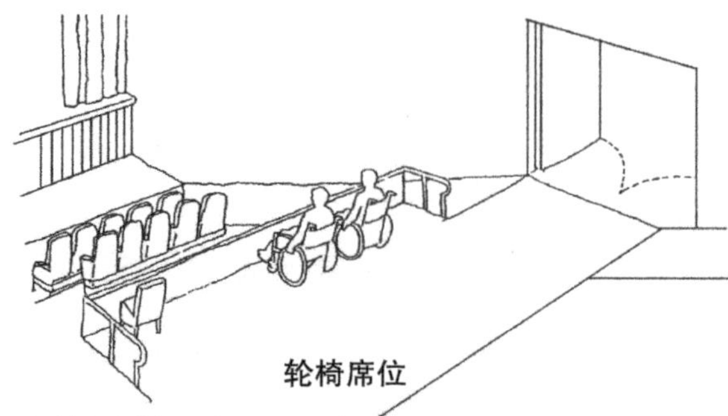

轮椅席位

注:摘自《城市道路和建筑物无障碍设计规范 7.9.1、2 及条文说明》。

图页63　无障碍设施 4

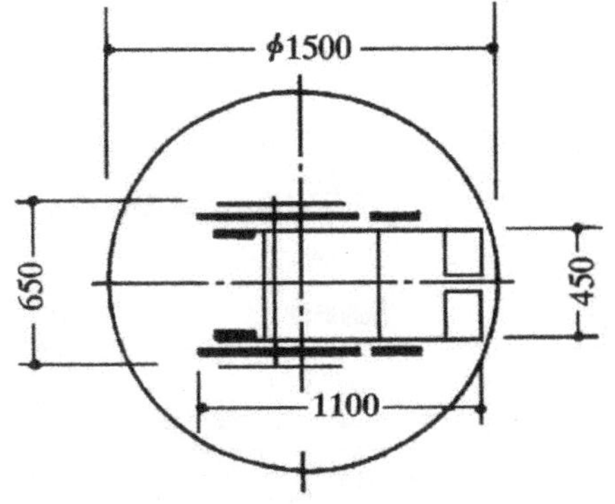

注：轮椅旋转最小直径为 1500mm。

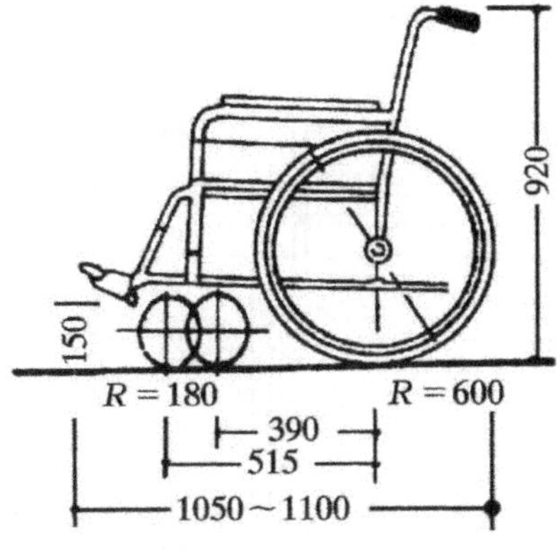

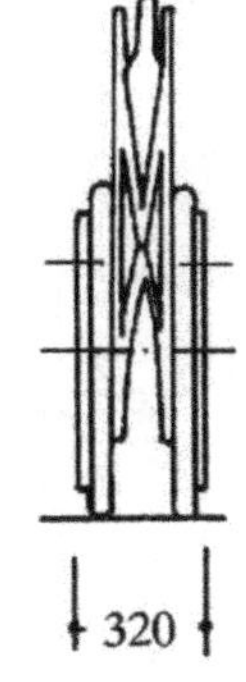

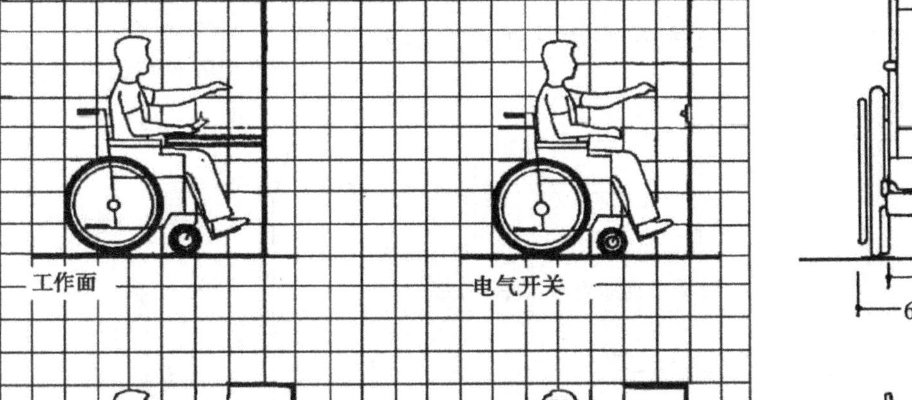

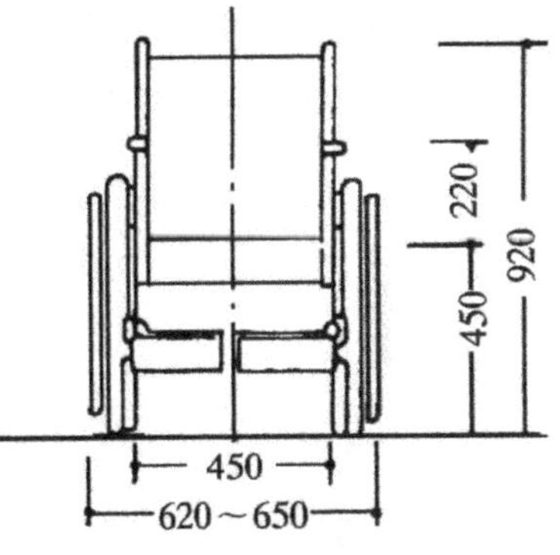

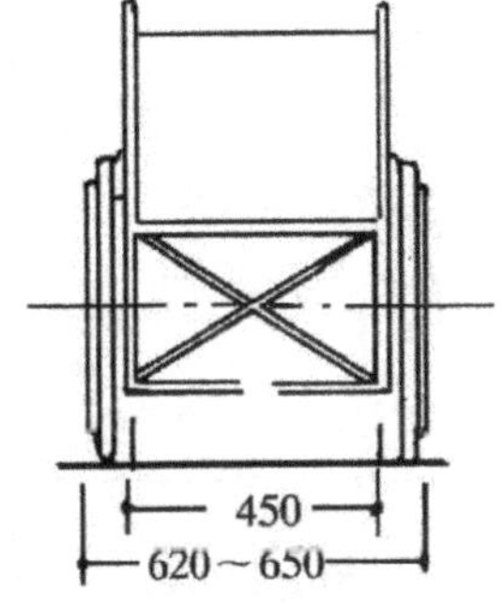

乘轮椅者使用设施轮椅参数

注：摘自《城市道路和建筑物无障碍设计规范》JGJ50-2001-附录 A、B。

柜橱 a

b

b

视线和窗

1800
1600
1400
1200
1000
800
600
400
200
0

洗面盆 a

电话及小型设施

乘轮椅者使用设施尺度参数

注：摘自《城市道路和建筑物无障碍设计规范》JGJ50-2001-附录 D。

图页64　无障碍设施 5

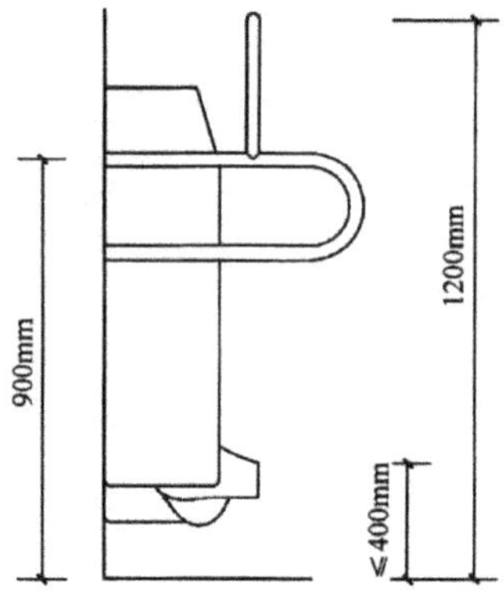

900mm
1200mm
≤400mm

无障碍小便器安全抓杆侧立面图

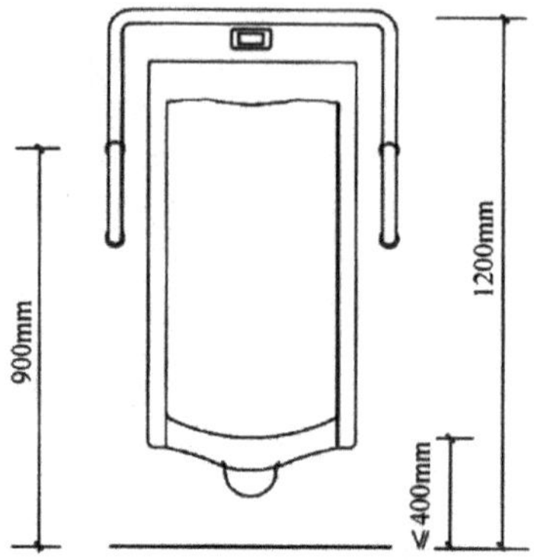

900mm
1200mm
≤400mm

无障碍小便器安全抓杆正立面图

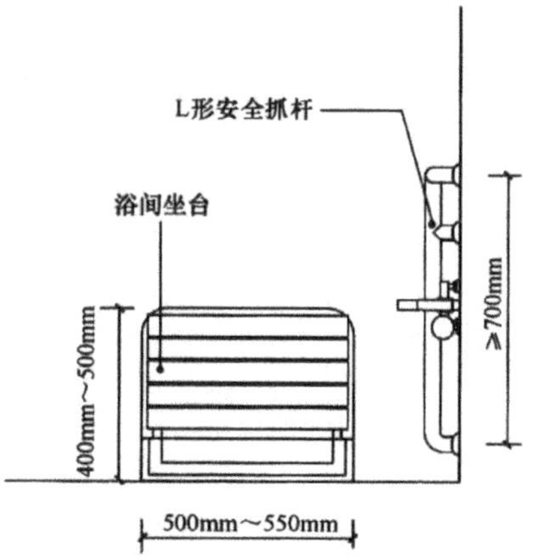

L形安全抓杆
浴间坐台
400mm～500mm
≥700mm
500mm～550mm

无障碍淋浴间局部平面图

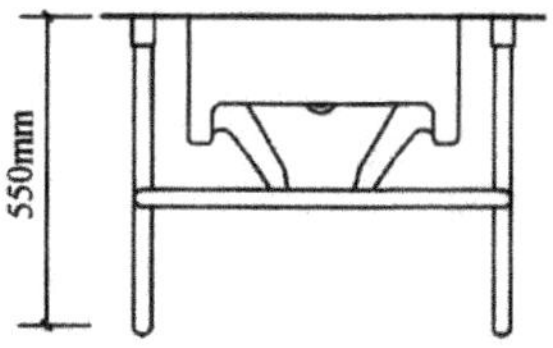

550mm

无障碍小便器安全抓杆平面图

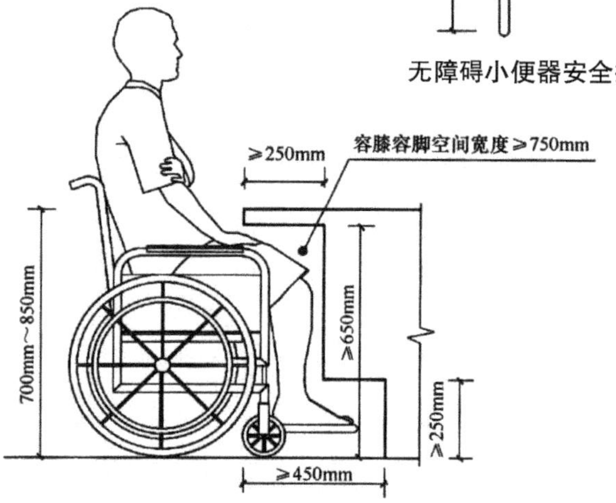

≥250mm
容膝容脚空间宽度≥750mm
700mm～850mm
≥650mm
≥250mm
≥450mm

容膝容脚空间示意图

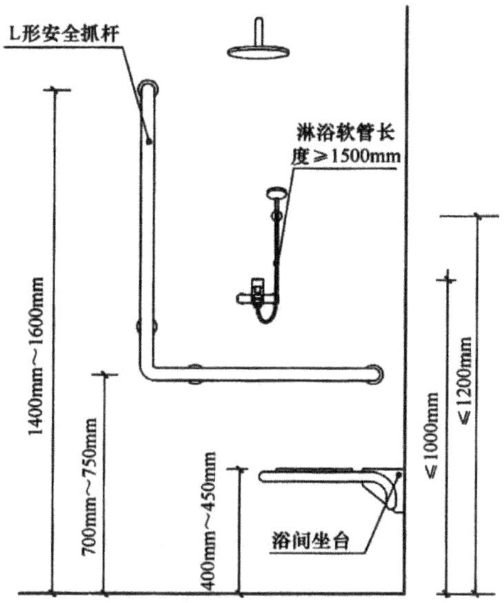

L形安全抓杆
淋浴软管长度≥1500mm
1400mm～1600mm
700mm～750mm
400mm～450mm
浴间坐台
≤1000mm
≤1200mm

无障碍淋浴间侧立面图

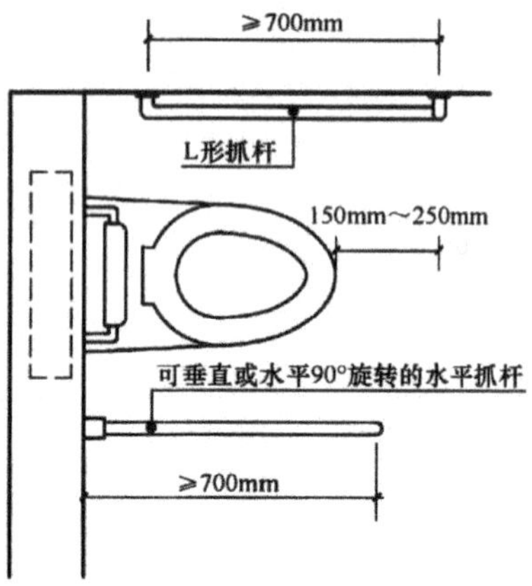

≥700mm
L形抓杆
150mm～250mm
可垂直或水平90°旋转的水平抓杆
≥700mm

无障碍坐便器安全抓杆设置平面图

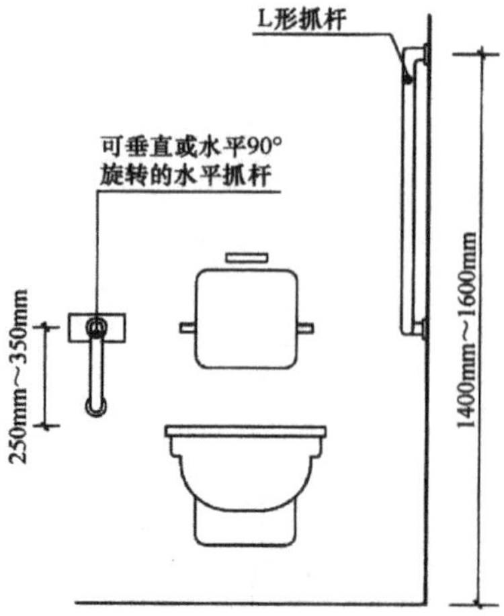

L形抓杆
可垂直或水平90°旋转的水平抓杆
250mm～350mm
1400mm～1600mm

无障碍坐便器安全抓杆设置正立面图

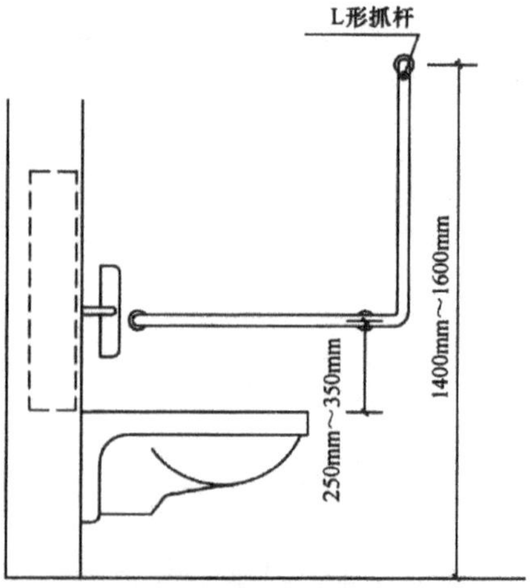

L形抓杆
250mm～350mm
1400mm～1600mm

无障碍坐便器安全抓杆设置侧立面图

注：本页图均摘自《建筑与市政工程无障碍通用规范》GB 55019-2021。

图页65　影剧院观众厅座位排列方式

注：1. 座椅排列方式有：长排法；短排法。
2. 座椅排列形式有：直线排列法；弧线排列法；斜线排列法。
3. 弧线排列法分为：单曲率法；双曲率法。

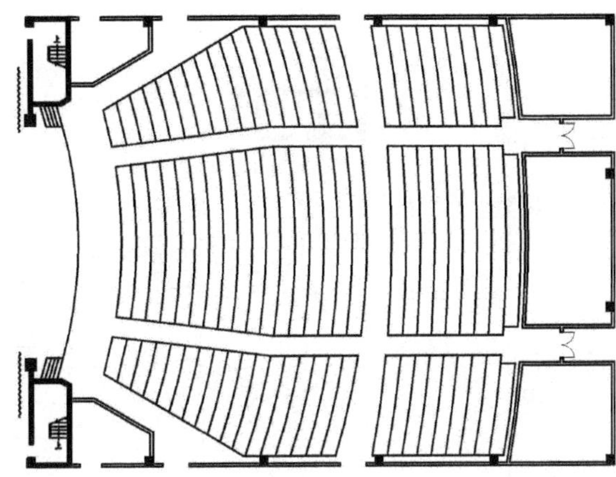

短排法（无边走道和后走道，双曲率弧线排列法）

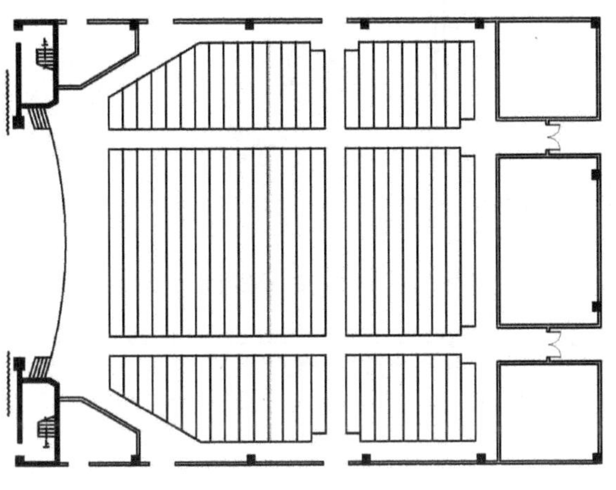

短排法（直线排列法）

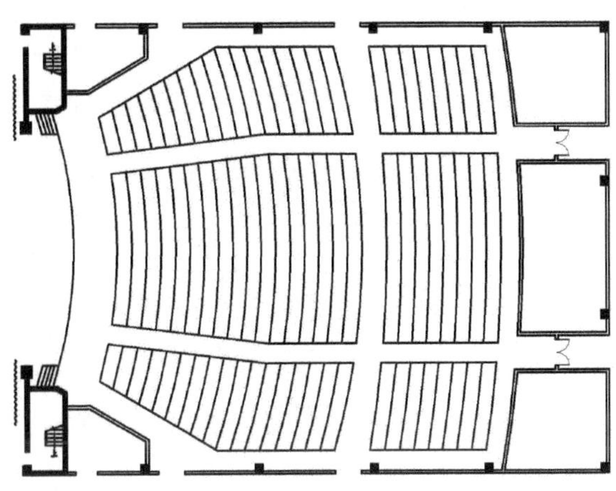

短排法（有边走道和后走道，双曲率弧线排列法）

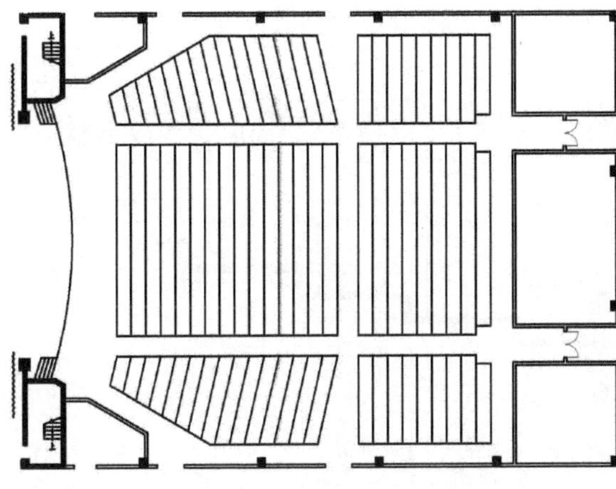

短排法（直线斜线混合排列法）

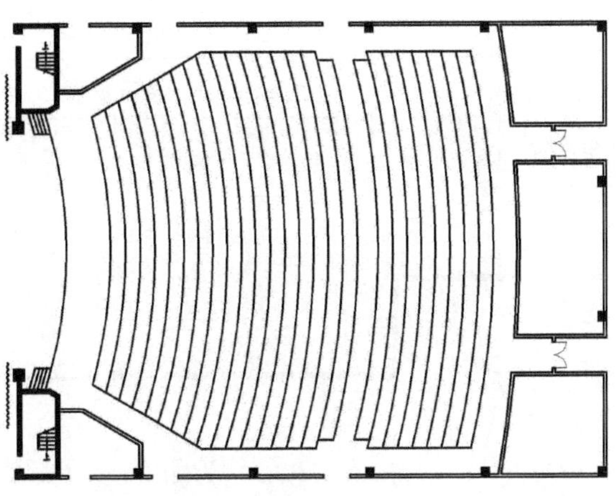

长排法（单曲率弧线排列法）

图页66　观众厅座位排列要求与剧场视线设计

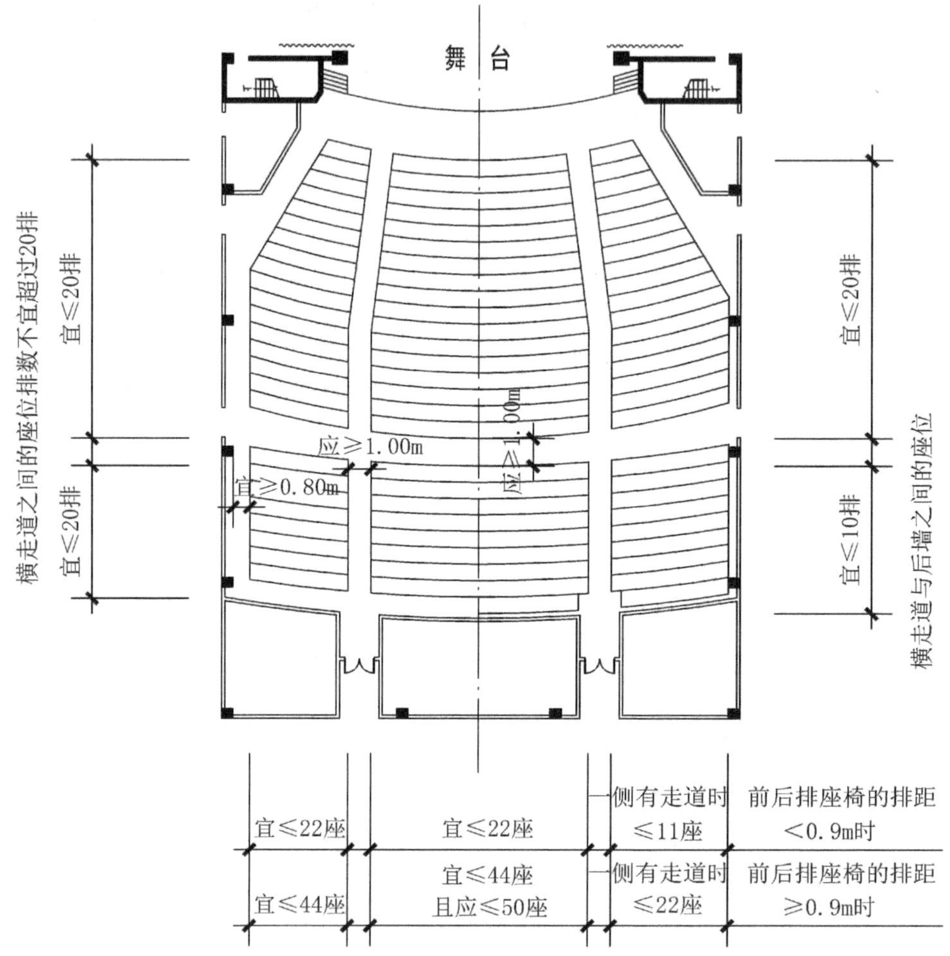

观众厅（剧院、电影院、礼堂等）座椅和走道设置

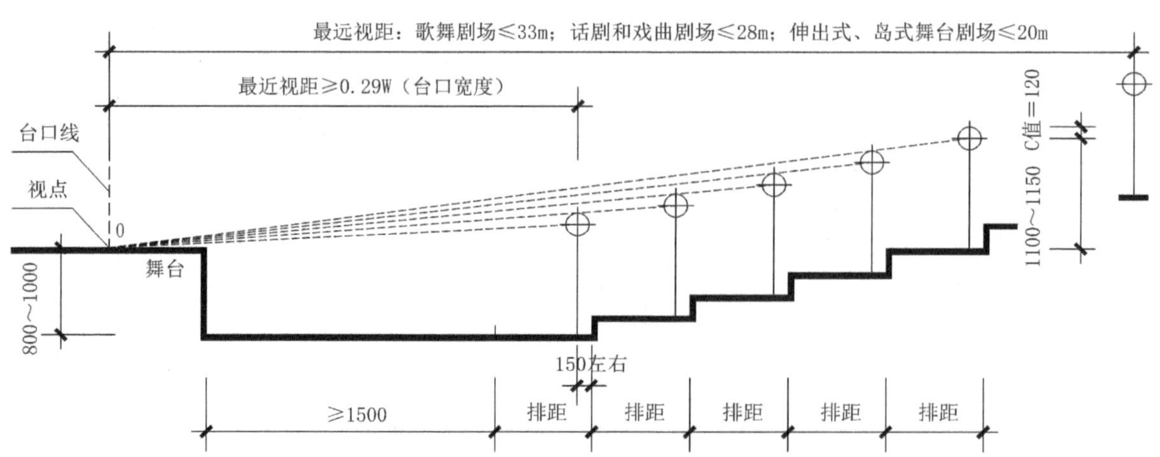

剧场观众厅视线设计图解法示意

图页67 电影院观众厅设计 1

X_0—前一排观众眼睛到设计视点的水平距离（m）；
X_n—后一排观众眼睛到设计视点的水平距离（m）；
Y_0—前一排观众眼睛到设计视点的水平距离（m）；
Y_n—后一排观众眼睛到设计视点的水平距离（m）；
C—视线超高值，0.12m；
H_n—地面升高值（m）。

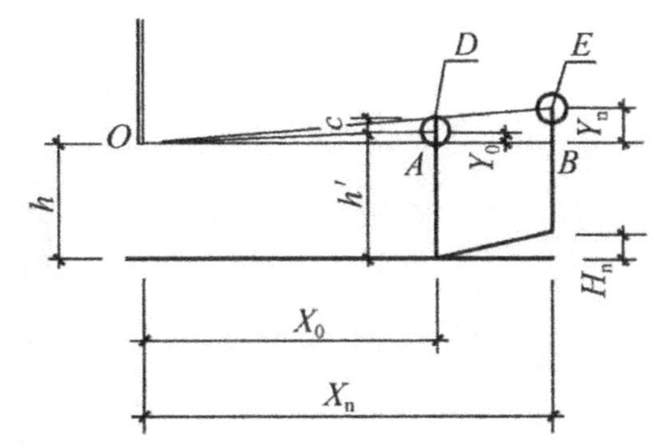

无遮挡视线和地面升高设计的几何关系图

注：摘自《电影院建筑设计规范 4.2.5》JGJ 58-2008。

W—银幕最大画面宽度（m）；
L—放映距离（m）；
H—银幕最大画面高度（m）；
h—设计视点高度（m）；
h_0—最高视点高度（m）；
h'—观众眼睛离地高度（m）；
c—视线超高值（m）；

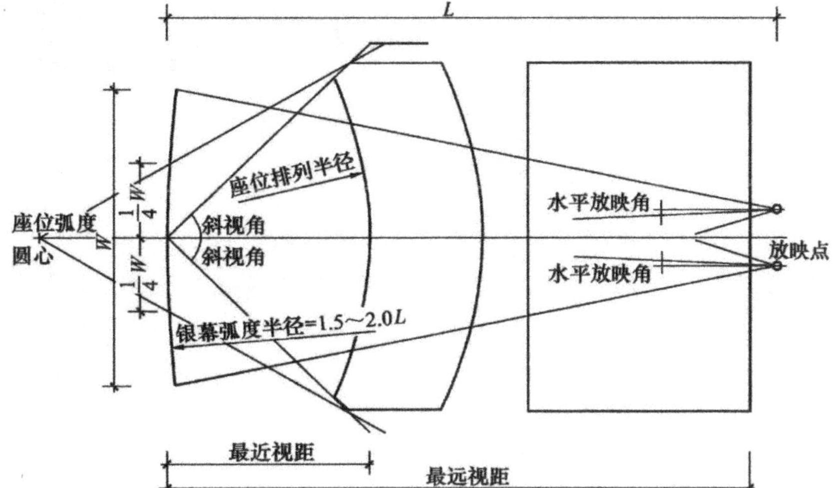

电影院观众厅工艺设计平面图

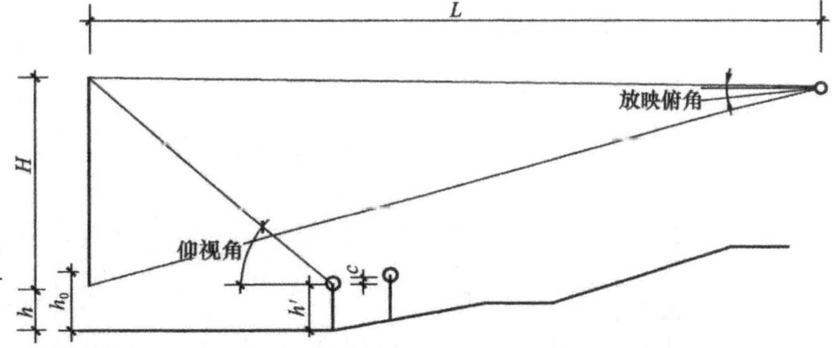

电影院观众厅工艺设计剖面图

注：1. 放映俯角不应超过 6°，h'=1.10~1.15。
2. 摘自《影院建筑设计规范 4.2.2》JGJ58-2008。

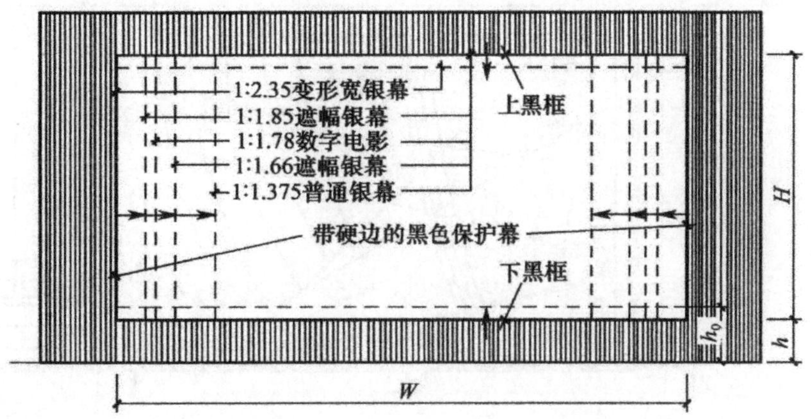

“等面积法”银幕画幅制式配置

注：摘自《影院建筑设计规范 4.2.4》JGJ 58-2008。

图页68 电影院观众厅设计2

观众厅弧线座位排列做法

注：1. 从斜视角的最边座，通过银幕宽度 1/4 处，与厅中轴线相交点为圆心，作为弧线排列的曲率半径，最边座只需面向银幕宽度 1/4 处即可。

2. 观众厅正中一排或 1/2 厅长处弧线的曲率半径等于放映距离。

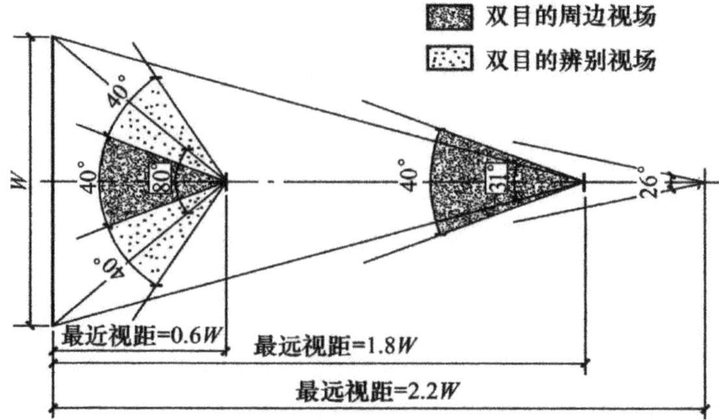

最近视距与最远视距的水平视角视域分析

注：摘自《影院建筑设计规范 4.2.2 及条文说明》JGJ 58-2008

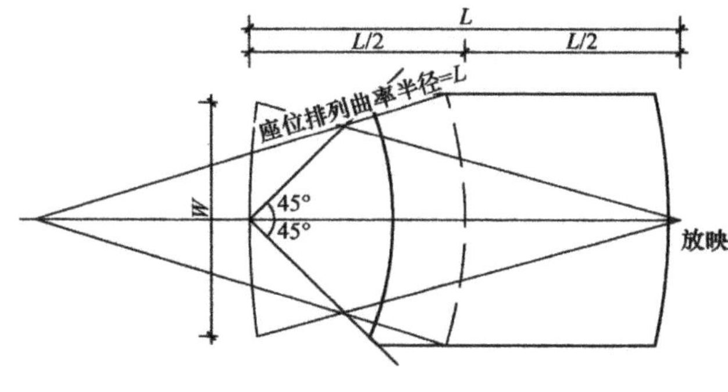

观众厅弧线座位排列做法 1

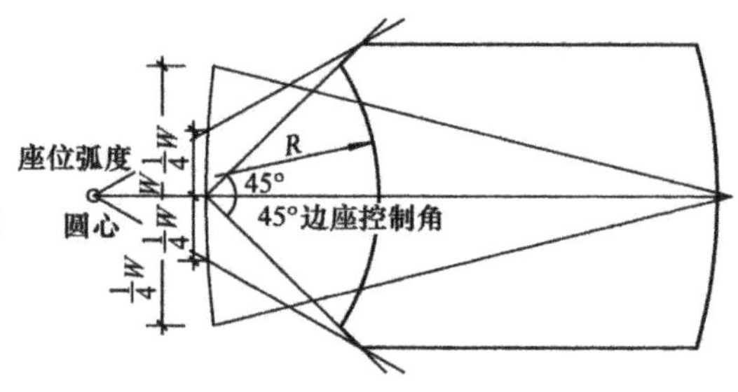

观众厅弧线座位排列做法 2

注：摘自《影院建筑设计规范 4.2.7 条文说明》

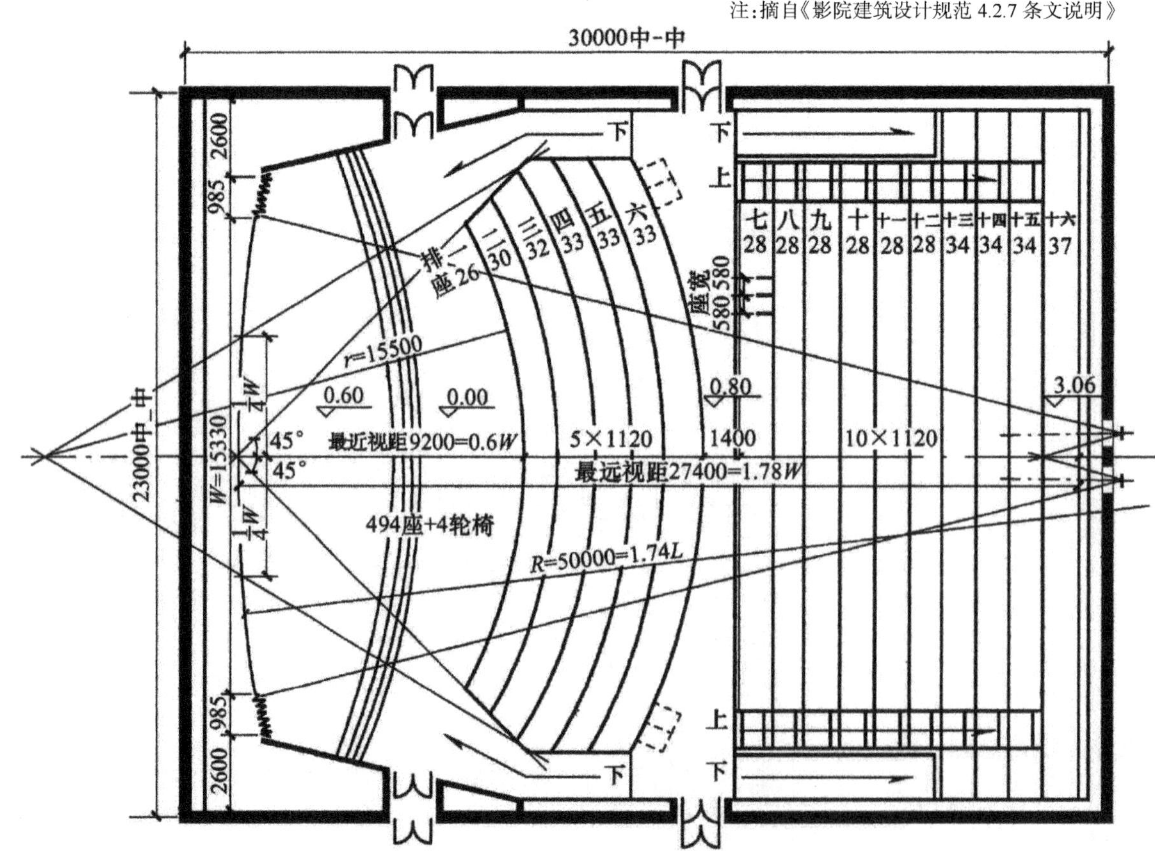

电影院大、中厅座位排列示意图

注：摘自《影院建筑设计规范 4.2.7.3 及条文说明》JGJ 58-2008。

图页69 观众厅视线设计工程范例

注：本范例由山东建大建筑规划设计研究院陈旭燕先生提供。

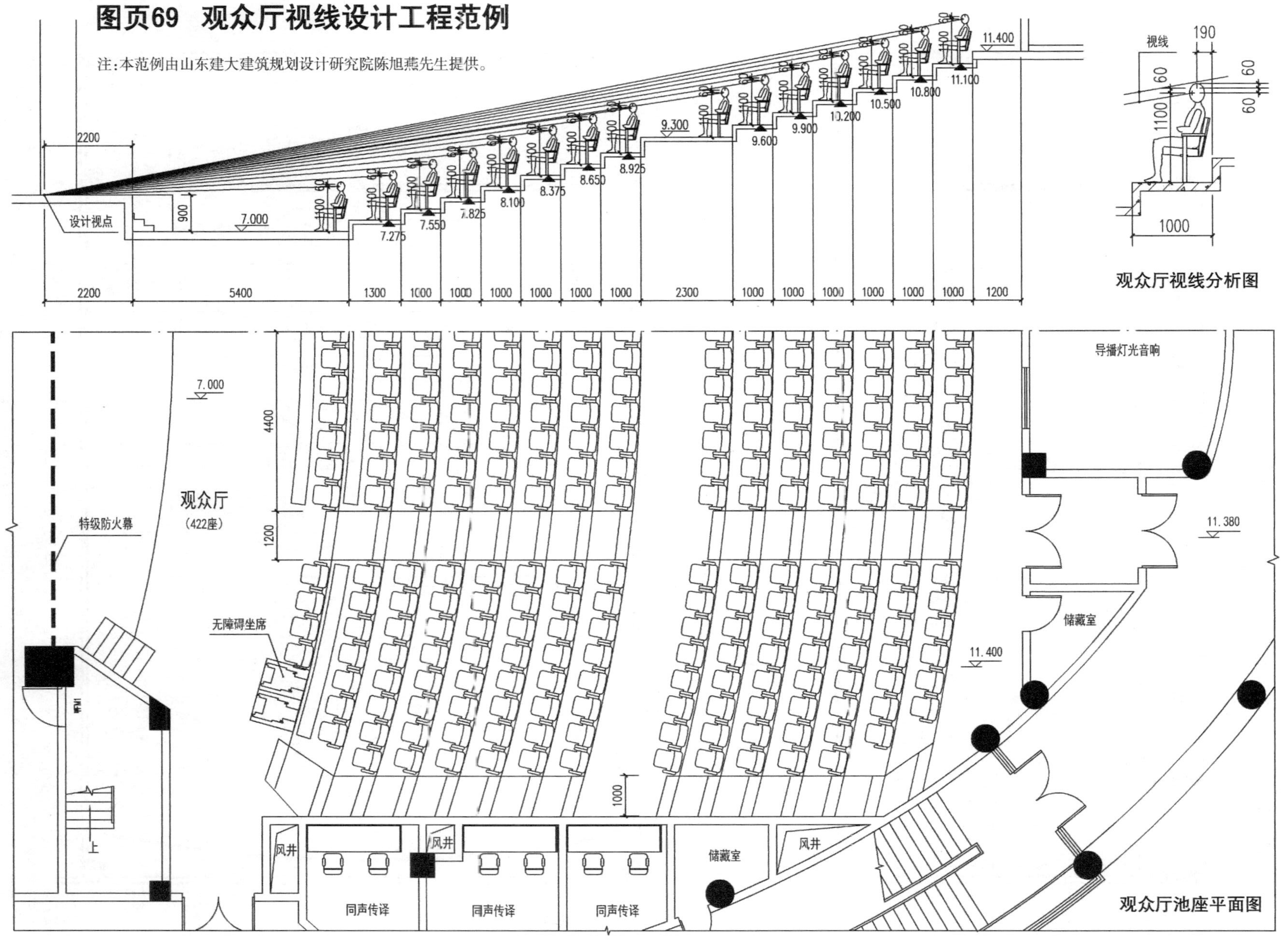

图页70　　小型电影放映厅设计案例

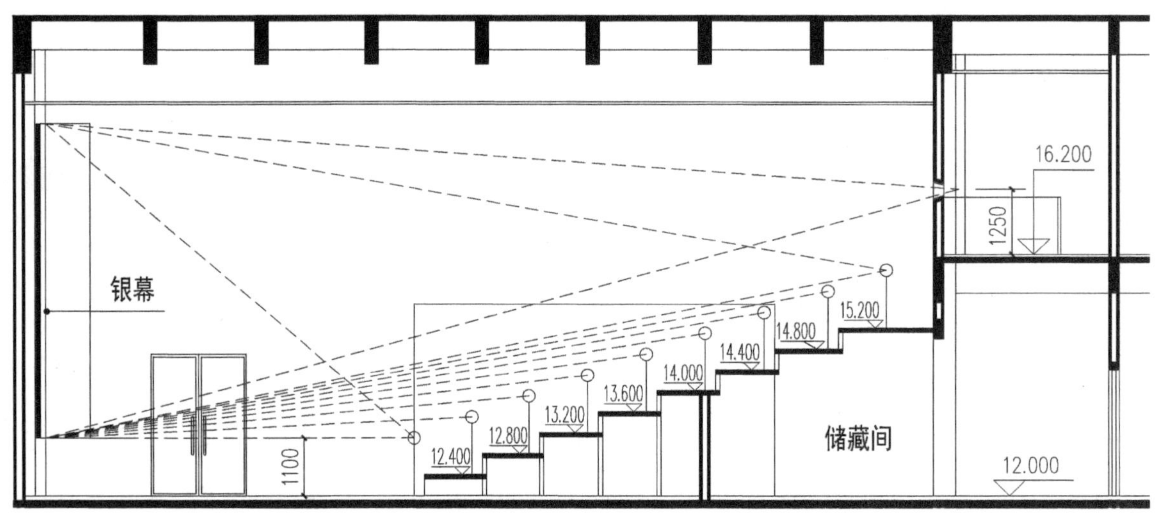

1-1 剖面图

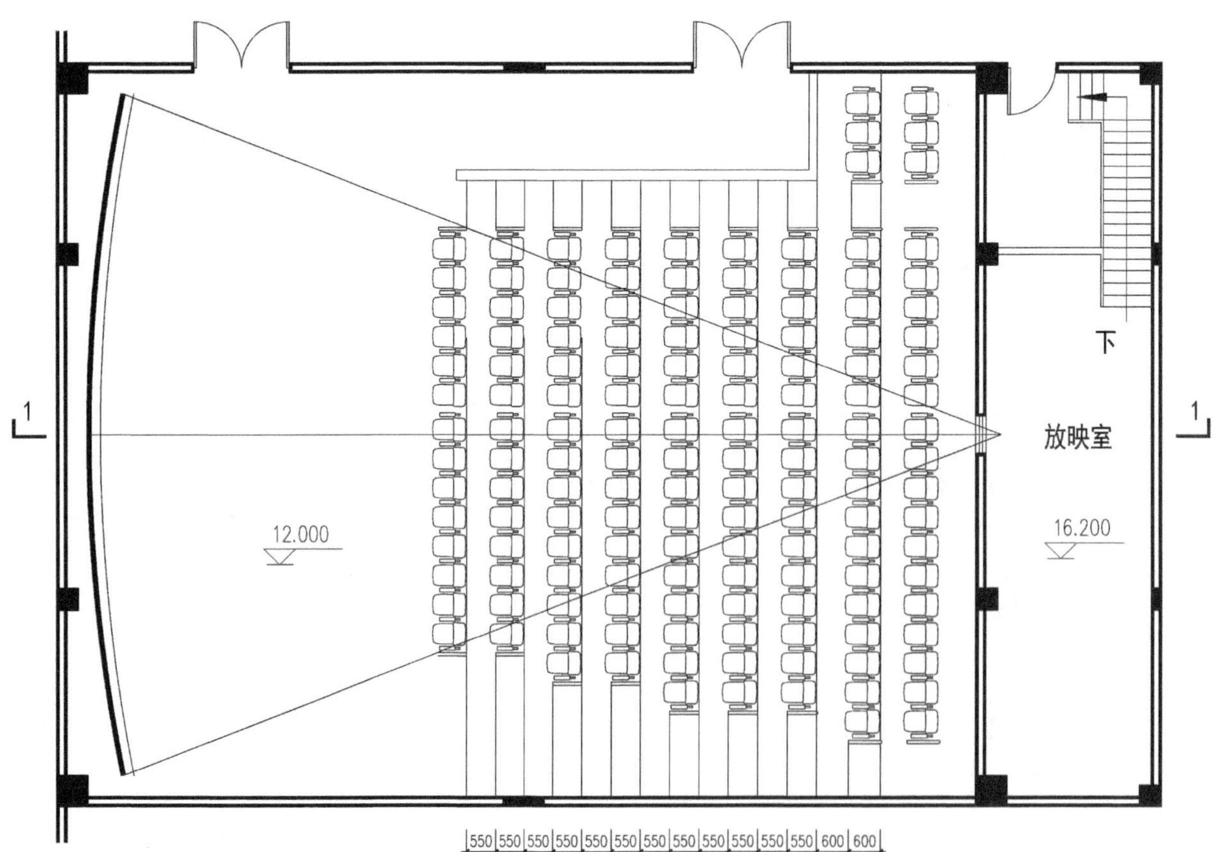

某电影放映厅平面图

图页71 满足消防车通行要求的道路转弯半径

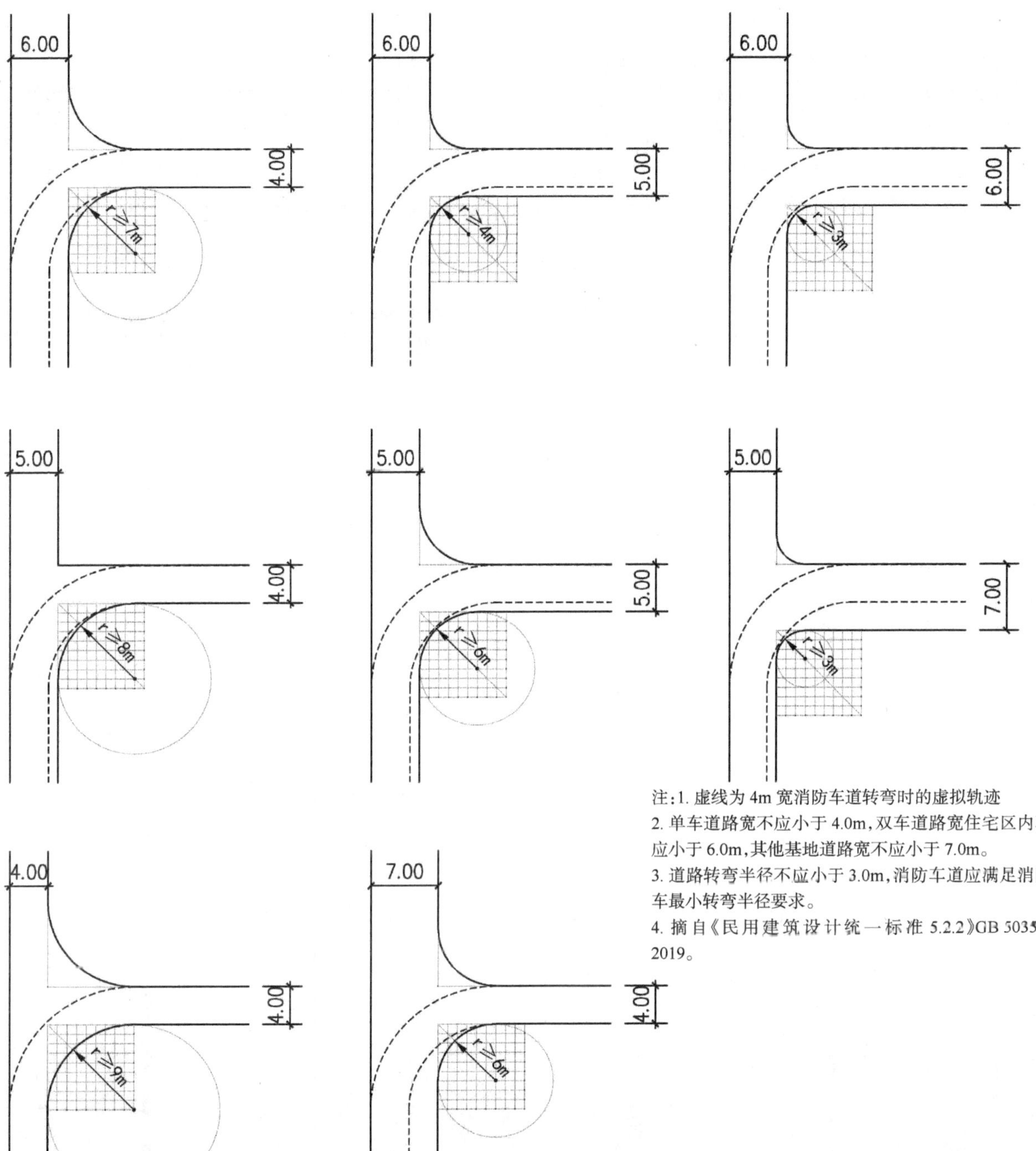

注:1. 虚线为4m宽消防车道转弯时的虚拟轨迹

2. 单车道路宽不应小于4.0m,双车道路宽住宅区内不应小于6.0m,其他基地道路宽不应小于7.0m。

3. 道路转弯半径不应小于3.0m,消防车道应满足消防车最小转弯半径要求。

4. 摘自《民用建筑设计统一标准5.2.2》GB 50352-2019。

居住街坊内部的消防车道宽度通常有4m、5m、6m、7m几种,交叉口无非是几种宽度的道路的不同组合,能够满足消防车通行要求的道路转弯半径实际上也不过有限的几种情况,上面的插图列举了全部的这些组合和满足消防车通行需要的道路最小转弯半径。由于规范要求最小的机动车道转弯半径不小于3m,因而转弯半径可以比3m更小的情况并没有列举的必要,比如6m和7m的组合、7m和7m的组合,虽然允许的转弯半径可以做得更小,但实际上也必须采用不小于3m的转弯半径。

与4m宽车道交叉的路口,设另一车道的宽度为d,满足消防车通行的最小转弯半径为r,r = 9-d+4(m)。

图页72　场地出入口消防车通行的尺度要求

我国普通消防车的消防车道转弯半径为 9m，登高车的转弯半径为 12m，一些特种车辆的转弯半径为 16m~20m。

防火规范是按照单车道并考虑消防车快速通行的需要，确定消防车道的最小净宽度、净空高度和道路转弯半径的。单车道的消防车道宽度为 4m。

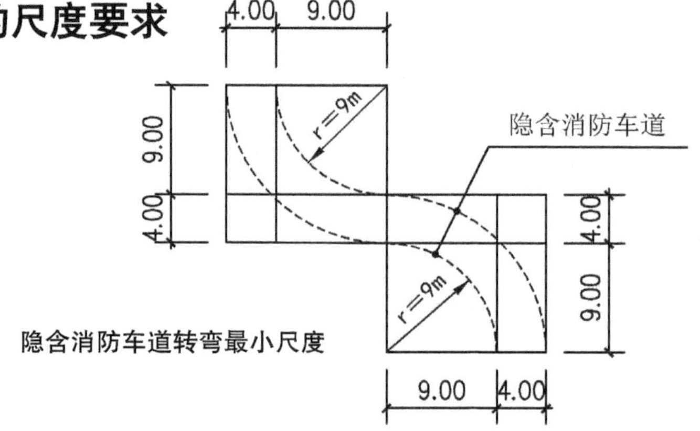

隐含消防车道转弯最小尺度

注：当 4m 宽隐含消防车道转弯半径不小于 9m 时，可以判断场地出入口满足消防车通行要求，需通行大型消防车时，隐含消防车道的转弯半径不应小于 12m。

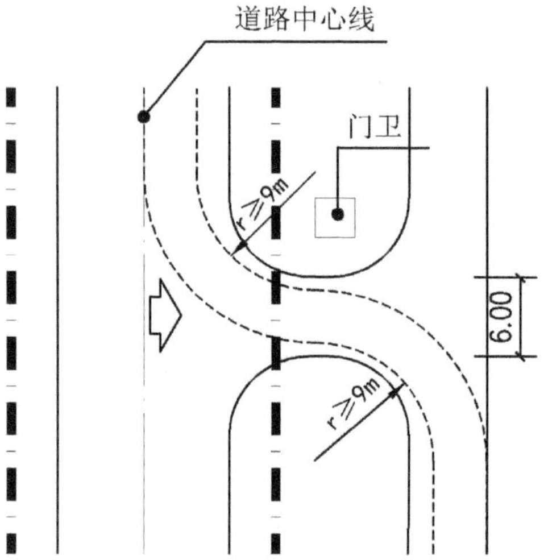

道路中心线　门卫　r≥9m　6.00

消防车右转示意

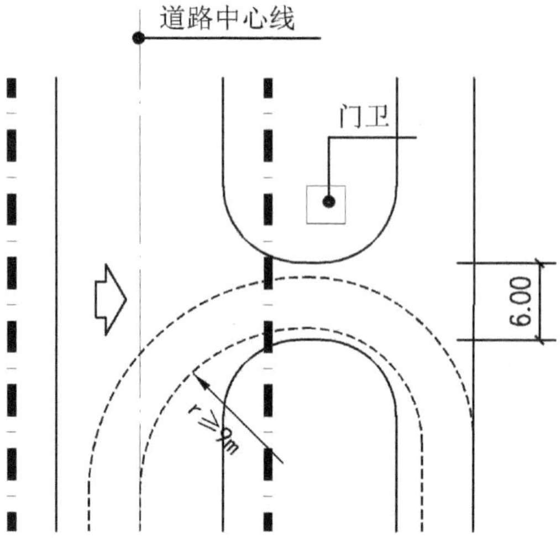

道路中心线　门卫　r≥9m　6.00

消防车左转示意

场地道路平行城市道路的出入口

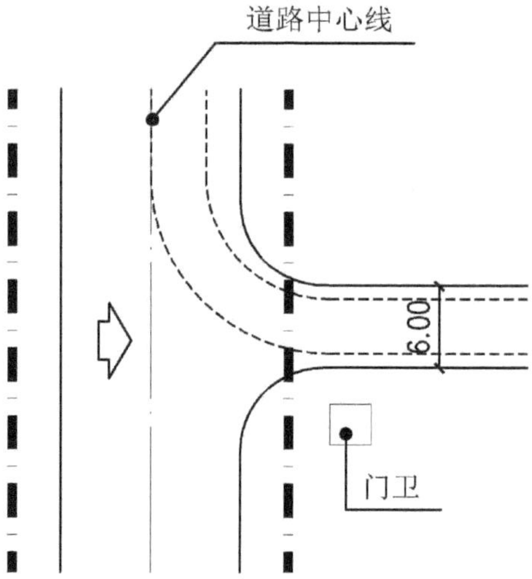

道路中心线　门卫　6.00

消防车右转示意

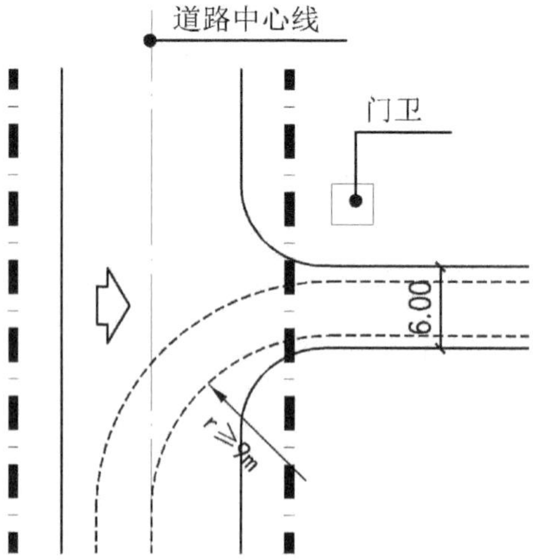

道路中心线　门卫　6.00　r≥9m

消防车左转示意

场地道路垂直城市道路的出入口

注：当城市道路为干道，道路中心线为黄实线时，不允许左转。无论左转还是右转，隐含消防车道的转弯半径均不得小于 9m。

注：摘自《建筑设计防火规范（7.1.8、7.1.9 及条文说明）》GB 50016-2014（2018 版）。

图页73　居住街坊内部地下车库出入口设置

建筑基地内地下机动车车库出入口与连接道路间宜设置缓冲段，缓冲段应从车库出入口坡道起坡点算起，并应符合下列规定：

1. 出入口缓冲段与基地内道路连接处的转弯半径不宜小于 5.5m；
2. 当出入口与基地道路垂直时，缓冲段长度不应小于 5.5m；
3. 当出入口与基地道路平行时，应设不小于 5.5m 长的缓冲段再汇入基地道路；
4. 当出入口直接连接基地外城市道路时，其缓冲段长度不宜小于 7.5m。

注：1. 摘自《民用建筑设计统一标准 5.2.4》GB 50352-2019。
2. 本要求的目的是保证地下车库坡道起坡点和要进入的道路之间至少有能容纳 1 辆汽车的安全等候空间。连接内部道路时可算至道路边缘，取 5.5m；连接城市道路时要从道路红线算起，取 7.5m。

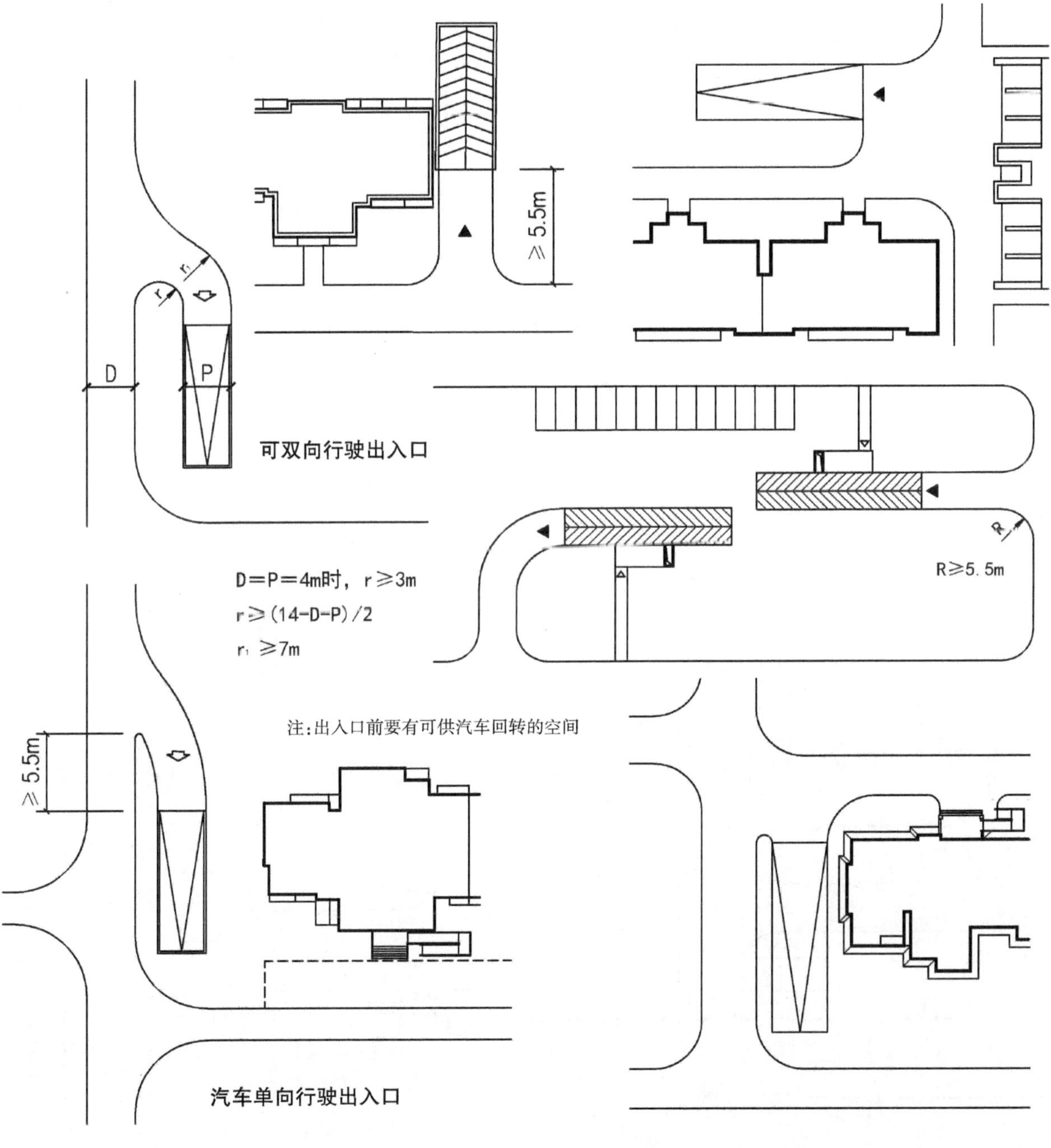

图页74　居住街坊出入口设计 1

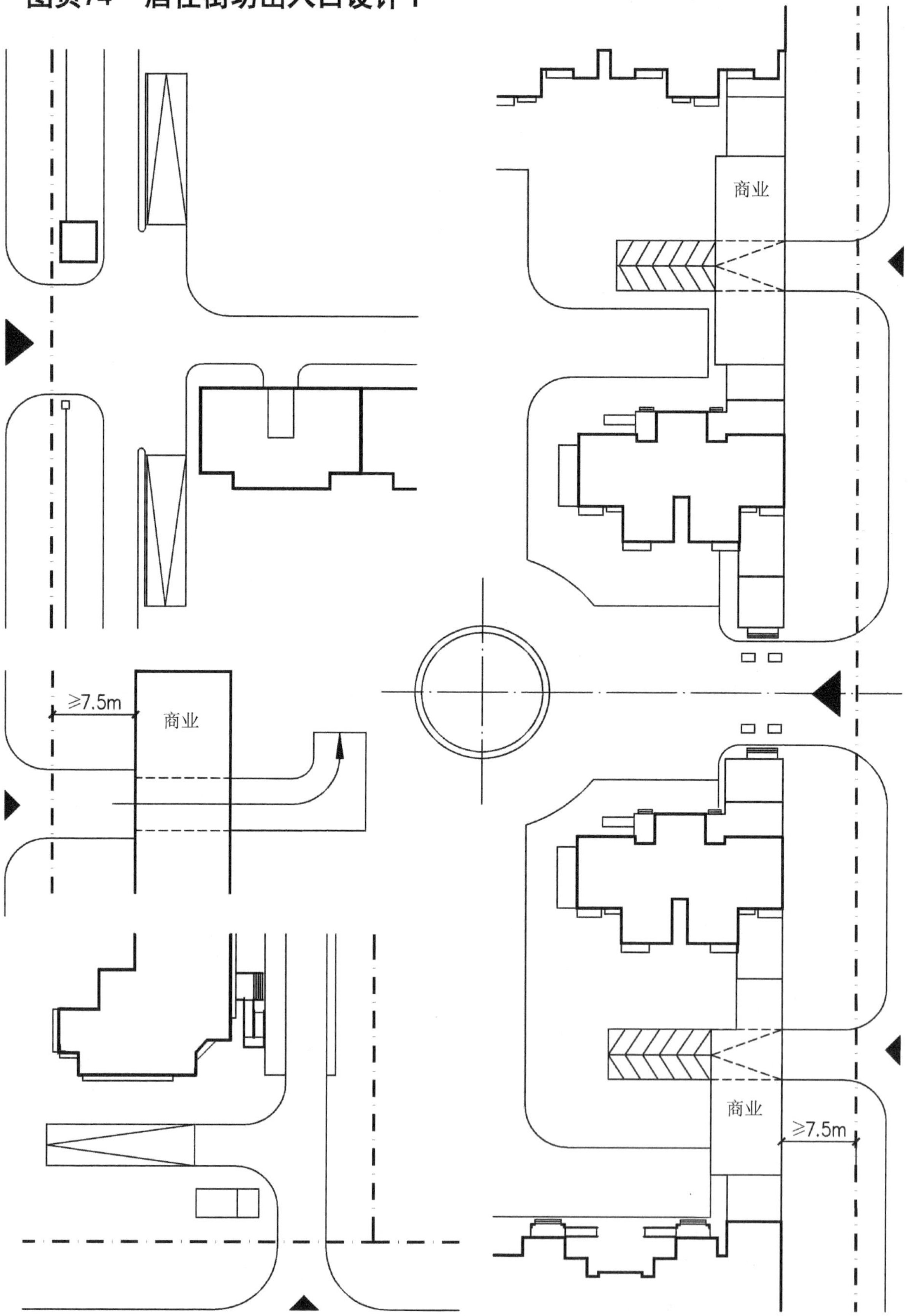

图页75 居住街坊出入口设计 2

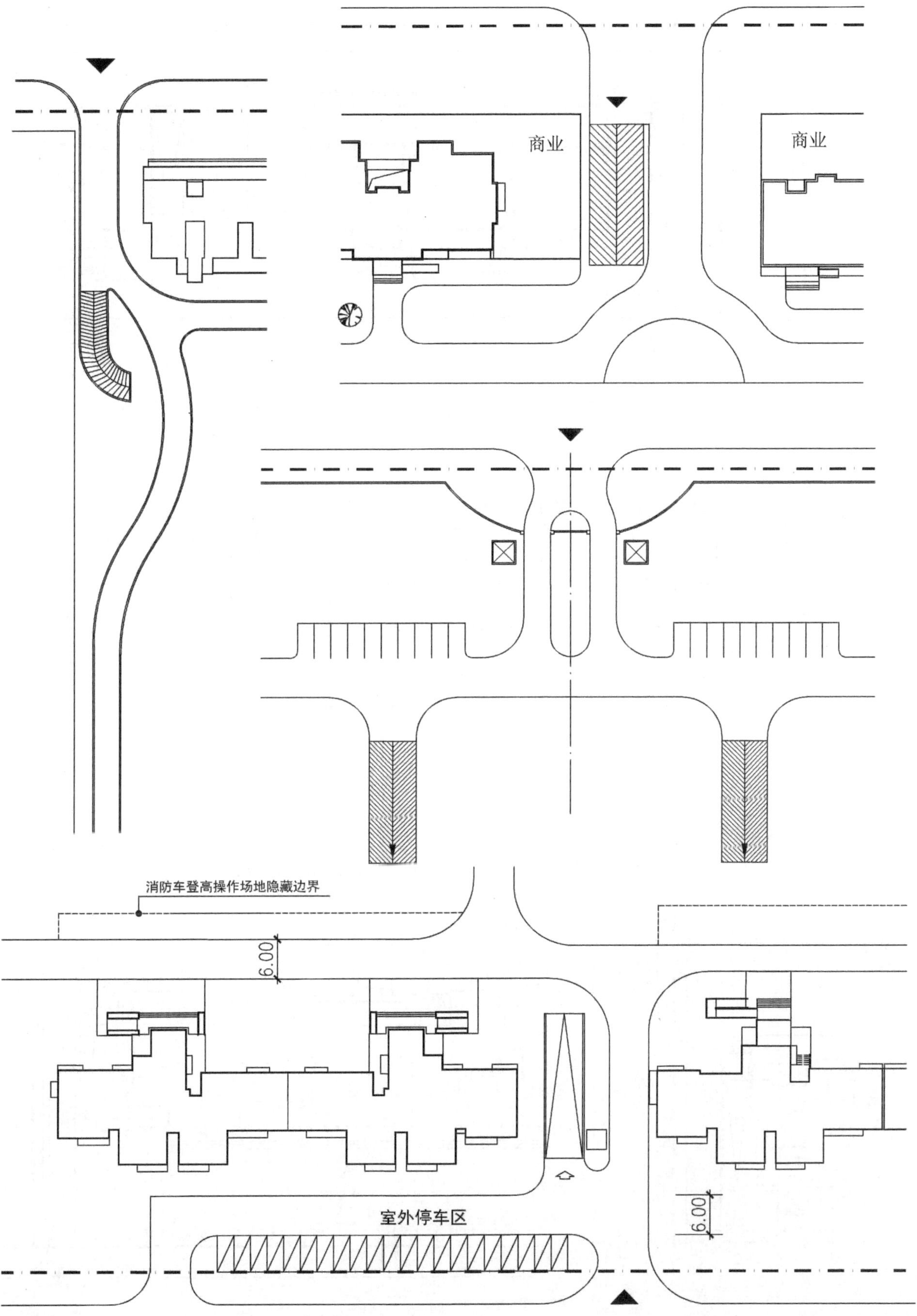

图页76 居住街坊出入口设计 3

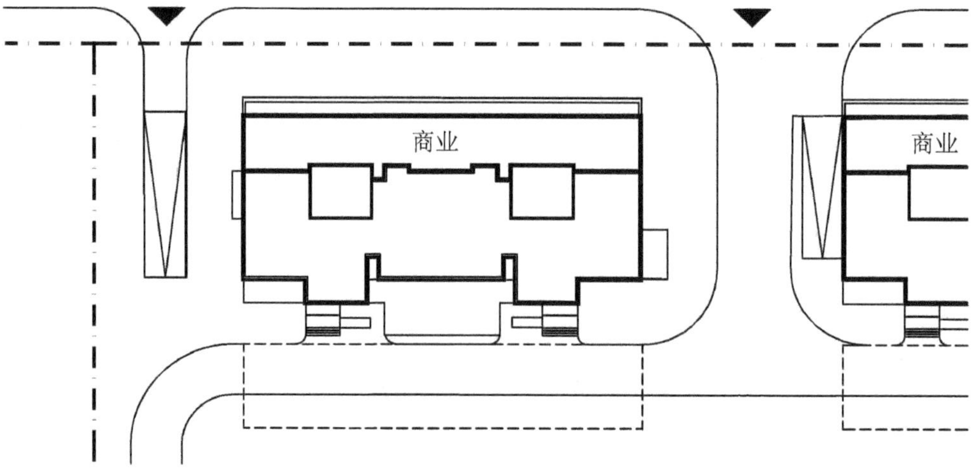

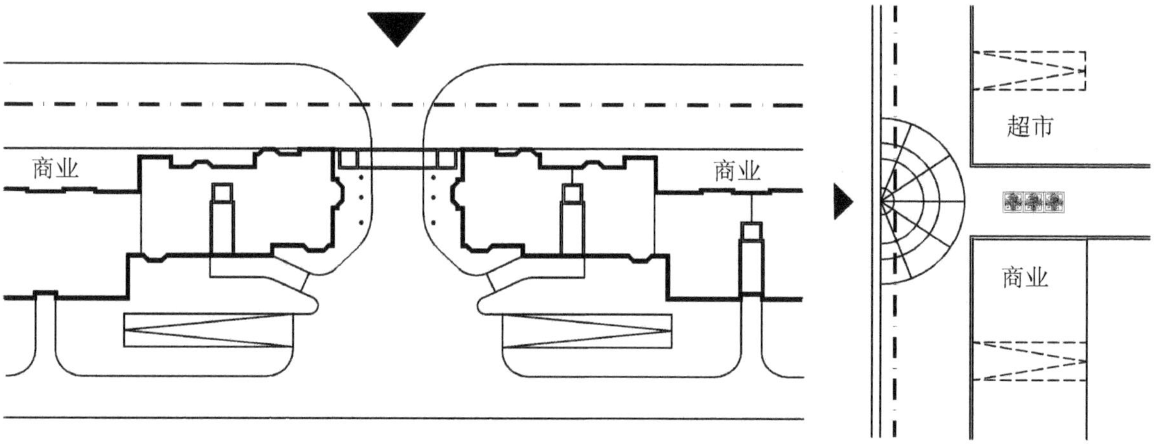

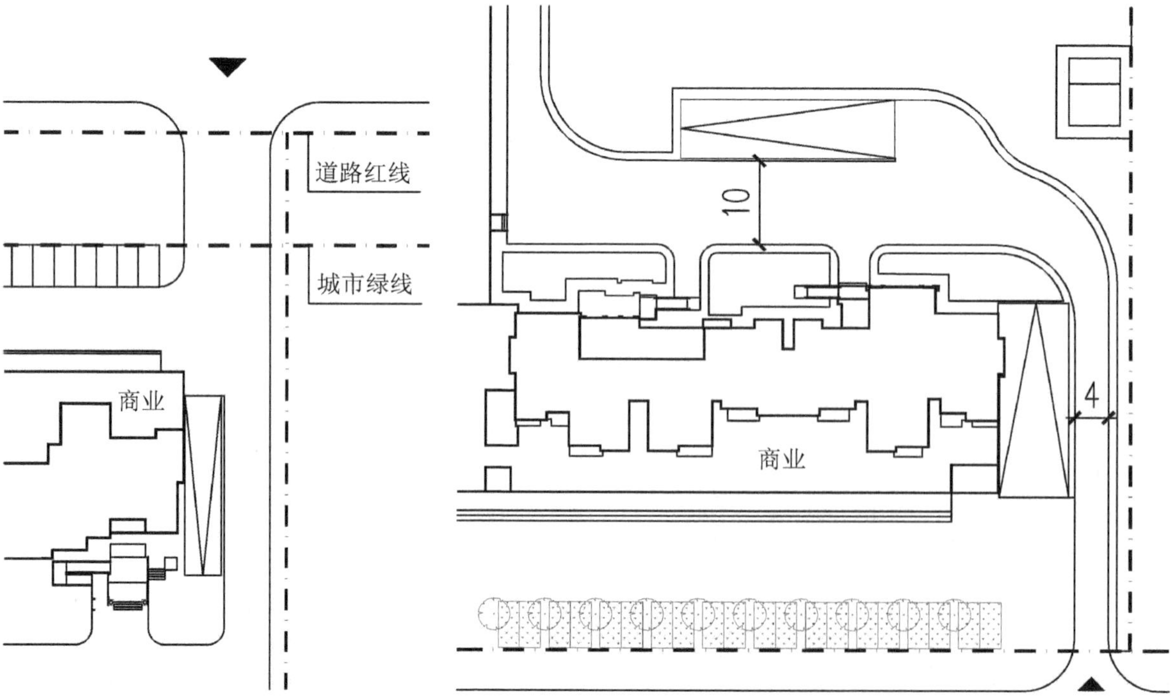

图页77　居住街坊出入口设计4

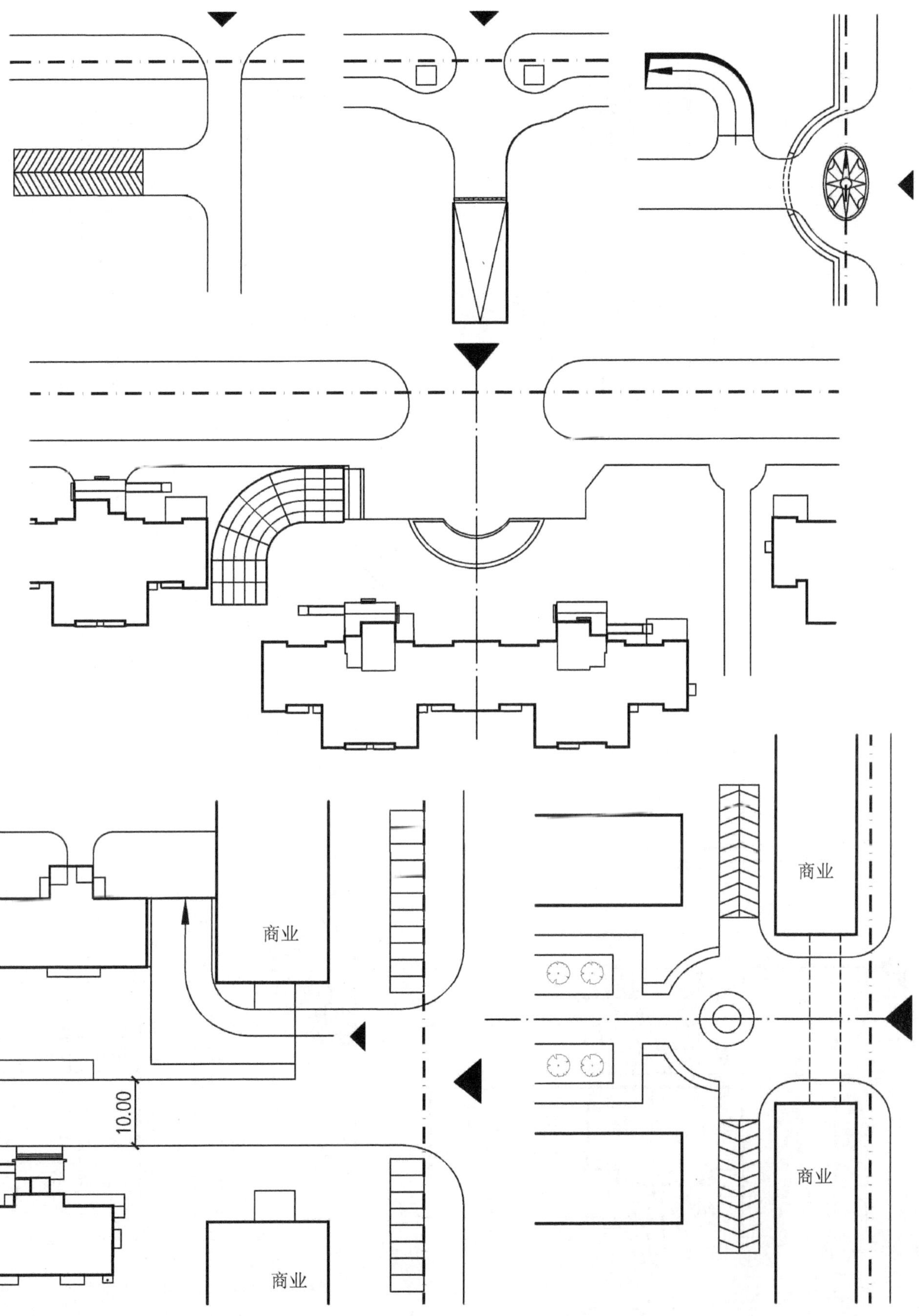

图页78 居住街坊出入口设计 5

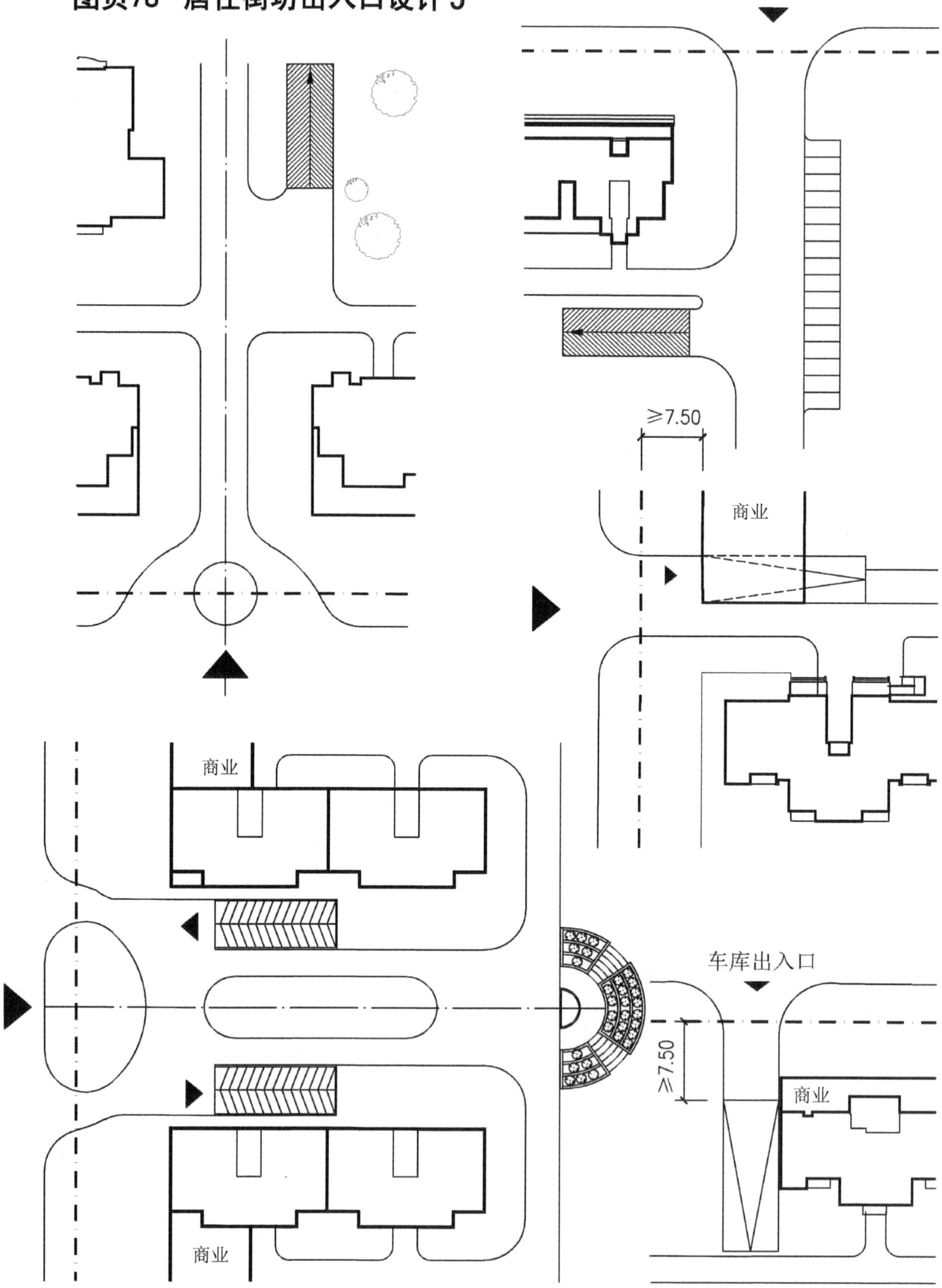

图页79 登高场地、消防车道与尽端回车场

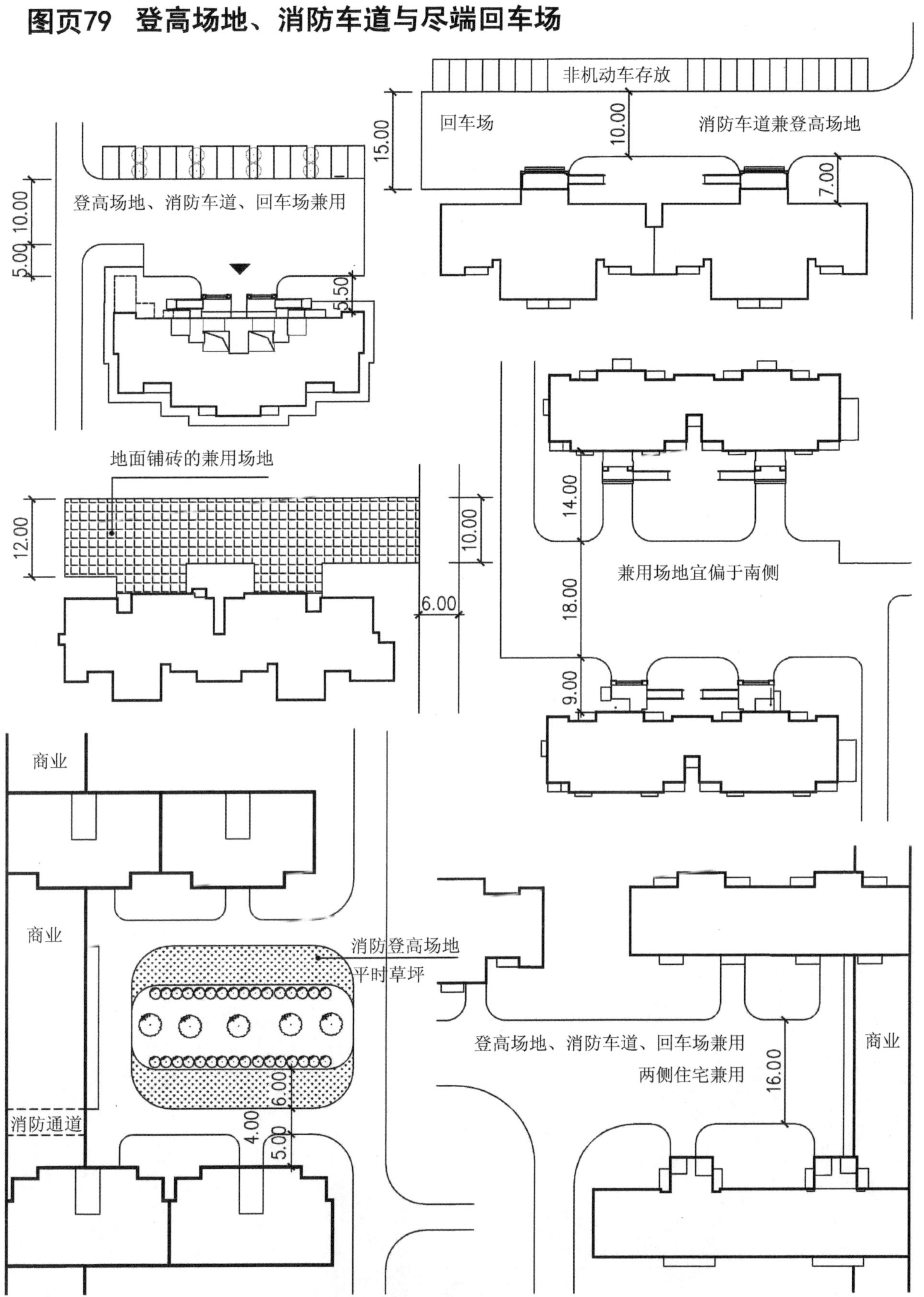

参考文献

[01] 中华人民共和国住房和城乡建设部. 建设工程分类标准:GB/T 50841—2013 [S]. 北京:中国计划出版社,2013.

[02] 中华人民共和国住房和城乡建设部. 民用建筑设计统一标准:GB 50352—2019 [S]. 北京:中国计划出版社,2019.

[03] 中华人民共和国住房和城乡建设部. 民用建筑通用规范:GB 55031—2022 [S]. 北京:中国计划出版社,2022.

[04] 中华人民共和国住房和城乡建设部. 建筑设计防火规范:GB 50016—2014(2018 年版)[S]. 北京:中国计划出版社,2018.

[05] 国家建筑标准设计图集. 中国建筑标准设计研究院组织编制. 建筑设计防火规范图示:13J811—1 改. 北京:中国计划出版社,2020

[06] 中华人民共和国住房和城乡建设部. 建筑防火通用规范:GB55037—2022 [S]. 北京:中国计划出版社,2023.

[07] 中华人民共和国应急管理部. 人员密集场所消防安全管理:GB/T 40248—2021 [S]. 北京:中国标准出版社,2021.

[08] 中华人民共和国住房和城乡建设部. 城市居住区规划设计标准:GB 50180—2018 [S]. 北京:中国建筑工业出版社,2018.

[09] 中华人民共和国住房和城乡建设部. 办公建筑设计标准:JGJ/T 67—2019 [S]. 北京:中国建筑工业出版社,2020.

[10] 中华人民共和国住房和城乡建设部. 车库建筑设计规范:JGJ 100—2015 [S]. 北京:中国建筑工业出版社,2015.

[11] 中华人民共和国住房和城乡建设部. 汽车库、修车库、停车场设计防火规范:GB 50067—2014 [S]. 北京:中国计划出版社,2014.

[12] 中华人民共和国住房和城乡建设部. 无障碍设计规范:GB 50763—2012 [S]. 北京:中国建筑工业出版社,2012.

[13] 中华人民共和国住房和城乡建设部. 建筑与市政工程无障碍通用规范:GB 55019—2021 [S]. 北京:中国建筑工业出版社,2021.

[14] 中华人民共和国住房和城乡建设部. 建筑工程建筑面积计算规范:GB/T 50353—2013 [S]. 北京:中国计划出版社,2013.

[15] 中华人民共和国住房和城乡建设部. 建筑地面设计规范:GB 50037—2013 [S]. 北京:中国建筑工业出版社,2013.

[16] 中华人民共和国住房和城乡建设部. 剧场建筑设计规范:JGJ 57—2016 [S]. 北京:中国建筑工业出版社,2017.

[17] 中华人民共和国住房和城乡建设部. 电影院建筑设计规范:JGJ 58—2008 [S]. 北京:中国建筑工业出版社,2008.

[18] 中华人民共和国住房和城乡建设部. 剧场、电影院和多用途厅堂建筑声学设计规范:GB 50356—2005 [S]. 北京:中国计划出版社,2005.

[19] 中华人民共和国住房和城乡建设部. 博物馆建筑设计规范:JGJ 66—2015 [S]. 北京:中国建筑工业出版社,2015.

[20] 中华人民共和国住房和城乡建设部. 展览建筑设计规范:JGJ 218—2010 [S]. 北京:中国建筑工业出版社,2010.

[21] 中华人民共和国住房和城乡建设部. 中小学校设计规范:GB 50099—2011 [S]. 北京:中国建筑工业出版社,2011.

[22] 中华人民共和国住房和城乡建设部. 住宅设计规范:GB 50096—2011 [S]. 北京:中国建筑工业出版社,2011.

[23] 中华人民共和国住房和城乡建设部. 住宅建筑规范:GB 50368—2005 [S]. 北京:中国建筑工业出版社,2005.

[24] 中华人民共和国国家质量监督检验检疫总局. 住宅厨房及相关设备基本参数:JG/T 11228—2008 [S]. 北京:中国标准出版社,2009.

[25] 中华人民共和国住房和城乡建设部. 饮食建筑设计标准:JGJ 64—2017 [S]. 北京:中国建筑工业出版社,2017.

[26] 中华人民共和国住房和城乡建设部. 城市公共厕所设计标准:CJJ 14—2016 [S]. 北京:中国建筑工业出版社,2016.

[27] 中华人民共和国住房和城乡建设部. 公共建筑节能设计标准:GB 50189—2015 [S]. 北京:中国建筑工业出版社,2015.

[28] 中华人民共和国住房和城乡建设部. 建筑模数协调标准:GB/T 50002—2013 [S]. 北京:中国建筑工业出版社,2013.

[29] 中华人民共和国住房和城乡建设部. 建筑构配件术语:GB/T 39531—2020 [S]. 北京:中国标准出版社,2020.

[30] 全国照明电器标准化技术委员会. 室内工作环境的不舒适眩光:GB/Z 26211—2010 [S]. 北京:中国标准出版社,2010.

[31] 中华人民共和国住房和城乡建设部. 建筑玻璃应用技术规程:JGJ 113—2015 [S]. 北京:中国建筑工业出版社,2015.

[32] 中国轻工业联合会. 夹层玻璃用聚乙烯醇缩丁醛中间膜:GB/T 32020—2015 [S]. 北京:中国标准出版社,2015.

[33] 中华人民共和国公安部. 防火卷帘:GB 14102—2005 [S]. 北京:中国标准出版社,2005.

[34] 中华人民共和国公安部. 防火门:GB 12955—2008 [S]. 北京:中国标准出版社,2008.

[35] 中华人民共和国公安部. 防火窗:GB 16809—2008 [S]. 北京:中国标准出版社,2008.

[36] 中华人民共和国住房和城乡建设部. 建筑门窗术语:GB/T 5823—2008 [S]. 北京:中国标准出版社,2008.

[37] 中华人民共和国建设部. 建筑幕墙:GB/T 21086—2007 [S]. 北京:中国标准出版社,2007.

[38] 中华人民共和国住房和城乡建设部. 建筑幕墙术语:GB/T 34327—2017 [S]. 北京:中国标准出版社,2017.

[39] 中国建筑材料联合会. 镀膜玻璃 第 2 部分:低辐射镀膜玻璃:GB/T 18915.2—2013 [S]. 北京:中国标准出版社,2013.

[40] 中华人民共和国住房和城乡建设部. 楼梯栏杆及扶手:JG/T 558—2018 [S]. 北京:中国标准出版社,2018.

[41] 中华人民共和国公安部. 消防词汇 第 1 部分:通用术语:GB/T 5907.1 [S]. 北京:中国标准出版社,2014.

[42] 全国电梯标准化技术委员会. 电梯主参数及轿厢、井道、机房的型式与尺寸:GB/T 7025.1—2023 [S]. 北京:中国标准出版社,2023.

[43] 全国电梯标准化技术委员会. 电梯主参数及轿厢、井道、机房的型式与尺寸:GB/T 7025.2—2008 [S]. 北京:中国标准出版社,2009.

[44] 全国电梯标准化技术委员会. 电梯主参数及轿厢、井道、机房的型式与尺寸:GB/T 7025.3—1997 [S]. 北京:中国标准出版社,2005.

[45] 全国电梯标准化技术委员会. 自动扶梯和自动人行道的制造与安装安全规范:GB 16899—2011 [S]. 北京:中国标准出版社,2011.

[46] 中华人民共和国住房和城乡建设部. 电梯 自动扶梯 自动人行道:13J404 [S]. 北京:中国计划出版社,2013.

[47] 全国电梯标准化技术委员会. 消防员电梯制造与安装安全规范:GB/T 26465—2021 [S]. 北京:中国标准出版社,2021.

[48] 中华人民共和国住房和城乡建设部. 建筑防烟排烟系统技术标准:GB 51251—2017 [S]. 北京:中国计划出版社,2017.

[49] 中华人民共和国住房和城乡建设部. 幼儿园建设标准建标:175—2016 [S]. 北京:中国计划出版社,2016.

[50] 中华人民共和国建设部. 城市规划基本术语标准:GB/T 50280—98 [S]. 北京:中国建筑工业出版社,1998.

[51] 中华人民共和国建设部. 建筑气候区划标准:GB 50178—93 [S]. 北京:中国计划出版社,1994.

[52] 中华人民共和国住房和城乡建设部. 建筑日照计算参数标准:GB/T 50947—2014 [S]. 北京:中国建筑工业出版社,2014.

[53] 中华人民共和国住房和城乡建设部. 城市用地分类与规划建设用地标准:GB 50137—2011 [S]. 北京:中国建筑工业出版社,2011.

[54] 中华人民共和国交通部. 道路工程术语标准:GBJ 124—88 [S]. 北京:中国计划出版社,1989.

[55] 中华人民共和国住房和城乡建设部. 城市综合交通体系规划标准:GB/T 51328—2018 [S]. 北京:中国建筑工业出版社,2019.

[56] 中华人民共和国住房和城乡建设部. 城市道路交叉口规划规范:GB 50647—2011 [S]. 北京:中国计划出版社,2010.

[57] 中华人民共和国住房和城乡建设部. 城市道路交叉口设计规程:CJJ 152—2010 [S]. 北京:中国建筑工业出版社,2010.

[58] 中华人民共和国住房和城乡建设部. 城市停车规划规范:GB/T 51149—2016 [S]. 北京:中国建筑工业出版社,2016.

[59] 中华人民共和国住房和城乡建设部. 城市步行和自行车交通系统规划标准:GB/T 51439—2021 [S]. 北京:中国建筑工业出版社,2021.

[60] 中华人民共和国住房和城乡建设部. 城市绿线划定技术规范:GB/T 51163—2016 [S]. 北京:中国建筑工业出版社,2016.

[61] 中华人民共和国住房和城乡建设部. 城市绿地规划标准:GB/T 51346—2019 [S]. 北京:中国建筑工业出版社,2019.

[62] 中华人民共和国住房和城乡建设部. 城镇燃气设计规范:GB 50028—2006(2020 年版)[S]. 北京:中国建筑工业出版社,2020.

[63] 上海市道路运输管理局,上海市公安局交通警察总队. 建筑工程交通设计及停车库(场)设置标准:DG/TJ 08-7—2021 [S]. 上海:同济大学出版社,2021.11.

[64] 石政函〔2015〕24 号:《石家庄市城乡规划管理技术规定》2015 版.